国家科学技术学术著作出版基金资助出版

精锻成形技术与装备

王新云　金俊松　邓　磊　张　茂　著

科　学　出　版　社
北　京

内 容 简 介

本书阐述了精锻成形技术与装备领域的基础研究和产业应用进展，主要内容包括精锻材料塑性变形行为的基础理论和研究方法，精锻过程材料微观组织演化行为和多尺度模拟方法，精锻成形的新技术和新方法，齿轮类零件、轴类零件以及轻合金零件等典型精锻产品的工艺开发、模具设计，以及精锻设备和自动化生产线等关键成套技术的研发与应用等。

本书适合材料加工工程、机械设计制造及自动化等相关领域的科技人员参考使用，也可以作为高等学校相关专业的研究生教材。

图书在版编目（CIP）数据

精锻成形技术与装备/王新云等著. —北京：科学出版社，2021.11
ISBN 978-7-03-070542-6

Ⅰ. ①精… Ⅱ. ①王… Ⅲ. ①锻造-成形-工艺学②锻造-成形-设备 Ⅳ. ①TG31

中国版本图书馆 CIP 数据核字（2021）第 224327 号

责任编辑：孙伯元 / 责任校对：王 瑞
责任印制：吴兆东 / 封面设计：十样花

科学出版社出版
北京东黄城根北街 16 号
邮政编码：100717
http://www.sciencep.com
北京中石油彩色印刷有限责任公司印刷
科学出版社发行 各地新华书店经销
*
2021 年 11 月第 一 版 开本：720 × 1000 B5
2022 年 5 月第二次印刷 印张：17 3/4
字数：345 000

定价：138.00 元

（如有印装质量问题，我社负责调换）

前　言

随着机械零部件制造领域的快速发展和竞争激化，高精度、高性能的零件以及高效节材节能的生产方式已经成为提高制造企业市场竞争力的关键。传统粗放型塑性成形方式已经难以满足技术的发展要求，因此制造尽量接近最终零件形状的塑性成形件，甚至是最终零件，成为塑性成形技术发展的必然趋势。

精锻成形技术通常是指锻件产品只需要少量加工或不需要加工即符合零件使用要求的一种少无切削体积近/净塑性成形技术。精锻成形技术不但能够节约材料和能耗、降低制造成本，还可以获得合理的微观组织与流线分布，提高零部件的使用性能。精锻成形技术是先进制造技术的重要组成部分，已经成为提高零部件性能与质量，进而保障航空航天、汽车等领域关键装备服役性能的重要手段，开始在世界范围内得到重视与快速发展。

为了加快转变经济发展方式，推动工业转型升级，实施制造强国战略，国家提出并实施了“中国制造 2025”战略，而近/净成形技术及装备是其中的重要内容之一。为此，本书对华中科技大学材料成形与模具技术国家重点实验室精密塑性成形研究室多年来在精锻成形技术与装备领域的基础研究和产业应用成果进行了总结和归纳，以期为精锻成形领域的学者、研究生和工程师提供一本贯穿塑性理论、成形工艺及装备和产业应用的参考资料，为我国精锻成形技术的发展与应用做出一点有益的贡献。

本书共分 9 章。第 1 章介绍精锻成形技术的分类、现状和发展；第 2 章介绍精锻材料的变形行为与测试分析；第 3 章介绍精锻成形控制技术；第 4 章介绍精锻过程的热加工图及再结晶行为；第 5 章介绍精锻成形装备；第 6 章介绍齿轮类零件的精锻成形；第 7 章介绍轴类件的精锻成形；第 8 章介绍轻合金零件的精锻成形；第 9 章介绍塑性变形过程的多尺度模拟。全书由王新云教授主持撰写并统稿，金俊松副教授、邓磊副教授、张茂副教授参与了撰写。龚攀副教授、夏巨谌教授、冯仪博士等也撰写了部分内容。

感谢华中科技大学材料成形与模具技术国家重点实验室精密塑性成形研究室历届研究生所做的出色工作，其中冀东生、朱怀沈、郭宇娟、李旭棠、闫克龙、郑威、成蛟、刘启涛、郭海廷、唐娜、马伟杰、吕春龙、李庆杰、程俊伟、李伟等为本书内容做出了突出贡献，张海栋、温红宁、曾凡宜、庄成康、郑超伟、王东亮、黄婷、蔡洪钧等协助校对了本书；感谢湖北三环锻压设备有限公司、江苏太平洋精锻科技股份有限公司、东风(十堰)精工齿轮有限公司、江苏飞船股份有限公司、武汉新威奇科技有限公司、中国第二重型机械集团万航模锻有限责任公司等企业的多年密切合作。

感谢国家自然科学基金(项目编号：51725504、51675200、51675201、51601063、51705168)的资助。本书还得到了国家科学技术学术著作出版基金的资助。

由于时间和水平所限，书中难免存在疏漏之处，恳请读者批评指正。

作　者

目　　录

第1章 绪　　论

1.1 精锻成形技术的内涵和基本类型

1.1.1 精锻成形技术的内涵

十多年来，随着机械零部件制造，尤其是汽车零部件技术的快速发展和竞争激化，高精度、高性能的产品以及高效节材节能的生产方式已成为提升产品竞争力的关键途径。常规粗放型塑性成形技术已难以满足发展要求，因此生产尽量接近最终零件形状的锻件，甚至是成品零件，成为材料成形与加工技术变革的必然趋势和发展方向[1]。

精锻成形技术通常是指锻件只需少量加工或不需加工即符合零件要求的一种少无切削加工技术[2]，精锻成形技术用于实现零件的净成形和近净成形[3]。净成形时，锻件的关键工作部位可直接达到零件精度要求，无须后续机加工。近净成形时，因复杂零件的关键工作部位难以实现净成形，需预留一定的机加工余量(可取普通锻造余量的 1/2 以内)，再通过后续机加工得到最终零件。近净成形主要用于精化锻坯，减少后续机加工量。

精锻成形技术是先进制造技术的重要组成部分，以生产尽量接近零件最终形状的产品甚至是成品零件为目标。精锻成形技术已成为提高产品性能与质量、增强企业市场竞争力的关键技术和重要途径，在世界范围内得到迅速发展[4-7]。它不但可以节约材料、降低能耗和制造成本，而且可以获得合理的微观组织与流线分布，提高零件的使用性能[8]。

精锻成形技术是在传统大余量锻造成形技术的基础上逐渐完善和发展起来的。自由锻是最早期的一种锻件成形方法，但是生产效率低、尺寸精度差。随着锻件形状越来越复杂、批量越来越大，粗放型的自由锻已难以适应发展需求，胎模锻和模锻等技术应运而生。同时为了满足各种形状锻件制造的需要，还出现了正/反/复合挤压、环轧、辊锻、楔横轧、摆动碾压等特种成形方法。近几十年来，为了改善锻件尺寸精度，出现了小(无)飞边模锻、多向模锻、等温模锻、超塑性成形、粉末成形、旋压成形及冲锻成形等技术。为进一步提高锻件精度，又出现了闭塞锻造成形和基于分流原理的精锻成形等新方法。目前，零件日益复杂化、精密化和高性能化，这给成形技术提出了更高的要求，因此精锻成形技术正向着部分乃至全部取消切削加工环节而直接生产零件的净成形方向发展。

1.1.2 精锻成形技术的基本类型

精锻成形技术按照成形温度可以分为热精锻、冷精锻、温精锻，以及复合精锻等。

1. 热精锻

热精锻是将坯料加热到再结晶温度以上进行精密锻造的一种方法。由于材料在再结晶温度以上具有更好的塑性变形能力，所以热精锻几乎适用于所有的金属材料，并能生产各种形状的零件。其缺点是加工过程中存在强烈的氧化行为和热膨胀现象，导致表面质量差、尺寸公差大、后续机加工余量较大。经过多年的探索，目前锻造行业已经掌握了热精锻技术，实现了大批量生产，但还是有一些问题需要改进，包括进一步提高锻件精度、延长模具寿命、控制氧化程度、实现在线检测和质量控制等。

2. 冷精锻

冷精锻是将经过退火及磷皂化处理的坯料在室温下直接精密锻造成形的一种方法。锻前不需要对毛坯加热，有效地解决了氧化问题。虽然在剧烈变形过程中，变形热可使锻件温度升高 100～200℃，但是这对表面质量和尺寸精度几乎没有影响。因此，冷精锻成形技术可以得到很高的表面质量和尺寸精度，实现净成形。汽车等工业的迅猛发展对节能节材、降低成本、提高生产效率及产品精度提出了更高要求，促进了冷精锻成形技术的快速发展。但冷精锻过程所需成形力大、模具承载要求高、所需设备吨位大。如何保证得到满足尺寸精度要求的锻件，并延长模具寿命、降低设备使用成本，一直是冷精锻成形技术的研究重点。

3. 温精锻

温精锻是将坯料加热到室温与再结晶温度之间特定范围内进行精密锻造的一种方法。以黑色金属为例，其成形温度一般为 650～850℃。在此温度范围内，材料屈服应力下降为室温的 2/3，可显著减小精锻模具所受的应力，同时有效提高材料塑性变形能力，减少加工工序。温精锻既能获得与热精锻相似的材料成形性能，又因无明显的氧化行为而获得接近冷精锻的高质量加工表面。因此，温精锻成形技术发展迅速，特别是在含碳量和含合金量较高、轮廓尺寸较大且形状复杂零件的精密成形中，具有明显优势。但是由于温精锻过程中的影响因素较多，工艺窗口较窄，目前其工艺设计和模具开发的费用高于热精锻和冷精锻。

4. 复合精锻

虽然热精锻和温精锻成形工艺有许多优点，但加热引起的金属体积膨胀和表面氧化会降低锻件尺寸精度；而冷精锻成形工艺虽然尺寸精度高和表面质量好，但所需成形载荷大、设备吨位大。若将热精锻与冷精锻、温精锻与冷精锻相结合，则可发挥各自优势。在获得高尺寸精度与良好表面质量的同时，可以减少工序数量、降低对设备吨位的要求。因此，复合精锻成形技术得到了快速发展和广泛应用。例如，轿车的发动机传动轴、变速箱弧齿锥齿轮、差速器齿轮、离合器齿轮、结合齿轮等二十余种零件已通过采用热/冷或温/冷复合精锻成形技术实现了大批量生产[9-12]。其中相对尺寸变化大的复杂杯杆类零件，如轿车等速万向节钟形罩，一般采用温/冷复合精锻成形技术，即先采用多工位温精锻来实现基本的成形工序(包括镦粗头部、正挤杆部、反挤杯体等)，然后经过退火和磷化处理，再进行冷精锻成形(包括冷精整和冷缩径等工序)[13]。

热精锻、冷精锻和温精锻三种精锻成形工艺所能达到的技术指标和适用范围如表 1-1 所示。

表 1-1　三种精锻成形工艺所能达到的技术指标和适用范围比较

工艺类型	尺寸精度等级	表面粗糙度/μm	锻件质量/kg	毛坯预处理	经济批量/件	模具寿命/件
热精锻	IT12～IT15	>50	<1600	不要求	>500	3×10^3～1×10^4
冷精锻	IT6～IT9	>0.8	<5	退火、表面润滑	$>3\times10^3$	2×10^4～1×10^5
温精锻	IT9～IT12	>12.5	<10	不要求	$>1\times10^4$	5×10^3～2×10^4

1.2　精锻成形技术的特点及应用

1.2.1　精锻成形技术的特点

精锻成形技术生产效率高、能耗低、制造成本低、产品市场竞争力强，其主要特点如下[14-16]。

(1) 精锻零件整体或部分无须后续切削加工，大大提高了原材料利用率。

(2) 精锻零件的尺寸精度高、表面质量好、加工余量小，为后续高精、高效机械加工提供了理想前提。

(3) 精锻零件内部流线随形连续、晶粒细化效果好、微观组织致密，相对于传统机械加工的产品，其力学性能大为提高。

(4) 与传统锻造成形技术相比，精锻成形技术提高了材料利用率、降低了能源消耗、减少了环境污染、改善了生产条件，符合绿色制造的发展趋势。

1.2.2 精锻成形技术的应用

精锻成形技术广泛应用在各行业零部件制造中，特别是在汽车、航空航天、电子、机械、铁路机车等行业的零部件制造中起到至关重要的作用。例如，已应用于汽车发动机曲轴、连杆及进排气门、汽车底盘上的前轴、左/右转向节、传动轴系上的滑动叉、万向节叉、十字轴、中间花键轴等，高铁及动车上的钩尾框、牵引杆、车轴、车轮及轴承环等，舰船大功率发动机全纤维锻造曲轴，飞机的起落架、大梁、隔框、上缘条、下缘条等大型构件，航天飞行器上的旋转台支架、承重旋转接头等。此外，还应用于武器装备、农机、矿山机械、工程机械和各种机器上承受拉、压、弯、扭及冲击载荷的关键零件等[17-30]。

以齿轮件精锻成形为例，华中科技大学与武汉新威奇科技有限公司合作，在国内某厂建成了重型汽车直锥齿轮全自动化温精锻生产线，如图 1-1 所示。温精锻工艺流程为：高速带锯机下料→中频加热(≤850℃)→第一台电动螺旋压力机上温精锻→第二台电动螺旋压力机上低温(≤600℃)精整→切边。锻前模具预热到 250℃以上，压力机每锻 1 次，自动润滑冷却装置以喷雾的方式对上、下模自动进行润滑和冷却，确保模具温度不超过 400℃，润滑效果好，使模具寿命延长 1 倍以上。所生产的直锥齿轮锻件质量为 3kg，坯料仅为 3.1kg，材料利用率高达 97%。

图 1-1 全自动化温精锻生产线与直锥齿轮锻件

1.3 精锻成形技术的需求与发展

1.3.1 精锻成形技术市场需求分析

近 20 年来，我国一直是世界锻件生产第一大国。据统计，2018 年我国锻件产量为 1054 万吨，约占世界锻件总产量的 45%。若所生产的全部锻件根据锻件结构特点和锻件材料的特性，研发出相应的精锻近净成形技术并推广应用，按照至少提高材料利用率 15%计算，则可节约优质钢材 150 万吨以上；按感应加热 1kg 钢材至 1200℃需 0.15kW · h 电能计算(不计热效率损失)，则可节省加热电能 2.25

亿 kW · h。不难看出，采用精锻成形技术不仅节材、节能效益显著，还可以减少机械加工工作量和机械加工机床数量，而且环境保护等附加效益也极为显著。

1.3.2 精锻成形技术需求与发展

精锻成形技术的发展趋势可以归纳为以下几个方向[31-34]。

(1) 由近净成形向净成形方向发展。目前，精锻成形技术已经实现了接近零件形状的近净成形，正在向直接制造最终零件形状和尺寸的净成形方向发展。今后，大部分中小零件的切削加工将会被精锻净成形技术所取代。

(2) 加工过程控制和产品质量控制向智能化方向发展。随着市场竞争的加剧和用户需求的多元化，大批量的生产方式转向多品种变批量生产。为快速响应市场需求，需要在精锻过程中结合大数据、人工智能、机器人和在线检测等技术，实现生产系统的智能化和敏捷化。

(3) 成形工艺向新型工艺和复合工艺方向发展。随着各学科的交叉和相应前沿技术的发展，新型工艺和复合工艺会不断出现。将多种不同的加工技术集成在一台设备、一条生产线、一个工段或车间里的生产方式逐渐增多。例如，3D 打印与锻造相结合制造具备局部精细特征的大型锻件、铸造与锻造相结合实现轻合金构件的短流程高效制造、冲压与锻造复合成形具有大厚度差特征的板料类整体零件等。

(4) 工艺由“技艺”向“工程科学”方向发展。工艺设计和成形分析由基于经验判断的定性分析走向基于科学规律的定量分析，是精锻成形技术的一个重要发展趋势。应用数值模拟、专家系统、物理实验和工艺实验相结合来研究加工过程的机理和规律，预测加工过程中可能产生的缺陷及应采取的预防措施，优化工艺方案和成形参数，控制和保证加工工件的质量，实现高质高效的生产。

(5) 精锻成形向绿色制造方向发展。在工业经济快速发展的今天，环境问题已越来越受到人们的广泛关注。如何正确处理好经济发展和环境保护之间的关系，实现“双赢”，已成为全社会共同面临的重要问题。我国也出台了最新的工业生产环境保护及污染控制治理国家标准、行业标准和强制性条文。而绿色生产技术是协调工业发展和环境保护之间矛盾的一种新型生产方式，是 21 世纪制造业发展的要求和特征。随着净成形技术的发展和新型工艺的出现以及环境保护意识的加强，绿色型的精锻成形技术将在 21 世纪得到大力发展。

参考文献

[1] 孙友松，刘天湖，肖小亭. 面向新世纪的塑性加工技术——第六届塑性技术国际会议综述[J]. 锻压技术, 2000, (2): 59-60.

[2] 塑性成形技术路线图编委会. 塑性成形技术路线图[M]. 北京：中国科学技术出版社, 2016.

[3] 胡亚民, 付传锋, 赵军华. 精锻成形技术 60 年的发展与进步[J]. 金属加工, 2010, (15): 1-5.
[4] Cominotti R, Gentili E. Near net shape technology: An innovative opportunity for the automotive industry [J]. Robotics and Computer-Integrated Manufacturing, 2008, 24(6): 722-727.
[5] Kopp R. Some current development trends in metal-forming technology [J]. Journal of Materials Processing Technology, 1996, 60: 1-9.
[6] Yoshimura H, Tanaka K. Precision forging of aluminum and steel [J]. Journal of Materials Processing Technology, 2000, 98: 196-204.
[7] 冯宝伟, 胡亚民. 国内外精密塑性成形技术的新动向[J]. 金属成形工艺, 1997, 17(2): 7-9.
[8] 袁海平. 精锻生产线的优势与未来行业发展方向[J]. 金属加工, 2015, (3): 32-33.
[9] 徐祥龙. 冷温锻技术在汽车行业中的应用[J]. 金属加工, 2008, (7): 39-43.
[10] 王德林. 温、冷精锻复合成形技术应用及其发展趋势[J]. 热加工工艺, 2013, 42(5): 107-110.
[11] 柴蓉霞, 苏文斌, 郭成, 等. 钟形壳温-冷联合挤压工艺优化分析[J]. 塑性工程学报, 2012, 19(2): 7-10.
[12] 张弛, 何巧, 骆静, 等. 汽车变速器结合齿温锻-冷整形复合精锻工艺及模具研究[J]. 精密成形工程, 2014, 6(1): 9-14.
[13] 王华君, 夏巨谌, 胡国安. 复杂杯杆型零件成形工艺的比较研究[J]. 热加工工艺, 2003, (1): 29-31.
[14] Behrens B A, Doege E, Reinsch S, et al. Precision forging processes for high-duty automotive components [J]. Journal of Materials Processing Technology, 2007, 185: 139-146.
[15] 夏源. 直齿锥齿轮精锻技术的现状及其发展[J]. 精密成形工程, 2011, 2(6): 51-55.
[16] 聂兰启. 冷精锻新技术在我国的应用与发展[J]. 金属加工, 2012, (4): 20-24.
[17] Lu B, Ou H, Armstrong C G, et al. 3D die shape optimization for net-shape foring of aerofoil blades [J]. Materials and Design, 2009, 30: 2490-2500.
[18] Petrov P, Perfilov V, Stebunov S. Prevention of lap formation in near net shape isothermal forging technology of part of irregular shape made of aluminium alloy A92618 [J]. Journal of Materials Processing Technology, 2006, 177: 218-223.
[19] Shan D B, Liu F, Xu W C, et al. Experimental study on process of precision forging of an aluminium-alloy rotor [J]. Journal of Materials Processing Technology, 2005, 170: 412-415.
[20] Shan D B, Xu W C, Lu Y. Study on precision forging technology for a complex-shaped light alloy forging [J]. Journal of Materials Processing Technology, 2004, 151: 289-293.
[21] Kondo K, Ohga K. Precision cold die forging of a ring gear by divided flow method [J]. International Journal of Machine Tools & Manufacture, 1995, 35(8): 1105-1113.
[22] 冀东生, 夏巨谌, 朱怀沈, 等. 汽车传动轴叉形件精密模锻工艺研究[J]. 锻压技术, 2010, 35(6): 14-18.
[23] 周志明, 胡洋, 唐丽文, 等. EQ153 转向节多向精密模锻工艺数值模拟[J]. 热加工工艺, 2014, 43(3): 107-110.
[24] 刘惠, 康尚明, 王少华, 等. 大规格复杂曲面叶片精密模锻成形工艺设计及优化[J]. 锻压技术, 2019, 44(2): 7-12.
[25] 陈增奎, 张浩, 方泽平, 等. 7A04 铝合金支撑接头精密模锻成形技术研究[J]. 航天制造技术, 2016, (2): 1-4.

[26] 林军, 康凤, 胡传凯, 等. 高强铝合金复杂锻件等温可分凹模精密模锻成形工艺研究[J]. 锻压技术, 2015, 40(5): 52-58.
[27] 徐成林, 宋宝阳, 付成林, 等. 行星齿轮、半轴齿轮精锻及模具制造技术[J]. 金属加工, 2010, (3): 32-33.
[28] 李庆杰, 夏巨谌, 邓磊, 等. 铝合金机匣体多向精锻工艺优化[J]. 锻压技术, 2010, 35(5): 24-28.
[29] 夏巨谌, 金俊松, 邓磊, 等. 轴类件多工位冷精锻工艺及模具的研究[J]. 锻压技术, 2014, 39(10): 58-62.
[30] 张运军, 陈天赋, 杨杰, 等. 汽车转向节小飞边精锻技术的研发及应用[J]. 锻压技术, 2018, 43(8): 1-7.
[31] 王新云, 金俊松, 李建军, 等. 智能锻造技术及其产业化发展战略研究[J]. 锻压技术, 2018, 43(7): 112-120.
[32] 徐治新. 以绿色制造为引领推动铸锻业转型升级[J]. 中国铸造装备与技术, 2018, 53(3): 12-18.
[33] Sizova I, Bambach M. Hot workability and microstructure evolution of pre-forms for forgings produced by additive manufacturing [J]. Journal of Materials Processing Technology, 2018, 256: 154-159.
[34] Gronostajsk Z, Pater Z, Madej L, et al. Recent development trends in metal forming [J]. Archives of Civil and Mechanical Engineering, 2019, 19(3): 898-941.

第 2 章　材料的变形行为与测试分析

2.1　锻造过程的材料变形行为

金属材料的变形行为是指金属在不同环境(温度、辐照、声振、磁场和电场等)条件下，承受各种外加载荷(拉伸、压缩、弯曲、扭转、冲击、交变应力等)时所表现出的力学特征。同时，塑性变形不仅会引起金属材料形状的改变，也会引起金属内部组织及其性能的改变。了解金属材料精锻成形过程中变形行为与外加载荷之间的关系及其演变规律，以及在变形过程中内部组织及性能的演化，是设计金属精锻成形工艺、模具和装备的前提条件[1, 2]。

在开展材料变形行为测试时，需要精密控制材料的变形行为，精确测量目标参数，并能用较为准确的数学模型表达。同时，为了保证所获得性能参数的普遍适用性，每一个性能指标还应该独立于所采取的实验方法和实验仪器。因此，一般采用简单应力状态下的拉伸、压缩和扭转等三种变形模式进行金属材料塑性变形行为测试。

材料的性能是由其内部微观结构决定的。为了解释材料的塑性变形行为和机理，需要对变形前、后以及变形过程中的材料微观组织结构进行表征和分析。一般采用 X 射线衍射仪、光学显微镜、扫描电子显微镜，以及透射电子显微镜等手段，从金属材料的物相组成、金相组织、微观形貌、晶格取向，以及化学成分等方面进行分析表征。

2.1.1　塑性变形能力

金属材料在锻压设备动力的作用下，稳定改变形状与尺寸且内部不发生破坏的能力称为塑性。塑性不仅取决于金属的内部结构，也取决于外部的变形条件。由于影响塑性的因素较多，难以仅用一个指标来反映材料的塑性高低。因此，可以用某一特定条件下金属的塑性变形数据来表征，如伸长率、压缩率、断面收缩率，以及冲击韧性值等。

为准确反映塑性成形过程，测试实验的变形方式与实际塑性成形时的变形方式一致。若实际塑性成形为锻造方式，则测量材料塑性指标时应采用镦粗测试实验等，圆柱形镦粗试样的高径比一般取 1.5。若实际塑性成形为冲压方式，则测量材料塑性指标时应采用拉伸测试实验，板料试样的尺寸按标准制备。材料的相对高度缩减率大于 50%时，通常认为具有良好的塑性，可以锻造成任意形状；当相对高度缩减率低于 20%时，则认为塑性很差，难以锻造；高度缩减率在两者之间时，塑性性能处于中等，需要在一定温度下锻造成形。

影响金属材料塑性变形能力的因素不仅包括温度，还包括应力状态、应变速率、材料组织状态和化学成分等。一般随变形温度的升高，原子振动加剧，有利于再结晶与回复的进行，也有利于更多滑移系的开启，金属材料的塑性变形能力会增强。当金属材料处于三向压应力状态时，能抑制材料内部已存在的微裂纹等缺陷，延缓材料出现宏观破坏，表现出更高的塑性；而当金属材料处于三向拉应力状态时，塑性变形能力最差。变形速度对塑性变形能力的影响具有不确定性。例如，高速变形时回复与再结晶不能充分进行，难以消除微裂纹等缺陷，导致塑性降低；但变形速度增大带来的塑性热效应和第二相来不及析出，又提高了塑性。金属材料的组织状态包括金属基体的晶格类型、单相与多相、第二相性质等。组织状态主要与所经历的热加工过程相关，如塑性变形工艺参数、热处理工艺参数等。而金属材料的化学成分通常以形成各种组织状态来改变塑性变形能力。

2.1.2　锻造时的金属流动

1. 金属流动的不均匀性

锻造时材料内部各质点的受力状态不同，且锻模型腔结构复杂，这导致锻件各部位的应变并不均匀。由于金属材料是连续协调体，这种应变的不均匀性，在金属材料内部产生了相互平衡的附加内应力。应变大的部位受到附加压应力，而应变小的部位受到附加拉应力。在锻造结束后，附加应力会保留在材料内部形成残余应力。如果应变不均匀过大，还会引起锻件的变形或产生裂纹。另外，塑性应变的不均匀性还会带来锻件组织性能的不均匀，进而影响零件的服役效果。例如，从大应变区到小应变区的过渡部位，往往有一个临界变形区，会引起晶粒粗大等缺陷。塑性加工时尽量采取措施减少变形的不均匀程度，如减小摩擦影响，改善润滑状态。对于热成形还要减小试件与模具间的温差，同时注意试件的保温，从而提高试件的最终成形质量。当然，从另一个角度来看，也可以充分利用变形的不均匀性，实现某些特殊零件对内部不同区域组织性能和力学性能的差异化要求。

2. 残余应力

对于经过塑性加工的锻件，在去除外力后，各部分变形不均匀导致内部形成残存应力。残余应力的大小不超过该材料的屈服极限，是一种弹性内应力。残余应力的存在使得锻件外形及尺寸精度降低，也会引起某些零件的抗腐蚀性能或抗疲劳性能降低。

变形时锻件内部温度梯度也会引起残余应力。例如，在热锻件冷却过程中，锻件表层温度下降快，心部温度下降慢。冷缩使表层金属受到拉应力，中心部分受到压应力，如图 2-1 所示。此时因为心部温度高，屈服应力较低，在受到压应力后产生塑性变形和致密化，塑性变形使应力有所下降，如图 2-1(c)所示。当锻件心部完全冷却后，其总收缩量由冷缩、塑性变形与致密化构成，大于表层金属(只有冷缩)。最后的残余应力状态是心部受拉应力，而表层金属受到压应力，如图 2-1(d)所示。以钢质锻件为例，在 900℃时只要内外温差高于 30℃，就足以使心部发生塑性变形。

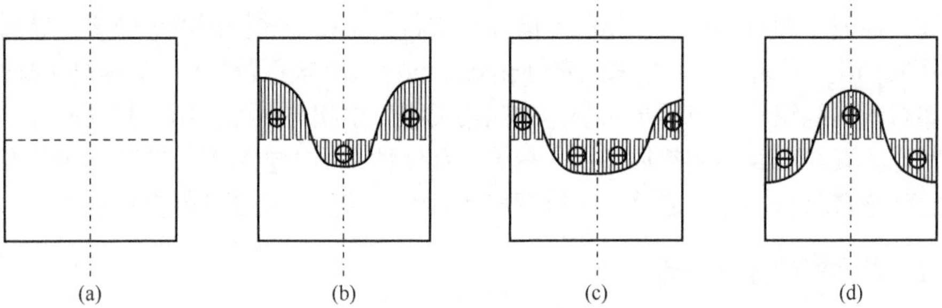

图 2-1　锻件冷却过程中的应力变化

⊕-拉应力；⊖-压应力

此外，在冷却过程中，相变的不同时进行，以及第二相粒子的不均匀析出也将引起内部应力，在冷却结束后形成残余应力。

残余应力一般采用热处理方法及机械处理方法来消除。热处理方法主要是采用去应力退火工艺，但对于不允许退火的零件，则采用机械处理方法。机械处理方法是使零件表面产生一些微量变形(1.5%～3%)，以抵消内部的残余应力或使残余应力得到释放或松弛。

3. 锻造时的缺陷

锻造时最常见的缺陷包括裂纹、失稳和折叠等。裂纹是塑性加工过程中常见的缺陷，如镦粗时侧面的纵向裂纹、拉拔时心部的 V 形裂纹、挤压时外表面的横向裂纹，以及楔横轧时中部的纵向裂纹等。裂纹的产生与受力状态和金属组织结构有关。为防止裂纹的产生，应使金属尽量在压应力状态下变形。对于低塑性的材料，可以提高变形温度以激活更多滑移系，并充分进行再结晶。塑性加工时的变形速度也不能太高。对于冷态下的变形，还可以采用中间退火的方式消除前一道工序产生的部分缺陷。

塑性变形时压缩失稳主要表现为坯料的屈曲和起皱，拉伸失稳主要表现为非均匀伸长变形(如单向拉伸时的局部径缩)甚至拉断。例如，在镦粗时，如果高径比超过 3，则很容易发生屈曲现象，因此应设计合理的镦锻工艺。

在锻造过程如果工艺与模具结构设计不合理，往往会在锻件内部产生折叠。折叠可能是两股或多股流动金属的对流汇合而成，也可能是变形金属弯曲并进一步折叠而成，还有可能是一部分金属压入另一部分金属内部而形成。例如，在模锻具有较薄腹板的高筋板类零件时，会在筋的底部产生类似的折叠。某些环形件或工字形截面锻件成形时，如果坯料尺寸选择过小或者模具圆角过小，也容易产生折叠。在平砧上拔长时，模具形状与单次压下量设计不合理时，容易在后一道压下时形成折叠。因此，在塑性加工时应设计合理的毛坯尺寸与模具形状，并改善润滑条件，避免折叠的产生。

2.2　摩擦测试方法

摩擦是影响金属塑性变形的一个重要工艺因素，摩擦模型的确定以及摩擦因子的大小也影响到锻造过程的计算与分析。影响摩擦的因素非常复杂，主要有材料本身的性质、载荷、滑动速度、温度以及表面特性等[3]。摩擦测量方法主要有两大类：直接测量法和模拟实验法[4]。直接测量法是通过安装在模具表面的传感器，直接测出实际成形过程中试样与模具接触面间的摩擦力与正应力，从而计算出摩擦系数的方法[5]。模拟实验法是对复杂成形工艺过程进行分析，设计具有相似成形工艺特点的简单成形过程，并对该过程进行摩擦测量的方法。模拟实验法一般采用实验与理论计算或模拟相结合的方法，通过测量对摩擦敏感的关键尺寸并与有限元模拟所获得的摩擦标定曲线进行对比，来获得摩擦值，它可以模拟各种塑性成形工艺条件，并且不用测量变形过程中成形力的大小，因此在塑性摩擦的测量领域得到了广泛的应用。主要的模拟实验法有圆环镦粗实验和双杯挤压实验。圆环镦粗实验把变形过程中圆环的内径变化作为摩擦指标，双杯挤压实验将成形后的上下杯高度比值作为衡量摩擦的指标。除此以外，杯杆复合挤压方法、鼓度法等模拟实验法都可以用来测量塑性变形过程中的摩擦。

摩擦模拟实验中所设定的工艺条件和实验参数影响摩擦测量的准确性，为了使摩擦模拟实验对塑性变形过程中摩擦的测量尽可能准确，必须尽可能使实验所模拟的工艺条件和参数与真实成形过程一致。

2.2.1　圆环镦粗实验

圆环镦粗实验由 Male 和 Cockcroft 提出，是当前使用比较广泛的摩擦测试方法[6]。在圆环镦粗实验过程中，将圆环试样放置在平砧板间进行镦粗，由于试样与模具接触面间摩擦的影响，圆环的内径随着摩擦因子的变化而变化，当摩擦因子减小时圆环内径增大，当摩擦因子增大时，圆环内径随之减小，如图 2-2 所示。圆环内径的缩减率对界面摩擦比较敏感，可以作为摩擦表征量衡量摩擦大小。

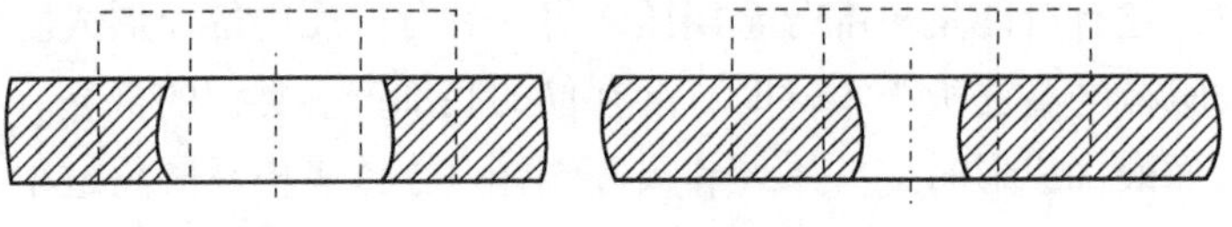
(a) 摩擦因子较小　　(b) 摩擦因子较大

图 2-2　圆环镦粗法

圆环变形过程中，存在一个临界摩擦因子，当变形过程中摩擦因子的数值小于该临界值时圆环内径变大，大于该临界值时圆环内径变小，圆环内径的变化对摩擦因子的改变非常敏感。测量圆环镦粗实验后的内径尺寸与相应的圆环高度尺寸，然后对比摩擦标定曲线即可测量塑性变形过程中的摩擦条件。圆环镦粗过程中存在两种流动模式：ρ 是圆环瞬时中性层半径。当摩擦因子较小时，$\rho \leqslant R_{\mathrm{i}}$，其金属全部沿径向向外流动，如图 2-3 所示，此时有[7]

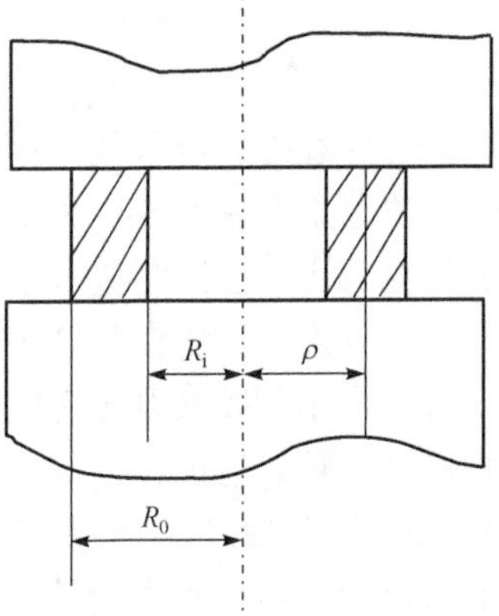

图 2-3　圆环镦粗实验示意图

$$m\frac{R_0}{H} \leqslant \frac{1}{2\left(1-\dfrac{R_{\mathrm{i}}}{R_0}\right)}\ln\left[\frac{3\left(\dfrac{R_0}{R_{\mathrm{i}}}\right)^2}{1+\sqrt{1+3\left(\dfrac{R_0}{R_{\mathrm{i}}}\right)^4}}\right] \tag{2-1}$$

其中，m 是摩擦因子；R_0 是圆环瞬时外径；H 是圆环瞬时高度；R_{i} 是圆环瞬时内径。

当式(2-1)不成立时，有 $R_{\mathrm{i}} < \rho < R_0$，此时中性层两侧的金属沿相反的方向流动。两种情况下都可以计算出中性层半径，再结合变形前后体积不变条件，得到变形后的圆环内半径。由此，可以算出高度方向的变化量和内径的变化量，从而得到理论推导的标定曲线。

采用有限元方法模拟圆环镦粗过程也可以得到摩擦因子标定曲线，具体步骤如下：首先使用有限元软件对不同尺寸的圆环试样进行镦粗过程的模拟。在圆环镦粗变形过程中，可以发现圆环内径和外径变化趋势和变化量随着摩擦因子的改变而变化，其中圆环内径的变化对接触表面摩擦大小变化最敏感，因此将内径变化量作为圆环镦粗过程中的摩擦标定量。根据这种内径的变化率，可以得出不同圆环尺寸下的摩擦因子标定曲线，如图 2-4 所示[8]。

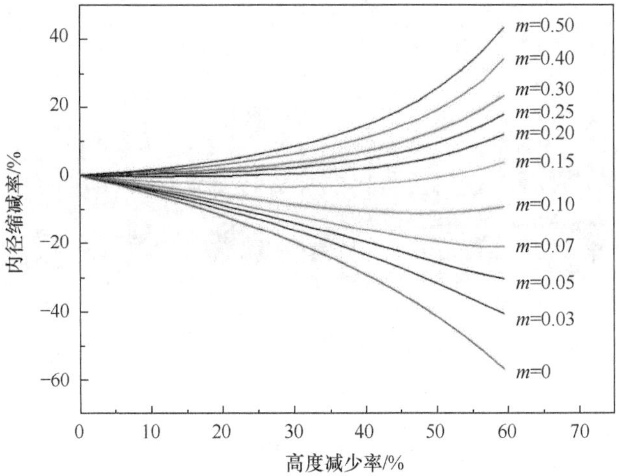

图 2-4　典型圆环镦粗摩擦因子标定曲线(紫铜，晶粒尺寸 30μm，样品尺寸 Φ2mm×Φ1mm×0.67mm)[8]

开展不同尺寸圆环试样的镦粗实验，镦粗前后的圆环试样如图 2-5 所示。在相同条件下进行多次重复实验，并对测量镦粗前后的圆环内径。采用圆环镦粗法测量摩擦因子通常使用通用设备，试样容易准备，且无须测变形力和变形功。对于圆环实验试样尺寸的选取应遵循一定的原则，这是由于圆环镦粗实验是基于一系列基本假设，试件尺寸比例有一定限制：内径不能太小，内径与外径应该相差较大，高度不能太大。一般取外径/内径=2，外径/高度⩾3 的短圆环作为试样。由于圆环镦粗的表面扩张率较小，圆环镦粗法不太适用于表面扩张比较严重的成形过程，如挤压等。Hoon 等提出，圆环镦粗法适用于摩擦因子不大于 0.3 的情况[9]。

为了研究微成形过程中的摩擦尺寸效应，李旭棠对紫铜进行不同晶粒尺寸和试样尺寸的圆环镦粗实验[8]。采用相同的热处理方式得到平均晶粒尺寸分别为 15μm、30μm 和 50μm 的紫铜材料，并通过精密机加工制作成 Φ3mm×Φ1.5mm×1.00mm、Φ2.5mm×Φ1.25mm×0.83mm 和 Φ2mm×Φ1mm×0.67mm 三种尺寸的圆环试样。通过模拟与实验相结合的方法，对微观尺度下的摩擦尺寸效应现象进行研究分析，结果如图 2-6 所示。液体润滑成形过程中出现了明显的摩擦尺寸效应现象。摩擦因子随着平均晶粒尺寸的增大和试样尺寸的减小而增大。这是由于在微成形过程中，闭合润滑包和开口润滑包区域的出现使得材料表面变形不均匀，试样与模具界面间实际接触区域随着试样尺寸减小、平均晶粒尺寸增大而增大。而在无润滑(干摩擦)情况下，则没有明显的摩擦尺寸效应现象，这可能是由试样表面粗糙度差异等因素引起的。当试样尺寸较小时，干摩擦因子与润滑摩擦因子间的差距随着平均晶粒尺寸的增大而减小。

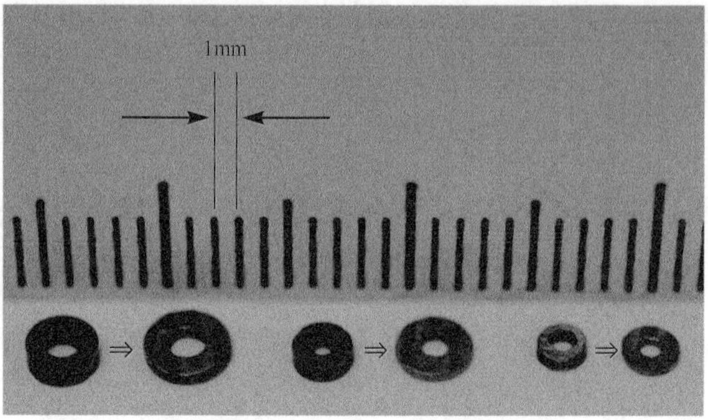

图 2-5　圆环镦粗实验初始试样与变形试样(三种尺寸)[8]

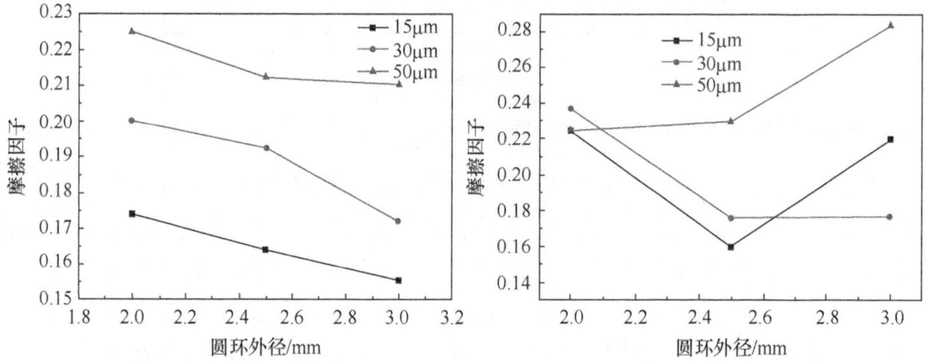

(a) 机油润滑　　(b) 无润滑

图 2-6　机油润滑和无润滑(即干摩擦)条件下测得的摩擦因子值[8]

2.2.2　双杯挤压实验

双杯挤压实验能够模拟大变形条件，拥有更大的表面扩展率和更高的成形应力，与实际生产中的工艺条件更为接近。Schrader 等研究了双杯挤压实验中影响金属流动的因素以及提高双杯挤压实验对于摩擦敏感性的途径，指出双杯挤压实验评价的是坯料与凹模之间接触面上的摩擦大小，而冲头与坯料之间的摩擦对杯高比值影响较小[10]。Barcellona 等利用双杯挤压实验研究了冷锻成形工艺中的摩擦，发现通过双杯挤压实验获得的结果更适用于评价挤压及闭式锻造工艺中的摩擦因子大小[11]。

图 2-7 为双杯挤压实验原理示意图，试样原始高度为 H_0，双杯成形后上杯高度(h_u)与下杯部高度(h_l)的比值反映了接触面之间的摩擦因子大小，比值随着摩擦因子的增大而增大，如果接触面之间没有摩擦影响即摩擦因子 $m=0$，则上下杯部的高度相同，高度比值为 1。实验过程中，上冲头往下运动，而下冲头和外

壁筒保持固定。因此外壁筒与上冲头之间有一个相对运动速度，而与下冲头之间保持静止，从而往下流动的金属受到限制，导致上杯的高度大于下杯的高度。

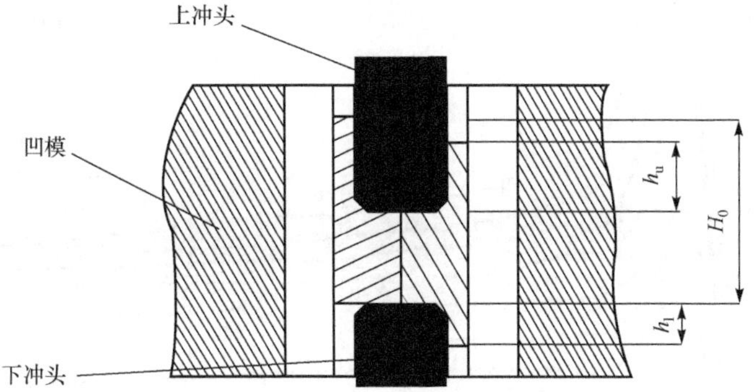

图 2-7　双杯挤压实验原理

等杯径双杯挤压属于多自由度变形，这是利用试样变形后尺寸确定摩擦因子 m 值的必要条件。试样变形后的外形尺寸特征以尺寸参数值表示[12]。在上冲头有相对压下量为

$$\Delta H=\frac{H_0-H}{H_0} \tag{2-2}$$

其中，H_0 为试样原始高度；H 为试样成形后的高度。此时上杯与下杯高度分别有增量 Δh_u 和 Δh_l，则

$$\bar{h}=\frac{\Delta h_u}{\Delta h_u+\Delta h_l} \tag{2-3}$$

$\bar{h}$ 反映了试样变形后的尺寸特征，也反映了变形过程中金属在两个通道的分配情况。$\bar{h}$ 的变化取决于上下杯的变形程度、凹模与试样接触面上的摩擦条件和相对压下量。当上下杯变形程度确定时，$\bar{h}$ 值的变化只与摩擦因子 m 及相对压下量 ΔH 有关。

具体测定 m 值的方法如下。利用商业化有限元软件，获得不同摩擦因子下的上、下杯高度比值对应冲头挤压行程的摩擦标定曲线如图 2-8 所示。通过从实验中获得上、下杯高的变化情况如图 2-9 所示，以及与之对应的冲头行程并与摩擦标定曲线对照，就可以得到对应成形条件下的摩擦因子。

变形程度 ε 的选择应使不同的 m 值所对应的差别比较显著，因此测定时应选取较小的值。但 ε 值过小会因为失去双杯挤的特征而导致理论标定曲线与实际有较大偏差。合适的 ε 值应为 0.1～0.2。试样高径比的选取应保证试样有一定的变形量。变形太小，所测得的 m 值不能反映变形量较大时 m 值的变化情况，因此高径比一般在 1.0 左右。

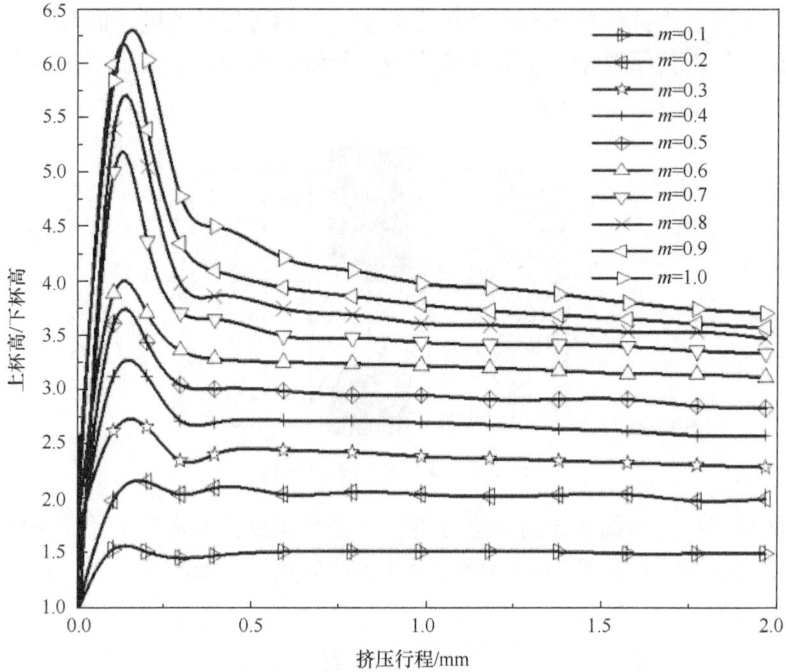

图 2-8　典型双杯挤压摩擦标定曲线(锆基非晶合金，挤压比为 0.36)[13]

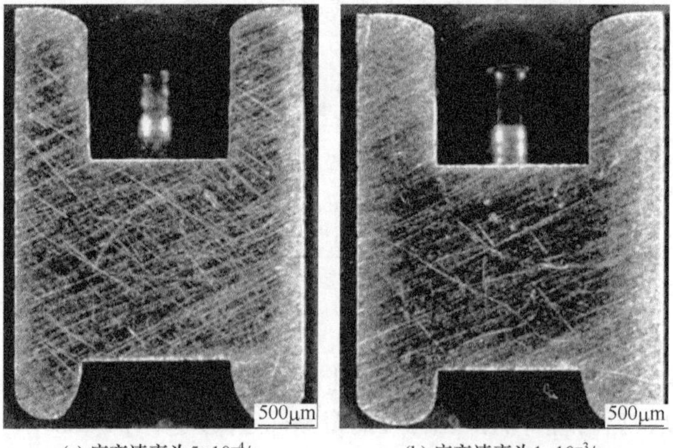

(a) 应变速率为5×10^{-4}/s　　(b) 应变速率为1×10^{-3}/s

图 2-9　典型双杯挤压实验试样(锆基非晶合金，成形温度 415℃)[13]

2.2.3　筋板镦挤实验

在研究微成形中的摩擦尺寸效应时，圆环镦粗和双杯挤压这两种宏观尺度下常用的摩擦测试方法经常被等比例缩小来测量微成形中的摩擦大小。但是在微观尺度下变形不均匀，镦粗后圆环内径形状比较不规则，难以精确测量内径的变化；

微型双杯挤压对模具制造精度要求较高，且成形后脱模较困难，在变形过程中容易出现冲头折断等缺陷。而且这两种摩擦测试方法的金属成形方式较单一。为了测量具有镦挤复合变形方式的微成形过程中的摩擦因子大小，李旭棠提出了一种新的采用 T 形件镦挤进行摩擦测试方法：筋板镦挤实验法[8]。

筋板镦挤实验由三部分组成：冲头、方形试样和带筋槽的下模，筋板镦挤的试样是长方体，挤压部分的筋腔与水平面垂直，而且沿筋长方向的金属流动受到垂直约束面的限制。

在筋板镦挤实验中，首先将试样放置在模具中央，如图 2-10 所示。上冲头随着压力机向下运动，在上冲头的作用下，试样中间靠近筋槽部分的金属被挤进筋槽的同时，两侧腹板处的金属被镦粗而向外流动，从而形成一个 T 形的镦挤件。在界面摩擦的作用下，成形筋的高度和腹板形状受到较大的影响，成形载荷也随着摩擦因子的增大而增加。

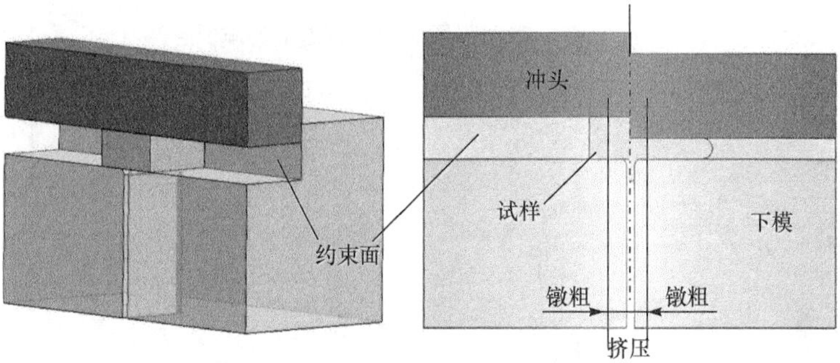

图 2-10　筋板镦挤示意图[8]

在镦挤过程中，镦挤筋板的形状随着摩擦因子的变化而变化。图 2-11 和图 2-12 展示了不同摩擦因子对腹板宽度 L 和筋高 H 的影响，其中腹板宽度 L 指的是腹板展开方向上的最大宽度，筋高 H 即筋高最大值。可以看到，腹板宽度和筋高都随着摩擦因子的增大而增加，尤其是试样压缩比超过 60%以后，腹板宽度和筋高随摩擦因子变化更加剧烈。这说明腹板宽度 L 和筋高 H 对成形过程中界面摩擦因子的变化比较敏感。

为了提高 T 形筋板镦挤实验对摩擦因子的敏感度，对成形过程中两个重要的几何参数，筋宽 W 和圆角半径 R 进行了相关研究。引入了筋高与腹板宽度的比值作为摩擦敏感值，定义如下：

$$\lambda = \frac{k_m - k_{m=0}}{k_{m=0}} \tag{2-4}$$

其中，k_m 是某一行程对应下的摩擦因子为 m 的筋高与腹板宽度的比值；$k_{m=0}$ 为相同行程下摩擦因子为 0 的筋高与腹板宽度比值。

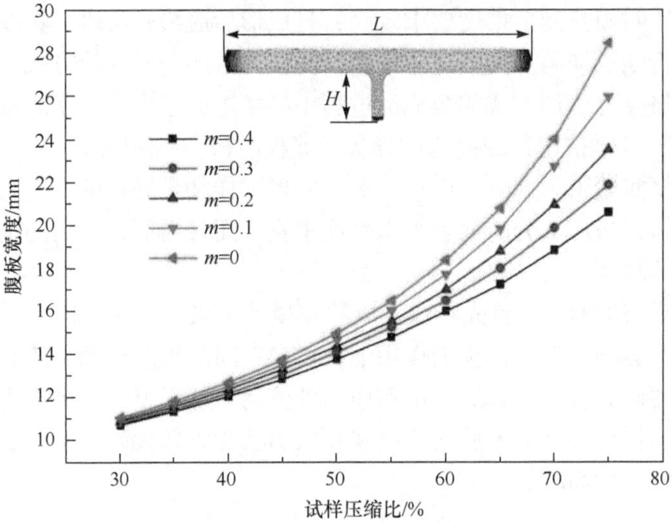

图 2-11　摩擦因子对腹板宽度的影响[8]

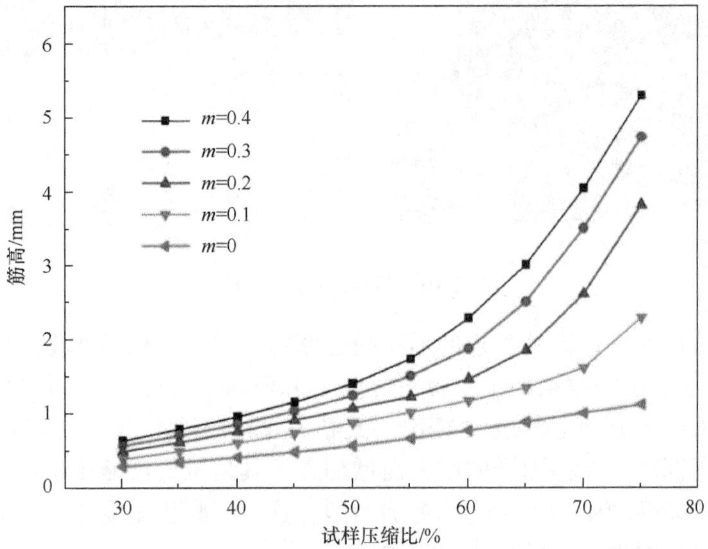

图 2-12　摩擦因子对筋高的影响[8]

筋高和腹板宽度都对摩擦因子比较敏感，而筋高与腹板宽度的比值综合考虑了镦粗和挤压两部分变形方式对成形件形状的影响，并且反映了镦粗与挤压接触面上的摩擦因子变化。图 2-13 给出了不同行程下筋高与腹板宽度的比值随着摩擦因子的变化曲线。从图中可以看到，比值 H/L 也随着摩擦因子的增大而增加。因此，在 T 形筋板镦挤实验法中选择筋高与腹板宽度的比值作为衡量摩擦因子大小的表征量。

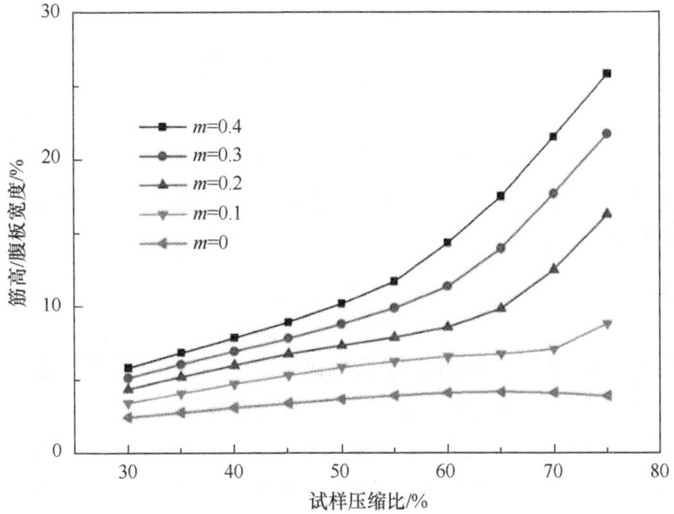

图 2-13　不同摩擦因子对筋高与腹板宽度比值 H/L 的影响[8]

有限元模拟结果如图 2-14 所示，随着筋宽的增大，比值 H/L 对摩擦的敏感值降低。因此，在本实验方法中适合选择较小的筋宽。随着圆角半径增大，当摩擦因子 $m \leqslant 0.4$ 时，筋高与腹板宽度的比值对摩擦更为敏感；然而，当 $m>0.4$ 时，摩擦敏感值λ随着圆角半径的增大反而减小。出现这种现象的原因是摩擦因子较小时，润滑情况比较好，镦粗部分的界面摩擦影响较小，而当圆角半径增大时，挤压部分接触面积增大，使得筋高与腹板宽度比值对摩擦的敏感度增大；而当摩擦因子增大时，腹板处镦粗部分的摩擦作用比较显著，使得金属难以向筋腔中挤压流动，因此摩擦敏感度呈现相反的变化趋势。因此，在本实验方法中当摩擦因子较大时，适合选择较大的圆角半径；当摩擦因子较小时，适合选择较小的圆角半径。

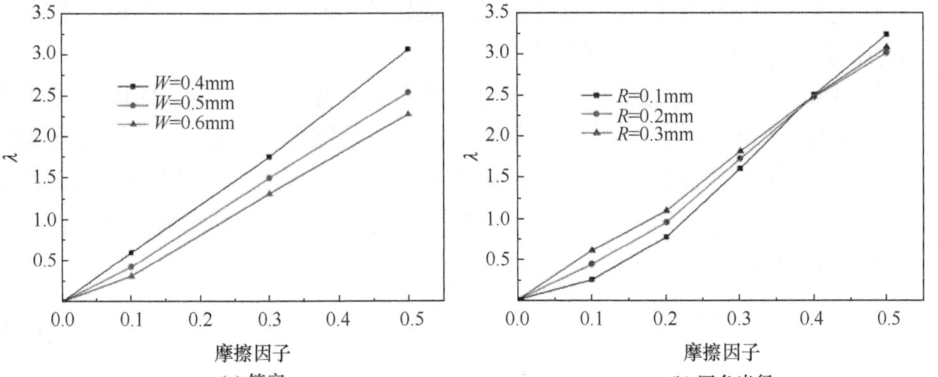

(a) 筋宽　(b) 圆角半径

图 2-14　筋宽和圆角半径对摩擦敏感值的影响[8]

2.3 拉 伸 实 验

拉伸实验是应用最为广泛的材料变形行为测试方法。基于拉伸实验所得到的流动曲线，可以推导出材料的弹性极限、伸长率、弹性模量、断面缩减率、拉伸强度、屈服强度等性能指标[14]。

2.3.1 测试原理分析

作为最为常用的金属材料力学性能测试方法，金属材料的室温拉伸实验方法已经标准化(《金属材料　拉伸试验　第 1 部分：室温试验方法》(GB/T 228.1—2010)和 *Standard Test Methods for Tension Testing of Metallic Materials*(ASTM E8/E8M-16a))[15, 16]。对于精锻材料的塑性变形行为测试，一般根据相关标准制备出标准测试样品，典型的圆形截面拉伸测试样品如图 2-15 所示。

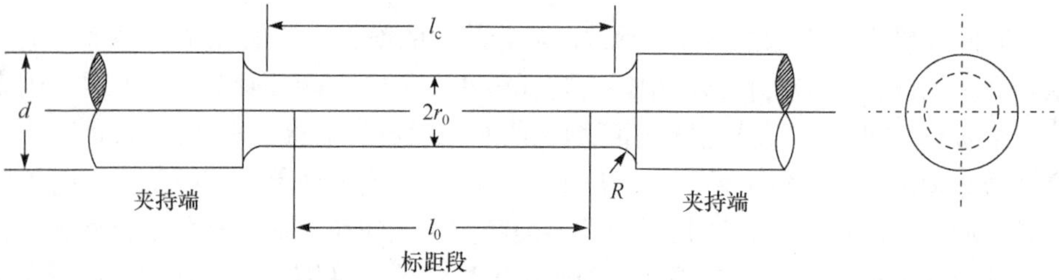

图 2-15　圆形截面拉伸测试样品

金属材料室温拉伸实验所用设备主要包括实验机和引伸计。实验机是用来对试样施加设定的拉伸载荷并对其进行控制和测量的机电系统。拉伸载荷既可以是位移(速度)控制，也可以是成形力控制，部分先进实验机与引伸计配合还可以实现应变速率控制。引伸计是测量试样伸长量(或者位移量)的系统，主要包含变形(位移)传感器、信号转换及记录装置[17, 18]。

通过实时记录拉伸过程中载荷 P 和试样标距长度的变化 Δl ，即可得到载荷-伸长量曲线，如图 2-16 所示。在均匀拉长的应变范围内，一般认为应力是均匀分布的。拉伸过程中的流动应力 σ_f 是作用力 P 和实际横截面积 A 的比值，如式(2-1)所示。流动应力不仅取决于应变，还依赖于应变速率、测试温度以及由各向异性导致的方向效应等，此处暂不考虑。

$$\sigma_f = \frac{P}{A} \tag{2-5}$$

因此，实际横截面积可以根据体积不变原理，通过测得的伸长量 Δl 有

$$A = \frac{\pi r_0^2 l_0}{l_0 + \Delta l} \tag{2-6}$$

其中，l_0是试样初始标距长度；r_0是试样标距段的初始半径。

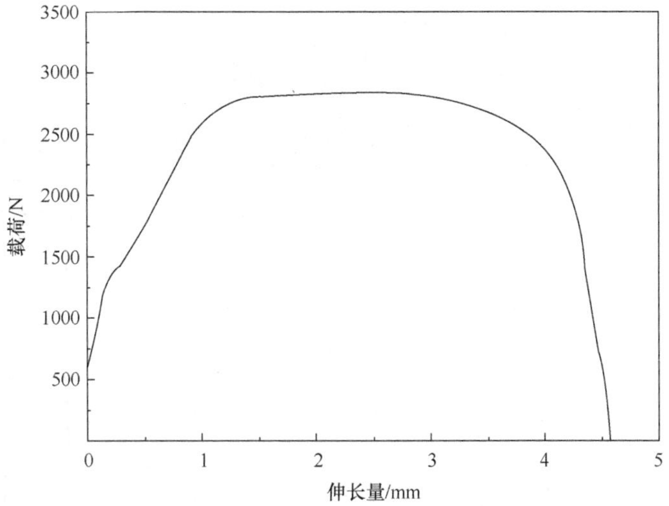

图 2-16　08AL 的载荷-伸长量曲线[19]

标距段的真实应变ε与伸长量Δl的关系为

$$\varepsilon = \ln\frac{l_0 + \Delta l}{l_0} \tag{2-7}$$

真实应力σ_{f}和真实应变ε之间的函数关系为

$$\sigma_{\mathrm{f}} = \sigma_{\mathrm{f}}(\varepsilon) \tag{2-8}$$

根据式(2-8)绘制的曲线称为流动曲线，如图 2-17 所示。流动曲线代表材料在单轴应力作用下发生塑性变形所需的应力。多轴应力状态之间的关系可以通过等效应力和等效应变来表达。所以，在三轴应力状态下，式(2-8)中的ε必须用等效应变$\bar{\varepsilon}$来代替。而对于单轴拉伸实验，其应变和等效应变是相等的。

拉伸测试中的均匀变形范围取决于最大拉伸力对应的伸长量E_{u}。当伸长量超过E_{u}后，试样将会出现颈缩，变形将不稳定。当试样结束均匀拉伸变形，进入颈缩阶段时如图 2-18 所示，假定试样颈缩区域的横截面依旧保持圆形，根据 Bridgman 公式，其流动应力为[20]

$$\sigma_{\mathrm{f}} = \frac{P}{A_{\min}\left(1+\frac{2R}{a}\right)\ln\left(1+\frac{a}{2R}\right)} \tag{2-9}$$

其中，$A_{\min}$是在给定拉伸力 P 条件下试样颈缩区域的最小横截面积；a 是试样最小横截面所对应的半径；R 是颈缩区域的曲率半径。将式(2-9)进行泰勒级数展开后，可以简化为

$$\sigma_{\mathrm{f}} = \frac{P}{A_{\min}\left(1+\dfrac{a}{4R}\right)} \tag{2-10}$$

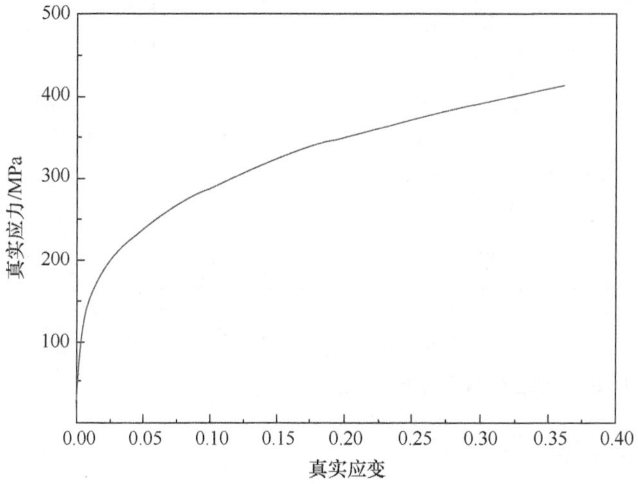

图 2-17　08AL 拉伸时的流动曲线[19]

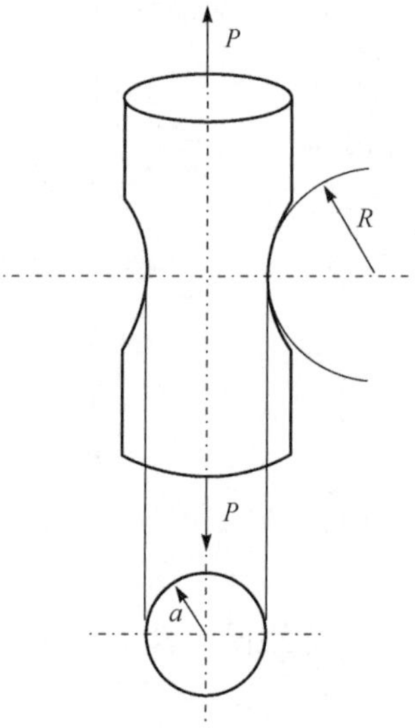

图 2-18　圆柱拉伸试样颈缩区域示意图

相应的应变为

$$\varepsilon = \ln\left(\frac{A_0}{A_{\min}}\right) \tag{2-11}$$

2.3.2　根据拉伸特征值近似确定流动曲线

一般金属材料在室温下塑性变形时，其流动曲线的确定过程相对简单。在此类条件下，流动曲线满足的关系为

$$\sigma_{\mathrm{f}} = K \cdot \bar{\varepsilon}^{n} \tag{2-12}$$

其中，K 和 n 是材料的特定常量，K 为强度系数，n 是应变硬化指数。为了简便起见，式(2-1)常称为 Hollomon 公式。

因此，只需要确定某个金属材料的 K 值和 n 值，即可根据式(2-8)获得其流动

曲线。根据 Reihle 的研究[21]，可以采用一个简化的步骤来近似确定 K 和 n，即

$$n \approx \varepsilon_{\mathrm{u}} \tag{2-13}$$

$$K = \sigma_{\mathrm{u}} \left(\frac{\mathrm{e}}{n} \right)^{n} \tag{2-14}$$

其中，e 是自然指数。

因此，只需要知道金属材料的最大均匀拉伸(均匀应变)量 ε_{u} 和对应的拉伸强度 σ_{u}，就可计算出 K 和 n。可以通过各种途径来确定材料的均匀拉伸状态。例如，将试样拉伸到颈缩的初始点，然后测量颈缩区域之外的截面拉伸量。

2.4 镦粗实验

金属材料在压应力状态的成形性能更好，镦粗变形能够实现更高的应变量和应变速率，因此经常采用镦粗实验来获得材料的流动曲线，用于体积成形过程的分析。与拉伸实验类似，目前镦粗实验的细节(包括具体的试样制备方法和测试规程)都已经实现了标准化(《金属材料　室温压缩试验方法》(GB/T 7314—2017)和 *Standard Test Methods of Compression Testing of Metallic Materials at Room Temperature*(ASTM E9-89a(2000)))[22, 23]。

镦粗实验一般在两个平行的压板之间压缩圆柱体试样，通过分析载荷以及试样高度的变化来得到材料的应力应变关系。为了尽可能地降低圆柱体试样与压板之间的摩擦，抑制试样鼓形，一般选取两端带有凹槽的 Rastegaev 试样，如图 2-19 所示。

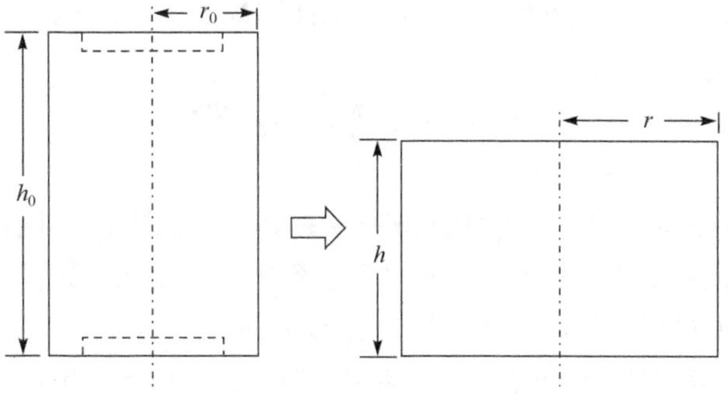

图 2-19　Rastegaev 试样

可通过式(2-11)获得材料的真实压缩应变为

$$\varepsilon = \ln \frac{h_0}{h} \tag{2-15}$$

其中，h_0是圆柱体试样的初始高度；h 是试样在载荷 P 作用下的实际高度。

根据体积不变原理，可以根据测得的试样实际高度 h 计算得到对应的试样半径 r，因此镦粗过程中材料的流动应力可以表示为

$$\sigma_{\mathrm{f}}=\frac{P}{\pi r^2} \tag{2-16}$$

主要有两种解决思路来尽可能降低镦粗过程中摩擦对材料变形行为的影响。一种是改善压板和试样之间接触面的润滑条件，如采用石蜡、硬脂酸盐、MoS_2和石墨等作为润滑介质；或者在试样端面加工出同心凹槽，以阻止润滑剂从试样端面流出。另一种则是根据材料不均匀变形特征(如鼓形)，对测试数据进行修正处理。例如，对试样的轮廓半径进行测量，以将变形抗力的升高以及试样鼓形考虑进来；或者采用镦粗不同长径比的试样，通过外推法消除摩擦影响；也可采用表面有凹槽的压板进行镦粗并修正。

Rastegaev 试样上下端面设有平直的凹槽，用于填充和留置润滑剂(如石蜡、硬脂酸盐、MoS_2和石墨等)。如果凹槽尺寸选择得当，就能保证良好的润滑条件，试样在镦粗过程中就能避免鼓形现象，一直保持圆柱形。

镦粗试样的高径比越大，摩擦对应力的影响就越低，因此试样的高径比最好大于 1。但是高径比超过 3 之后，镦粗时试样易失稳，所以一般建议高径比为 1.5 左右。在设计 Rastegaev 试样时，凹槽侧壁厚度 u_0 和侧壁高度 t_0对润滑效果也有显著影响。若侧壁厚度 u_0 太大，则有效润滑区域减小，导致润滑效果不佳；若侧壁厚度 u_0 太小，则试样容易失稳。因此，一般 $u_0 \approx 0.07r_0$ [24]，而侧壁高度 t_0的确定则需要考虑试样材质与压板之间的摩擦特性，例如，采用硬脂酸盐作为润滑剂时，钢铁材质试样的 $t_0/u_0 \approx 0.4$ ，而铜质试样的 $t_0/u_0 \approx 0.6$ [25]。

2.5 扭 转 实 验

对实心圆柱体施加扭矩 M(扭矩 M 是旋转角 α 的函数)，使圆柱体绕其轴线扭转，如图 2-20 所示，直至断裂。采集在此过程中的扭矩 M、试样标距长度 l_0 以及两截面之间的相对扭转角 ψ ，即可绘制出 M-ψ 曲线。

目前扭转实验方法已经得到了标准化，即《金属材料　室温扭转试验方法》(GB/T 10128—2007)[26]。试样必须具有精确的圆形横截面，且不存在切口效应，同时其几何尺寸在变形过程中保持不变。试样材料必须是均匀的、各向同性的、不可压缩的。一般推荐试样半径 r 为 5mm，标距长度 l_0 为 50mm 或 70mm。

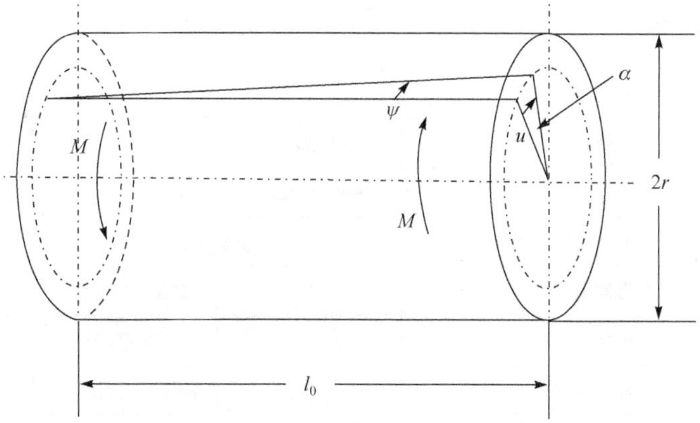

图 2-20　扭转测试示意图(试样两侧的夹持端未在图中显示)

在 M-ψ 曲线的弹性直线段，读取扭矩增量 ΔM 和对应的扭转角增量 $\Delta\psi$，可求出剪切模量为

$$G = \frac{\Delta M l_0}{\Delta\psi I_p} \tag{2-17}$$

其中，极惯性矩 I_p 为

$$I_p = \frac{\pi r^4}{2} \tag{2-18}$$

在试样圆周($u = r$)处的剪切应变为

$$\gamma_r = \frac{r\alpha}{l_0} \tag{2-19}$$

相应的剪切应变速率为

$$\dot{\gamma}_r = \frac{r\dot{\alpha}}{l_0} \tag{2-20}$$

通常情况下，扭转测试都是在恒定的旋转速度下进行的，从而得到稳定的剪切应变速率。

2.6　流动应力的其他测试方法

2.6.1　分离式 Hopkinson 压杆测试

在金属成形工艺中，施加于材料的工作速度范围广泛，如图 2-21 所示[27, 28]。工作速度对应于材料变形过程中的应变速率，为了准确反映材料在实际变形工艺中的真实流动行为，在进行材料流动应力测试时，也需要采用能够满足应变速率要求的测试方法。

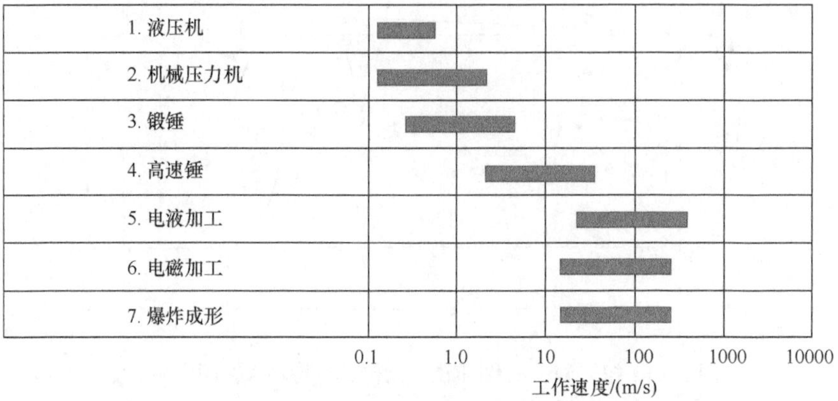

图 2-21　各类金属成形工艺中的工作速度[27, 28]

图 2-22 根据各类测试方法所能达到的应变速率，对测试方法进行了总体分类。

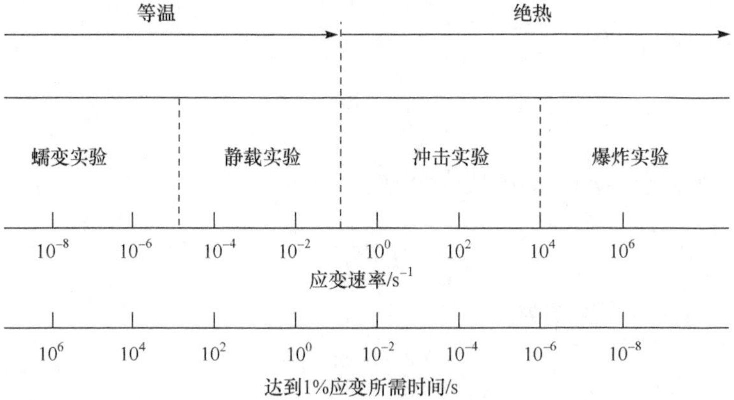

图 2-22　基于应变速率对测试方法进行分类[29]

前面提及的拉伸、压缩和扭转测试方法，能够满足中低应变速率($<10^{-1}s^{-1}$)范围内的测试要求。对于高应变速率情形，尤其是极端应变速率情形，这些测试方法则不再适用。

目前应用最为常见的高应变速率实验方法是分离式 Hopkinson 压杆方法。该方法能够实现 10^2～10^4 s^{-1} 的应变速率，可以用于拉伸、压缩及扭转实验。应用分离式 Hopkinson 压杆方法必须满足两个基本假设，即一维应力波假设和试样应力均匀性假设。在实际测试过程中，由于这两个假设往往难以得到严格满足，尤其是在加载初期阶段。因此，实验结果总存在一定的误差，一般认为除非采取特别措施，由分离式 Hopkinson 压杆方法所得到的材料流动曲线的上升沿的可信度是不高的。

图 2-23 为该方法用于镦粗实验的示意图。通过气压等方式将子弹加速后发射出来，子弹与入射杆发生碰撞并在入射杆中形成压应力波(入射波 ε_i)。压应力波穿过入射杆后进入试样，由于试样和入射杆波阻抗的差异，只有一部分应力波穿过试样到达透射杆，这部分应力波称为透射波 ε_t。而另一部分应力波则会反射回入射杆，这部分应力波称为反射波 ε_r。透射波达到透射杆的自由端并在那里发生反射。然后，拉应力波形成并逆向穿过透射杆，此时该棒与试样脱离(试样与透射杆之间通过一层油膜连接)，实验完成。入射杆和透射杆上的应变计分别采集入射波和透射波的波形，并传入数据存储系统[30]。

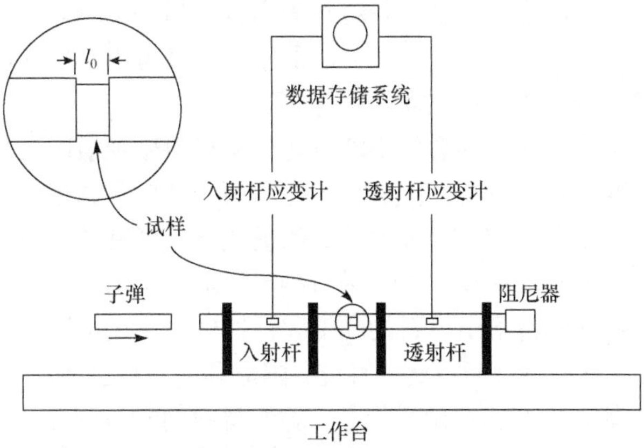

图 2-23　分离式 Hopkinson 压杆实验[31]

入射杆与试样界面处的轴向位移 μ_1 为

$$\mu_1 = c\int_0^t (\varepsilon_i - \varepsilon_t)\mathrm{d}t \tag{2-21}$$

透射杆与试样界面处的轴向位移 μ_2 为

$$\mu_2 = c\int_0^t \varepsilon_t \mathrm{d}t \tag{2-22}$$

因此，试样的应变量 ε 为

$$\varepsilon = \frac{\Delta l}{l_0} = \frac{\mu_1 - \mu_2}{l_0} = \frac{c}{l_0}\int_0^t (\varepsilon_i - \varepsilon_r - \varepsilon_t)\mathrm{d}t \tag{2-23}$$

其中，l_0 为试样原始长度，如图 2-23 所示。对应的应变速率为

$$\dot{\varepsilon} = \frac{c}{l_0}(\varepsilon_i - \varepsilon_r - \varepsilon_t) \tag{2-24}$$

假定试样发生纯弹性变形且内部应力均匀分布，则试样内部的平均应力为

$$\sigma = \frac{A_1}{2A_s} E\left(\varepsilon_i + \varepsilon_r + \varepsilon_t\right) \tag{2-25}$$

其中，E 为压杆的弹性模量；A_1 为压杆的横截面面积；A_s 为试样的横截面面积。

2.6.2 纳米压痕测试

硬度是衡量材料软硬程度的性能指标。硬度是一个包含了材料弹性、塑性、变形强化、强度和韧性等多个物理性能的综合指标，因此，可以基于材料的硬度测量结果对材料的某些力学性能进行评定，如抗拉强度、疲劳极限和磨损性能等。目前常用的材料硬度实验方法可以分为压入法和刻划法两大类，其中以压入法应用最为广泛。压入法硬度值表征的是材料表面抵抗另一个物体压入时所引起的塑性变形的能力。根据压入法硬度测试方法的不同，又可以将压入法硬度分为布氏硬度、洛氏硬度、维氏硬度和显微硬度等[32]。

随着精锻领域控形控性理念的不断深化，从材料微观组织及相应的微纳米区域力学性能的角度，对材料塑性变形行为进行精确分析和调控，成为一个重要的研究热点。原子力显微镜和纳米硬度计的问世让研究者具备了从微纳米尺度对材料力学性能进行分析测试的能力[32]。随着纳米压痕技术的不断发展和完善，纳米压痕测试不仅能够准确地给出材料的硬度和弹性模量，还可以定量地表征材料的流变应力和变形硬化特征、摩擦磨损性能、阻尼和内耗特性(包括储存模量和损失模量)、蠕变激活能、应变速率敏感指数、脆性材料的断裂韧性、材料内部残余应力、应力诱导相变行为以及薄膜材料力学性能等[33]。实际上，任何一个可以从单轴拉伸和压缩测试中得到的力学性能参数都可以用纳米压痕的方式得到。

纳米硬度计主要由运动线圈、加载单元、压头以及控制单元等四部分组成。纳米压痕所使用的压头一般由金刚石制成，常用的压头有 Berkovich 压头和 Vicker 压头等。通过将整个纳米压痕过程进行自动化控制，可以实时测量压入过程中的载荷与位移，并绘制出两者之间的关系曲线(P-h 曲线)[34]。

图 2-24 是典型的纳米压痕测试加载-卸载过程中的载荷-位移曲线。其中，四个最主要的物理参量是：最大载荷(P_{max})、最大位移(h_{max})、完全卸载后的剩余位移(h_f)，以及卸载曲线顶部的斜率($S = \mathrm{d}P/\mathrm{d}h$)。参量 S 又称为弹性接触韧度。基于这些参量，即可推算出材料的硬度和弹性模量[35]为

$$H = \frac{P_{max}}{A} \tag{2-26}$$

$$E_r = \frac{\sqrt{\pi}}{2\beta} \frac{S}{\sqrt{A}} \tag{2-27}$$

$$\frac{1}{E_r}=\frac{1-\nu^2}{E}+\frac{1-\nu_1^2}{E_1} \tag{2-28}$$

其中，A 是接触面积；ν 是被测材料的泊松比；E_r 是当量弹性模量；E 是被测材料的弹性模量；β 是与压头几何形状相关的常数；E_1 是压头材料的弹性模量；ν_1 是压头材料的泊松比。

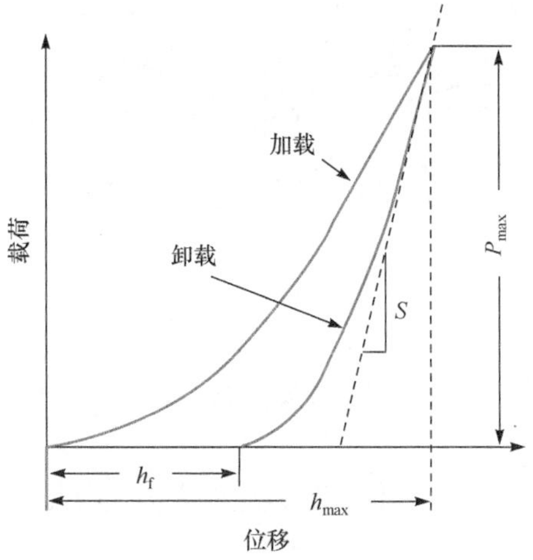

图 2-24　纳米压痕实验的载荷-位移曲线[36]

为了从纳米压痕实验得到的载荷-位移数据中计算出材料的硬度和弹性模量，就必须准确地知道压痕过程中的弹性接触韧度和接触面积。目前广泛用来确定压痕接触面积的方法称为 Oliver-Pharr 方法，即将卸载曲线顶部的载荷与位移的关系拟合为指数关系。为了降低误差，在进行接触韧度曲线拟合时通常只取卸载曲线上距顶部的 25%～50%区间的数据[37, 38]。

$$P=B\left(h-h_{\mathrm{f}}\right)^m \tag{2-29}$$

$$S=\left(\frac{\mathrm{d}P}{\mathrm{d}h}\right)_{h=h_{\max}}=Bm\left(h_{\max}-h_{\mathrm{f}}\right)^{m-1} \tag{2-30}$$

其中，B 和 m 为拟合参数；h_{f} 为完全卸载后的位移；$h_{\max}$ 为整个加载-卸载过程的最大位移。

为了确定压痕接触面积，必须首先知道压痕接触深度 h_{c}。对于弹性接触，压痕接触深度总是小于总的穿透深度(最大位移 $h_{\max}$)。压痕接触深度为

$$h_{\mathrm{c}}=h-\varepsilon\frac{P}{S} \tag{2-31}$$

其中，ε 是与压头形状有关的常数，再根据经验公式 $A=f\left(h_{\mathrm{c}}\right)$ 计算接触面积，即

可以求出相应的硬度和弹性模量，如图 2-25 所示。

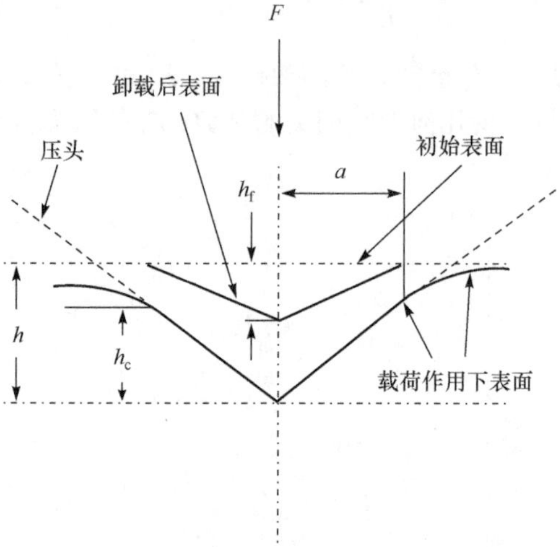

图 2-25　材料表面受压前后的压痕示意图[36]

2.7　微观组织分析方法

材料的组织为相的聚集体，包括单相组织和多相组织。材料微观组织的含义为从微米尺度描述相之间的聚集状态，包括相的组成、相的形态、相的分布以及相与相之间的关系等特征。

材料的微观组织结构所涉及的内容包括：显微化学成分，晶体结构与晶体缺陷，组成相的形态及其几何尺寸、含量与分布，界面(表面、相界与晶界)，位向关系(惯习面、孪生面、新相与母相)，内应力分布等。

材料的性能(包括力学性能、物理性能、化学性能)是由其内部的微观组织决定的。不同种类的材料一般具有不同的性能，即使是同一种材料，经过不同工艺处理后得到不同微观组织时，也会具有迥异的性能。

认识材料的微观组织与其性能之间的关系、各类微观组织的形成条件与过程机理，则可以通过一定的控制方法来获得预期的微观组织，从而得到具备特定性能的材料。在分析材料塑性变形行为时，表征、分析和对比材料在变形前后的微观组织状态，也是总结材料塑性变形规律和了解材料塑性变形机理的重要途径[39]。

2.7.1　X 射线衍射分析

X 射线照射到晶体上会发生散射，而衍射现象则是 X 射线被晶体散射的一种特殊形式。晶体的基本特征是其微观结构(原子、分子或者离子的空间排布)具有周期性。当 X 射线被晶体散射时，与入射波波长相同的散射波会相互干涉，在一些特定的方向上互相增强，产生衍射线。晶体可能产生衍射的方向取决于晶体微观结构的类型(晶胞类型)及其基本尺寸(晶面间距等晶胞参数)，而衍射强度则取决于晶体中各组成原子元素种类及其分布排列的空间坐标。X 射线衍射(X-ray diffraction，XRD)分析是当前研究晶体结构及其变化规律的主要手段。

XRD 既可以进行定性分析，也可以进行定量分析。根据样品的 XRD 图谱，可以初步定性地判断样品是非晶态还是结晶态。图 2-26 是一种锆基非晶合金表面的 XRD 谱线。非晶态样品没有明显的尖锐的峰，一般为一个大包峰；晶体的 XRD 谱线则存在明显的特征峰。将 XRD 谱线衍射峰的数目、角度位置、相对强度次序以及衍射峰的形状与已知晶态物质的 XRD 标准谱线对照，即可判定样品的物相组成、鉴定样品的晶体结构。由 Scherrer 公式可以定量计算出样品的平均晶粒尺寸和空间分布取向。XRD 还可以用于晶格点阵常数的精密计算以及残余应力计算等[40, 41]。

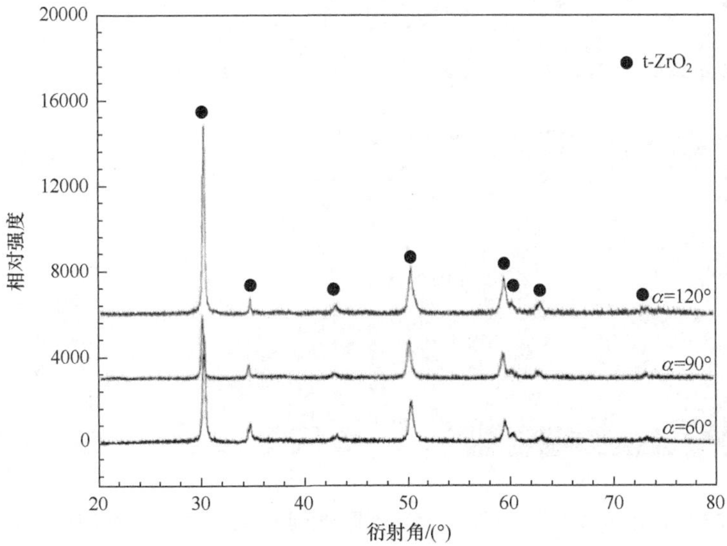

图 2-26　锆基非晶合金热弯曲过程中样品表面 XRD 谱线[42]

2.7.2　光学显微分析

显微分析是研究金属内部微观组织最重要的方法。在金相学一个多世纪的发展历程中，绝大部分的相关研究工作都是借助光学显微镜完成的。近年来，电子显微镜的重要性日益显著，但是光学显微镜金相技术在科研和生产中仍然占据一定的位置。

用光学显微镜观察和研究任何金属材料内部的微观组织，都必须经过如下三个阶段：①在原始试样上截取感兴趣区域并打磨抛光；②采用适当的腐蚀操作显示感兴趣表面的微观组织；③在显微镜下观察和研究表面组织。

在塑性变形后，金属的微观组织将发生明显的变化，主要体现为晶粒形态的变化。图 2-27 是纯铜在不同条件下压缩后的晶粒变化情况。通过采用光学显微镜分析晶粒形态的变化，一方面，可以了解不同变形状态对材料微观组织的影响，从而预测变形后材料的力学性能；另一方面，也能了解材料微观组织状态对材料塑性变形行为的影响，以揭示材料塑性变形机理[43]。

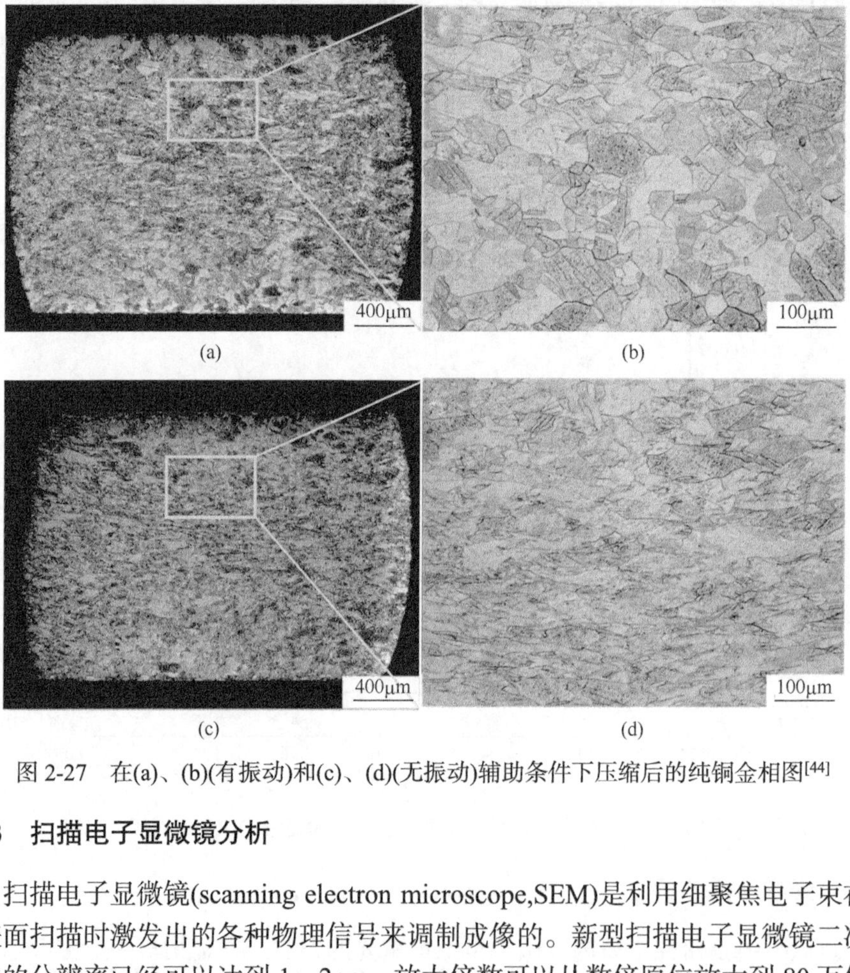

图 2-27　在(a)、(b)(有振动)和(c)、(d)(无振动)辅助条件下压缩后的纯铜金相图[44]

2.7.3　扫描电子显微镜分析

扫描电子显微镜(scanning electron microscope,SEM)是利用细聚焦电子束在样品表面扫描时激发出的各种物理信号来调制成像的。新型扫描电子显微镜二次电子像的分辨率已经可以达到 1～2nm，放大倍数可以从数倍原位放大到 80 万倍。扫描电子显微镜的景深远远大于光学显微镜，可以用来进行显微断口分析。用扫描电子显微镜观察断口形貌时，不需要进行样品复制，可直接进行观察，使得分析过程变得非常方便。

随着电子枪的发射效率不断提高，扫描电子显微镜样品室的空间增大，可以装入更多的探测器。因此，目前的扫描电子显微镜不仅可以分析材料的微观组织形貌，还可以与其他分析仪器组合，在同一台仪器上进行材料的微观组织形貌、化学成分、晶体结构等多种信息的分析，以及原位的机械变形、加热、高能束轰击等处理(图 2-28)[44, 45]。

扫描电子显微镜的样品按照形态可以分为块体样品、薄膜样品和粉末样品，按照导电性可以分为强导电性样品、弱导电性样品和绝缘性样品。块体样品的制备过程与金相样品制备过程基本一致，但是在制样过程中需要注意：①样品的外形尺寸不得超过所用扫描电子显微镜样品台的尺寸限制；②根据测试需要决定是否对样品进行腐蚀处理。对于粉末及薄膜类样品，则必须使用强导电性材料作为基材将其固定在仪器的样品台上。对于弱导电性乃至绝缘性样品，在电子束作用下会产生电荷堆积，影响入射电子束斑的形状和二次电子的运动轨道，使得成像质量变差。因此，不仅需要将这类样品固定在强导电性基材上，还需要进行表面导电层喷镀处理，以保证足够的导电性。

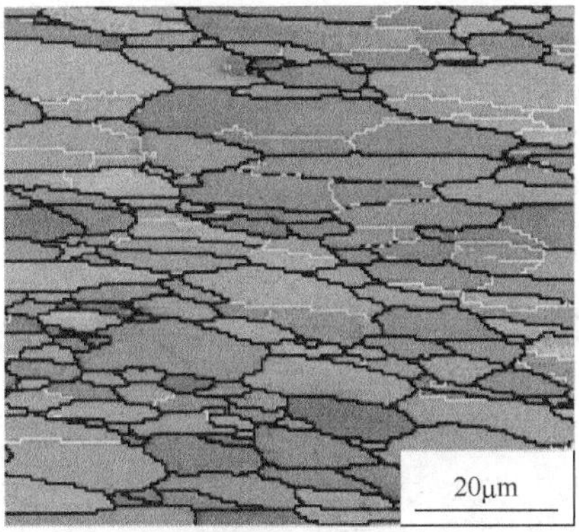

(a) EBSD图

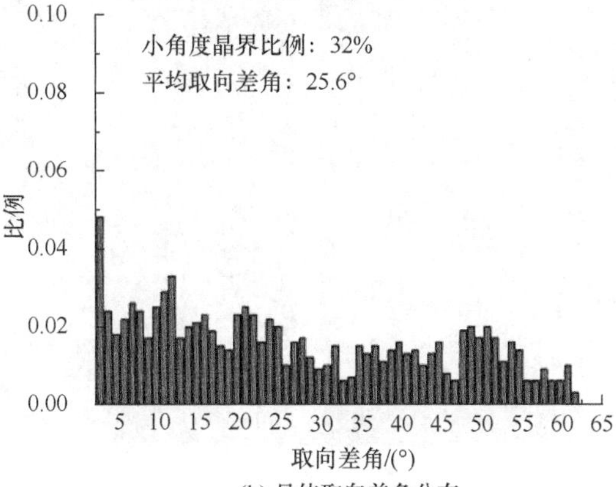

(b) 晶体取向差角分布

图 2-28　挤压态 Al-Cu-Li 合金高温压缩变形后的组织和取向分布

2.7.4 透射电子显微镜分析

透射电子显微镜(transmission electron microscope ,TEM)是以波长极短的电子束作为照明源，用电磁透镜聚焦成像的一种高分辨能力、高放大倍数的电子光学仪器。目前透射电子显微镜一般可以达到 0.2～0.3nm 的分辨率，即可以从原子尺度对材料结构进行表征，而高压透射电子显微镜的最高分辨率可达到 0.1nm。在研究金属塑性变形行为时，可以采用透射电子显微镜来分析变形过程中晶格、晶界、位错、缺陷的变化过程，从而从原子尺度揭示塑性变形机理[45]。图 2-29 显示了在有、无振动条件下纯铜的不同塑性变形机理。

透射电子显微镜样品制备在电子显微学研究中起着非常重要的作用，样品制备的质量直接决定了分析测试的效果。透射电子显微镜样品制备的主要作用就是将样品厚度减薄到对电子束"透明"的状态，即高能电子束能够顺利穿透样品并在荧光屏上成像，以准确反映样品内部的结构信息。透射电子显微镜样品厚度要求与透射电子显微镜工作电压以及样品材料等有关,例如,对于工作电压为 100kV 的透射电子显微镜，其样品的临界厚度为 1000～2000Å。

透射电子显微镜的样品类型包括粉末(零维)、薄膜(二维)和块体(三维)等三大类。目前常用的透射电子显微镜样品的制备方法主要包括：化学减薄、电解双喷、解理、超薄切片、粉碎研磨、聚焦离子束(focused ion beam, FIB)、机械减薄、离子减薄等。在金属塑性成形研究中，一般先采用机械加工的方式将宏观样品加工到毫米级，然后使用化学减薄、电解双喷、聚焦离子束、机械减薄、离子减薄等方式制备出块体样品。

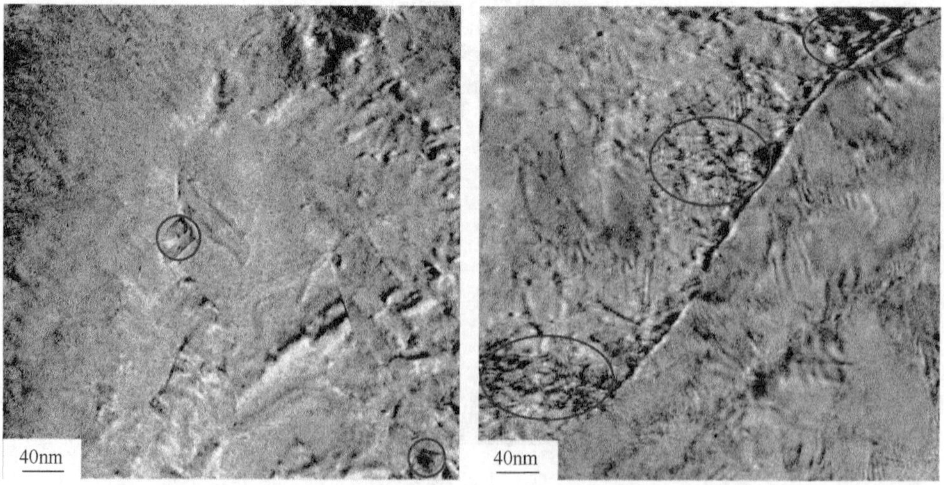

(a) 无振动　　(b) 有振动

图 2-29　无振动和有振动辅助条件下压缩后纯铜的 TEM 图像[44]

2.8　冲击韧性与疲劳实验

2.8.1　冲击韧性实验

冲击韧性是指材料抵抗冲击载荷的能力。材料冲击韧性受到材料微观组织、化学成分、应力状态、温度、宏观结构尺寸、缺陷等因素的影响。在精锻生产实践中，通过夏比冲击实验获得的冲击韧性主要可应用于如下几个方面。

(1) 评价锻坯的冶金质量和锻件的热加工质量。由于夏比冲击实验对材料内部缺陷非常敏感，因此，锻坯材料内部的冶金缺陷(包括气孔、夹渣、偏析、热裂纹等)，以及热锻和热处理后锻件内部的缺陷(包括过热、过烧、裂纹等)，都将明显改变冲击韧性。

(2) 评价锻坯材料在不同温度下的脆性转变趋势。金属材料在低温区存在冷脆性，在中温区存在蓝脆性，在高温区存在重结晶脆性。通过在不同温度下开展冲击实验，获得冲击功随温度的变化曲线，能有效指导精锻工艺方案设计。

(3) 评价锻件的应变失效敏感性。部分金属材料(如低碳钢等)，在经过塑性变形处理后，在较高温度下服役时，会发生应变失效，即其塑性和韧性会显著下降。通过冲击实验，可以获得锻件韧性随时间的演化曲线，用于预测锻件的使用寿命和服役性能。

冲击韧性一般通过冲击实验获得。实验过程中，冲击载荷既可以通过落锤产生，也可以由摆锤产生。根据实验装置结构差异，常规冲击实验可以分为两种类型：一种是简支梁式的三点弯曲实验，又称为夏比冲击实验；另一种是悬臂梁式冲击弯曲实验，又称为艾佐冲击实验。夏比冲击实验的试样加工简便，测试时间短，同时对试样内部缺陷敏感。因此，在实际应用过程中，一般采用夏比冲击实验。现行与夏比冲击实验相关的国家标准主要有《金属材料　夏比摆锤冲击试验方法》(GB/T 229—2020)和《金属材料　夏比 V 形缺口摆锤冲击试验　仪器化试验方法》(GB/T 19748—2005)等。

在夏比冲击实验中，将具有一定形状和尺寸的 V 形或者 U 形缺口的试样在冲击载荷作用下冲断，以测试其冲击功 ak，如图 2-30 所示。

冲击功定义为在冲击载荷下，材料断裂所吸收的能量除以试样缺口根部的横截面积，又称为冲击韧性。基于能量守恒定理计算冲击功 ak 。当摆锤在 A 处时，其具有的能量为

$$E_A = GH = GL(1-\cos\alpha) \tag{2-32}$$

其中，G 为摆锤的重量；H 为摆锤重心的高度；L 为摆长(摆轴到摆锤重心的距离)。

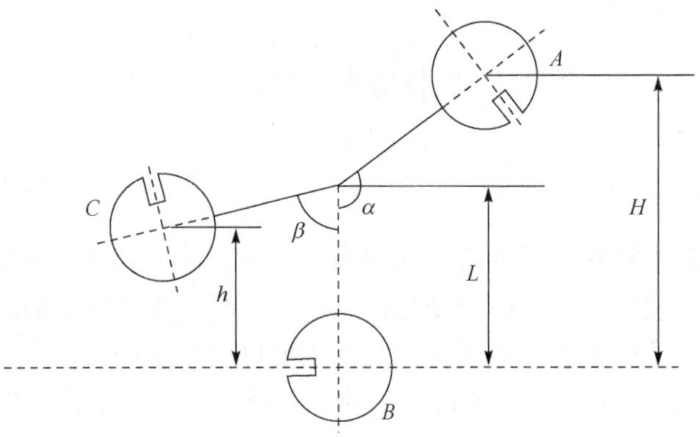

图 2-30 冲击实验原理图

当摆锤冲断试样后，继续扬起到 C 处，其具有的能量为

$$E_C = Gh = GL(1-\cos\beta) \tag{2-33}$$

忽略空气阻力等因素造成的能量损失，冲断试样所消耗的能量为

$$ak = E_A - E_C = -GL(\cos\alpha - \cos\beta) \tag{2-34}$$

2.8.2 疲劳实验

疲劳指的是在某点或者某些点承受扰动应力，且在足够多的循环扰动作用之后形成裂纹或者完全断裂的材料中，所发生的局部的、永久结构变化的发展过程。具体而言，就是在循环应力作用下，材料、部件以及构件等经历微观裂纹萌生、扩展直至破坏的整个过程。在工程应用领域，大部分装备，包括汽车、飞机、船舶、冶金机械、纺织机械、动力机械等的组成零部件都工作在循环载荷下，因此，疲劳破裂是其主要失效形式。据统计，机械零部件的失效有约 80%是由疲劳破坏造成的。因此，合理地评估和预测零部件的疲劳性能，对于保证机械零部件的安全工作具有重要意义。材料或零部件的疲劳性能不仅与材料的化学成分、微观组织、热处理工艺、机加工工艺有关，还与测试试样的尺寸、应力状态、表面质量、测试温度以及约束条件等密切相关。精锻成形是生产制造机械零部件的主要方式，研究精锻成形对材料或零部件疲劳性能的影响规律，可以为通过调节精锻成形工艺来改善零部件疲劳性能提供理论依据[46]。

疲劳实验的目的是使待测试样在具备良好经济性的前提下，在服役寿命周期内保证工作的可靠性。疲劳实验的主要内容是通过实验来测定包括疲劳极限、疲劳寿命、循环载荷损伤程度、裂纹生长速率、出现裂纹前的循环次数、残存寿命长度、滞后回线特征、循环加载过程中试样形状变化、裂纹扩张速率等在内的参数，以及对应力集中、温度、介质、加载频率、加载模式、试样尺寸等因素的敏感性。

基于应力的疲劳理论和相关寿命预测方法，即 S-N 曲线法，是最先提出，也是迄今应用最为广泛的疲劳测试方法。该方法是在控制载荷(应力)的条件下，在具备高频循环加载(旋转、弯曲、拉伸、压缩等)功能的疲劳实验机上对表面光滑的标准试样进行单轴对称循环加载，直至试样破坏，记录下破坏时的循环次数 N_f，即疲劳寿命。加载载荷由恒定应力幅值 σ_{max} 决定。改变应力范围进行多组测试，获得在不同应力水平下的 N_f 值。以 N_f 值为横坐标，σ_{max} 为纵坐标，绘制如图 2-31 所示的曲线。一般取 $N=10^7$ 时所对应的 σ_{max} 为疲劳极限 σ_r，其意义是可认为在 σ_r 水平以下试样能够承受无限次循环加载而不发生疲劳破坏。

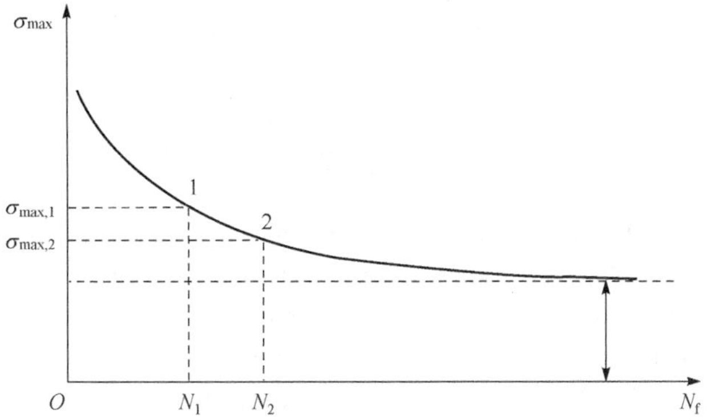

图 2-31　材料的应力-寿命(S-N)曲线[47]

在工程实践中，S-N 曲线往往是基于疲劳实验数据的平均化结果而绘制的。对于单个疲劳试样而言，其测试结果会受到试样尺寸、测试温度、应力集中、加载模式、表面状态、残余应力、材料成分均匀性等众多因素的影响，导致所获得的数据都会存在显著的分散度。因此，一方面需要基于统计方法来确定疲劳寿命值，另一方面在进行疲劳强度设计时，需要基于前述因素，对 S-N 曲线进行必要的修正。

对于低周疲劳(循环次数在 10^5 以下)，由于加载载荷存在明显的塑性变形部分，S-N 曲线法不再适用，而应该采用基于应变的疲劳寿命预测理论和方法。

材料的应变-寿命曲线，又称为 ε-N 曲线，是以局部应变的形式来描述材料的疲劳性能。通过控制总应变量，对一组形状和材质完全相同的标准试样施加不同幅度的循环应变，直到循环破坏。在此过程中，记录破坏循环幅值 N_f 和循环应变幅值 $\Delta\varepsilon$，即可绘制出图 2-32 所示的 ε-N 曲线。其中，总应变幅 $\Delta\varepsilon$ 为弹性应变幅值 $\Delta\varepsilon_e$ 和塑性应变幅值 $\Delta\varepsilon_p$ 之和，σ_f 为疲劳强度系数，ε_f 为疲劳塑性应变系数($2N_f=1$ 时的塑性应变幅度)，E 为弹性模量。

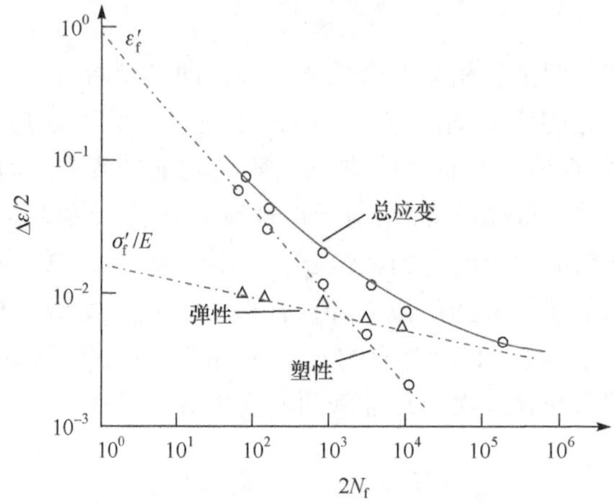

图 2-32　材料的应变-寿命(ε-N)曲线[47]

参 考 文 献

[1] Deng L, Zhao T, Jin J, et al. Flow behaviour of 2024 aluminium alloy sheet during hot tensile and compressive processes[J]. Procedia Engineering, 2014, 81: 1049-1054.

[2] Deng L, Wang X Y, Xia J C. Process design of flow control forming for rib-web structure[J]. Materials Research Innovations, 2013, 15(s1): s431-s434.

[3] 张嗣伟. 基础摩擦学[M]. 青岛: 中国石油大学出版社, 2001.

[4] Geiger M, Vollertsen F, Kals R. Fundamentals on the manufacturing of sheet metal microparts[J]. CIRP Annals, 1996, 45(1): 277-282.

[5] Erhardt R, Schepp F, Schmoeckel D. Micro forming with local part heating by laser irradiation in transparent tools[C]. Proceeding of the 7th International Conference on Sheet Metal, Erlangen, 1999: 50-54.

[6] Male A T, Cockcroft M G. A method for the determination of the coefficient of friction of metals under conditions of bulk plastic deformation[J]. The Journal of the Institute of Metals, 1964, 93: 38-45.

[7] 许树勤, 赵健. 圆环镦粗法测摩擦因子用标定曲线的公式表达[J]. 塑性工程学报, 2002, 9(3): 25-27.

[8] 李旭棠. 微观尺度下的摩擦机理与测试方法研究[D]. 武汉: 华中科技大学, 2014.

[9] Hoon N J, Ho M K, Bok H B. Deformation characteristics at contact interface in ring compression[J]. Tribology International, 2011, 44(9): 947-955.

[10] Schrader T, Shirgaokar M, Altan T. A critical evaluation of the double cup extrusion test for selection of cold forging lubricants[J]. Journal of Materials Processing Technology, 2007, 189(1): 36-44.

[11] Barcellona A, Cannizzaro L, Forcellese A, et al. Validation of frictional studies by double-cup extrusion tests in cold-forming[J]. CIRP Annals, 1996, 45(1): 211-214.

[12] 金驷, 汪大年. 测定挤压变形过程中摩擦因子值的新方法——等杯径双杯复合挤压[J]. 模

具技术, 1987, (5): 1-7.
[13] 成蛟. 非晶合金微塑性成形过程摩擦机理研究[D]. 武汉: 华中科技大学, 2009.
[14] 李杰如, 陈倩倩. 材料力学实验[M]. 南京：河海大学出版社, 2017.
[15] 中华人民共和国国家质量监督检验检疫总局, 中国国家标准化管理委员会. 金属材料　拉伸试验　第 1 部分: 室温试验方法[S]. 北京: 中国标准出版社, 2011.
[16] ASTM International. Standard Test Methods for Tension Testing of Metallic Materials[S]. West Conshohocken: ASTM, 2016.
[17] 杨延华. 引伸计的应用现状及发展趋势[J]. 理化检验(物理分册), 2018, 54(11): 805-810.
[18] 李演楷, 卫明阳, 张云辉, 等. 引伸计的测量原理及其改进方法[J]. 工程与试验, 2010, 50(3): 64-66.
[19] 郭美玲. 空调后板压筋成形的回弹翘曲研究[D]. 武汉: 华中科技大学, 2012.
[20] Bridgman P W. Studies in Large Plastic Flow and Fracture with Special Emphasis on The Effects of Hydkostatic Pbessuke[M]. 2nd ed. London: Oxford University Press, 1964.
[21] Reihle M. A simple method of determining flow curves of steel at room temperature[J]. Archiv für das Eisenhüttenwesen, 1961, 32: 331-336.
[22] 中华人民共和国国家质量监督检验检疫总局, 中国国家标准化管理委员会. 金属材料 室温压缩试验方法[S]. 北京: 中国标准出版社, 2017.
[23] ASTM International. Standard Test Methods of Compression Testing of Metallic Materials at Room Temperature (Withdrawn 2009)[S]. West Conshohocken: ASTM, 2016.
[24] Turno A. Determining strain-hardening curves using specimens with end recesses[J]. Obrobka Plastyczna Poznan, 1972, 11: 123-127.
[25] Poole W J, Embury J D, Lloyd D J. 11-work Hardening in Aluminium Alloys[M]. Cambridge: Woodhead Publishing, 2011.
[26] 中华人民共和国国家质量监督检验检疫总局, 中国国家标准化管理委员会. 金属材料 室温扭转试验方法[S]. 北京: 中国标准出版社, 2008.
[27] 王新云. 金属精密塑性加工工艺与设备[M]. 北京: 冶金工业出版社, 2012.
[28] 夏巨谌, 张启勋. 材料成形工艺[M]. 2 版. 北京: 机械工业出版社, 2018.
[29] 夏巨谌. 金属塑性成形综合实验[M]. 北京: 机械工业出版社, 2010.
[30] 谢奇峻. AZ31B 镁合金冲击动态力学行为的实验和本构模型研究[D]. 成都: 西南交通大学, 2018.
[31] Kolsky H. An investigation of the mechanical properties of materials at very high rates of loading[J]. Proceedings of the Physical Society Section B, 1949, 62(11): 676-700.
[32] 王春亮. 纳米压痕试验方法研究[D]. 北京: 机械科学研究总院, 2007.
[33] 章莎, 黄勇力, 赵冠湘, 等. 纳米压痕法测量电沉积镍镀层的残余应力[J]. 湘潭大学自然科学学报, 2006, (1): 50-53.
[34] 李言, 孔祥健, 郭伟超, 等. 纳米压痕技术研究现状与发展趋势[J]. 机械科学与技术, 2017, 36(3): 469-474.
[35] 刘启涛. 纳米压痕及超精密切削过程的分子动力学模拟[D]. 武汉: 华中科技大学, 2015.
[36] Oliver W C, Pharr G M. Measurement of hardness and elastic modulus by instrumented indentation: Advances in understanding and refinements to methodology[J]. Journal of Materials

Research, 2004, 19(1): 3-20.
[37] Oliver W C. An improved technique for determining hardness and elastic modulus using load and displacement sensing indentation experiments[J]. Journal of Materials Research, 1992, 7(6): 1564-1583.
[38] Schuh C A. Nanoindentation studies of materials[J]. Materials Today, 2006, 9(5): 32-40.
[39] 邓磊. 铝合金精锻成形的应用基础研究[D]. 武汉: 华中科技大学, 2011.
[40] 孔德军, 张永康, 冯爱新, 等. 基于 XRD 的 Al_2O_3 纳米薄膜残余应力测试[J]. 仪器仪表学报, 2006, (12): 1619-1622.
[41] Li J, Deng L, Wang X, et al. Research on residual stresses during hot stamping with flat and local-thickened plates[J]. The International Journal of Advanced Manufacturing Technology, 2017, 92(5-8): 2987-2999.
[42] Zhang M, Zhang J, Deng L, et al. Microstructure evolution of bulk metallic glass during thermal oxidation under plastic strain[J]. Corrosion Science, 2019, 147: 192-200.
[43] 孙文博, 金俊松, 王新云. 考虑晶粒尺寸影响的硬度预测模型[J]. 精密成形工程, 2015, 7(3): 52-57.
[44] Deng L, Li P, Wang X, et al. Influence of low-frequency vibrations on the compression behavior and microstructure of T2 copper[J]. Materials Science and Engineering: A, 2018, 710: 129-135.
[45] Shen B, Deng L, Wang X. A new dynamic recrystallisation model of an extruded Al-Cu-Li alloy during high-temperature deformation[J]. Materials Science and Engineering: A, 2015, 625: 288-295.
[46] 王学颜, 宋广惠. 结构疲劳强度设计与失效分析[M]. 北京: 兵器工业出版社, 1992.
[47] 王德俊. 疲劳强度设计理论与方法[M]. 沈阳: 东北大学出版社, 1992.

第 3 章　精锻成形控制技术

3.1　精锻件尺寸设计与控制

金属精锻成形技术所生产锻件的形状和尺寸精度与成品零件的形状和尺寸精度接近或者相同。与传统的普通模锻成形工艺相比，精锻件机加工余量小，尺寸公差小，模锻斜度小。目前，实现精锻的工艺方式主要有小飞边精锻和无飞边闭式精锻[1]。小飞边精锻件的飞边只有桥部而无仓部，可使飞边金属损耗量减少 60%以上，适合于长轴类和复杂外轮廓且水平投影面积大、厚度尺寸小的杆类或板类零件的精锻成形。无飞边闭式精锻件不产生横向飞边，只有很小的纵向毛刺，适合于回转体和外轮廓较为简单的非回转体零件的精锻成形。

精锻件的尺寸设计要求高于普通模锻件。而且，精锻工艺设计时，还需在工艺参数设计和模具设计中考虑对精度有影响的因素。

3.1.1　精锻件尺寸设计要求

精锻件的设计方法与普通模锻件的设计方法基本相同，其不同之处是机加工余量小，尺寸精度高。精锻过程中存在以下特点和现象：①坯料体积变化及终锻温度波动；②模膛磨损和模具热膨胀量波动；③锻件形状需作适当简化以保证精锻成形[2]。因此，精锻件尺寸需规定适当的尺寸公差，对于无须后续机加工的关键工作面或配合面，其锻件尺寸公差与零件设计要求一致；对于局部仍需后续机加工的部位，设计机加工余量和公差，一般为普通模锻件的 1/2。

此外，精锻时成形压力较普通模锻大，锻件出模困难。除了设计顶出机构外，还可以在锻件上需要后续机加工的部位根据锻件出模需要设计一定的模锻斜度。模锻斜度会增加金属体积以及后续机加工的工时，因此设计的模锻斜度要尽量小。锻件内壁和外壁上的斜度分别称为内模锻斜度和外模锻斜度。当锻件成形后，随着其温度降至室温，外壁上的金属由于冷缩而与型腔表面之间产生微小间隙，有利于出模；内壁上的金属因冷缩反而对型腔的突起施加了更大的夹紧力，阻碍锻件出模。所以，在同一锻件上内模锻斜度应比外模锻斜度大。表 3-1 是各种金属精锻件的模锻斜度范围。

表 3-1 各种金属精锻件的模锻斜度

锻件材料	外模锻斜度/(°)	内模锻斜度/(°)
铝、镁合金	1～3	3～5
钢、钛、耐热合金	3～5	3、5、7

3.1.2 影响尺寸精度的主要因素

采用精锻工艺时，由于所取公差与余量都小于普通模锻，要充分考虑坯料下料时体积的波动、多次使用后模膛的磨损、模具和锻件温度的偏差，以及弹性回复等对精度的影响，以保证所获得的锻件具有更高的形状与尺寸精度。

1. 坯料体积的波动

普通模锻时，通过模膛周边的飞边槽储存多余金属。由于飞边槽较大，坯料体积的波动并不会影响锻件的尺寸。但在小飞边和无飞边的闭式精锻中，坯料体积的微小波动将直接引起锻件尺寸的变化。例如，对于轴对称锻件，假设水平方向的尺寸不变，则坯料体积波动将引起高度 H_1 的变化。根据体积不变原理可得高度偏差为

$$\Delta H_1 = \frac{\Delta V}{V} H_1 \tag{3-1}$$

其中，V 、ΔV 分别为坯料体积及其偏差。

2. 模膛的尺寸精度和磨损

锻件在封闭模膛内成形，模膛的加工精度是保证锻件精度的基础。同时，精锻过程中模具发生磨损，也会影响锻件尺寸精度，而且，由于变形和应力分布不均匀，模膛不同部位的磨损程度不同。关于模膛的磨损等因素，可在锻件公差中考虑，通过模膛制造公差来体现。

对于精锻的模具磨损公差，外轮廓长度、宽度和外径的磨损公差采用相应尺寸乘以材料系数得到(碳钢与低合金钢一般为 0.004 左右，不锈钢为 0.006 左右，钛合金为 0.009，铝合金与镁合金约为 0.006)。然后，将公差加在锻件相应尺寸的正偏差上。模具的内轮廓长度、宽度和内径的磨损公差按同样方法计算，但公差加在锻件对应尺寸的负偏差上。需要指出的是，模具磨损公差不能应用于定位尺寸上，即不能用于中心线到中心线间的距离尺寸[3]。

3. 模具温度和锻件温度的偏差

热精锻时，锻件向模具传热，模具温度一般会超过 300℃。而冷精锻时，金

属变形发热也会导致模具升温，常常会达到 100～200°C。模具温度的波动会引起模膛容积的变化，其变化值可按式(3-2)计算[4]：

$$\begin{cases}\dfrac{\Delta V_1}{V_0}=\varepsilon_1+\varepsilon_2+\varepsilon_3\\ \Delta V_1=V_{\mathrm{t}}-V_0\end{cases} \tag{3-2}$$

其中，ΔV_1 为模膛容积的变化值；V_0 为锻造设计温度下的模具模膛容积；V_{t} 为锻造实测温度下的模具模膛容积；$\varepsilon_1+\varepsilon_2+\varepsilon_3$ 为三个互相垂直方向上模膛尺寸相对变化量。

假设模具温度分布均匀，当实测温度与设计温度相差Δt 时，模膛容积的变化值为

$$\frac{\Delta V_1}{V_0}=3\varepsilon=3\alpha\Delta t \tag{3-3}$$

其中，α 为材料的线膨胀系数。

模具温度和锻件温度的偏差会导致最终锻件产品的尺寸波动。终锻时锻件的温度偏高，会造成最终锻件尺寸偏小；而终锻时模具温度偏高，则会引起最终锻件尺寸偏大。因此，要根据模具及锻件温度偏差的实际情况，在模具尺寸设计时加以考虑。

4. 模具和锻件的弹性回复

在精锻时，由于锻件一般在 1500～2500MPa 的高压力下变形，模具和锻件均会产生弹性变形，从而影响锻件的尺寸精度[5,6]。模膛由于锻件传递的反作用力而膨胀，尺寸增大；锻件则在模膛及凸模的作用下伴随着塑性变形而产生压缩的弹性变形。当成形结束后，锻件发生弹性回复而膨胀，尺寸趋于增大。模具与锻件弹性回复的综合作用是使锻件尺寸偏大。因此，在精锻的模具设计时，必须考虑模具与锻件的弹性变形。例如，汽车传动轴万向节叉正向分流挤压闭式模锻时，即使在锻件叉形内侧预留 0.5～1mm 的余量，但由于冷缩，叉形口部的尺寸也会由零件的 60mm 减小至锻件的 57mm。产生这一现象的原因是，闭式正向分流挤压过程中，两耳内侧产生强烈的拉伸变形，因而两耳温度降低快，其弹性伸长变形相对明显，锻件出模后，在整体冷却收缩的同时，两耳内侧还会因弹性回复而收缩，导致两耳口部尺寸减小。解决这类问题的方法是补偿法，即将两耳模膛口部内侧距离由 60mm 增加到 63mm，锻件冷却后刚好使两耳口部间的距离等于 60mm。

3.1.3 精锻过程控制要点

为获得符合尺寸与精度要求的精锻件，必须对锻造过程进行控制，主要包括坯料、锻造工艺方案、工艺参数、润滑及操作节拍等全流程的控制。坯料的尺寸偏差、端面平整度及端面与轴线的垂直度均应达到精锻工艺要求。坯料加热时确保均匀，且严格控制加热温度和锻造温度范围。制定合理的锻造工艺方案是采用小飞边和无飞边闭式精锻成形工艺。锻造时合理配置工艺参数，优化应变速率与变形温度等主要工艺参数。锻造过程中必须对模具进行充分且均匀的润滑；生产节拍应均匀一致，宜采用自动化生产线生产，确保工艺参数的稳定性和锻件质量的一致性。

3.2 分流降压控制方法

封闭的精锻模膛造成工作压力较大，显著增大成形力，易产生模膛局部小尺寸处充不满等缺陷，并加剧模具磨损，缩短模具寿命。此外，为了确保模膛完全充满得到合格锻件，通常使坯料体积略大于模膛体积，当模膛完全充满时，坯料上多余金属需被挤出模膛。针对上述情况，设计合适的分流降压方式能够显著改善成形效果[7,8]。

3.2.1 精锻工作压力的影响因素

通常，精锻时的工作压力 P_{m} 包括材料的理想变形抗力、摩擦力和无用功阻力三部分。理想变形抗力可表示为[9]

$$P_{\mathrm{i}} = y_{\mathrm{m}} \ln\left(\frac{S_r}{1-S_r}\right) \tag{3-4}$$

其中，y_{m} 为锻件材料的名义流动应力；R 为相对面积缩减率。

工作压力 P_{m} 与相对面积缩减率 S_r 是正相关关系。由图 3-1 所示曲线可以看出，当 $S_r=1$ 时，工作压力 P_{m} 趋于无限大，而 P_{m} 与 P_{i} 是正相关关系，因此 P_{i} 将增至无限大。这表明，在闭式精锻行程终了时，$S_r=1$，变形金属完全充满模膛所需的载荷将无限增大，容易造成模具破裂或设备过载损坏。如果在与锻件最后充满的部位对应的模膛设置一个较小的空腔，当模膛完全充满时，多余的金属被排入此小空腔，就可避免工作压力的急剧增大。

摩擦阻力可表示为

$$F_{\mathrm{f}} = C\mu\frac{W}{t} \tag{3-5}$$

其中，C 为比例常数；μ 为接触面上的摩擦系数；W/t 为模具宽度与变形金属厚度之比。

由式(3-5)可以看出，除减小摩擦系数外，减小模具宽度与变形金属厚度之比也是很重要的，因为接触宽度中间部分通常成为金属流动的分界点，而工作压力朝分界点方向增加，减小模具宽度尺寸可有效减小摩擦力。

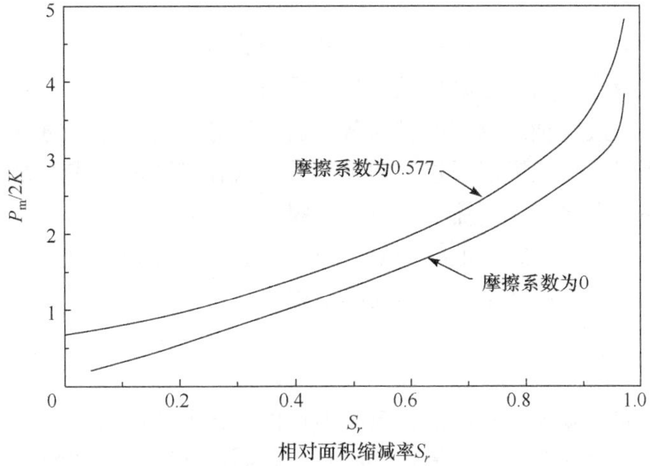

图 3-1　相对面积缩减率 S_r 对工作压力 P_m 的影响[10]

K 为材料的剪切强度

无用功阻力在显著非均匀变形的情况下才会产生，如变形金属中存在死区或金属流向变化很大时。一般情况下，提高变形的均匀性就能减小该阻力，可采用减小摩擦或使模具运动和金属流动方向一致的方法。

3.2.2　分流降压形式

闭式精锻的分流降压一般采用分流降压腔，即为适应精锻下料体积波动和降低成形力而在模膛最后充满部位设置的一定形状和尺寸的空腔。其设置原则包括：①位置应选择在模膛最后充满的部位；②多余金属流入降压腔时模膛内的压力不超过或略大于模膛刚充满时的压力，避免增大精锻力和模膛磨损。分流降压腔有不同的结构形式，如纵向分流式、横向分流式和中心孔式等，可根据锻件的结构形状和所采用的工艺方案等来选择[10-13]。

常用的分流降压形式如下。

1. 纵向薄飞边分流

在整体凹模闭式镦粗、闭式冲孔或闭式反挤压精锻成形时，利用凸模与凹模之间的间隙作为分流降压腔，金属可由凸模与凹模之间的缝隙中被挤出形成纵向薄飞边，达到降低工作压力的目的。根据生产实践，闭式模锻成形直径为 20～30mm 的零件时，合适的凸凹模间隙为 0.2～1.0mm；闭式挤压直径为 100～250mm

的零件时，挤压凸模与凹模工作筒的合理间隙为 0.1～1.0mm。闭式模锻和闭式挤压的间隙与锻件直径之比相应为 0.01～0.033 和 0.001～0.004。

2. 横向薄飞边分流

对以锻件上端面作为分模面的整体凹模闭式精锻，可利用凸模下端面与凹模上端面之间的缝隙作为分流降压腔。当模锻成形结束时，坯料上多余金属由缝隙中流出而形成与锻件轴线垂直的横向薄飞边。其分流过程与普通模锻中形成横向飞边的过程相似。普通模锻通过横向飞边的形式在模膛内造成强烈的三向压应力状态，迫使坯料金属沿纵向流动而充满模膛内的深腔，并通过飞边调节坯料体积与模膛尺寸的变化。闭式精锻横向薄飞边主要起调节坯料体积的作用，但其飞边金属损耗要比普通模锻飞边金属损耗小得多。

3. 带仓连皮孔分流

对于孔径大于 40～50mm 的饼盘类锻件的整体凹模闭式精锻，一般需要增加带有斜底孔连皮的预锻工步。闭式终锻时，可通过在凹模底部的中心设置分流孔或同时在凹模底部和上模端面中心设置分流孔降低成形压力。终锻成形结束时，坯料上多余金属被挤入分流孔。

4. 中心孔分流

对于带有中心孔的饼盘类锻件，事先在坯料上冲出一个中心孔，当闭式精锻时，通过中心孔径的缩小实现坯料上多余金属的分流。这是近年来发展起来的一种精锻新工艺[14-16]。这种中心孔分流称为无约束中心孔分流。中心孔分流还存在有约束中心孔分流，即小芯棒约束分流和凸缘约束分流等，这种技术虽然尚处在实验研究阶段，但具有较好的应用价值[17]。

中心孔分流成形原理如图 3-2(a)和(c)所示，环形坯料在模膛中闭式精锻时，在环形坯料中部出现一个环形分流面，即材料向不同方向流动的分界面，分流面以内的材料向内侧流动使孔径缩小，分流面以外的材料向外侧流动充满型腔[18]。若采用实心坯料闭式精锻，其成形力迅速增大，导致型腔难以充满。而中心孔分流正是将坯料内孔作为分流降压腔，即利用中心孔将采用实心坯料时完全闭式精锻变为半闭式精锻，从而降低成形力，同时，利用中心孔缩小的大小来调节坯料体积的波动，从而降低对下料精度的苛刻要求。

5. 中心轴分流

当饼盘类锻件没有中心孔而有中心轴或中心凸台时，可采用类似于带仓连皮孔分流的方法，在凸模与凹模上设置一个中心孔。闭式精锻成形结束时，坯料上多余金属通过轴的延长或挤入中心孔形成一个附加的工艺轴，即中心轴分流，如图 3-2(b)、(d)所示。同样，在成形时，锻件中心轴的外径和锻件外径之间出现一个分流面，分流面以内的材料向中心空腔中流动形成分流轴，分流面以外的材料做径向流动充满外侧型腔[10]。

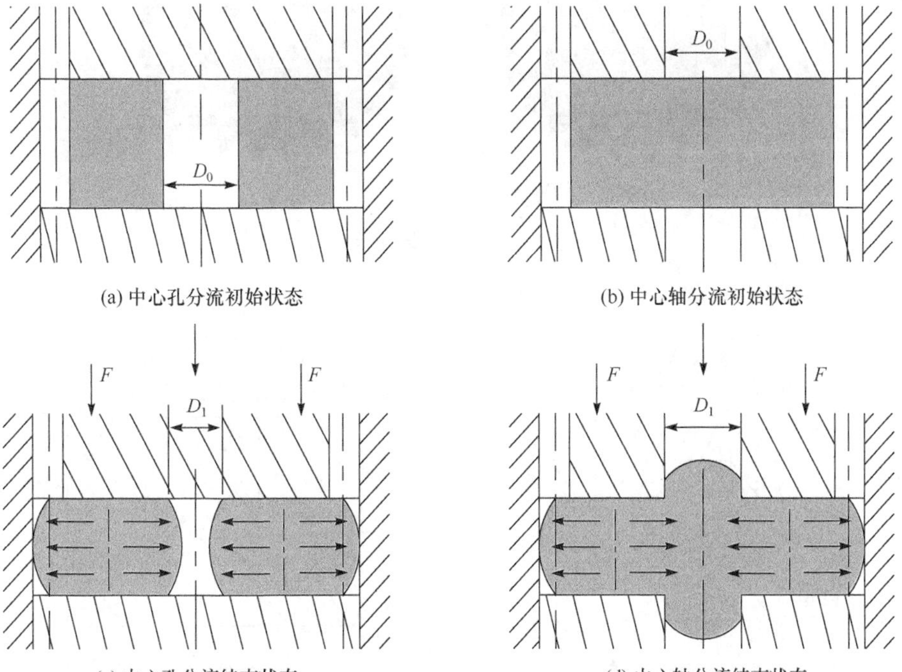

图 3-2　中心孔分流和中心轴分流成形原理

3.2.3　中心孔分流精锻成形

下面着重研究应用较多的分流形式——中心孔分流。

1. 中心孔分流原理分析

为了解中心孔分流的成形机理，即为什么闭式精锻时环形锻件比实心锻件的成形力小，且齿形型腔填充成形性能好，采用刚塑性有限元法对如图 3-3 所示的实心和空心直齿圆柱齿轮的闭式精锻过程进行模拟分析。齿轮的模数为 2，齿数为 24，齿根圆直径 $d_{根}$ =43mm，齿顶圆直径 $d_{顶}$=52mm，高度 H =10mm；实心坯料外径 $d_{外}$ =43mm，高度 h =12.08 mm；空心坯料外径 $d_{外}$ =43mm，孔径 $d_{内}$ =26mm，高度 h 根据成形结束时中心孔径大于零的状态来确定。

为减少计算量，取其中的一个轮齿进行模拟计算。坯料设为刚塑性体，凸模和凹模为刚性体，坯料与凸、凹模间的摩擦系数为 0.12，坯料、凸模和凹模的温度均为 20℃，凸模速度为 22mm/s。所建立的有限元模拟模型如图 3-4 所示。

(a) 实心　　(b) 空心

图 3-3　直齿圆柱齿轮

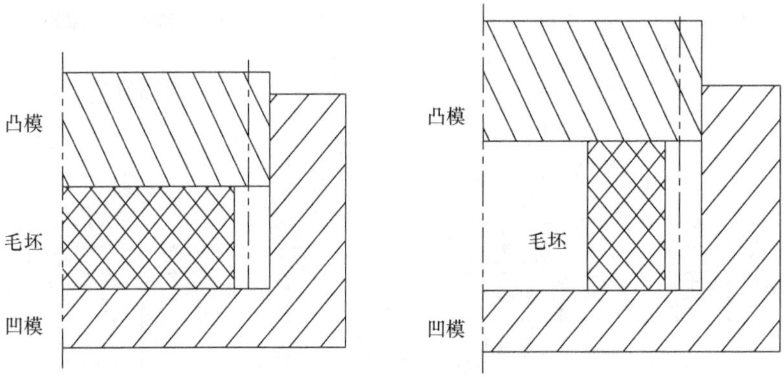

(a) 实心件　　(b) 空心件

图 3-4　有限元模拟示意图

对于实心坯料，在成形过程中，由于其中心部位金属仅沿轴向流动，径向流动很小，其等效应力变化剧烈的部分均分布在齿形部位，随着凸模向下运动，坯料金属与凹模齿形接触的面积逐渐增加，因此，与凹模接触的齿形部位的应力快速增大，并在成形终了时应力达到最大值，相应的成形力也最大。

对于空心坯料，在成形过程中，坯料金属一直是以径向流动为主，轴向流动为辅；中心孔部位是变形最为剧烈的区域，故其等效应力场变化剧烈的部分位于中心孔附近。在成形终了时刻，即齿形充填饱满时，齿形部位的应变值分布较为均匀；而中心孔部位金属仍然处于自由状态，此处的应力值达到最大。

在实际成形时，对于实心件，即使提高静水压力，坯料金属也很难流动，故即使成形力很大，齿形部位也无法填充饱满；对于空心件，只要在成形终了时，中心孔没有闭合，分流面以内的金属径向流动仍处于自由状态，就能有效降低成形力。

图 3-5 为实心和空心直齿圆柱齿轮闭式精锻过程中的速度场分布图。通过金属流动方向的对比可发现，实心件闭式精锻时，金属的轴向流动较大而径向流动极小；空心件闭式精锻时，内环与外环金属在轴向压缩的同时相对于分流面沿径向产生大的反向流动，这就是中心孔分流锻造有利于齿尖型腔充满的原因。

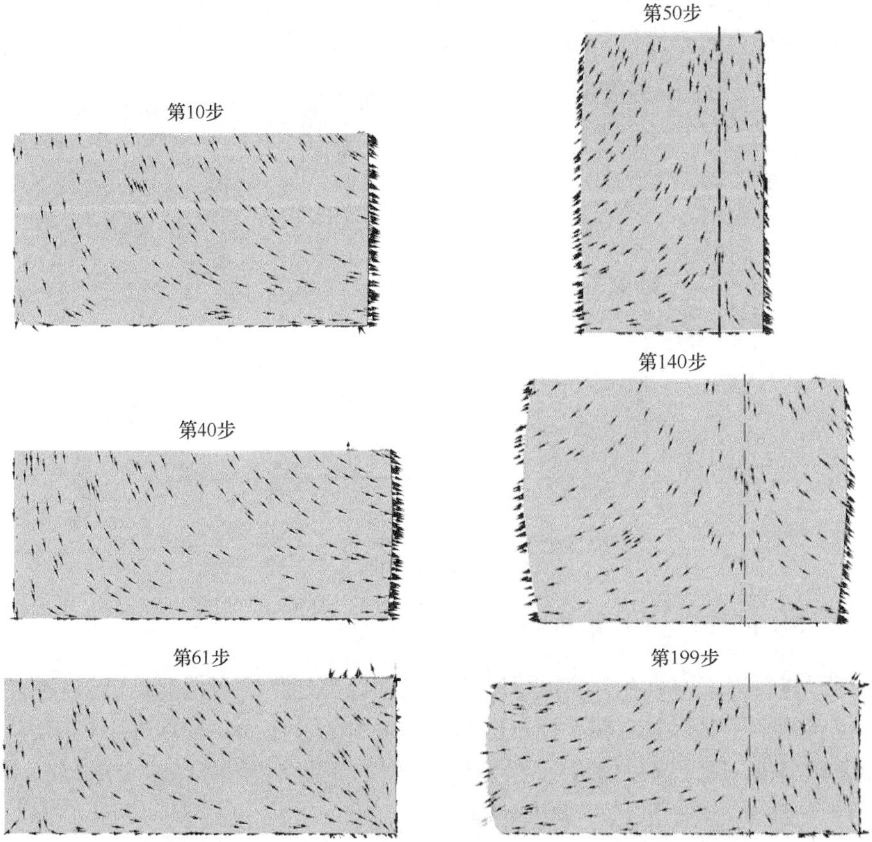

(a) 实心件　　(b) 空心件

图 3-5 速度场

分流面如图中点画线所示

图 3-6 为实心和空心直齿圆柱齿轮闭式精锻成形力曲线。对于实心件，在成形初始阶段，坯料被镦粗而消除与凹模齿顶间的间隙，故成形力上升较为缓慢，当坯料表层金属被挤入齿形型腔时，其阻力急剧增大，导致成形力也急剧上升，达到 9.6×10^6N 。而对于空心件，在整个成形过程中，虽然其中心孔径由大变小，但孔的内壁始终为自由表面，因而其成形力呈平缓上升的趋势，当齿形型腔完全充满时，最大成形力只达到 7.05×10^6N ，仅为实心件成形力的 73.4%。

综上所述，当采用常规闭式精锻即实心坯料闭式精锻时，坯料金属总的流动趋势是轴向和径向复合流动，但径向流动距离长，阻力大，导致齿形型腔难以充满；变形金属处于强烈的三向压应力状态，导致静水压力迅速增长，进而导致成形力迅速增长。当采用中心孔分流精锻即空心坯料闭式精锻时，坯料金属总的流动趋势仍为轴向和径向复合流动，但由于存在分流面，分流面两侧的金属做反向流动，使径向流动距离大为缩短，流动阻力较小；且由于成形时始终存在自由表面，精锻成形力上升缓慢，最大成形力显著降低。

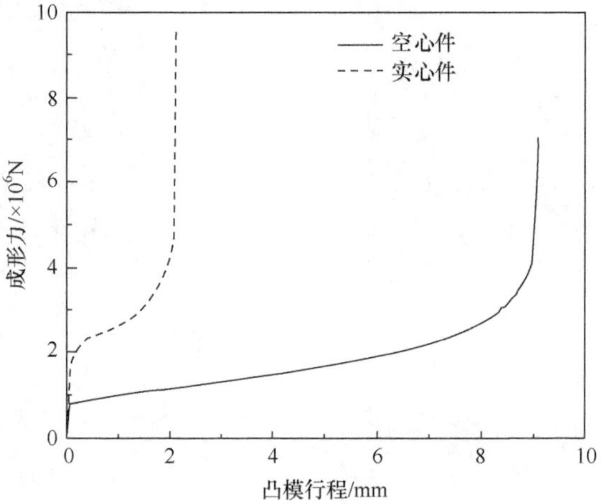

图 3-6 成形力曲线

2. 环形坯料的尺寸计算及优化

环形坯料用于中心孔分流成形时，其尺寸计算包括两种情况：已知环形件的内半径和外半径求解分流面半径；已知环形坯料的分流面半径和外半径求解其内半径即孔半径。尺寸优化的目标是使环形坯料的高度 h 与外径 $d_{外}$ 之比 $h/d_{外}$ 和孔径 $d_{内}$ 与外径 $d_{外}$ 之比 $d_{内}/d_{外}$ 都为最优[10,19]。

1) 已知环形坯料的内、外半径求解分流面半径 $R_{分}$

确定分流面位置即分流面半径 $R_{分}$ 是研究和应用中心孔分流锻造原理的关键。由环形件镦粗成形过程的特性可知，分流面的位置是随着成形过程而变化的，因此只能求出初始阶段环形坯料的分流面半径。

图 3-7 为确定分流面的主应力法示意图，采用主应力法得到 $R_{分}$ 的求解表达式，并经过近似处理后得到 $R_{分}$ 的计算公式为

$$R_{分}=\frac{R_{外}+R_{内}}{2}-\frac{h}{2}\left(\frac{2}{\sqrt{3}}\ln\frac{R_{内}}{R_{外}}-1\right) \tag{3-6}$$

其中，$R_{分}$ 为环形坯料分流面半径(mm)；$R_{外}$ 为环形坯料的外半径(mm)；$R_{内}$ 为环

形坯料的内半径(mm)； h 为环形坯料的高度(mm)。

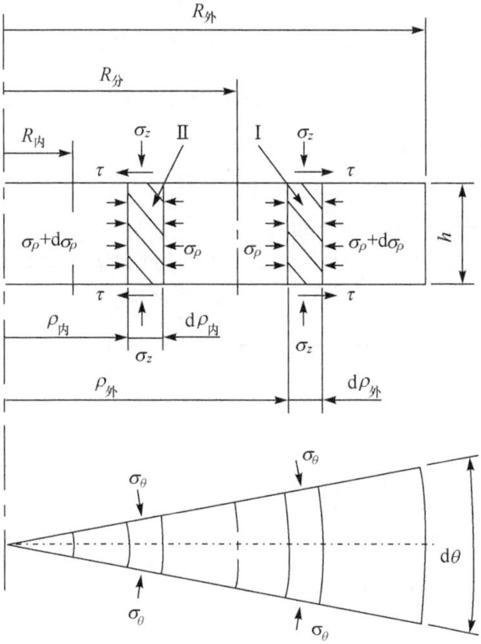

图 3-7　确定分流面主应力法示意图

前述模拟分析表明，环形坯料在闭式精锻时，在内孔与外圆之间存在分流面，由式(3-6)可计算出环形坯料在锻造开始时的分流面半径。该计算结果可用于解释环形件闭式精锻过程的金属流动规律。而分流面半径的具体数值对坯料优化设计的作用不是太大，因此，在公式推导过程中做一些近似处理是可行的。

2) 已知环形坯料的分流面半径和外半径求解内半径 $R_{内}$

其求解方法与求解分流面半径的方法类似，只需将分流面半径 $R_{分}$ 由未知数变为已知数，而将内半径 $R_{内}$ 由已知数变为需要解的未知数即可，其主应力法求解示意图与图 3-7 相同。因式(3-6)是做了较多的近似处理所得，若同样采用较多的近似处理来推导 $R_{内}$，会导致环形坯料内半径 $R_{内}$ 误差过大，而得不到优化值，因此需进行严格的推导。

$R_{内}$ 为内半径，在分流面以外切取基元体Ⅰ，厚度为 $\mathrm{d}\rho_{外}$，沿 ρ 方向建立基元体的应力平衡方程并化简、略去高阶微量，有

$$\mathrm{d}\sigma_{\rho}=\left(\sigma_{\theta}-\sigma_{\rho}\right)\cdot\frac{\mathrm{d}\rho}{\rho}-\frac{2\tau}{h}\cdot\mathrm{d}\rho \tag{3-7}$$

采用常摩擦力条件，即凸模和金属接触面上的单位摩擦力 $\tau=\mu\sigma_s$，代入式(3-7)可得

$$d\sigma_{\rho}=\left(\sigma_{\theta}-\sigma_{\rho}\right)\cdot\frac{d\rho}{\rho}-\frac{2\mu\cdot\sigma_{s}}{h}\cdot d\rho \tag{3-8}$$

下面根据应力应变关系推导$\sigma_{\theta}-\sigma_{\rho}$。由于环形毛坯镦粗时，$\varepsilon_{\theta}\neq\varepsilon_{\rho}$，因此，$\sigma_{\theta}\neq\sigma_{\rho}$。如图 3-8 实线所示，环形毛坯原始外半径为$\rho$，在压缩$\Delta h$后，其半径变为$\rho_1$，如图 3-8 虚线所示。

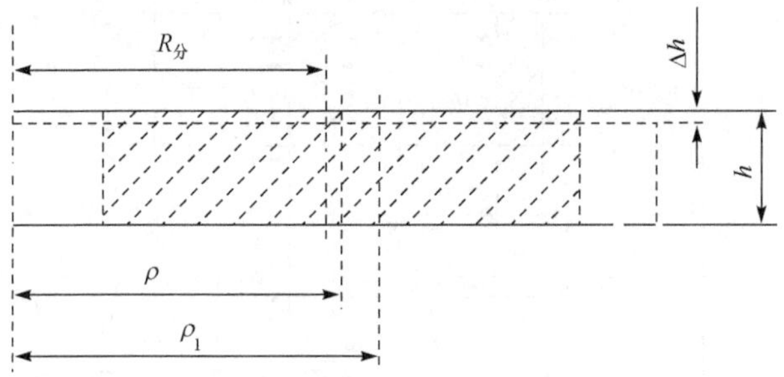

图 3-8　环形毛坯压缩示意图

由体积不变条件，有

$$\left(\rho^{2}-R_{分}^{2}\right)\cdot h=\left(\rho_{1}^{\,2}-R_{分}^{2}\right)\cdot\left(h-\Delta h\right) \tag{3-9}$$

对式(3-9)进行变换，有

$$\frac{\rho_1}{\rho}=\sqrt{\frac{h-\Delta h\cdot\left(\frac{R_{分}}{\rho}\right)^{2}}{h-\Delta h}} \tag{3-10}$$

因此，切向应变ε_{θ}为

$$\varepsilon_{\theta}=\ln\frac{\rho_1}{\rho}=\frac{1}{2}\ln\left[\frac{h-\Delta h\cdot\left(\frac{R_{分}}{\rho}\right)^{2}}{h-\Delta h}\right] \tag{3-11}$$

对于轴向应变，有

$$\varepsilon_{z}=\ln\frac{h-\Delta h}{h} \tag{3-12}$$

根据体积不变条件，即$\varepsilon_{\rho}+\varepsilon_{\theta}+\varepsilon_{z}=0$可得径向应变为

$$\varepsilon_{\rho}=-\left(\varepsilon_{\theta}+\varepsilon_{z}\right)=-\left[\frac{1}{2}\ln\frac{h-\Delta h\cdot\left(\frac{R_{分}}{\rho}\right)^{2}}{h-\Delta h}+\ln\frac{h-\Delta h}{h}\right] \tag{3-13}$$

对式(3-13)进行化简，有

$$\varepsilon_\rho=-\frac{1}{2}\ln\left\{\frac{\left[h-\Delta h\cdot\left(\frac{R_{分}}{\rho}\right)^2\right]\cdot(h-\Delta h)}{h^2}\right\} \tag{3-14}$$

由式(3-11)和式(3-14)相除并化简，有

$$\frac{\varepsilon_\theta}{\varepsilon_\rho}=-\frac{\ln\left[1-\frac{\Delta h}{h}\cdot\left(\frac{R_{分}}{\rho}\right)^2\right]-\ln\left(1-\frac{\Delta h}{h}\right)}{\ln\left[1-\frac{\Delta h}{h}\cdot\left(\frac{R_{分}}{\rho}\right)^2\right]+\ln\left(1-\frac{\Delta h}{h}\right)} \tag{3-15}$$

将 $\ln\left[1-\frac{\Delta h}{h}\cdot\left(\frac{R_{分}}{\rho}\right)^2\right]$ 和 $\ln\left(1-\frac{\Delta h}{h}\right)$ 分别按照幂级数展开，取一阶表达式，有

$$\ln\left[1-\frac{\Delta h}{h}\cdot\left(\frac{R_{分}}{\rho}\right)^2\right]=-\frac{\Delta h}{h}\cdot\left(\frac{R_{分}}{\rho}\right)^2 \tag{3-16}$$

$$\ln\left(1-\frac{\Delta h}{h}\right)=-\frac{\Delta h}{h} \tag{3-17}$$

将式(3-16)和式(3-17)代入式(3-15)，并化简，有

$$\frac{\varepsilon_\theta}{\varepsilon_\rho}=\frac{1-\left(\frac{R_{分}}{\rho}\right)^2}{1+\left(\frac{R_{分}}{\rho}\right)^2} \tag{3-18}$$

同理，有

$$\frac{\varepsilon_z}{\varepsilon_\rho}=-\frac{2}{1+\left(\frac{R_{分}}{\rho}\right)^2} \tag{3-19}$$

根据式(3-18)和式(3-19)，有

$$\varepsilon_\theta-\varepsilon_\rho=\frac{-2\cdot\left(\frac{R_{分}}{\rho}\right)^2}{1+\left(\frac{R_{分}}{\rho}\right)^2}\varepsilon_\rho \tag{3-20}$$

$$\varepsilon_\rho-\varepsilon_z=\frac{3+\left(\frac{R_{分}}{\rho}\right)^2}{1+\left(\frac{R_{分}}{\rho}\right)^2}\varepsilon_\rho \tag{3-21}$$

$$\varepsilon_z-\varepsilon_\theta=\frac{-3+\left(\frac{R_{分}}{\rho}\right)^2}{1+\left(\frac{R_{分}}{\rho}\right)^2}\varepsilon_\rho \tag{3-22}$$

该环形毛坯镦粗时，可看成简单加载，其应力应变关系式为

$$\frac{\varepsilon_\theta-\varepsilon_\rho}{\sigma_\theta-\sigma_\rho}=\frac{\varepsilon_\rho-\varepsilon_z}{\sigma_\rho-\sigma_z}=\frac{\varepsilon_z-\varepsilon_\theta}{\sigma_z-\sigma_\theta} \tag{3-23}$$

Mises 屈服准则为

$$\frac{\sqrt{2}}{2}\sqrt{\left(\varepsilon_\theta-\varepsilon_\rho\right)^2+\left(\varepsilon_\rho-\varepsilon_z\right)^2+\left(\varepsilon_z-\varepsilon_\theta\right)^2}=\sigma_s \tag{3-24}$$

将式(3-20)～式(3-24)联立求解，化简整理后得到

$$\sigma_\theta-\sigma_\rho=\frac{2\cdot\sigma_s\cdot\left(\frac{R_{分}}{\rho}\right)^2}{\sqrt{3\left(\frac{R_{分}}{\rho}\right)^4+9}} \tag{3-25}$$

将式(3-25)代入式(3-8)，有

$$\mathrm{d}\sigma_\rho=\frac{2\cdot\sigma_s\cdot\left(\frac{R_{分}}{\rho}\right)^2}{\sqrt{3\left(\frac{R_{分}}{\rho}\right)^4+9}}\cdot\frac{\mathrm{d}\rho}{\rho}-\frac{2\mu\cdot\sigma_s}{h}\cdot\mathrm{d}\rho \tag{3-26}$$

将式(3-26)从 $R_{分}$ 到 $R_{外}$ 积分，即

$$\sigma_\rho=\int_{R_{分}}^{R_{外}}\left[\frac{2\cdot\sigma_s\cdot\left(\frac{R_{分}}{\rho}\right)^2}{\sqrt{3\left(\frac{R_{分}}{\rho}\right)^4+9}}\cdot\frac{1}{\rho}-\frac{2\mu\cdot\sigma_s}{h}\right]\mathrm{d}\rho \tag{3-27}$$

将式(3-27)整理并进行部分积分，有

$$\sigma_\rho = \frac{2\cdot\sigma_s\cdot {R_{分}}^2}{\sqrt{3}}\cdot\int_{R_{分}}^{R_{外}}\frac{1}{4}\cdot\frac{1}{\rho^4\cdot\sqrt{{R_{分}}^4+3\cdot\rho^4}}\mathrm{d}\rho^4-\frac{2\mu\cdot\sigma_s}{h}\left(R_{外}-R_{分}\right) \tag{3-28}$$

设 $t=\rho^4$，则积分区间变为 $\left[R_{分}^4, R_{外}^4\right]$，针对式(3-28)进行变换，有

$$\sigma_\rho = \frac{\sigma_s\cdot R_{分}^2}{2\cdot\sqrt{3}}\cdot\int_{R_{分}^4}^{R_{外}^4}\frac{1}{t\cdot\sqrt{R_{分}^4+3\cdot t}}\mathrm{d}t-\frac{2\mu\cdot\sigma_s}{h}\left(R_{外}-R_{分}\right) \tag{3-29}$$

对式(3-29)积分，有

$$\sigma_\rho = \frac{\sigma_s\cdot R_{分}^2}{2\cdot\sqrt{3}}\cdot\frac{1}{\sqrt{R_{分}^4}}\cdot\ln\left|\frac{\sqrt{R_{分}^4+3\cdot t}-\sqrt{R_{分}^4}}{\sqrt{R_{分}^4+3\cdot t}+\sqrt{R_{分}^4}}\right|_{R_{分}^4}^{R_{外}^4}-\frac{2\mu\cdot\sigma_s}{h}\left(R_{外}-R_{分}\right) \tag{3-30}$$

整理并化简式(3-30)，有

$$\sigma_\rho = \frac{\sigma_s}{\sqrt{3}}\cdot\ln\frac{3\cdot R_{外}^2}{\sqrt{R_{分}^4+3\cdot R_{外}^4}+R_{分}^2}-\frac{2\mu\cdot\sigma_s}{h}\left(R_{外}-R_{分}\right) \tag{3-31}$$

同理，在分流面以内切取基元体Ⅱ，建立应力平衡方程，求解并进行积分运算，得到分流面以内的 σ_ρ 为

$$\sigma_\rho = \frac{\sigma_s}{\sqrt{3}}\cdot\ln\frac{R_{内}^2}{\sqrt{R_{分}^4+3\cdot R_{内}^4}-R_{分}^2}+\frac{2\mu\cdot\sigma_s}{h}\left(R_{分}-R_{内}\right) \tag{3-32}$$

基于分流面上的径向应力大小相等、方向相反，将式(3-31)与式(3-32)联立，整理并化简得

$$\frac{2\cdot\sqrt{3}\cdot\mu}{h}\left(R_{外}+R_{内}-2\cdot R_{分}\right)=\ln\left[\frac{R_{外}^2\left(\sqrt{R_{分}^4+3\cdot R_{内}^4}+R_{分}^2\right)}{R_{内}^2\left(\sqrt{R_{分}^4+3\cdot R_{外}^4}+R_{分}^2\right)}\right] \tag{3-33}$$

其中，$R_{分}$ 为环形毛坯分流面半径(mm)；$R_{外}$ 为环形毛坯的外半径(mm)；$R_{内}$ 为环形毛坯的内半径(mm)；h 为环形毛坯的高度(mm)；μ 为摩擦系数。

由相关的数学知识可知，式(3-33)是一个超越方程，很难进一步演变为 $R_{内}$ 的表达式，因此，需基于 MATLAB 软件采用计算机编程的方法来求解。

3) 环形坯料 $h/d_{外}$ 与 $d_{内}/d_{外}$ 的优化值

求解 $h/d_{外}$ 与 $d_{内}/d_{外}$ 的优化值可通过两种方法。第一种方法是在获得合格精锻件的前提下以模锻成形力最小为目标函数，以坯料外径 $d_{外}$ 与齿轮根圆直径

$d_{根}$ 相等即 $d_{外}=d_{根}$ ，$0<d_{内}/d_{外}<1$ 为约束条件，以 $h/d_{外}$ 和 $d_{内}/d_{外}$ 为优化变量建立数学模型，采用修正的序列二次规划法求解，但这种方法求解过程复杂、难度大。

第二种方法是根据闭式精锻成形工艺知识及经验，对于同一锻件，设定多组 $d_{外}$、$d_{内}$ 和 h 数据，采用刚塑性有限元法和图 3-4 所示的有限元模型及其算例，在保持各环形坯料体积 $V_{环}$ 相等和外径 $d_{外}$ 不变的条件下，通过模拟计算得到不同的 $h/d_{外}$ 和 $d_{内}/d_{外}$ ，即不同的 h 与 $d_{内}$ 时相应的成形力 P_i，则最小的成形力 $P_{\min}$ 所对应的 $h/d_{外}$ 和 $d_{内}/d_{外}$ 即为所求的优化参数。

3. 中心孔分流精锻成形力的计算

以式(3-4)和式(3-5)为基础，结合中心孔分流锻造成形的特点，得出中心孔分流锻造成形力的关系式为[20]

$$p=\sigma_s\cdot\sum_{i=1}^{n}f_i=\sigma_s\cdot\left(S_f+S_c+\mu\right),\quad S_f=\ln\left(\frac{R}{1-R}\right),\quad S_c=\frac{V_b}{V_f} \tag{3-34}$$

其中，p 为中心孔分流锻造成形单位压力；σ_s 为锻件材料在终锻成形温度时的流动应力；S_f 为锻件在终锻结束时自由表面影响因子；S_c 为锻件的形状复杂系数；V_b 为锻件外包容体体积；V_f 为锻件体积(对于齿轮和回转体锻件则为外切圆柱体体积与锻件体积之比，它表示由与锻件体积相等的简单圆柱体毛坯成形为锻件时金属流动的难易程度)；μ 为接触面上的摩擦系数。

通过塑性成形理论和模锻工艺知识的分析可知，成形单位压力 p 随材料流动应力 σ_s 的增加而增加；随变形程度即相对面积缩减率 S_r 的增加而增加，也就是随锻件的自由表面积的减小而增加；随锻件的形状复杂系数 S_c 的增加而增加；也随接触面上的摩擦力的增加而增加，总体上，p 与 σ_s、S_r、S_c 和 μ 四个因素表现为正比的变化关系。

3.3 冷精整技术

冷锻件的精度高，可以得到无加工余量的精密成形件，但成形力一般较大，不适合成形体积较大、形状复杂的锻件[21]。复合精锻成形综合了热/温精锻和冷精锻两类工艺的优点，既能降低成形力，又能获得良好的尺寸精度。实际生产中，一般采用热/温精锻完成尽可能大的变形，再通过微小余量的冷精整获得最终精锻件，这既保证了尺寸精度又不影响锻件金属流线与力学性能[22]。

复合精锻成形技术的设备和模具分别与热/温精锻和冷精锻的设备和模具相

同。由于热/温精锻和冷精整分别进行，在分配各自的变形量时应充分考虑变形特点，做到既节约原材料实现近/净成形，又能减小成形力、延长模具使用寿命、降低锻件成本。

在冷精整成形过程中，精整量是保证成形精度的关键工艺参数。此外，锻件出模后施加在锻件上的压力被释放，锻件将发生回弹[23]。回弹量对精整件的尺寸精度也有很大的影响。如前所述，中心孔分流精锻成形通过分流面实现分流降压，可有效降低成形力，减小模具变形，从而提高锻件精度。为了控制复合精锻成形锻件的尺寸精度，本节结合直齿圆柱齿轮冷精整过程，深入讨论具有中心孔的锻件在冷精整时的回弹规律[24]。

3.3.1　最小精整量的广义胡克定律计算

如图 3-9 所示，对于直齿圆柱齿轮冷精整，其精整量 Δ 不仅相对于齿轮的外径很小，而且相对于齿形的厚度也很小，冷精整过程属于弹塑性变形过程，因此，其冷精整量的弹性回复量可采用广义胡克定律的公式计算得到。

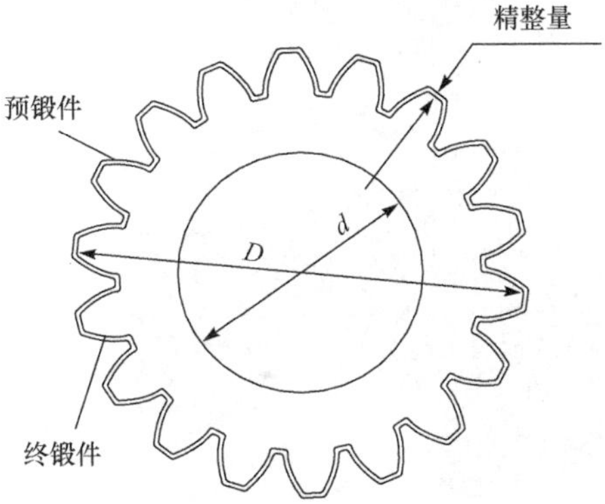

图 3-9　温锻-冷精整成形方案精整量示意图

由广义胡克定律有

$$\varepsilon = \frac{\sigma}{E} \tag{3-35}$$

又有

$$\varepsilon = \ln\frac{(D+\Delta)^2}{D^2} \tag{3-36}$$

联立式(3-35)和式(3-36)即可求得精整量 Δ 。对于直齿圆柱齿轮有： $\sigma = 540\text{MPa}$ ， $E = 206\text{GPa}$ ， $D = 82\text{mm}$ 。代入式(3-35)和式(3-36)，求得 $\Delta = D\sqrt{\mathrm{e}^{\frac{\sigma}{E}}} - D =$

$82 \times \sqrt{e^{\frac{0.54}{206}}} - 82 \approx 0.1\text{mm}$ 。

3.3.2　冷精整过程的弹塑性有限元数值模拟

1. 弹塑性有限元精锻模型的建立

在冷精整成形的过程中塑性变形量小，所发生的弹性变形相对于塑性变形不可忽略，故采用弹塑性有限元模型进行分析。假设材料均质且各向同性，不计体积力与惯性力，且遵循 Mises 屈服准则。选择 AISI-4120 钢作为齿轮材料来进行模拟分析。由于直齿圆柱齿轮锻件为轴对称结构，为减少计算量，选用原始坯料的 1/18(即一个完整齿形)作为模拟时的坯料。采用四面体单元对坯料进行网格划分。坯料网格单元划分数为 80000，并对齿形部位进行局部网格细化。凸模、凹模均设为刚性体，凸模为主动模，运动速度为 20mm/s。坯料与凸、凹模间的摩擦系数为 0.12。所建立的有限元模型如图 3-10 所示。

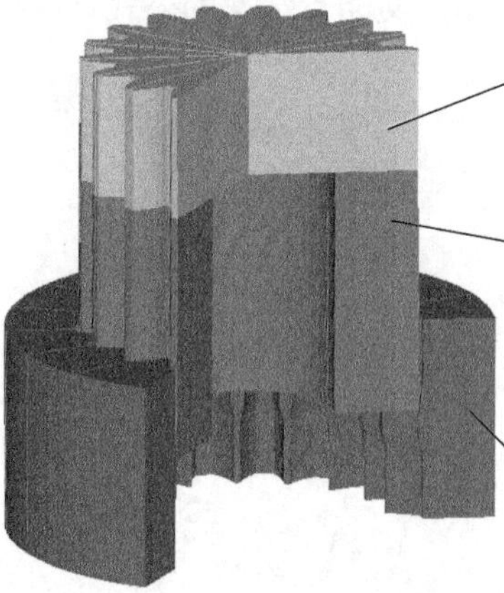

图 3-10　中空分流齿轮精整模型

2. 冷精整过程的变形规律分析

图 3-11 所示为冷精整过程中齿轮工件内部金属流动速度场分布情况，图中左侧为工件内孔壁，右侧为齿顶面。齿顶面的隆起部位对应于凹模工作带的入口处。速度场分布图表明，其精整过程中金属以轴向流动变形为主，以工作带入口处的水平分力引起金属的径向流动变形为辅。虽然金属的径向流动只造成工件孔径的微量缩小，但仍然可以实现前述中心孔分流减压的效果。

图 3-12 所示为精整过程中齿轮工件内部等效应变的分布情况。当精整过程分别为 75 步、150 步、225 步，即 1/3 行程、2/3 行程和全行程时，其精整变形区内的等效应变均为 1.17。这表明，以正向挤压的方式进行冷精整可确保变形均匀，

从而确保直齿圆柱齿轮沿轴向所有尺寸精度的一致性。至于齿轮的前端，其等效应变为零，主要是因为它一直处于自由状态。

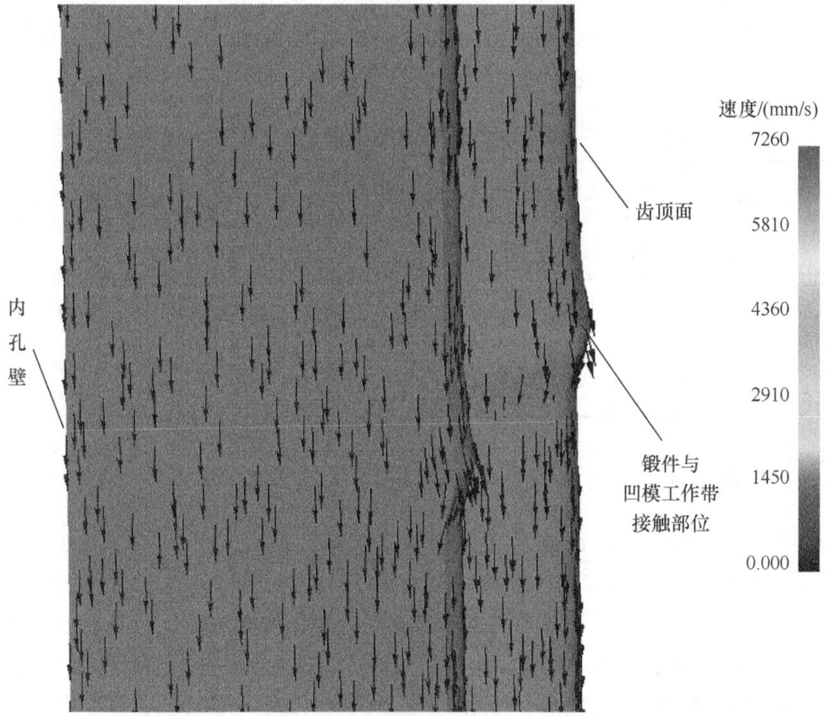

图 3-11　齿轮冷精整过程速度场分布图

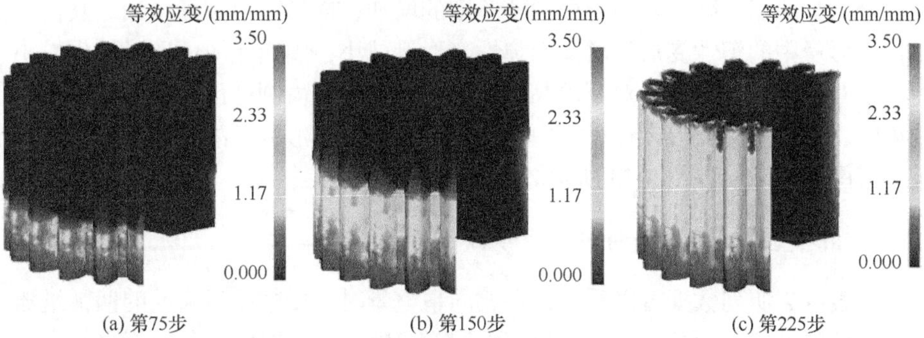

图 3-12　齿轮精整过程等效应变分布图

3.3.3　相对壁厚及精整量对齿形径向回弹的影响

为了得到冷精整时的变形规律以实现冷精整量的优化设计，采用齿形精整量 Δ 和齿形部位相对壁厚 t(相对壁厚定义为齿轮齿顶圆半径与内孔半径差值同外径之比，即$t=\dfrac{D-d}{2D}$)作为研究变量，分别取精整量Δ为 0.10mm、0.15mm、0.20mm、0.25mm、0.30mm、0.40mm 以及相对壁厚t为 45%、40%、35%、30%、25%条件下的预成形件，对冷精整终成形过程进行弹塑性有限元模拟。所得到的冷精整后其齿面的径向回弹量列于表 3-2。

表 3-2　不同相对壁厚与不同精整量条件下径向回弹量

精整量 Δ /mm	径向回弹量 s/mm				
	t=45%	t=40%	t=35%	t=30%	t=25%
0.10	0.05720	0.06016	0.05942	0.05916	0.05876
0.15	0.05932	0.05954	0.05994	0.05726	0.05644
0.20	0.05962	0.05928	0.05800	0.05584	0.05190
0.25	0.05934	0.05878	0.05778	0.05130	0.04730
0.30	0.05812	0.05520	0.05080	0.04168	0.03320
0.40	0.05894	0.04806	0.04036	0.02844	0.01608

1. 精整量对齿形径向回弹量的影响

齿形在精整成形时，预成形件被视为弹性体，其水平方向在入模后受到凹模模腔的压力而产生弹性收缩；出模后失去了凹模模腔的约束力，造成齿面整体的弹性回复。由表 3-2 可以看出，在相对壁厚为 25%～40%时，在相同的相对壁厚时，齿面径向回弹量基本上随着精整量的增加而减少，相对壁厚越大，径向回弹量随精整量的变化幅度也越大。而相对壁厚为 45%时，随着精整量的增加，其齿面径向回弹量变化的波动值约为 3%，几乎为恒定值。

分析其原因，随着精整量即精整厚度的增加，成形力也逐渐增加，其径向弹塑性变形量中的塑性变形量增加而弹性变形量减小，因而相应的回弹量也减小。而当相对壁厚为 45%时，对于冷精整而言，中空的直齿圆柱齿轮接近实心直齿圆柱齿轮，由于塑性变形区很小，内部几乎可视为非变形区，故其回弹量也在一个较小范围内波动，如图 3-13 所示。

2. 相对壁厚对齿形径向回弹的影响

由表 3-2 所列数据可以看出，在相同精整量时，冷精整后齿面的回弹量随齿轮相对壁厚的减小而减小，精整量越大回弹值随相对壁厚的变化幅度也越大。产生这种变化规律的原因是，随着相对壁厚的减小，金属的径向弹塑性变形量减小，因而其回弹量也减少，如图 3-14 所示。

齿面的回弹量随齿轮相对壁厚的减小而减小，还可通过厚壁圆筒理论进行解释。由厚壁圆筒理论[25]可知，内径为a、外径为b的厚壁圆筒在分别受到内压p_1(中心孔分流成形工艺中无内压作用，$p_1=0$)、外压p_2的作用下(图 3-15)，厚壁

圆筒环形剖面距离中心 r 的任意一点所受应力状况为

$$\begin{cases}\sigma_r = \dfrac{p_2 b^2}{b^2 - a^2}\left(\dfrac{a^2}{r^2} - 1\right) \\ \sigma_\theta = -\dfrac{p_2 b^2}{b^2 - a^2}\left(\dfrac{a^2}{r^2} + 1\right) \\ \sigma_z = \nu\left(\sigma_\theta + \sigma_r\right)\end{cases} \tag{3-37}$$

根据 Tresca 屈服准则，判定金属进入塑性状态时，有

$$\sigma_z - \sigma_\theta = \frac{2}{\sqrt{3}}\sigma_s \tag{3-38}$$

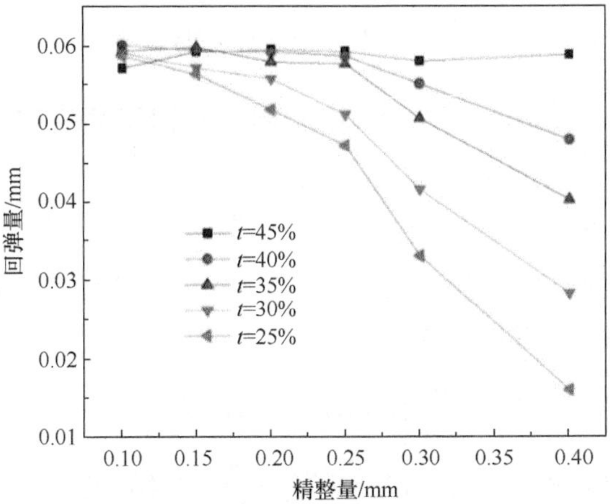

图 3-13　回弹量随精整量变化图

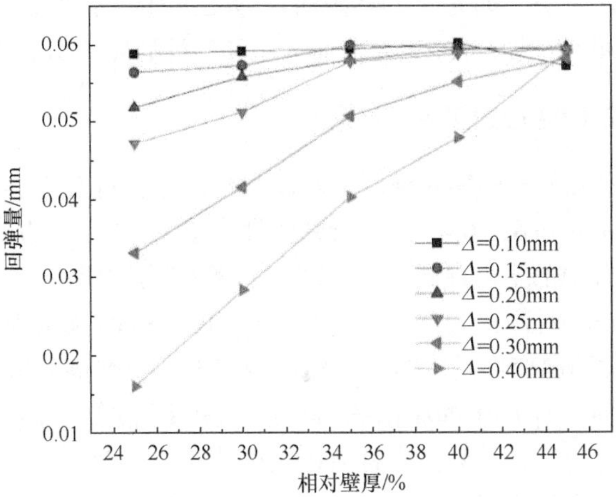

图 3-14　回弹量随相对壁厚变化图

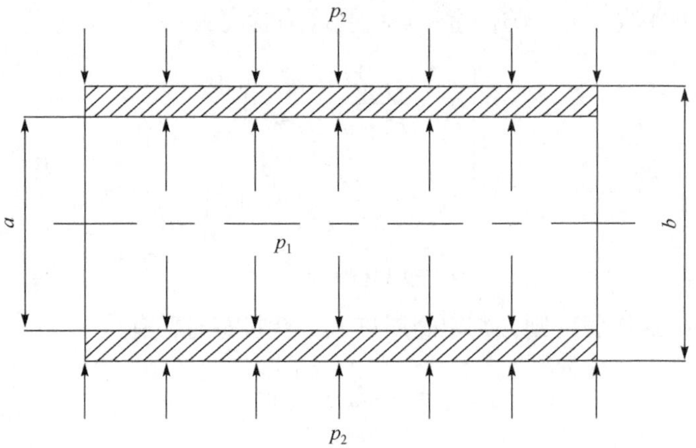

图 3-15　厚壁圆筒理论原理图

又根据广义胡克定律 $\varepsilon=\dfrac{\sigma}{E}$，对应变 ε 积分得回弹量 S_Δ 的表达式为[11]

$$S_\Delta=\int_a^b\frac{\sigma_r}{E}\mathrm{d}r \tag{3-39}$$

将本例所用材料的力学性能数据和式(3-37)、式(3-38)代入式(3-39)并求解，得到回弹量与锻件内、外径的关系式为

$$S_\Delta=\frac{5\sigma_s}{\sqrt{3}E}(a-b)^2(a+b)(3.475a-1) \tag{3-40}$$

将齿轮外径代入式(3-40)，得到回弹量 S_Δ 与内径 a 的函数。对 a 求导得到函数极值分别为 $a_1=-26.8$，$a_2=16.1$，$a_3=43.1$。根据四次曲线的特性，可知弹性回复在内径为 16.1～43.1 时是单调递减的，即在相对壁厚为 25%～45%时随着相对壁厚的增加，回弹量也增加。这与前面采用弹塑性有限元分析的结果是一致的。

3.3.4　精整量对轴向变形的影响

针对表 3-2 中五种不同相对壁厚的直齿圆柱齿轮，利用图 3-10 所示模型分别对精整量 S_Δ=0.1mm 和 S_Δ=0.4mm 进行弹塑性有限元模拟。模拟结果如图 3-16 所示，齿形上端面自中部至齿顶圆向上翘曲，其翘曲程度用水平方向的斜角表示。当精整量 S_Δ=0.1mm 时倾角为 2°，当精整量 S_Δ=0.4mm 时倾角为 4°，倾角随 S_Δ 的增加而增大。这种轴向变形是由精整凹模模壁与工件的摩擦力造成的。如前所述，精整时金属是以轴向向下流动为主(图 3-11)，这就更加增加向上翘曲的程度。

综合广义胡克定律计算和弹塑性有限元的模拟结果表明，为了减少齿顶向上翘曲的程度，其精整量 S_Δ 在 0.1～0.2mm 内选择最为合理。

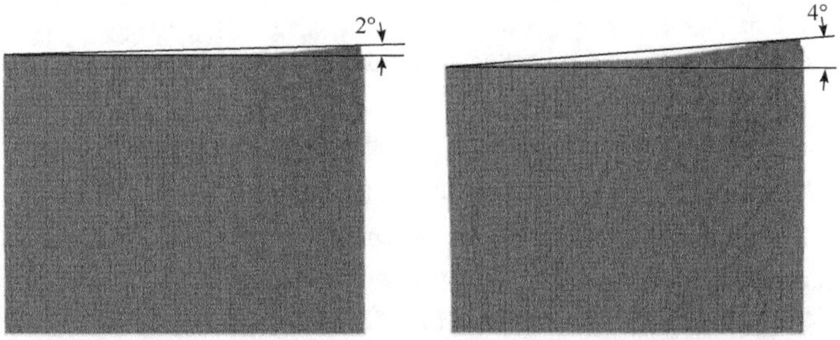

(a) S_Δ=0.1mm　(b) S_Δ=0.4mm

图 3-16　不同精整量条件下冷精整终成形直齿轮上端部翘曲角度示意图

参 考 文 献

[1] 夏巨谌, 邓磊, 王新云. 铝合金精锻成形工艺及设备[M]. 北京: 国防工业出版社, 2019.

[2] 夏巨谌, 王新云. 闭式模锻[M]. 北京: 机械工业出版社, 2013.

[3] 王新云. 金属精密塑性加工工艺与设备[M]. 北京: 冶金工业出版社, 2012.

[4] 王富军. 锻件精度问题的分析[J]. 煤矿机械, 2005, (9): 78-80.

[5] 胡成亮, 刘全坤, 赵震, 等. 考虑弹性变形行为的齿形凹模修正方法[J]. 上海交通大学学报, 2009, 43(1): 52-60.

[6] 刘利, 陈铮, 陈世建. 模具弹性变形对曲轴锻件尺寸精度的影响研究[J]. 热加工工艺, 2013, (1): 75-77.

[7] 金俊松. 轿车齿轮闭式冷精锻近/净成形关键技术研究[D]. 武汉: 华中科技大学, 2009.

[8] 张亚蕊. 多层薄壁筒形件热挤压成型工艺及模拟研究[D]. 武汉: 华中科技大学, 2004.

[9] 杨保年. 直齿轮冷锻成形技术及其数值模拟研究[D]. 合肥: 合肥工业大学, 2002.

[10] 冀东生. 中空分流锻造成形机理及应用技术研究[D]. 武汉: 华中科技大学, 2011.

[11] 朱怀沈. 大模数直齿圆柱齿轮精密塑性成形技术研究[D]. 武汉: 华中科技大学, 2011.

[12] 王岗超, 薛克敏, 许锋, 等. 齿腔分流法冷精锻大模数圆柱直齿轮[J]. 塑性工程学报, 2010, 17(3): 18-21.

[13] Kim Y H, Ryou T K, Choi H J, et al. An analysis of the forging processes for 6061 aluminum-alloy wheels [J]. Journal of Materials Processing Technology, 2002, 123: 270-276.

[14] Ohga K, Kondo K. Research on precision die forging utilizing divided flow[J]. Bulletin of the Japan Society of Mechanical Engineers, 1982, 25 (209):1828-1835.

[15] Ohga K, Kondo K, Jitsunari T. Research on precision die forging utilizing divided flow[J]. Bulletin of the Japan Society of Mechanical Engineers, 1982, 25 (209):1836-1842.

[16] Choi J C, Choi Y. Precision forging of spur gears with inside relief [J]. International Journal of Machine Tools and Manufacture, 1999, 39(10):1575-1588.

[17] 谭险峰, 刘霞, 胡德锋, 等. 约束分流精锻成形直齿圆柱齿轮[J]. 锻压技术, 2010, 35(2): 26-30.

[18] 夏巨谌, 金俊松, 邓磊, 等. 中空分流锻造关键尺寸参数的理论计算及应用[J]. 塑性工程学报, 2016, 23(3): 1-4.

[19] 夏巨谌, 金俊松, 邓磊, 等. 中空分流锻造成形机理及成形力的计算[J]. 塑性工程学报,

2016, 23(1): 1-6.

[20] 夏巨谌, 邓磊, 金俊松, 等. 我国精锻技术的现状及发展趋势[J]. 锻压技术, 2019, 44(6): 1-17.

[21] 蒋鹏, 谢谈. 热锻冷锻复合工艺及其应用[J]. 汽车工艺与材料, 2000, (3): 6-8.

[22] 马斌, 伍太宾. 冷温锻复合成形技术及其应用[J]. 金属加工, 2009, (15): 46-50.

[23] Behrens B A, Doege E. Cold sizing of cold and hot-formed gears[J]. CIRP Annals Manufacturing Technology, 2004, 53(1): 239-242.

[24] 朱怀沈, 夏巨谌, 金俊松, 等. 大模数直齿轮温冷锻精整量的优化选择[J]. 塑性工程学报, 2011, 18(1): 53-57.

[25] 王仲仁. 弹性与塑性力学基础[M]. 哈尔滨: 哈尔滨工业大学出版社, 1997.

第 4 章　精锻过程的热加工图及再结晶行为

4.1　热加工图的理论发展与应用

4.1.1　热加工图的理论发展

从材料高温变形过程中的热力学意义上讲，材料热变形并不是一个可逆、平衡、线性的热力学过程[1]。1982 年，Frost 和 Ashby[2]基于蠕变机制原理建立了 Ashby 图，描绘了材料对加工工艺参数的反应，但是这种变形机理图只适用于低应变速率条件，对于在高应变速率条件下的塑性加工不能有效预测变形趋势。Raj[3]采用原子模型建立了纯金属和低合金化金属的加工图，但是它仅仅确定了几种典型的原子模型，并且在绘制加工图的过程中需要确定大量的基本参数，因此这种加工图并不能普遍应用于其他合金化金属。1984 年，Prasad 等[4]根据大塑性变形的力学、物理系统模型和热力学理论建立了基于动态材料模型(dynamic material model, DMM)的热加工图，对前面两种加工图做了更进一步的改进，既描述了材料在各个加工区域内微观组织的演变机理，又描绘了在成形过程中出现的不稳定区域，能够从热加工图上直接获得最优的加工温度和应变速率，为成形工艺的设计和优化提供了强有力的工具。

动态材料模型是将材料的热变形过程抽象为一个系统，精锻中的各个设备，如压力机、冲头、模具、工件及坯料均为该系统的组成部分，它们之间的关系为输入系统中的能量由压力机产生，传递到模具或者冲头上进行能量的储存，然后通过接触界面间的润滑剂传递给变形工件，工件接收能量发生变形将能量消耗掉。其中，在变形过程中能量的消耗主要通过两种形式：①塑性变形中由于热量散失产生的黏塑性热，即耗散量，用 G 表示；②塑性变形中由于微观组织演变引起的能量消耗，如常见的动态回复、动态再结晶、相变及超塑性等，即耗散协量，用 J 表示。通过引入功率耗散因子 $\eta = J/J_{max}$ 来描述在温度和应变速率发生改变时 η 的分布状态，其中 J_{max} 为材料处于理想耗散状态的耗散协量。将功率耗散因子的变化曲线在应变速率和温度所构成的二维平面上表示出来即功率耗散图[5]。

在动态材料模型下建立功率耗散图弥补了前期理论上建立加工图的缺陷，在一定程度上反映了不同变形条件下微观组织的演变，但是在热成形过程中存在的一些微观破坏形式，如绝热剪切、楔形开裂等在功率耗散图上难以准确体现。因此引入失稳图是很有必要的。同功率耗散图类似，根据失稳理论准则，在应变速率及温度构成的二维平面绘制出失稳因子对应的区域，即失稳图。将功率耗散图与失稳图进行叠加就可得到材料的热加工图，在热加工图中根据功率耗散因子及失稳因子对应的不同区域可以看出微观组织演变对应的特征区域[5]。

热加工图的传统绘制方法是结合 MATLAB 采用三次样条插值函数，对应力应变之间的关系进行拟合，这种方法简单易行，但是准确度稍差。最近几年，周军等又提出了基于 MATLAB 的热加工图的数值构造方法，利用 MATLAB 强大的矩阵计算功能，快速得出计算结果，绘制出材料的热加工图[6]。2003 年 Robi 和 Dixit[7]将专家系统与人工神经网络等人工智能引入加工图，进行实验数据的预测。研究结果表明，这一方法的引入对提高加工图的准确度有很大的帮助。

4.1.2 热加工图的应用

基于动态材料模型的热加工图是表征材料加工性的一次成功的尝试，国内外已经有很多学者对各种金属及合金材料进行热加工图的研究分析，为优化材料的变形参数、控制组织性能及避免微观缺陷、提高可成形性等提供了指导。作为理论模型的建立者，Prasad 等最初将热加工图用于钛合金的热变形研究中，建立了钛合金 IMI685 的热加工图，研究了钛合金热加工过程中不同相组织的演变过程。结果表明，相对于传统的试错法，在钛合金铸锭成形破坏阶段和终锻阶段的工艺优化上，采用热加工图来进行工艺优化节约了大量的时间成本和物力成本[8]。同年，Venugopal 又建立了不锈钢 304 的冷温成形的失稳图，证实了建立在最大熵变理论上的失稳图能够准确地预测失稳区的所有特征[9]。随后，Prasad 等相继研究了铁铝合金、轧制镁合金 AZ31 和铸造镁锌合金的热加工图[10-12]。

自此，利用热加工图分析和预测材料在热加工过程中的可加工性及不稳定性，进而作为材料热加工工艺制定依据的研究也逐渐普遍起来。同 Prasad 的应用类似，热加工图首先在钛合金中得到了广泛的研究应用，鲍如强等建立了几种典型的 α 钛、近 α 钛合金、α+β 钛合金及 β 钛合金的热加工图，并分析了合金元素以及微观组织对钛合金热加工性能的影响，得到了钛合金热加工图的一般规律[13]。王洋等采用 BP 神经网络的方法建立了 TA15 钛合金热加工图，解决了一般的插值方法在建立热加工图时可能出现的非线性问题，通过 BP 神经网络对各个状态下的数据进行了更为精确的预测[14]。Sun 等同样采用人工神经网络技术建立了钛合金 Ti40 的热加工图，并将预测的数据与实验数据进行了对比，证实了神经网络预测的准确性[15]。

热加工图在铝合金中的研究应用也非常普遍。Radhakrishna 等将热加工图应用到 2124 铝合金 SiC 颗粒增强体的热加工成形中，观察到了不同体积分数的 SiC 颗粒增强体下材料的微观组织变化趋势[16]。黄光胜等[17]、李成侣等[18]分别对 2618 铝合金和 2124 铝合金高温变形行为进行了分析，并建立了这两种铝合金热加工图，得到了铝合金最优的加工区域。闫亮明等采用神经网络的方法建立了 7055 铝合金流变应力模型和热加工图，更精准地预测了热压缩过程中的流变应力[19]。

热加工图在镁合金、锆合金及其他复合材料的成形方面也有所应用，如应用热加工图确定不同牌号镁合金的流变失稳区，得到相应条件下最佳的加工工艺参数[20,21]；采用动态材料模型来研究和解释新型锆合金的流动特性、显微组织的演变规律与控制方法以及变形缺陷的产生等问题，通过计算建立热加工图，得到合金铸锭合适的挤压和锤锻等加工参数[22]。在复合材料的成形中，研究人员建立了钛基复合材料的加工图，直观地分析了易成形区和发生破坏的区域[23]；对 14%SiC/7A04 铝基复合材料的变形行为进行了分析，在高温压缩实验基础上，研究了温度及应变速率两种变形工艺参数对该材料在热变形时应力的影响规律，建立了热加工图，为控制产品的组织性能、制定合理的加工工艺、提高产品质量提供了理论依据[24]；建立 SiC 颗粒增强铝基复合材料的热加工图，并进行了相应的研究分析，为复合材料的工程应用提供了参考[25]。

随着计算机技术的发展，有限元数值模拟技术的可靠性和精度不断提高，因此借助有限元模拟技术对热变形过程进行模拟是一种很有前景的研究方向。但是目前传统热加工图的发展与有限元的发展是孤立的，前者侧重于材料性质，后者侧重于成形过程。刘娟等在二维热加工图的基础上建立了新的包含应变的三维加工图，描述了功率耗散因子和流变失稳区域随应变速率、温度和应变的变化，进一步将加工图与有限元相结合，建立了一种分析金属热成形全过程可加工性的方法[26]。

本章在这些研究应用的基础上，采用新的数学方法建立 6061 铝合金的热加工图，分析变形参数对 6061 铝合金热加工图的影响，获得合适的可加工区域，并进一步与有限元数值模拟相结合，分析并优化 6061 铝合金筋板件精锻工艺参数。

4.2　热加工图建立的理论依据

4.2.1　功率耗散图理论

在动态材料模型理论中，将金属热加工变形视为一个封闭系统，输入工件的总功率为 $P=\overline{\sigma\dot{\varepsilon}}$ ，动力学原理中总能量的耗散与系统熵产率的关系为：$P=\sigma\dot{\varepsilon}=$

$\frac{d_iS}{dt}T \geqslant 0$，其中，$\frac{d_iS}{dt}$为熵产率，表示体系本身不可逆变形过程中产生的熵变化率，T 为温度。熵产率由两部分组成，一部分为热熵率，即传导熵，与耗散量 G 有关，$G=\int_0^{\dot{\varepsilon}}\sigma \mathrm{d}\dot{\varepsilon}$；另一部分为内部熵流率，即组织变化熵，与耗散协量 J 有关，$J=\int_0^{\sigma}\dot{\varepsilon}\mathrm{d}\sigma$，是由组织变化引起的能量耗散[27]。输入工件的总能量大部分由温升的方式耗散掉，仅有小部分通过微观组织的结构变化耗散。G 和 J 的分配关系由材料的本构关系控制[28]，幂律本构下的耗散关系可以直观地用图 4-1 表示。数学关系为

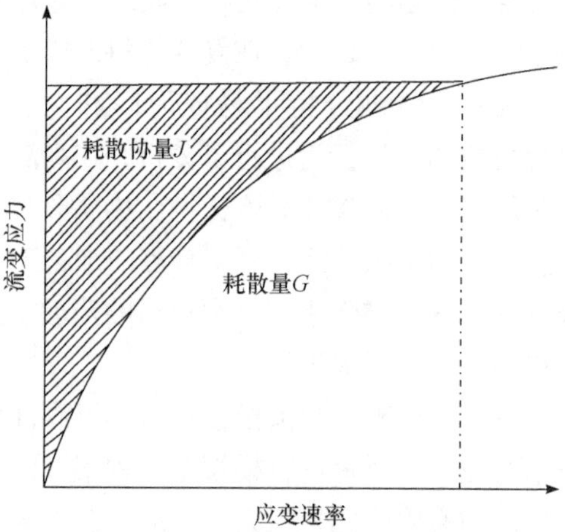

图 4-1　幂律定律下的耗散关系图

$$\frac{\mathrm{d}J}{\mathrm{d}G}=\frac{\dot{\varepsilon}\mathrm{d}\sigma}{\sigma\mathrm{d}\dot{\varepsilon}}=\frac{\mathrm{d}\lg\sigma}{\mathrm{d}\lg\dot{\varepsilon}}=m \tag{4-1}$$

其中，m 为应变速率敏感性指数。在给定的应变和温度下，本构关系为

$$\sigma=K\dot{\varepsilon}_{T,M}^{m} \tag{4-2}$$

其中，$J=\int_0^{\sigma}\dot{\varepsilon}\mathrm{d}\sigma=\sigma\dot{\varepsilon}-\int_0^{\dot{\varepsilon}}\sigma\mathrm{d}\dot{\varepsilon}$，代入式(4-2)，有

$$J=\sigma\dot{\varepsilon}m/(m+1) \tag{4-3}$$

当材料处于理想线性的耗散状态时，m=1，J 的最大值 $J_{\max}=\sigma\dot{\varepsilon}/2$。

定义 $J/J_{\max}$ 为功率耗散因子，表示为η，计算公式为

$$\eta=\frac{J}{J_{\max}}=\frac{P-G}{\sigma\dot{\varepsilon}/2}=2\left(1-\frac{\int_0^{\dot{\varepsilon}}\sigma\mathrm{d}\dot{\varepsilon}}{\sigma\dot{\varepsilon}}\right) \tag{4-4}$$

将式(4-2)代入式(4-4)，化简有

$$\eta = \frac{2m}{m+1} \tag{4-5}$$

功率耗散因子η仅与材料变形过程各变形条件下的应变速率敏感性指数m有关。因此当材料满足幂律本构方程时可以很容易地求出功率耗散因子。而对于本构方程不满足幂律形式的材料，式(4-5)不再适用，需采用式(4-4)积分计算得到功率耗散因子。

在温度和应变速率构成的二维平面上绘制出功率耗散因子随两个变形参数的变化曲线图形即为功率耗散图。功率耗散图中不同的耗散因子范围对应着不同的微观机制，如动态回复、动态再结晶、超塑性等。由于功率耗散图可以用来描述不同变形条件下的微观结构变化，所以也被称为微观组织轨迹线。从材料的内部组织演变特点来说，动态再结晶可以细化晶粒，消除材料中的缺陷，使材料组织性能得到明显的改善。发生动态回复及动态再结晶时，微观组织变化剧烈，通过组织演变消耗的能量J增加，对应的功率耗散因子的值也越大。在实际工艺中，最理想的热加工状态就是使工件材料在无缺陷过程中成形，并使材料内部组织尽可能发生动态回复及动态再结晶，得到细小晶粒的微观组织。因此，为了使材料的组织性能满足塑性成形条件，热加工工艺应在确定的条件下进行，这些区域最好主要为材料发生动态再结晶的区域，在功率耗散图上就是功率耗散因子较大的区域。

4.2.2　失稳图理论

失稳图的引入是研究者在功率耗散图之后提出的，对功率耗散图是一个很大的完善。建立失稳图的判据也是基于动态材料模型理论。研究人员根据材料热力学理论中的不可逆热力学极值原理，提出了下面三种塑性失稳判断准则。

1. Prasad 失稳准则

Prasad 和 Nian[29]根据最大熵产生率原理提出，如果耗散函数$D(\dot{\varepsilon})$与应变速率之间的关系满足

$$\frac{\mathrm{d}D}{\mathrm{d}\dot{\varepsilon}} < \frac{D}{\dot{\varepsilon}} \tag{4-6}$$

则系统不稳定。根据功率耗散因子推导中耗散函数即为J，则式(4-6)为$\mathrm{d}J/\mathrm{d}\dot{\varepsilon} < J/\dot{\varepsilon}$，如果应用的本构方程满足$\sigma = K\dot{\varepsilon}_{T,M}^{m}$，式(4-6)可以变形为

$$\xi(\dot{\varepsilon}) = \frac{\partial \ln\left(\dfrac{m}{m+1}\right)}{\partial \ln \dot{\varepsilon}} + m < 0 \tag{4-7}$$

Prasad 失稳准则是目前应用最广泛的准则，在多种纯金属及合金材料中得到了验证，但是 Prasad 失稳准则只适用于本构关系满足幂律形式的合金材料，当材料的应力-应变速率曲线不满足幂律本构方程时，不再适用。对于纯金属和合金化较低的合金，应力-应变速率曲线可以认为满足一般幂律关系，但是对于大多数复杂合金，用简单幂律关系难于描述应力-应变速率关系。

2. Gegel 失稳准则

Gegel 等[30]推导的塑性失稳判据准则为

$$\frac{\partial \eta}{\partial \ln \dot{\varepsilon}} \leqslant 0 , \quad 0 \leqslant \eta \leqslant 1 \tag{4-8}$$

$$\frac{\partial s}{\partial \ln \dot{\varepsilon}} \leqslant 0 , \quad s \geqslant 1 \tag{4-9}$$

其中，$s = \frac{1}{T} \frac{\partial \ln \sigma}{\partial (1/T)}$。

Gegel 失稳准则的推导也是建立在应力-应变速率曲线满足幂律方程的基础之上的。但该失稳准则参数过多，应用范围有一定的局限性。

3. Murty 失稳准则

Narayana 等[31]考虑到应变速率敏感性指数随变形条件发生改变，提出任意类型 σ-$\dot{\varepsilon}$ 曲线关系的流变失稳准则。

将按照动态材料学失稳准则的基本原理建立的基本公式(4-6)，代入 $J = \int_0^\sigma \dot{\varepsilon} \mathrm{d}\sigma$ 进行变换，即

$$\frac{\partial J}{\partial \dot{\varepsilon}} = \frac{\partial \sigma}{\partial \dot{\varepsilon}} \dot{\varepsilon} = \sigma \frac{\partial \sigma / \sigma}{\partial \dot{\varepsilon} / \dot{\varepsilon}} = \sigma \frac{\partial \ln \sigma}{\partial \ln \dot{\varepsilon}} = m\sigma \tag{4-10}$$

又有

$$\eta = \frac{J}{J_{\max}} = \frac{J}{\sigma \dot{\varepsilon} / 2} \tag{4-11}$$

则可变形为

$$\frac{J}{\dot{\varepsilon}} = \frac{1}{2} \eta \sigma \tag{4-12}$$

将式(4-10)和式(4-12)代入式(4-6)中即可得到 Murty 失稳准则，即

$$2m < \eta \tag{4-13}$$

与前两种准则相比，应用 Murty 失稳准则最困难的是要解决 η 的积分问题。若材料本构方程不满足幂律关系，会给积分带来较大的困难，这也是目前 Murty 失稳准则没有广泛应用最大的障碍。但是 Murty 失稳准则的建立不是限定在简单的幂律本构关系下，因此对各种本构关系的材料理论上都可以适用。

4.3　6061 铝合金热加工图的建立

4.3.1　6061 铝合金功率耗散图的建立

利用 6061 铝合金高温压缩实验得到应变为 0.3 时，温度为 360℃、400℃、440℃、480℃和应变速率为 $0.001s^{-1}$、$0.01s^{-1}$、$0.1s^{-1}$ 及 $1s^{-1}$ 的应力(表 4-1)，建立功率耗散图。

表 4-1　应变为 0.3 时不同变形条件下的应力值　(单位：MPa)

温度/℃	应变速率/s^{-1}			
	0.001	0.01	0.1	1
360	48.24771	60.77855	71.38373	83.83955
400	30.8253	40.78217	56.35928	66.5557
440	20.84688	26.61948	39.88839	50.25508
480	15.50696	21.84609	30.21975	41.33396

热加工图是建立在连续的应变速率及温度值上的，因此从压缩实验获得的数据不足以绘制准确的热加工图，需要通过插值方法获得更多温度及应变速率条件下的应力值。采用 MATLAB 软件编写三次样条函数插值代码，其中温度区间为 360～480℃，每隔 5℃插值一个温度，得到 25 个温度点；应变速率区间为 0.001～$1s^{-1}$，其中插值后的应变速率值为 $0.001s^{-1}$、$0.0025s^{-1}$、$0.004s^{-1}$、$0.0055s^{-1}$、$0.007s^{-1}$、$0.0085s^{-1}$、$0.01s^{-1}$、$0.025s^{-1}$、$0.04s^{-1}$、$0.055s^{-1}$、$0.07s^{-1}$、$0.085s^{-1}$、$0.1s^{-1}$、$0.25s^{-1}$、$0.4s^{-1}$、$0.55s^{-1}$、$0.7s^{-1}$、$0.85s^{-1}$、$1s^{-1}$ 等 19 个应变速率点[27,32]。经过插值后可以扩充数据量，得到 25×19 个变形条件下的应力值。

在一般的热加工图研究中，普遍都是直接采用式(4-5)进行计算。公式中只含有应变速率敏感性指数 m，可以直接由对数应力对对数应变速率的偏导求得，这种方法简单且没有大量的积分计算，但这是建立在幂律本构关系的前提下，因此不适用其他形式的本构关系。

经分析，6061 铝合金符合双曲正弦本构关系。因此，理论上，可以利用式(4-4)直接计算各个变形条件下的功率耗散因子。但是，双曲正弦本构太复杂，常规的数学积分方法难以应用，并且最重要的一个原因是目前无法找到一个固定的变量因子来代替 m，因此这种理论上最直接的方法也不能运用到实际的计算。

为了解决不能直接积分的问题，研究人员采用微量累加的积分基本思想进行近似积分计算，将积分区域划分为若干个微小的矩形块，计算各个块的体积，即该区域下的积分结果。通过这种近似积分计算得到 475 个变形条件下的功率耗散因子 η，并将其导入 Origin 绘图软件中，绘制出 6061 铝合金的功率耗散图，如图 4-2 所示。

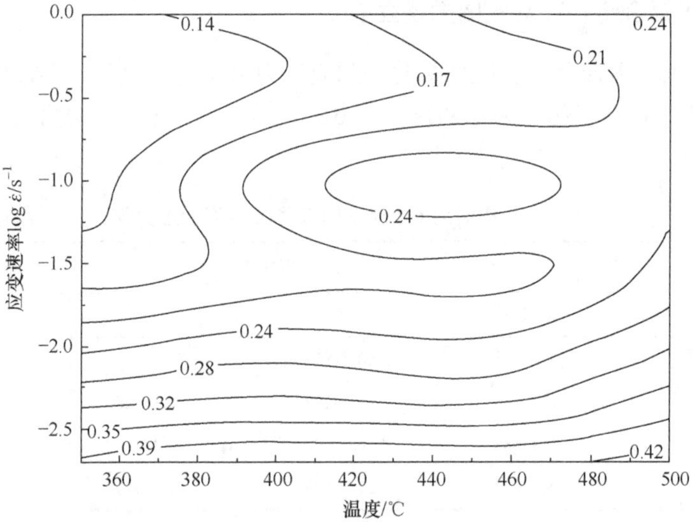

图 4-2　6061 铝合金在应变为 0.3 下的功率耗散图

从图 4-2 中可以看出，功率耗散因子在整个应变速率范围内，总体是随着应变速率的增加而减小的。在整个变形温度范围内，功率耗散因子随着变形温度的增加而增大。在低应变速率区，应变速率值接近 $0.001s^{-1}$、温度为 480℃左右时功率耗散因子最大，达到 0.42。在低应变速率区，功率耗散因子的值均在 0.3 以上，当应变速率上升为实验范围的最大值 $1s^{-1}$ 时，功率耗散因子降低到 0.14 以下，最小值出现在温度为 360℃左右、应变速率为 $1s^{-1}$ 附近。这说明应变速率对功率耗散因子的影响较大。中等变形温度和应变速率区域时，功率耗散因子也为相应的中等值。从微观变形机制来讲，这个条件区域主要发生动态回复，如果温度继续升高，又或者应变速率降低，则发生动态再结晶的可能性越大，内部组织变化剧烈，功率耗散协量 J 增大，对应的此区域的功率耗散率也越大，功率耗散因子 η 的值也越大。

该功率耗散图还表明在中/高应变速率下，功率耗散因子的波动比低应变速率条件下的要大。当应变速率为 $0.1s^{-1}$ 时，温度由 360℃上升到 480℃，功率耗散因子由 0.14 增加到 0.24，而在应变速率低于 0.01s^{-1}时，温度由 360℃上升到 480℃，功率耗散因子的变化不明显。

从 6061 铝合金功率耗散图中也可以看到一个较为特殊的区域，高温高应变速率区域，当温度高于 470℃且应变速率为 1s^{-1}时，功率耗散因子的值为 0.24，均大于同等温度条件下低应变速率区域内的值。按照这种变化规律可以预测：在高温高应变速率区域，继续增大应变速率则功率耗散因子也会增大。

4.3.2　6061 铝合金失稳图的建立

6061 铝合金失稳图采用动态材料模型的失稳理论，依据式(4-6)进行近似变化有

$$\frac{\mathrm{d}J}{J}\bigg/\frac{\mathrm{d}\dot{\varepsilon}}{\dot{\varepsilon}}<1 \tag{4-14}$$

引入失稳因子ξ，当失稳因子满足式(4-15)时即表示发生了失稳。

$$\xi=\frac{\mathrm{d}\log J}{\mathrm{d}\log\dot{\varepsilon}}=\frac{\Delta\log J}{\Delta\log\dot{\varepsilon}}<1 \tag{4-15}$$

式(4-15)是从基本公式推导并做近似处理得出的，称为基本失稳准则。按照式(4-15)绘制 6061 铝合金的失稳图，首先需要计算出各个变形条件下的耗散协量 J，同计算 G 一样，采用积分的原理用微小单元体进行累加计算，然后将数据导入 Origin 软件中，拟合 $\log J$-$\log\dot{\varepsilon}$ 的关系，得出的斜率即为失稳因子，进而绘制出失稳图，如图 4-3 所示。

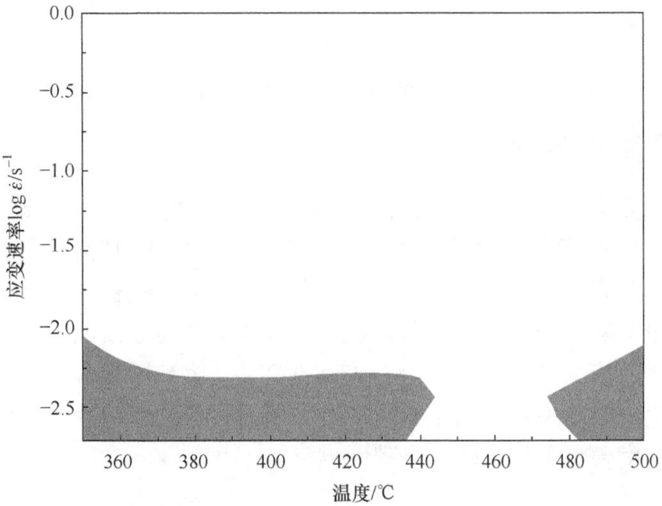

图 4-3　6061 铝合金在应变为 0.3 下的失稳图

从图 4-3 中可以看出，当应变速率为 0.001～0.01s^{-1}、温度为 440℃以下及温度为 480℃时满足失稳条件。中/高应变速率区域是 6061 铝合金适合加工区域，而低应变速率区为该材料加工时需避免的区域。还可以看到，温度高于 480℃、应变速率高于 0.01s^{-1} 的区域内也存在一个较小的失稳区，说明过高的温度、过低的应变速率不利于 6061 铝合金的加工成形。

将图 4-2 的功率耗散图与图 4-3 的失稳图叠加，绘制 6061 铝合金的热加工图，如图 4-4 所示。从热加工图中看出，铝合金在中/高应变速率、温度高于 380℃时均处于安全加工区域；当温度在 440～470℃、应变速率低于 0.01s^{-1} 时功率耗散因子最大，因此最佳成形区域为温度 440～470℃、应变速率在 0.01s^{-1} 以上。

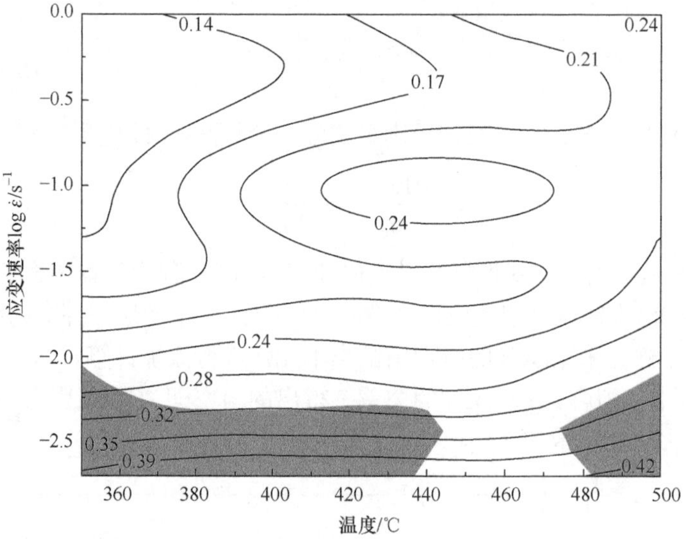

图 4-4　6061 铝合金的热加工图[33]

4.3.3　金相显微组织分析

观察不同变形温度条件下的金相组织(均放大 400 倍)，如图 4-5 所示。图中显示的主要相为 α-Al 基体、强化相 Mg_2Si，以及 Al-Cu-Mg 其他化合物强化相。随着变形温度的升高，强化相在基体上的分布更加密集，颗粒大小更为均匀，材料的组织性能也更好。结合热加工图来看，当应变速率为 0.1s^{-1}、温度为 360℃时，功率耗散因子的值为 0.17，温度上升为 400℃时，功率耗散因子增加为 0.21。在热加工图理论中，功率耗散因子越高，该区域内材料的组织性能越好。这从微观组织演变的角度验证了加工图的合理性。

除温度之外，应变速率也对金属的微观组织演变有重要的影响。图 4-6 为不同应变速率下的 6061 铝合金金相组织。可以看到，应变速率为 1s^{-1} 时，组织粗大化；而在 0.01s^{-1}时，强化相在基体上分布均匀，组织细密，说明在此状态下材料有可能发生了动态再结晶。同样，对比热加工图，温度 440℃、应变速率 1s^{-1}时，功率耗散因子为 0.17 左右，应变速率为 0.01s^{-1}时，功率耗散因子值增加至 0.24，两者的结论比较吻合。

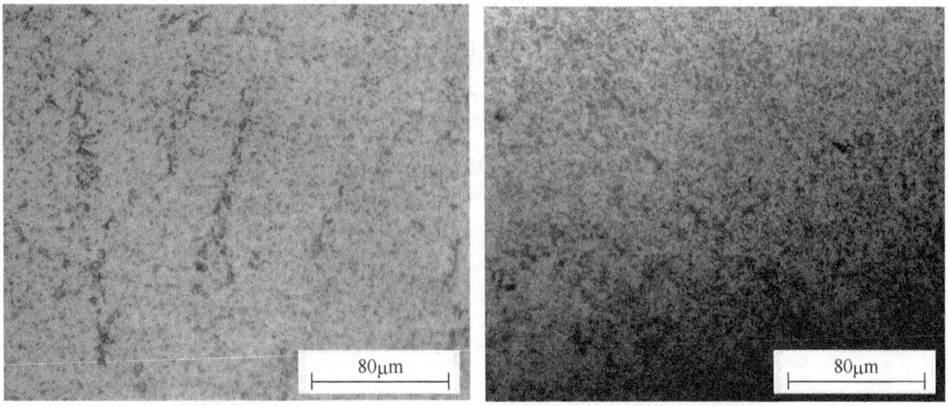

(a) T=360℃　(b) T=400℃

图 4-5　不同变形温度下的 6061 铝合金金相组织($\dot{\varepsilon}$=0.1s^{-1})

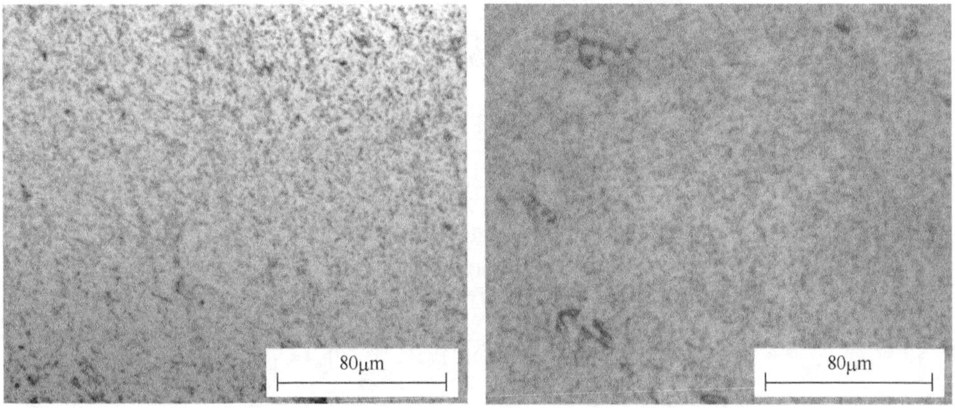

(a) $\dot{\varepsilon}$=0.01s^{-1}　(b) $\dot{\varepsilon}$=1s^{-1}

图 4-6　不同应变速率下的 6061 铝合金金相组织(T=440℃)

4.3.4 XRD 分析

XRD 分析是目前金属材料研究的常规方法，利用衍射原理可以精确地测定材料的晶体结构，对材料进行定性和定量分析。本节结合 XRD 测试结果在 Highscore 专业分析软件中根据衍射花样的形状和强度计算 6061 铝合金主要相 α-Al 的晶粒尺寸，对比不同温度及应变速率下的晶粒大小，具体分析温度和应变速率两个参数对微观组织演变的影响，并结合 6061 铝合金的热加工图进行分析。

采用 Scherrer 方程分析晶粒尺寸，表达式为$D=K\lambda/(B\cos\theta)$；其中 K 为 Scherrer 常数，一般取值 0.89，θ 为衍射角，λ 为 X 射线衍射波长，B 为衍射峰半高宽，$B=B_m-B_s$，其中B_m为实测样品的衍射峰半高宽，B_s为仪器宽化。从 Scherrer 方程可以看出，保持其他参数不变，衍射峰半高宽越小，晶粒尺寸越大。在衍射花样上表现为衍射峰越高，衍射峰半高宽越小，晶粒越大。

选取应变速率为 $0.001s^{-1}$，温度范围为 360～480℃的试样，观察不同温度下的衍射花样形状，如图 4-7 所示。根据 Scherrer 方程计算出晶粒大小变化曲线如图 4-8 所示。

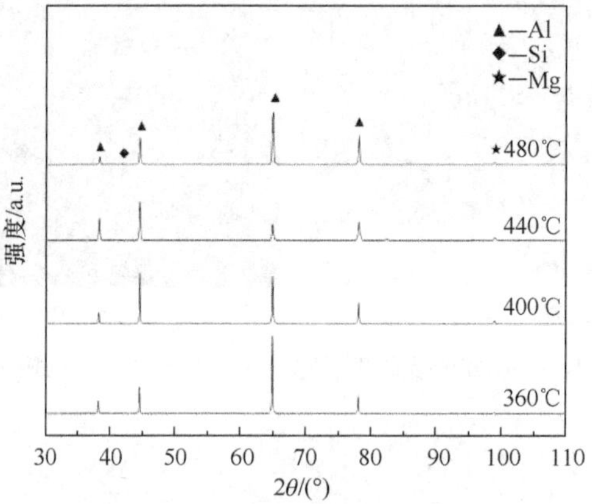

图 4-7　不同温度试样衍射花样

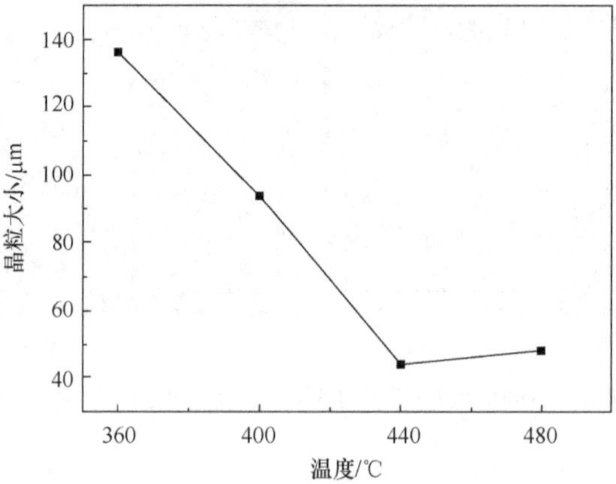

图 4-8　不同温度试样晶粒尺寸变化

从图 4-7 可以看出，6061 铝合金的主要添加元素为 Mg 和 Si，基体为 Al，因此在 XRD 花样中，大部分衍射峰均为 Al 基体，衍射角约为 65°时出现最强峰。对不同温度下的最强峰进行比较分析，选最强峰的半峰宽计算晶粒大小。温度在 440℃以下时，随着温度的升高，衍射峰逐渐降低，说明晶粒尺寸逐渐减小；温度升到 480℃时，衍射峰又变得尖锐，说明晶粒长大。从定量计算结果可以看出，温度低于 440℃时，随着温度的升高，晶粒尺寸逐渐减小，晶粒细化，上升到 480℃时，晶粒尺寸变大。在 440℃时，晶粒最小，直径为 43.8μm。对比热加工图，最佳成形区间温度范围为 440～470℃，此时功率耗散因子最大，且处于安全区。根据热加工图理论，此时材料内部发生动态再结晶，晶粒细化；当温度继续升高时，晶粒开始粗化，材料位于失稳区域不再适合成形。这与 XRD 分析结果一致，也证明热加工图可以反映材料微观组织的变化规律。

固定试样温度为 440℃，应变速率从 $0.001s^{-1}$ 增加到 $0.1s^{-1}$，观察不同试样的衍射峰，如图 4-9 所示；计算不同应变速率下晶粒大小变化，如图 4-10 所示。

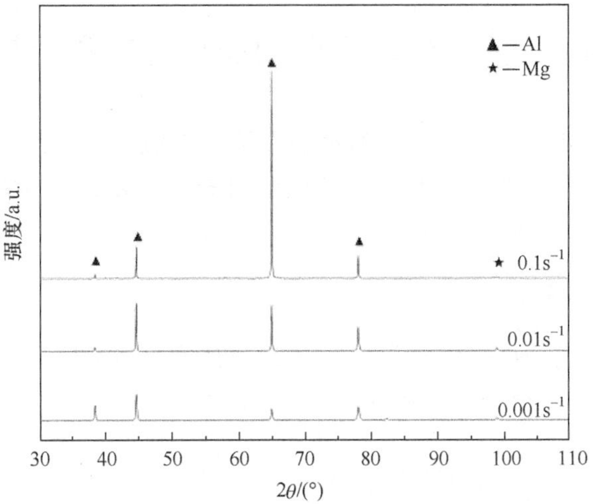

图 4-9　不同应变速率下衍射花样

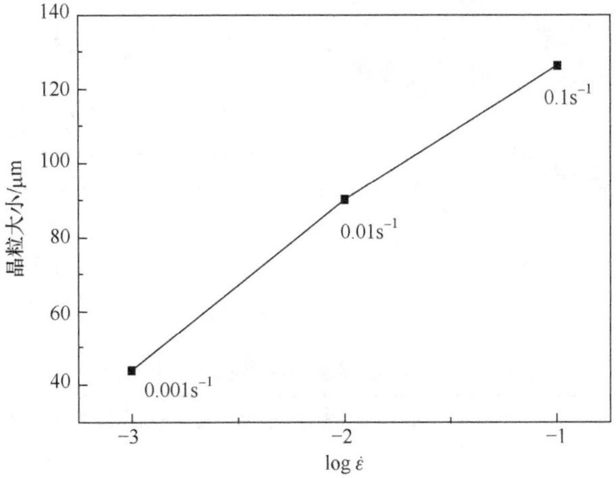

图 4-10　不同应变速率下晶粒尺寸变化

从图 4-9 可以看出，温度为 440℃时，随着应变速率的增加，衍射最强峰越来越高。从图 4-10 可以看出，随着应变速率的增加，晶粒尺寸逐渐增加。对比相同温度条件下的功率耗散因子可以看出，在 440℃时，当应变速率从 $0.001s^{-1}$ 增加到 $0.1s^{-1}$ 时，功率耗散因子从 0.39 下降到 0.24，说明低应变速率下，晶粒细化明显，材料的组织性能好。这与 XRD 的分析结果相符。

综合 XRD 分析结果和热加工图可以得出，在实验温度及应变速率范围内，随着应变速率的增加，晶粒尺寸逐渐增大；当温度低于 440℃时，随着温度的升高，晶粒逐渐细化，随后，晶粒开始长大，逐渐粗化。两者得出的结论基本一致，从而验证了热加工图的可靠性。

4.4　基于热加工图的筋板件精锻分析

本节应用以刚塑性有限元法为核心算法的数值模拟软件 DEFORM-3D 对 6061 铝合金筋板件精锻成形进行数值模拟，并将其与热加工图结合起来，寻找宏观模拟与微观变形机理之间的联系[34]。

4.4.1　筋板件结构参数设计

6061 铝合金筋板件结构如图 4-11 所示。研究人员模拟了不同结构参数下的筋板件精锻过程，具体结构参数见表 4-2～表 4-4。

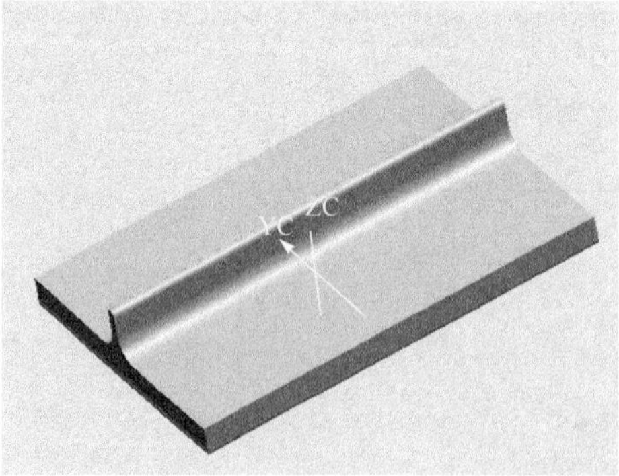

(a) 三维结构图

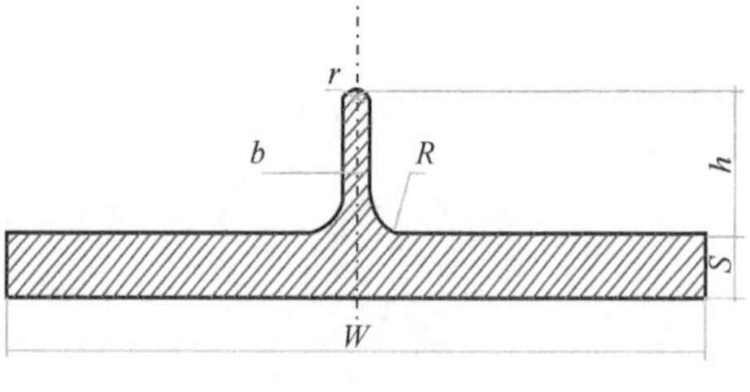

(b) 二维剖面图

图 4-11　筋板件图

表 4-2　不同筋根圆角的筋板件结构参数

筋根圆角 R/mm	筋宽 b/mm	筋高 h/mm	筋高宽比	腹板厚度 S/mm	腹板长度 L/mm	腹板宽度 W/mm
4	3	14	14/3	8	120	80
6	3	14	14/3	8	120	80

表 4-3 不同筋高宽比的筋板件结构参数

筋根圆角 R/mm	筋宽 b/mm	筋高 h/mm	筋高宽比	腹板厚度 S/mm	腹板长度 L/mm	腹板宽度 W/mm
4	2	14	14/2	8	120	80
4	3	14	14/3	8	120	80

表 4-4 不同腹板厚度的筋板件结构参数

筋根圆角 R/mm	筋宽 b/mm	筋高 h/mm	筋高宽比	腹板厚度 S/mm	腹板长度 L/mm	腹板宽度 W/mm
4	3	14	14/3	6	120	80
4	3	14	14/3	8	120	80

4.4.2 筋板件精锻有限元模拟模型的建立

以图 4-11 中设计的锻件图为基本模型，在 UG 三维实体造型软件中建立 DEFORM-3D 模拟中需要的凸模、凹模及坯料模型。考虑精锻过程中需留纵向的分流降压腔，因此坯料的体积需预留形成纵向飞边的体积。确定坯料为 120mm×80mm×h，其中坯料的高度 h 按照体积不变原则计算。将建立好的模型导出为 STL 格式，并依次导入 DEFORM-3D 数值模拟软件中，在前处理模块中设置好坯料、凸模及凹模的初始位置关系。为了减少模拟计算时间，仅取 1/4 来进行模拟，建立好的几何模型如图 4-12 所示。

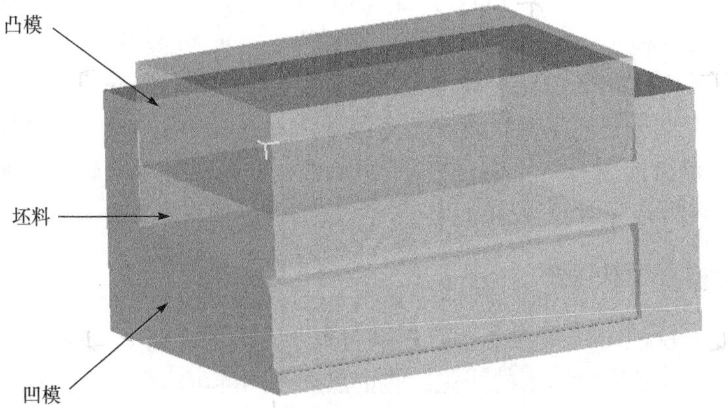

图 4-12 筋板件精锻有限元模拟三维模型

凸模和凹模的材料选取热成形常用的模具材料 H13，模具设置为刚性体。坯料设置为塑性体，材料选取自定义 6061 铝合金，其本构模型为：$\dot{\varepsilon} = A[\sinh(\alpha\bar{\sigma})]^n \exp[-\Delta H/(RT_{\text{abs}})]$。模型的具体参数和材料热物性参数如表 4-5 所示。

表 4-5　6061 铝合金材料相关参数

材料参数	取值
A/s^{-1}	1.617×10^{23}
α /MPa^{-1}	0.027
激活能 ΔH /(J/mol)	343738.46
应力指数 n	7.312
气体常数 R	8.3145
屈服准则	Mises 屈服准则
硬化规则	各向同性
杨氏模量/(N/mm^2)	68947.6
泊松比	0.3
热膨胀系数/℃$^{-1}$	2.2×10^{-5}
导热系数/(N/(s · K)	180.181
比热容/[N/(mm^2 · ℃)]	2.43369

坯料的有限元网格划分采用绝对划分法。由于锻件中最小部分尺寸筋顶圆角为 1mm，定义坯料网格最小尺寸为 0.5mm，最大尺寸与最小尺寸的比例为 4。模拟时，设置坯料形变温度为 450℃，凸模及凹模的成形温度为 200℃，分别设置坯料 1/4 剖切面为模拟中的两个对称面，坯料的传热面为除对称面以外的四个面。在对象间关系中设置模具与坯料间的传热系数，为 11N/(s · mm · K)。定义挤压变形中的摩擦类型为剪切摩擦，设置摩擦因子为 0.3。设定凸模为主动模，速度为 20mm/s，运动方向为+Z 方向。模拟结束点根据凸模的行程来确定，通过腹板厚度及坯料厚度的差值计算得到。

4.4.3　数值模拟结果分析

为了分析 6061 铝合金筋板件在精锻过程中金属的流动变化规律，观察成形过程中各部分温度及应变速率的变化，验证热加工图的可靠性。取模拟参数设置中的一组具体分析筋板件的成形规律，模拟工艺参数如表 4-6 所示。

表 4-6　模拟工艺参数

形变温度 T/℃	凸模运动速度 V/(mm/s)	筋根圆角 R/mm	筋宽 b/mm	筋高宽比	腹板厚度 S/mm
450	20	4	3	14/3	8

6061 铝合金筋板件成形过程的金属流动规律如图 4-13 所示。

(1) 精锻变形之初，腹板逐渐减薄，腹板金属逐渐由两边向中心凹模型腔流动。这一阶段金属的流动均匀，筋中心及两端流动速度无明显差别。

(2) 随着变形程度的加剧，金属在凹模筋部型腔中的流动速度发生改变。流向筋中部的速度加快，流向筋边缘的速度较慢，当筋中部几乎被完全充满时，金属向两边流动，直至最终充满筋槽的两端。

(3) 当筋部完全充满时，由于凸模继续运动，多余金属流入上模设置的分流减压腔中，形成飞边。

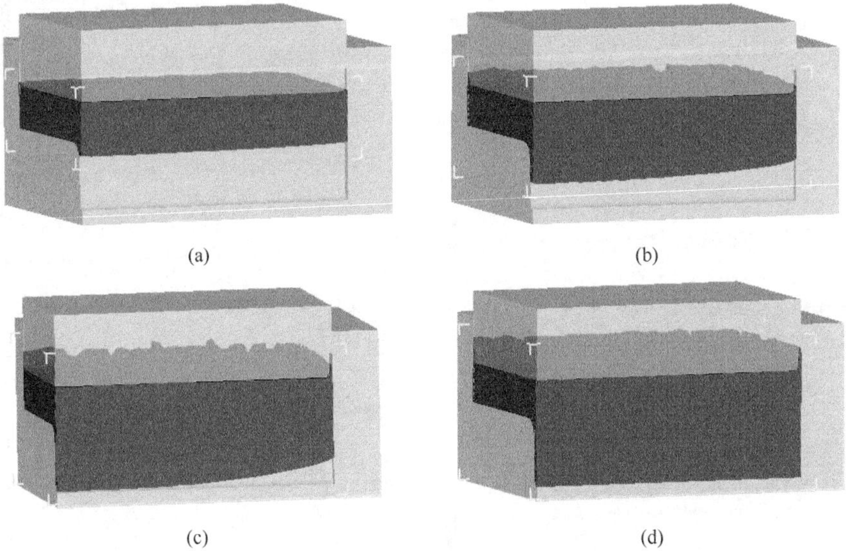

(a)　(b)　(c)　(d)

图 4-13　6061 铝合金筋板件成形过程的金属流动规律

从金属的流动规律可以看出筋中部易成形，而两端边缘难充满。成形过程中，应变速率变化最明显的部位在筋部，因此对筋部的应变速率变化进行分析。应变速率分布如图 4-14 所示，在变形初期，应变速率在筋的中部和边缘差别很小，见图 4-14(a)，随着变形程度的增加，可以明显看出应变速率的分布不再均匀，尤其在筋的顶部，见图 4-14(b)。

集中分析图 4-14(b)中筋顶部的应变速率及温度，如图 4-15 所示，中部①和端部②的温度基本相同，均在 465℃左右，①位置的应变速率为 $0.09s^{-1}$ 左右，而②位置的应变速率为 $0.5s^{-1}$ 左右。对比 6061 铝合金热加工图，当温度为 465℃、应变速率为 $0.09s^{-1}$ 时功率耗散率为 0.24，温度为 465℃、应变速率为 $0.5s^{-1}$ 时，功率耗散率为 0.21，功率耗散因子越大表明组织性能越好，金属可成形性也越好。因此，筋中部比筋端部更容易成形。这与模拟的金属流动规律一致。

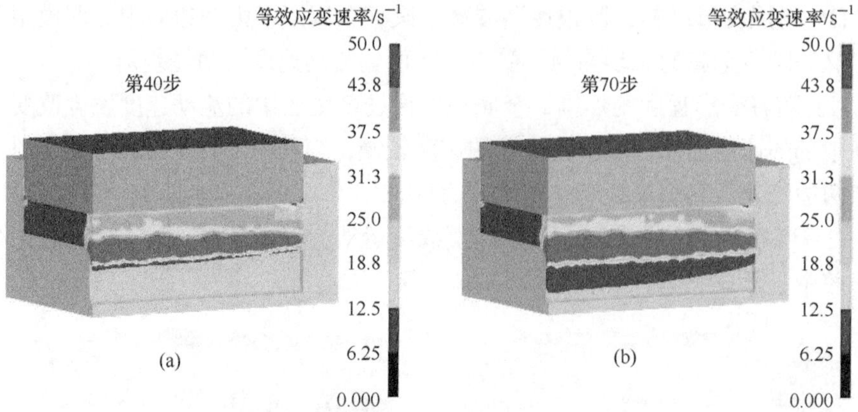

图 4.14　应变速率分布

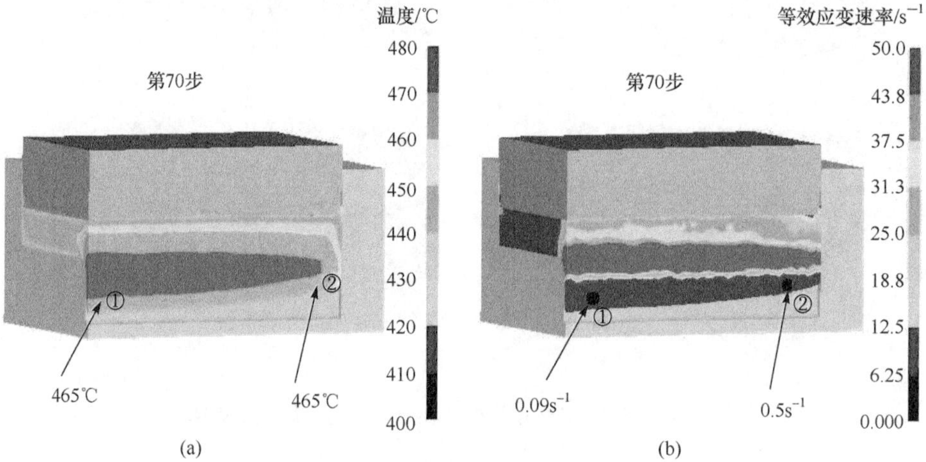

图 4-15　应变速率及温度的分布

取不同筋根过渡圆角的筋板件进行模拟，主要结构参数如表 4-7 所示。

表 4-7　不同筋根过渡圆角的模拟工艺参数

形变温度 T/℃	凸模运动速度 V/(mm/s)	筋根圆角 R/mm	筋宽 b/mm	筋高宽比	腹板厚度 S/mm
450	20	4	3	14/3	8
450	20	6	3	14/3	8

不同筋根过渡圆角筋板件的模拟成形结果如图 4-16 所示，筋根过渡圆角为 4mm 时可以完全充满，筋根过渡圆角为 6mm 时筋两端不能完全充满。

成形后期的筋部应变速率及温度的分布如图 4-17 所示，成形终了阶段筋根过渡圆角为 6mm 的筋板件，即图 4-17(a)，整个筋部的应变速率分布非常不均匀，在筋端部存在一个应变速率较小的区域；筋根过渡圆角为 4mm 时，即图中 4-17(b)，应变速率分布均匀。

从热加工图理论分析，应变速率不均匀导致各部分的内部组织演变不一致，各部分的金属流动情况出现差异。在成形最后阶段，当筋根过渡圆角为 6mm，筋边缘部分的温度为 465℃、应变速率为 $1.14s^{-1}$ 时，功率耗散因子为 0.21，而筋根过渡圆角为 4mm 时，筋顶端存处于 475℃的高温高应变速率区域，功率耗散因子大于 0.24。因此，筋根过渡圆角为 4mm 时的成形性优于筋根过渡圆角为 6mm 时的成形性。从有限元模拟结果上看，当筋根过渡圆角为 6mm 时，筋顶部两端不能完全充满，成形性较差。这与热加工图的结论一致。

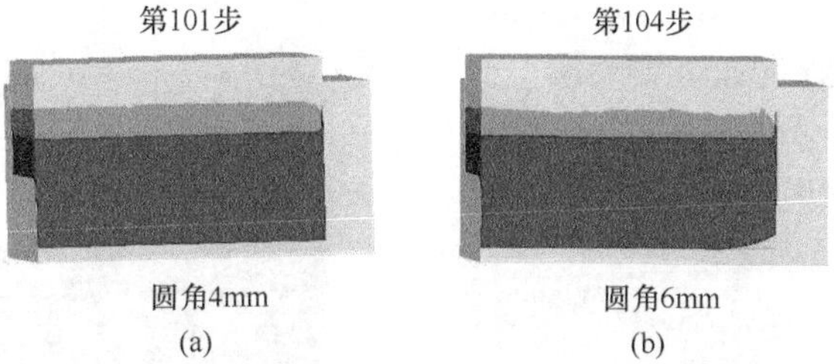

图 4-16　不同筋根过渡圆角筋板件模拟结果

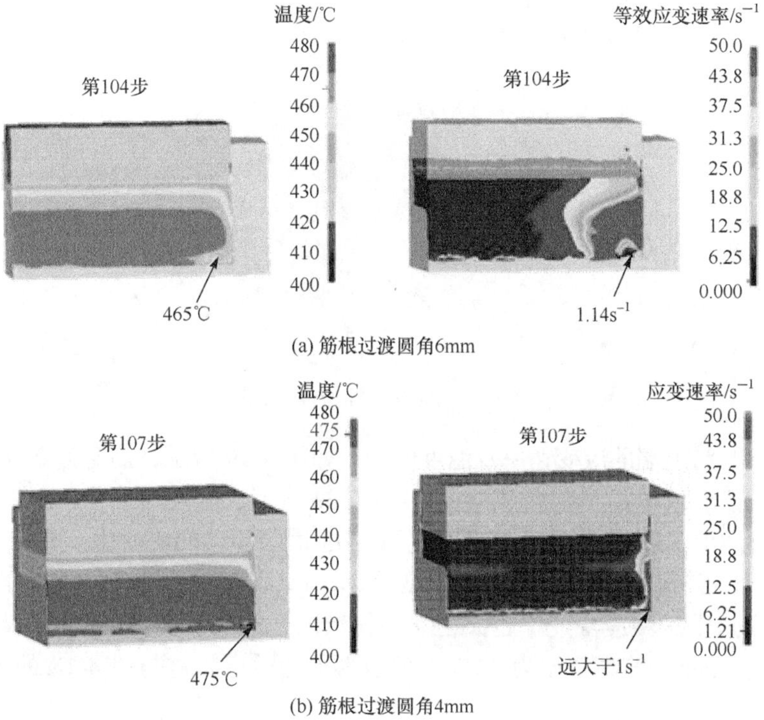

图 4-17　不同筋根过渡圆角筋板件应变速率及温度分布

取不同筋高宽比的筋板件进行模拟，主要结构参数如表 4-8 所示。

表 4-8　不同筋高宽比的模拟工艺参数

形变温度 *T*/℃	凸模运动速度 *V*/(mm/s)	筋根圆角 *R*/mm	筋宽 *b*/mm	筋高宽比	腹板厚度 *S*/mm
450	20	4	2	14/2	8
450	20	4	3	14/3	8

不同筋高宽比的筋板件成形模拟结果如图 4-18 所示。筋宽为 2mm、筋高宽比为 14/2 时，筋顶端边缘处金属充填不完整；筋宽为 3mm、筋高宽比为 14/3 时，整个筋部成形完整。

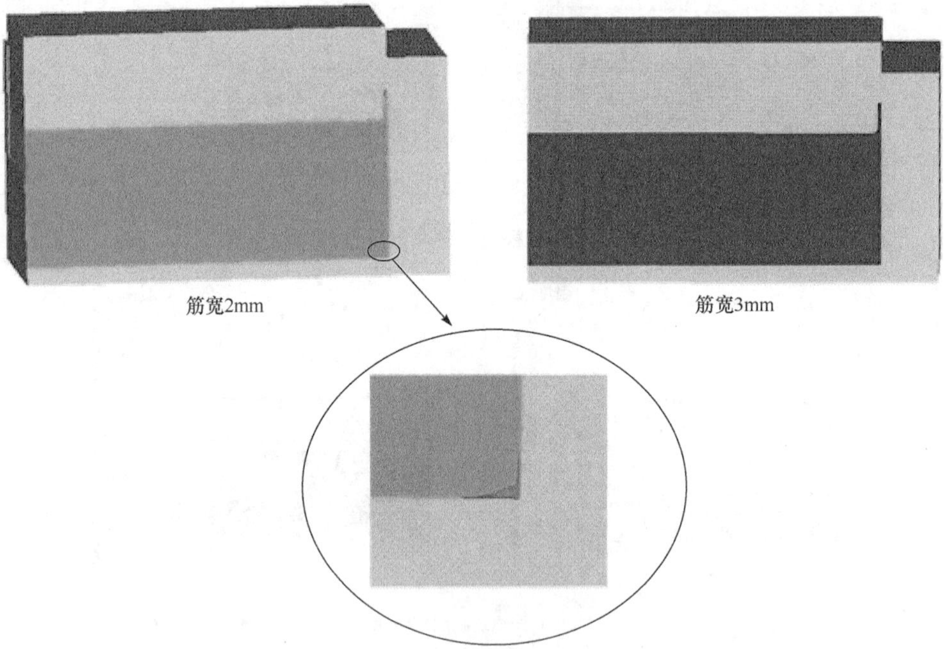

图 4-18　不同筋宽筋板件模拟结果

成形时筋顶端的应变速率及温度的分布如图 4-19 所示，筋宽为 2mm 时，成形最终阶段筋顶端温度为 474℃左右，筋宽 3mm 时，温度为 474℃左右，两者基本无差别；但是筋宽 3mm，筋高宽比为 14/3 时筋顶端的应变速率要明显高于筋宽为 2mm、筋高宽比为 14/2 时的应变速率，远大于 $1s^{-1}$。根据热加工图的预测结果，在这个区域应变速率越大，功率耗散因子越大，金属的成形性越好，因此，筋宽 3mm、筋高宽比为 14/3 时的成形能力较好。这与图 4-18 的模拟结果一致。

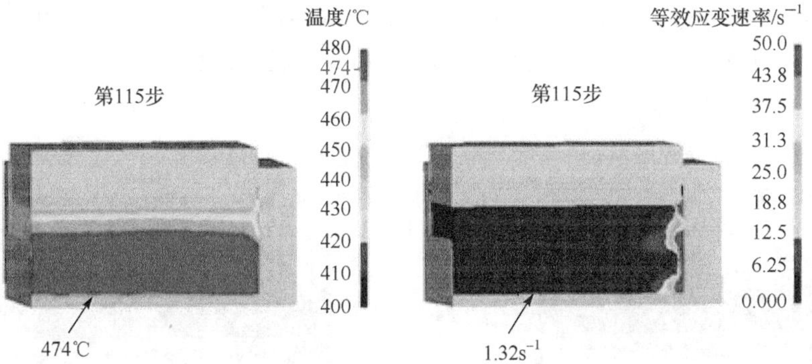

(a) 筋宽2mm

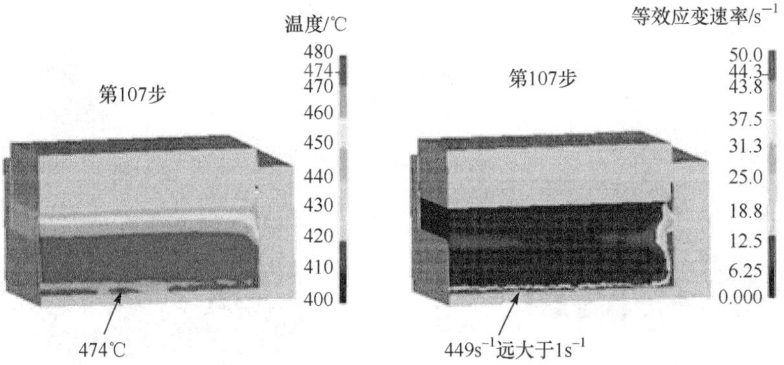

(b) 筋宽3mm

图 4-19　不同筋宽筋板件的应变速率及温度分布

取不同腹板厚度的筋板件进行精锻模拟，主要结构参数如表 4-9 所示。采用体积不变原则确定的两种筋板件的坯料厚度相差 2mm，计算模拟行程均为 0.75mm。理论上，相同的行程下筋板件变形一致，填充情况相同。取相同行程的模拟步数进行分析，在此分别取行程一半，即 0.375mm 和 0.723mm 时的模拟步数进行分析。

表 4-9　不同腹板厚度的模拟工艺参数

形变温度 T/℃	凸模运动速度 V/(mm/s)	筋根圆角 R/mm	筋宽 b/mm	筋高宽比	腹板厚度 S/mm
450	20	4	3	14/3	8
450	20	4	3	14/3	6

不同腹板厚度的筋板件的成形结果如图 4-20 所示，图 4-20(a)的腹板厚度为 8mm，图 4-20(b)的腹板厚度为 6mm。可以看出，行程为 0.375mm 时，图 4-20(b)的中心及边缘金属充填高度相差约为 2mm；图 4-20(a)中差值增加到 3mm 左右。

当行程为 0.723mm 时，图 4-20(b)的筋部已经完全成形，而图 4-20(a)的端部还未完全充满。从模拟结果来看，腹板厚度为 6mm 的筋板件比腹板厚度为 8mm 的筋板件更易于精锻成形。

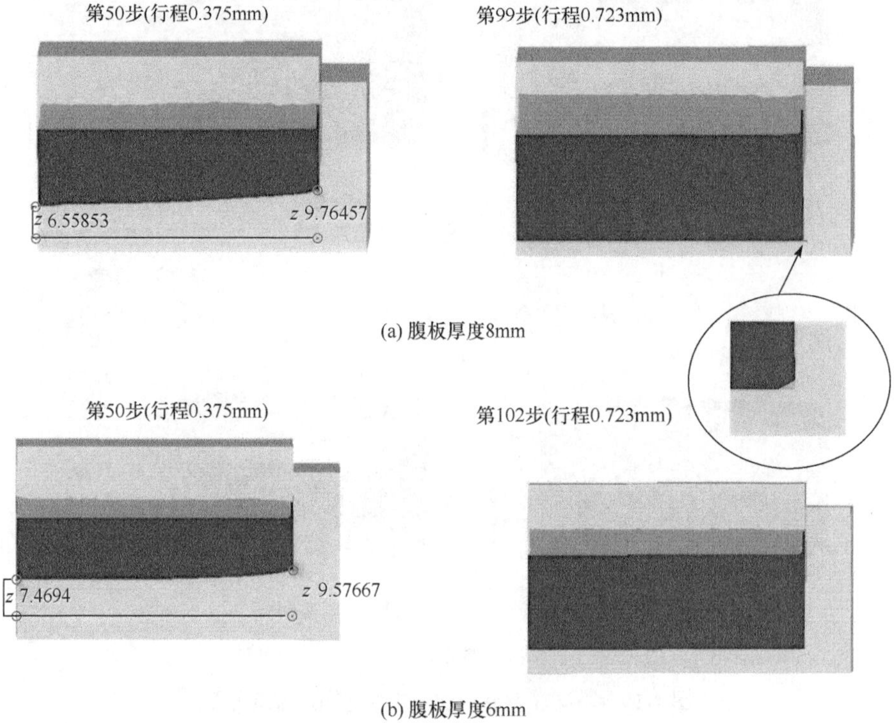

图 4-20　不同腹板厚度筋板件模拟结果

筋顶端温度和应变速率的分布如图 4-21 所示，图 4-21(a)的腹板厚度为 8mm，图 4-21(b)的腹板厚度为 6mm。行程为 0.375mm 时，腹板厚度为 8mm 筋板件的筋顶部温度为 463℃左右，腹板厚度为 6mm 筋板件筋顶部温度为 461℃左右。腹板厚度为 8mm 筋板件的筋顶端应变速率为 $0.206s^{-1}$，腹板厚度为 6mm 筋板件的应变速率为 $0.134s^{-1}$。同样对照热加工图分析，温度为 460℃左右时，随着应变速率的增大，功率耗散率降低，图 4-21(a)中对应的功率耗散因子为 0.25，图 4-21(b)中对应的功率耗散因子为 0.21。功率耗散因子越大越好，说明图 4-21(a)的成形性优于图 4-21(b)。因此，腹板厚度为 6mm 的筋板件成形性比 8mm 的筋板件更好。

通过模拟不同结构参数筋板件的精锻成形过程，引入热加工图对模拟结果进行分析，通过分析验证了加工图的可靠性，优化了筋板件筋根圆角、筋高宽比及腹板厚度等三个结构参数。经优化后得到最易于成形的铝合金筋板件的结构参数如表 4-10 所示。

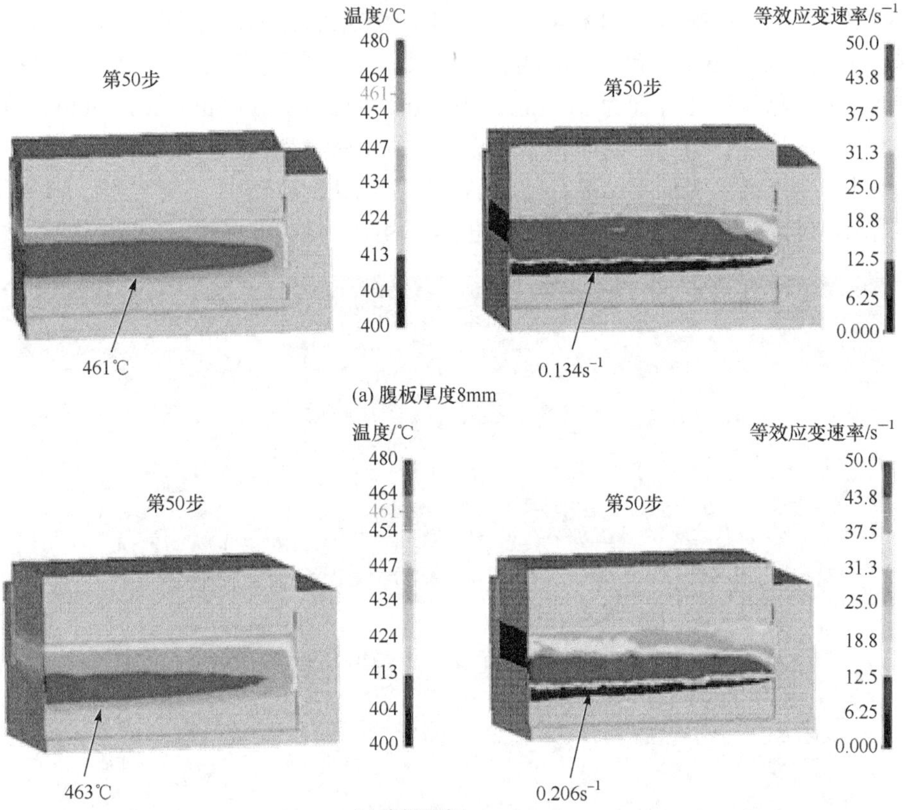

(a) 腹板厚度8mm

(b) 腹板厚度6mm

图 4-21　不同腹板厚度筋板件温度及应变速率分布

表 4-10　筋板件优化后结构参数

腹板厚度 S/mm	筋宽 b/mm	筋高宽比	筋根圆角 R/mm
6	3	14/3	4

4.5　微观组织演化建模

从热加工图的基本理论分析可知，金属在高温精锻过程中会发生动态再结晶和动态回复等微观组织演化行为，其中动态再结晶过程改变了材料内部的晶粒尺寸，将影响锻件后续处理参数和最终力学性能。本节结合热变形过程中铝合金的一般微观组织演化规律，详细介绍动态再结晶行为的表征模型[35]。

4.5.1　微观组织演化规律

温度、应变速率和变形程度是影响热变形微观组织的主要因素。应变速率对微观组织的一般影响规律如图 4-22 所示，图中展示的分别是应变速率为 0.001s^{-1}、0.01s^{-1}、0.05s^{-1}、0.5s^{-1} 和 1s^{-1} 时的显微组织。可以看出，应变速率越高，晶粒越细小，平均晶粒尺寸分别为 21.9μm、20.9μm、19.2μm、17.9μm 和 16.6μm。随着应变速率的增加，组织中的位错生成速率、位错密度和再结晶形核质点增加，在单位体积内形成更多的再结晶晶粒，晶粒尺寸也就相应较小。应变速率小也有利于动态再结晶形核和长大过程的充分进行，因此，低应变速率时的晶粒较粗大。

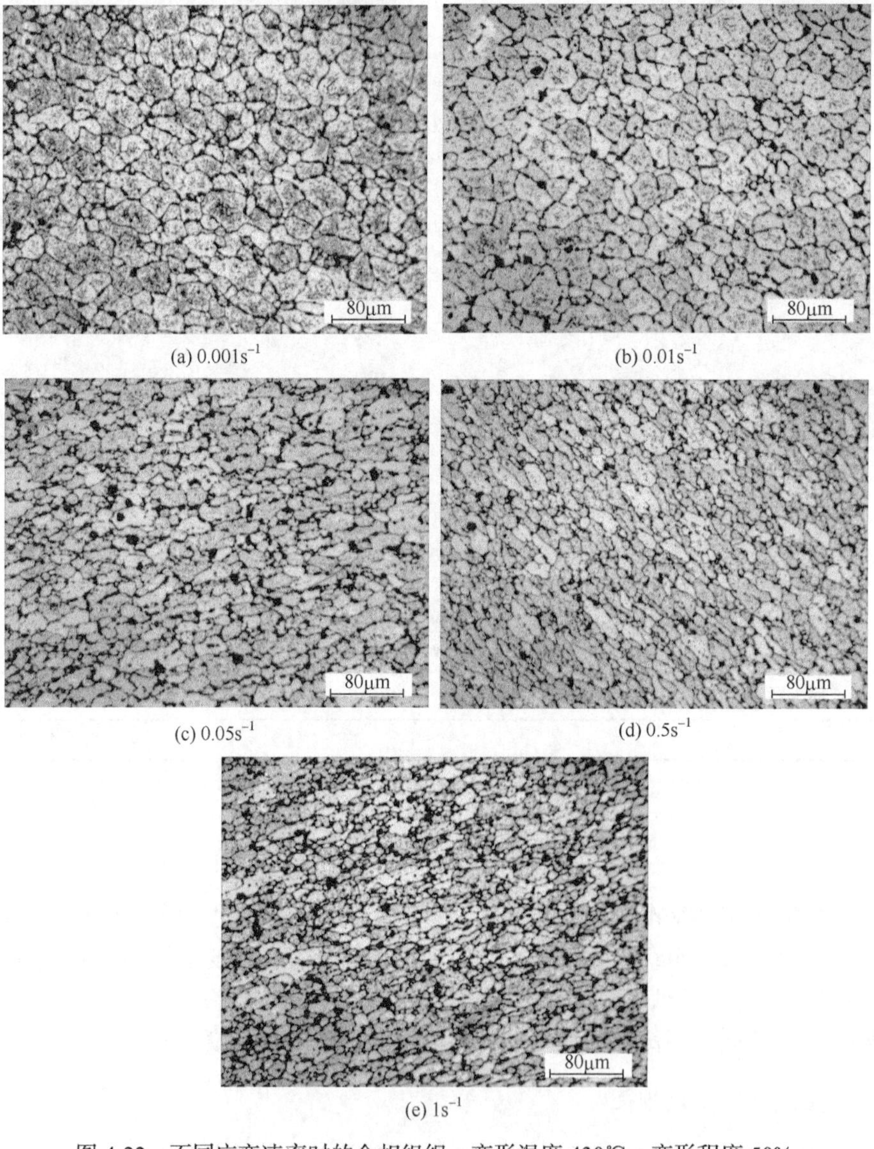

图 4-22　不同应变速率时的金相组织：变形温度 430℃、变形程度 50%

变形温度对微观组织的影响如图 4-23 所示。图中展示的分别是温度为 450℃、430℃、410℃、390℃和 370℃时的显微组织。可以看出，晶粒随着温度的降低逐渐粗大。低温时，溶质原子在基体材料内的固溶度降低，析出的颗粒容易聚集在晶界和晶粒内部，抑制位错运动和再结晶晶粒的长大。而高温时，析出的少量颗粒主要聚集在晶界位置，形成较多的颗粒空白区域，有利于位错运动和再结晶晶粒长大，最终形成较大的晶粒组织。

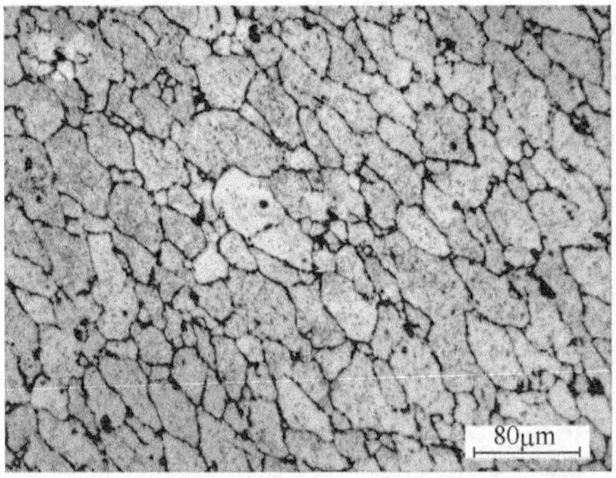

(a) 450℃

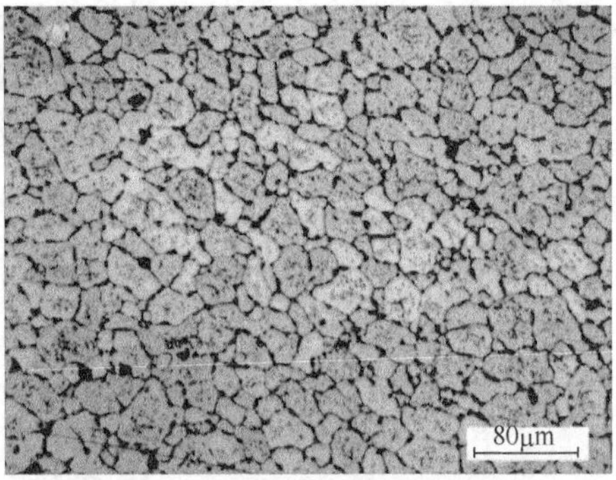

(b) 430℃

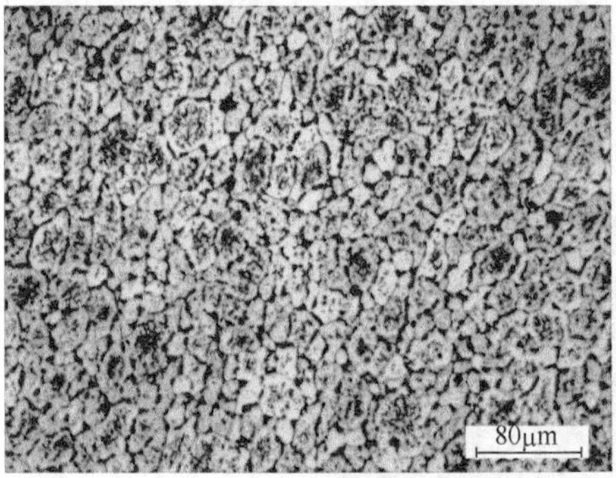

(c) 410℃

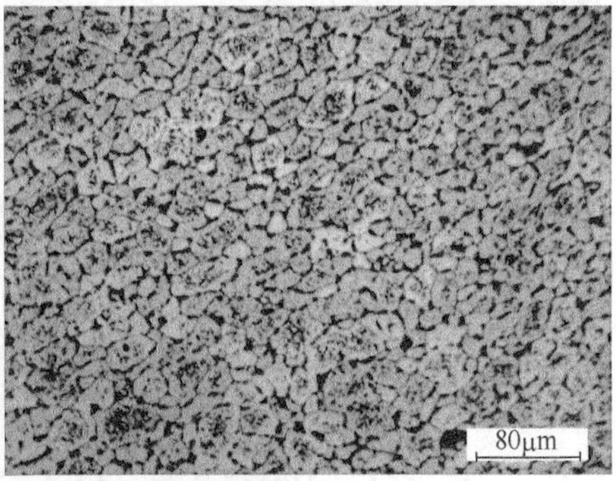

(d) 390℃

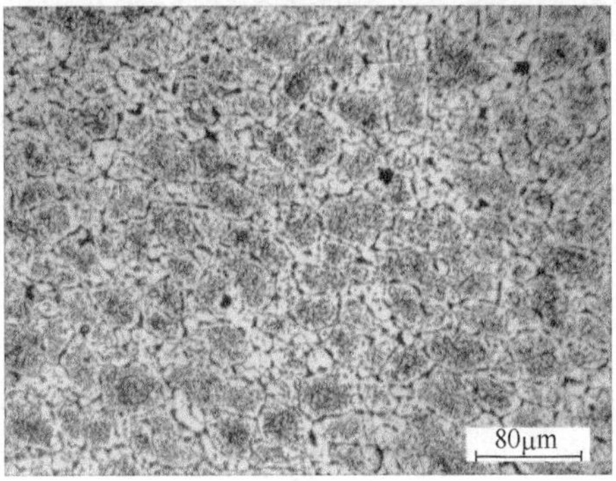

(e) 370℃

图 4-23　不同温度时的金相组织：应变速率 $0.01s^{-1}$、变形程度 50%

不同变形程度的微观组织如图 4-24 所示。变形程度分别为 50%、35%和 20%。可以看出：变形程度为 50%时，材料已经发生完全动态再结晶，晶粒尺寸较大，且大小均匀；变形程度为 35%和 20%时，大尺寸晶粒间分布着再结晶的细小晶粒，材料发生了部分再结晶。在变形初期，由于持续发生塑性变形的需要，位错密度不断增加，形成大量的胞状亚结构；随着变形的继续，动态恢复行为在热力作用下逐渐增强，胞状亚结构发生多边形化，逐渐演化成亚晶、再结晶晶核，晶核持续长大最终形成均匀的再结晶晶粒。这种机制造成变形程度小时，仅有少量晶核形成，晶粒长大速度也较慢，再结晶晶粒较小。随着变形程度的增加，再结晶晶粒不断长大，导致再结晶晶粒尺寸随着温度升高而逐渐增大。

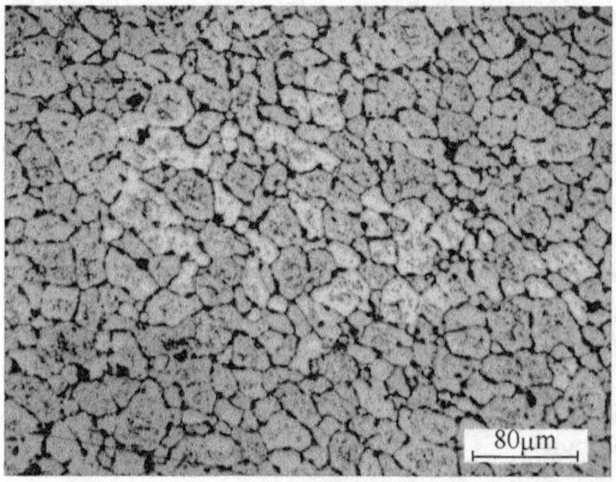

(a) 50%

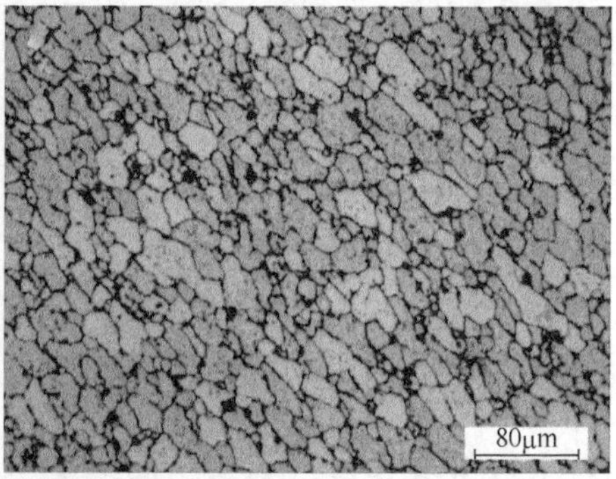

(b) 35%

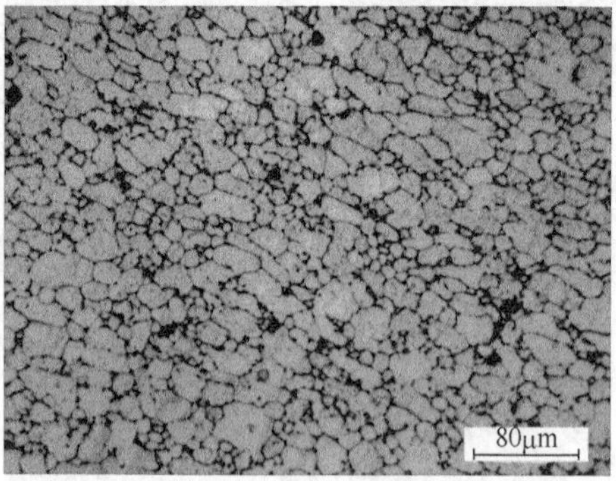

(c) 20%

图 4-24　不同变形程度时的金相组织：温度 430℃、应变速率 $0.01s^{-1}$

4.5.2　动态再结晶模型

动态再结晶是一个热激活过程，当激活能累积到一个临界值时才发生。动态再结晶的临界值一般用临界应变 ε_c 表示，其数值略低于峰值应变 ε_p 。峰值应变的位置与初始晶粒大小 d_0 、应变速率 $\dot{\varepsilon}$ 和热力学温度 T 有关，因此峰值应变可以表示为

$$\varepsilon_{\mathrm{p}} = a_2 d_0^{n_1} \dot{\varepsilon}^{m_1} \exp[Q_1 / (RT)] \tag{4-16}$$

$$\varepsilon_{\mathrm{c}} = a_1 \varepsilon_{\mathrm{p}} \tag{4-17}$$

式(4-16)和式(4-17)表征了材料发生动态再结晶的激活准则。随着应变的增加，动态再结晶经历一个反曲函数走势的变化，动态再结晶分数和应变的关系曲线呈现 S 形，如图 4-25 所示。Avrami 方程可以用来描述动态再结晶分数 X_{drex} 和应变 ε 的这种再结晶动力学关系：

$$X_{\mathrm{drex}} = 1 - \exp\left[-\beta_{\mathrm{d}}\left(\frac{\varepsilon - \varepsilon_{\mathrm{c}}}{\varepsilon_{0.5}}\right)^{k_{\mathrm{d}}}\right] \tag{4-18}$$

其中，材料参数 β_{d} 和 k_{d} 与形核机制、形核及长大速率有关；$\varepsilon_{0.5}$ 是发生 50%动态再结晶时的应变，其可以表示为初始晶粒大小、应变速率和热力学温度的函数，即

$$\varepsilon_{0.5} = a_3 d_0^{n_3} \dot{\varepsilon}^{m_3} \exp[Q_3 / (RT)] \tag{4-19}$$

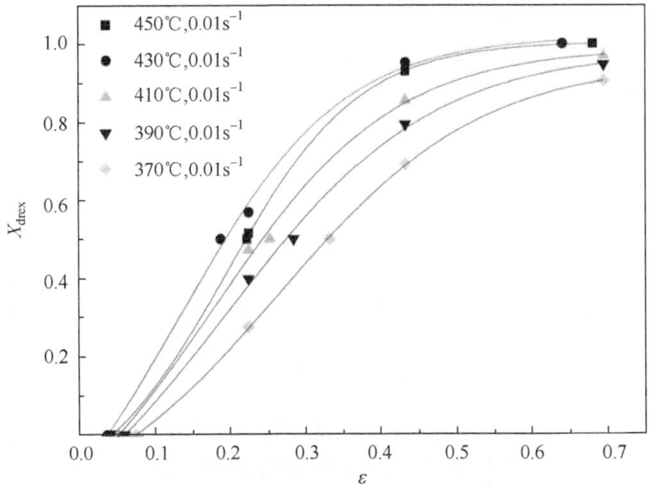

图 4-25　动态再结晶分数与应变的关系

动态再结晶晶粒尺寸与初始晶粒大小、应变、应变速率、热力学温度有关，可以表示为

$$d_{\mathrm{rex}} = a_4 d_0^{h_4} \varepsilon^{n_4} \dot{\varepsilon}^{m_4} \exp[Q_4 / (RT)] \tag{4-20}$$

基于初始晶粒大小和再结晶晶粒大小，平均晶粒大小采用混合物原则计算：

$$d_{\mathrm{avg}} = d_{\mathrm{rex}} X_{\mathrm{drex}} + d_0 (1 - X_{\mathrm{drex}}) \tag{4-21}$$

上述公式中，d_{rex} 可以直接通过金相照片测量获得；ε_{p} 可以直接通过应力应变曲线获得；但 ε_{c}、X_{drex} 和 $\varepsilon_{0.5}$ 不能直接从金相分析中获得，需要对应力应变数据进

行处理来确定。

动态再结晶过程可以看作固态相变，根据 Avrami 方程可以看出，再结晶分数与应变呈正比关系，也就是与应力软化呈正比关系。动态再结晶激活以后的本构方程可以表示为$\sigma=\sigma_s-(\sigma_s-\sigma_{ss})X$，式中$\sigma_s$为不发生动态再结晶仅发生动态回复时的估计饱和应力，X是动态再结晶分数。因此，可以通过分析应力-应变曲线中加工硬化率($\theta=\mathrm{d}\sigma/\mathrm{d}\varepsilon$)的变化确定不同应变时的再结晶分数。

图 4-26 展示了加工硬化率与应力的关系曲线：当加工硬化率等于零时，应力达到峰值；加工硬化率在邻近峰值应力时快速降低。这种变化是材料进入了新的软化过程即动态再结晶过程造成的，因此，沿着急剧下降点的切线方向延长加工硬化率曲线，与$\theta=0$的交点就是动态回复的估计饱和应力。通过这种方式就可以利用不同应变时的应力、估计饱和应力和稳态应力确定ε_c、X_{drex}和$\varepsilon_{0.5}$。

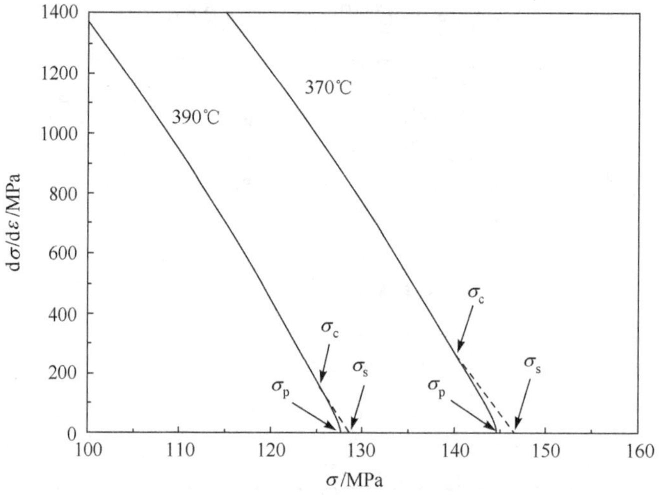

图 4-26　加工硬化率与应力的关系曲线

基于 2397 铝合金高温压缩实验获得的数据，利用 Origin 数据处理软件拟合出动态再结晶方程。对式(4-16)的两边同时取自然对数，公式转换为$\ln\varepsilon_p=\ln a_2+n_1\ln d_0+m_1\ln\dot{\varepsilon}+\dfrac{Q_1}{RT}$，然后绘制$\ln\varepsilon_p$和$\ln\dot{\varepsilon}$，$\ln\varepsilon_p$和$\ln d_0$，$\ln\varepsilon_p-1.4706\times\ln d_0$和$1000/RT$的关系图，采用线性拟合获得线段的斜率或截距，如图 4-27 所示。为了避免不同初始晶粒尺寸的影响，优先拟合$\ln\varepsilon_p$和$\ln d_0$的关系，确定初始晶粒影响指数为 1.4706。然后通过绘制$\ln\ln\varepsilon_p-1.4706\times\ln d_0$和$1000/RT$的关系曲线获得温度对峰值应变的影响。2397 铝合金动态再结晶的激活准则为

$$\begin{cases} \varepsilon_c = 0.798\varepsilon_p \\ \varepsilon_p = 1.3036\times 10^{-5} d_0^{1.4706} \dot{\varepsilon}^{0.1153} \exp[24276/(RT)] \end{cases} \tag{4-22}$$

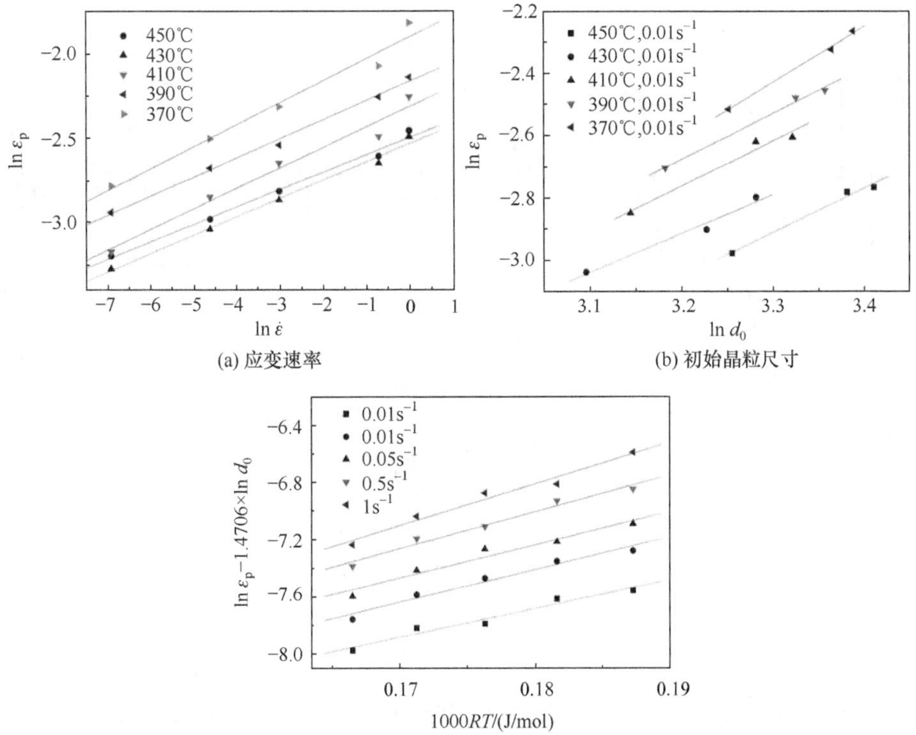

(a) 应变速率　　(b) 初始晶粒尺寸

(c) 温度

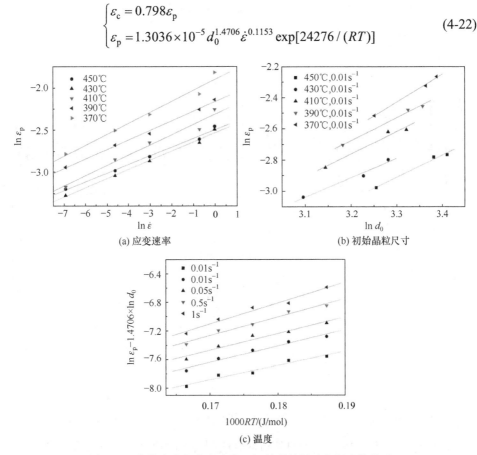

图 4-27　峰值应变与应变速率、初始晶粒尺寸和温度的关系

对式(4-19)的两边同取自然对数：$\ln\varepsilon_{0.5} = \ln a_5 + n_5 \ln d_0 + m_5 \ln\dot{\varepsilon} + \dfrac{Q_5}{RT}$，然后绘制 $\ln\varepsilon_{0.5}$ 和 $\ln\dot{\varepsilon}$，$\ln\varepsilon_{0.5}$ 和 $\ln d_0$，$\ln\varepsilon_{0.5} - 0.7433\times\ln d_0$ 和 $1000/RT$ 的关系图，同样采用线性拟合获得各材料常数，如图 4-28(a)～(c)所示。然后对式(4-18)的两边同取两次自然对数，转换成双对数形式：

$\ln[-\ln(1-X_{\text{drex}})] = \ln\beta_d + k_d \ln\left(\dfrac{\varepsilon-\varepsilon_c}{\varepsilon_{0.5}}\right)$。然后拟合出 β_d 和 k_d，如图 4-22(d)所示。2397 铝合金动态再结晶的动力学方程为

$$\begin{cases} X_{\text{drex}} = 1-\exp\left[-0.9673\left(\dfrac{\varepsilon-\varepsilon_c}{\varepsilon_{0.5}}\right)^{1.5111}\right] \\ \varepsilon_{0.5} = 2.68\times 10^{-4} d_0^{1.0073} \dot{\varepsilon}^{0.04296} \exp[21709/(RT)] \end{cases} \tag{4-23}$$

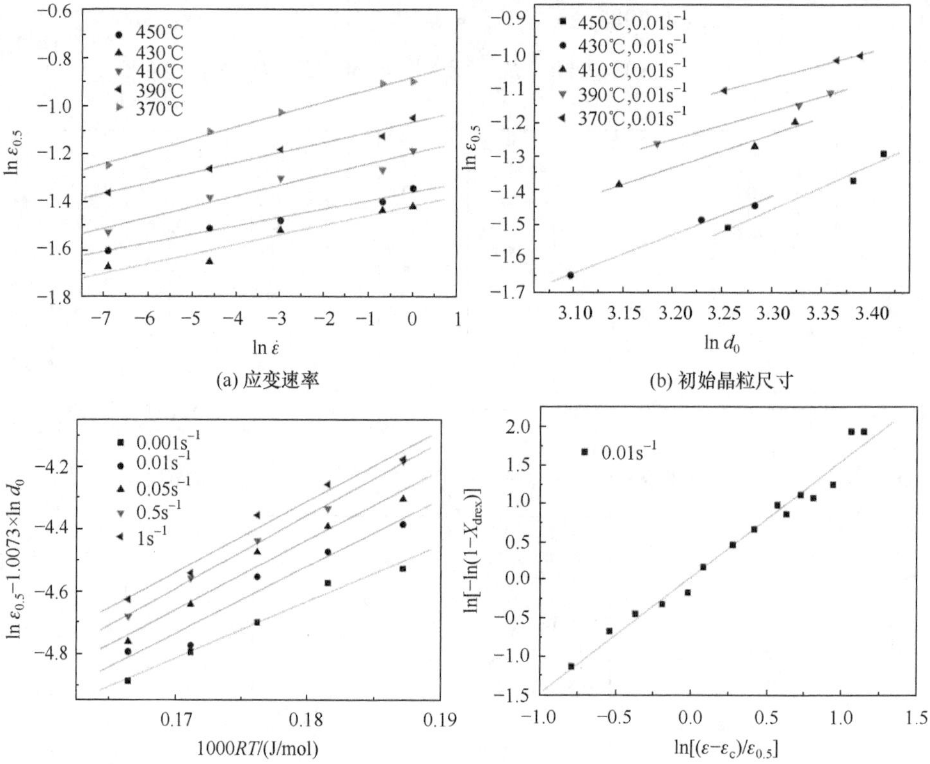

(a) 应变速率　　(b) 初始晶粒尺寸

(c) 温度　　(d) 应变

图 4-28　再结晶分数与应变速率、初始晶粒尺寸、温度和应变的关系

同样地，对式(4-20)两边取自然对数并绘制关系图拟合出各材料常数(图 4-29)，获得的晶粒尺寸状态方程为

$$d_{\mathrm{rex}} = 24.4908 d_0^{0.3937} \varepsilon^{0.2768} \dot{\varepsilon}^{-0.0414} \exp[-8574/(RT)] \tag{4-24}$$

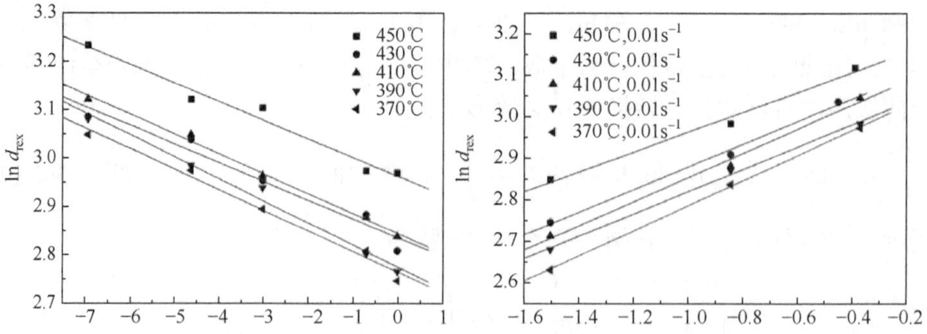

(a) 应变速率　　(b) 初始晶粒尺寸

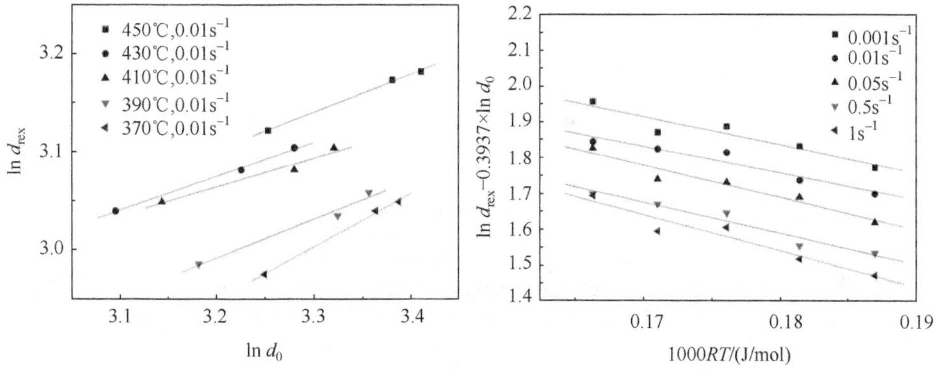

(c) 应变　　(d) 温度

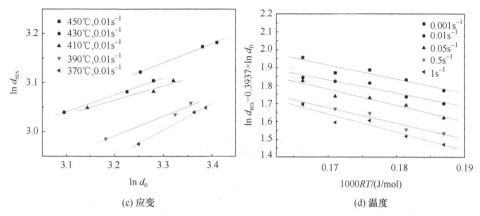

图 4-29　再结晶晶粒尺寸与应变速率、初始晶粒尺寸、应变和温度的关系

4.5.3　动态再结晶模型的验证

为了验证动态再结晶模型的准确性，采用热力耦合刚塑性有限元模拟软件 DEFORM-2D 预测镦粗过程中微观组织演化。先将动态再结晶演化方程耦合入有限元程序，建立等速度镦粗的宏观/微观模拟有限元模型，然后通过有限元程序获得动态再结晶方程所需的状态变量，如应变、应变速率和温度等，最后利用再结晶方程求解输动态再结晶分数和平均晶粒大小。动态再结晶演化模拟程序流程如图 4-30 所示。

在进行模拟的同时，开展镦粗物理实验，镦粗速度分别为 0.01mm/s、0.1mm/s、1mm/s 和 10mm/s，镦粗温度为 380℃、400℃、420℃和 440℃。镦粗后，沿锻件纵向剖切进行金相观察，将其微观组织结果与模拟结果相比较。图 4-31 为动态再结晶分数的预测结果和金相照片。可以看出，由于锻件两端和平砧间具有摩擦(摩擦因子 0.4)，锻件四周轮廓呈鼓型，端面中心的动态再结晶分数为 0，锻件中间部位为 100%。再结晶分数从端面中心向锻件中心部位递增，这是由于应变和应变速率从锻件端面中心位置到锻件中间位置逐渐增大，而动态再结晶分数正比于应变和应变速率。图中所示金相图片展示的结果与预测结果较为一致，在锻件端面位置，许多细小的再结晶晶粒分布在拉长的晶粒之间，呈现一种“项链型”动态再结晶状态；在锻件中心区域，原本拉长的晶粒被等轴晶粒所取代，表明此处发生了完全动态再结晶。

预测的动态再结晶分数、再结晶晶粒尺寸和平均晶粒尺寸如图 4-32 所示。再结晶晶粒尺寸在端面中心位置是 12.2μm，在锻件中间部位是 17.7μm。根据式(4-21)，平均晶粒与动态再结晶分数成反比，与再结晶晶粒尺寸成正比，由混合物原则获得的平均晶粒并不是单调沿某一方向变大或变小，而是在锻件端面具有最大值 19μm，在锻件中间部位具有较小晶粒尺寸 17.4μm，最小晶粒位于中间过渡区域。

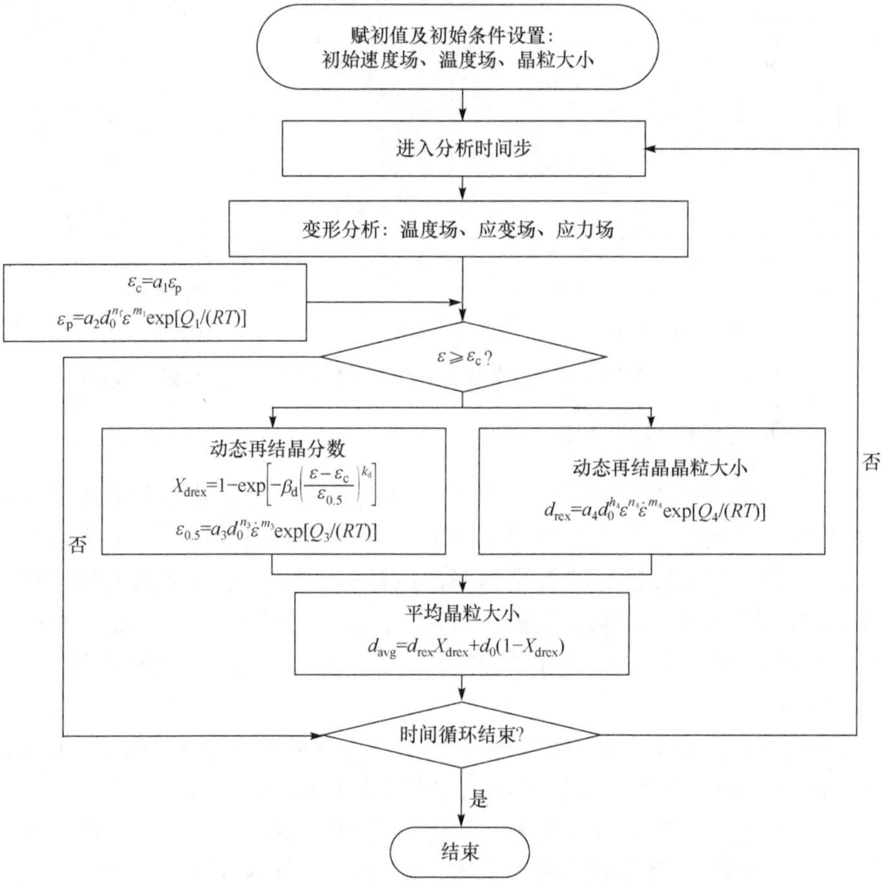

图 4-30　动态再结晶演化程序流程图

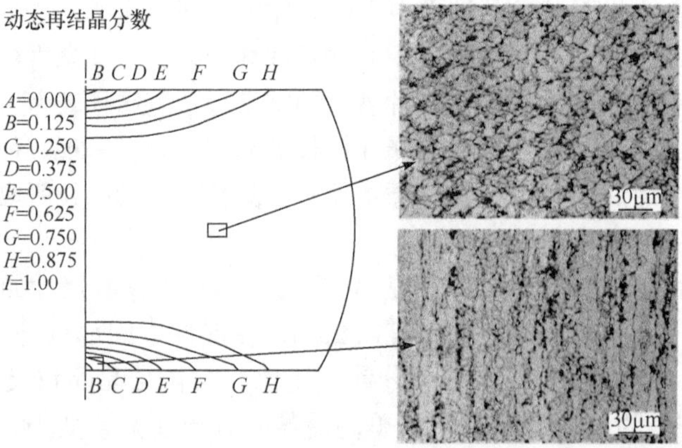

图 4-31　2397 铝合金热镦过程(420℃、10mm/s)动态再结晶分数的预测结果和金相照片[36]

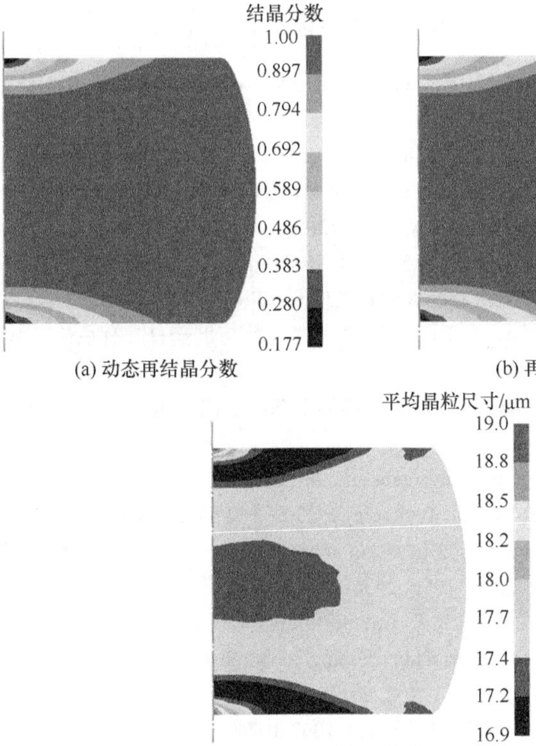

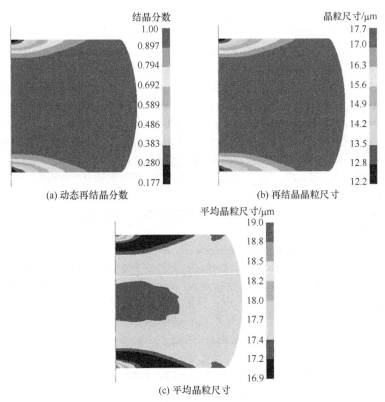

(a) 动态再结晶分数　(b) 再结晶晶粒尺寸

(c) 平均晶粒尺寸

图 4-32　50%压下量、温度 420℃、变形速度 0.1mm/s 条件下的微观组织分布预测结果[36]

图 4-33 展示了锻件中心区域的预测平均晶粒和实测晶粒的对比结果。不同锻造温度时，由于坯料经历了不同的保温条件，初始晶粒有所不同。模型预测结果和实验结果偏差较小，约在 5%以内，证明建立的 2397 铝合金动态再结晶模型能够很好地预测微观组织演化行为。

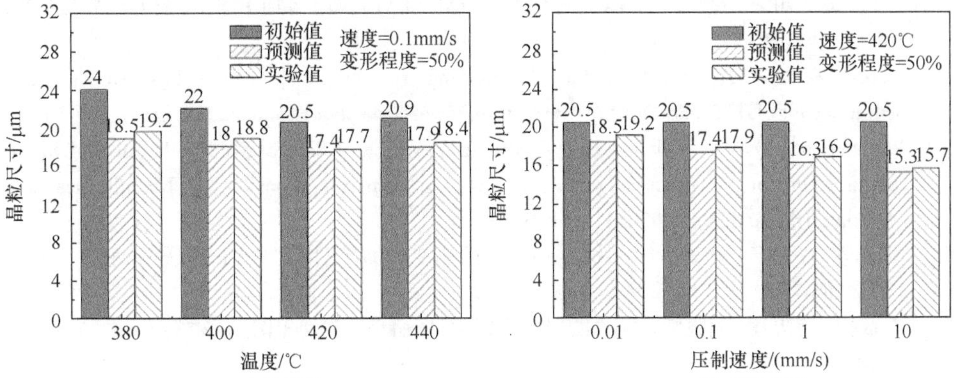

(a) 平均晶粒　(b) 实测晶粒

图 4-33　镦粗过程的预测平均晶粒与实测晶粒对比[37]

参 考 文 献

[1] Rajagopalachary T, Kutumbalao V V. Hot workability map for a titanium alloy IMI685 [J]. Scripta Materialia, 1996, 35(3): 311-316.

[2] Frost H J, Ashby M F. Deformation Mechanism Maps [M]. New York: Pergamon Press, 1982.

[3] Raj R. Development of a processing map for use in warm-forming and hot forming processes [J]. Metallurgical and Materials Transactions A, 1981, 12(6): 1089-1097.

[4] Prasad Y V R K， Gegel H L, Doraivelu S M, et al. Modeling of dynamic material behavior in hot deformation: Forging of Ti-6242 [J]. Metallurgical Transactions, 1984, 15(10): 1883-1892.

[5] 李庆波, 周海涛, 蒋永峰, 等. 加工图的理论研究现状与展望[J]. 有色冶金设计与研究, 2009, 30(2): 1-6.

[6] 周军, 李中奎, 张建军, 等. 基于 Matlab 的热加工图的数值构造方法[J]. 稀有金属, 2007, (S2): 49-52.

[7] Robi P S, Dixit U S. Application of neural networks in generating processing map for hot working [J]. Journal of Materials Processing and Technology, 2003, 142(1): 289-294.

[8] Prasad Y V R K, Seshacharyulu T. Processing maps for hot working of titanium alloys [J]. Materials Science and Engineering A, 1998, 243(1-2): 82-88.

[9] Venugopal S, Manan S L, Prasad Y V R K. Instability map for cold and warm working of as-cast 304 stainless steel [J]. Journal of Materials Processing Technology, 1997, 65(1-3): 107-115.

[10] Prasad Y V R K, Sastry D H, Deevi S C. Processing maps for hot working of a P/M iron aluminide alloy [J]. Intermetallics, 2000, 8(9-11): 1067-1074.

[11] Prasad Y V R K, Rao K P. Processing maps for hot deformation of rolled AZ31 magnesium alloy plate: Anisotropy of hot workability [J]. Materials Science and Engineering A, 2008, 487(1-2): 316-327.

[12] Sivakesavam O, Prasad Y V R K. Hot deformation behaviour of as-cast Mg-2Zn-1Mn alloy in compression: A study with processing map [J]. Materials Science and Engineering A, 2003, 362(1-2): 118-124.

[13] 鲍如强, 黄旭, 曹春晓, 等. 加工图在钛合金中的应用[J]. 材料导报, 2004, 18(7): 26-29.

[14] 王洋, 朱景川, 尤逢海, 等. 基于 BP 神经网络的 TA15 钛合金加工图[J]. 材料热处理学报, 2009, 30(9): 195-197.

[15] Sun Y，Zeng W D，Zhao Y Q, et al. Constructing processing map of Ti40 alloy using artificial neural network [J]. Transactions of Nonferrous Metals Society of China, 2011, 21(1): 159-165.

[16] Radhakrishna B B V, Mahajan B Y R, Prasad Y V R K. Effect of volume fraction of SiC p reinforcement on the processing maps for 2124 Al matrix composites [J]. Metallurgical and Materials Transaction A, 2000, 31(3): 629-639.

[17] 黄光胜, 王凌云, 陈华, 等. 2618 铝合金的热变形加工图[J]. 中国有色金属学报, 2005, 15(5): 763-767.

[18] 李成侣, 潘清林, 刘晓艳, 等. 2124 铝合金的热压缩变形和加工图[J]. 材料工程, 2010, (4): 11-14.

[19] 闫亮明, 沈健, 李周兵, 等. 基于神经网络的 7055 铝合金流变应力模型和加工图[J]. 中国有色金属学报, 2010, 20(7): 1296-1301.

[20] 肖梅, 周正, 黄光杰, 等. AZ31 镁合金的热变形行为及加工图[J]. 机械工程材料, 2010, 34(4): 18-21.

[21] 李慧中, 王海军, 刘楚明, 等. Mg-10Gd-4.8Y-2Zn-0.6Zr 合金本构方程模型及加工图[J]. 材料热处理学报, 2010, 31(7): 88-93.

[22] 张建军, 李中奎, 周军, 等. 新锆合金高温变形行为[C]. 中国有色金属学会第十二届材料科学与合金加工学术年会, 张家界, 2007: 370-374.

[23] Wang R N, Xi Z P, Zhao Y Q. Hot deformation and processing maps of titanium matrix composite [J]. Transactions of Nonferrous Metals Society of China, 2007, 17: s541-s545.

[24] 金方杰, 欧阳求保, 周伟敏, 等. 14%SiC/7A04 铝基复合材料的加工图[J]. 机械工程材料, 2008, 32(10): 76-79.

[25] 张鹏, 李付国, 李惠曲. SiC 颗粒增强铝基复合材料的热成形性能与热加工图[J]. 稀有金属材料与工程, 2009, 38(1): 9-14.

[26] 刘娟, 崔振山, 李从心. 包含应变的三维加工图与有限元相结合的金属可加工性分析[J].机械工程学报, 2008, 33(5): 108-113.

[27] 郭海廷. 基于热加工图理论的铝合金 6061 锻造工艺优化研究[D]. 武汉：华中科技大学, 2012.

[28] 曾卫东, 周义刚, 周军, 等. 加工图理论研究进展[J]. 稀有金属材料与工程, 2006, 35(5): 673-677.

[29] Prasad Y V R K, Nian R K. Recent advances in the science of mechanical processing [J]. Indian Journal of Technology, 1990, 28: 435-451.

[30] Gegel H L, Malas J C, Doraivelu S M, et al. Modeling Techniques Used in Forging Process Design[M]. Russell: ASM International, 1984.

[31] Narayana M S V S, Nageswara R B. On the development of instability criteria during hot working with reference to IN718 [J]. Materials Science and Engineering A, 1998, 254(1-2): 76-82.

[32] 郭海廷, 邓磊, 王新云. 基于热加工图的铝合金 6061 变形行为研究[J]. 精密成形工程, 2011, (6): 6-8.

[33] Hu H E, Wang X Y, Deng L. Comparative study of hot-processing maps for 6061 aluminum alloy constructed from power constitutive equation and hyperbolic sine constitutive equation[J]. Materials Science and Technology, 2014, 30(11): 1321-1327.

[34] Hu H E, Wang X Y, Deng L. An approach to optimize size parameters of forging by combining hot-processing map and FEM[J]. Journal of Materials Engineering and Performance, 2014, 23(11): 3887-3895.

[35] 邓磊. 铝合金精锻成形的应用基础研究[D]. 武汉: 华中科技大学, 2011.

[36] Deng L, Wang X Y, Xia J C, et al. Microstructural modeling and simulation of Al-2.8Cu-1.4Li alloy during elevated temperature deformation[J]. Metallurgical and Materials Transactions A, 2011, 42(8): 2509-2515.

第 5 章　精锻成形装备

5.1　概　　述

5.1.1　精锻装备的基本要求

精锻成形中，成形载荷大，要保证锻件精度，则精锻装备必须满足相应的要求，包括：机架应有足够的刚度，以便能够得到具有很小尺寸公差的锻件；应具有很好的抗偏心载荷的能力，以便在偏心载荷时仍能得到精密的锻件；滑块(活动横梁)的导向结构应能保证所需的水平方向的尺寸精度；控制系统应能准确控制活动横梁的停位精度，以便保证垂直方向的尺寸精度，或者能准确控制打击能量/力，达到既能保证锻件成形，又能合理避免能量浪费或者保护模具的目的；具有快速顶出系统，保证锻件快速出模；应有模具预热/冷却装置，以便将模具温度调节到较优的水平，并能防止机架受热。

5.1.2　精锻装备的力能选择方法

选用精锻装备，首先要计算锻件成形所需的工艺力 F_P 和工艺能 E_P。工艺力一般是指成形合格锻件所需的最大变形力。工艺能则是指变形力在工作行程过程中所做的功，这可由变形力-行程曲线所围的面积确定。图 5-1 为不同成形工艺的力-行程曲线[1]。其中，m 为工艺特性系数，表示阴影面积相对于力-行程曲线所围的面积的比例。

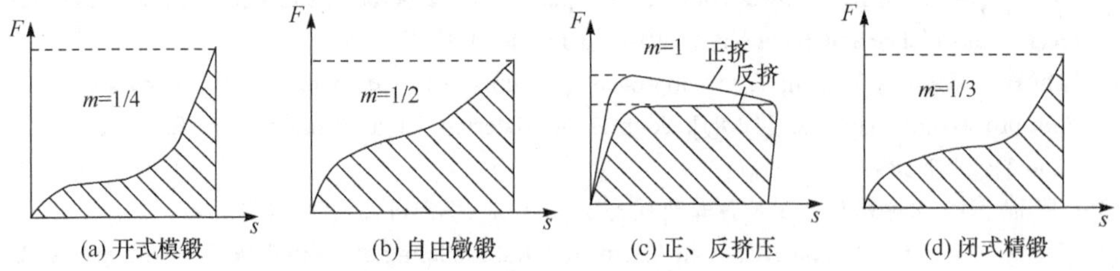

图 5-1　不同成形工艺的力-行程曲线

精锻装备工作时所能发出的可用于实现金属材料塑性变形的力 F_M 和能 E_M，称为有效的机械力和能，简称为有效力和能。合理选用锻压装备，应保证以下条件，即

$$F_M \geqslant F_P \tag{5-1}$$

$$E_M \geqslant E_p \tag{5-2}$$

也就是说，在精锻过程中，装备的有效力在任何时候都必须大于或等于该工艺所需的最大变形力，装备的有效能必须大于或等于工艺所需的变形能。

精锻常用的力型装备主要有机械压力机和液压机，能量型装备主要有电动螺旋压力机。如果式(5-1)不能满足，机械压力机就要超载，如果没有保险装置，会造成机身或模具损坏，液压机将在没有达到预定的变形量下就停车。如果式(5-2)不能满足，电动螺旋压力机将不能在一次打击行程中完全模锻出合格的锻件。

由此可见，选用精锻装备时，首先必须了解各类模锻装备的力与能量特性。

5.2　精锻液压机

5.2.1　精锻液压机的特点

1. 力能特性

在精锻液压机上工作，既没有固定不变的闭合空间要求，也不受能量不足的限制，其工作能力只受公称压力或有效压力的限制，因此它既可用于锻造，又可用于冲压和挤压。而且由于直接驱动的液压机在滑块全行程任意一点上的最大压力都是有效的,所以特别适用于需要变形量和变形能都大的挤压类闭式精锻工艺。

液压机是一种载荷限定设备，它的锻压能力是泵和蓄势器发出和限制的。液压机的有效力为

$$F_M = pA \tag{5-3}$$

其中，F_M 为工作液体的压力；A 为工作缸或工作柱塞面积(cm^2)。

在泵直接传动的液压机中，最大液体压力是直接由泵站系统的压力确定的。这种液压机消耗的能量可随锻件变形抗力的变化而变化，即模锻过程中需要多大载荷，它就给出多大载荷，工作效率高；滑块行程速度与变形抗力无关，仅与泵的流量有关。

在泵-蓄势器传动的液压机中，高压液体在不工作时储存于蓄势器中，工作时工作压力由泵和蓄势器同时供给，因而能在短时间内供应大量高压液体。这种液压机能量消耗与变形抗力无关，不管锻件变形是否需要，都给出固定的载荷，所以变形行程越大，消耗的能量也越大；行程速度与变形抗力有关，变形抗力越大，行程速度就越慢。

2. 精锻液压机同传统液压机的区别

精锻液压机以框架式整体机身或预应力组合机身取代传统液压机的三梁四柱

机身，以“X”精密导向装置与加长滑块导向取代动梁上的四孔通过四立柱导向，机身刚性与导向精度大为提高。在控制上，以数字化控制系统取代手动控制，通过编程或触摸屏实现自动化操作，有效提高了生产效率和锻件质量。

5.2.2 精锻液压机的原理与结构

1. 液压原理

精锻液压机分为单动液压机、双动液压机和多动液压机。在闭式精锻中通常需要一个滑块提供合模力形成封闭型腔，另一个滑块提供挤压力，因此双动液压机应用最为广泛。

华中科技大学与湖北三环锻压机床有限公司华力分公司联合研发的双动精锻液压机的基本结构及工作原理如图 5-2 所示[2]。图 5-3 为 Y28-800(400/400)数控双动精锻液压机。

如表 5-1 所示，在不同的工作条件下，启动不同电机，不需要工作的电机不启动，达到节能的目的，表中“+”表示对应电机启动。

表 5-1　电机启动状态

快进与工进速度	返程速度	电机			快进与工进速度	返程速度	电机		
		M1	M2	M3			M1	M2	M3
$v_f < v_{f1}$ $v_w < v_{w1}$	$v_b = v_{b1}$	+			$v_{f1} \leqslant v_f < v_{f2}$ $v_{w2} \leqslant v_w < 2v_{w2}$	$v_b = v_{b1}$	+	+	+
	$v_b = v_{b2}$	+	+			$v_b = v_{b2}$	+	+	+
	$v_b = 2v_{b2}$	+	+	+		$v_b = 2v_{b2}$	+	+	+
$v_f < v_{f1}$ $v_{w1} \leqslant v_w < v_{w2}$	$v_b = v_{b1}$	+	+		$v_{f2} \leqslant v_f < 2v_{f2}$ $v_w < v_{w1}$	$v_b = v_{b1}$	+	+	+
	$v_b = v_{b2}$	+	+			$v_b = v_{b2}$	+	+	+
	$v_b = 2v_{b2}$	+	+	+		$v_b = 2v_{b2}$	+	+	+
$v_f < v_{f1}$ $v_{w2} \leqslant v_w < 2v_{w2}$	$v_b = v_{b1}$	+	+	+	$v_{f2} \leqslant v_f < 2v_{f2}$ $v_{w1} \leqslant v_w < v_{w2}$	$v_b = v_{b1}$	+	+	+
	$v_b = v_{b2}$	+	+	+		$v_b = v_{b2}$	+	+	+
	$v_b = 2v_{b2}$	+	+	+		$v_b = 2v_{b2}$	+	+	+
$v_{f1} \leqslant v_f < v_{f2}$ $v_w < v_{w1}$	$v_b = v_{b1}$	+	+		$v_{f2} \leqslant v_f < 2v_{f2}$ $v_{w2} \leqslant v_w < 2v_{w2}$	$v_b = v_{b1}$	+	+	+
	$v_b = v_{b2}$	+	+			$v_b = v_{b2}$	+	+	+
	$v_b = 2v_{b2}$	+	+	+		$v_b = 2v_{b2}$	+	+	+

续表

快进与工进速度	返程速度	电机			快进与工进速度	返程速度	电机		
		M1	M2	M3			M1	M2	M3
$v_{f1} \leqslant v_f < v_{f2}$ $v_{w1} \leqslant v_w < v_{w2}$	$v_b = v_{b1}$	+	+		—	—	—	—	—
	$v_b = v_{b2}$	+	+			—	—	—	—
	$v_b = 2v_{b2}$	+	+	+		—	—	—	—

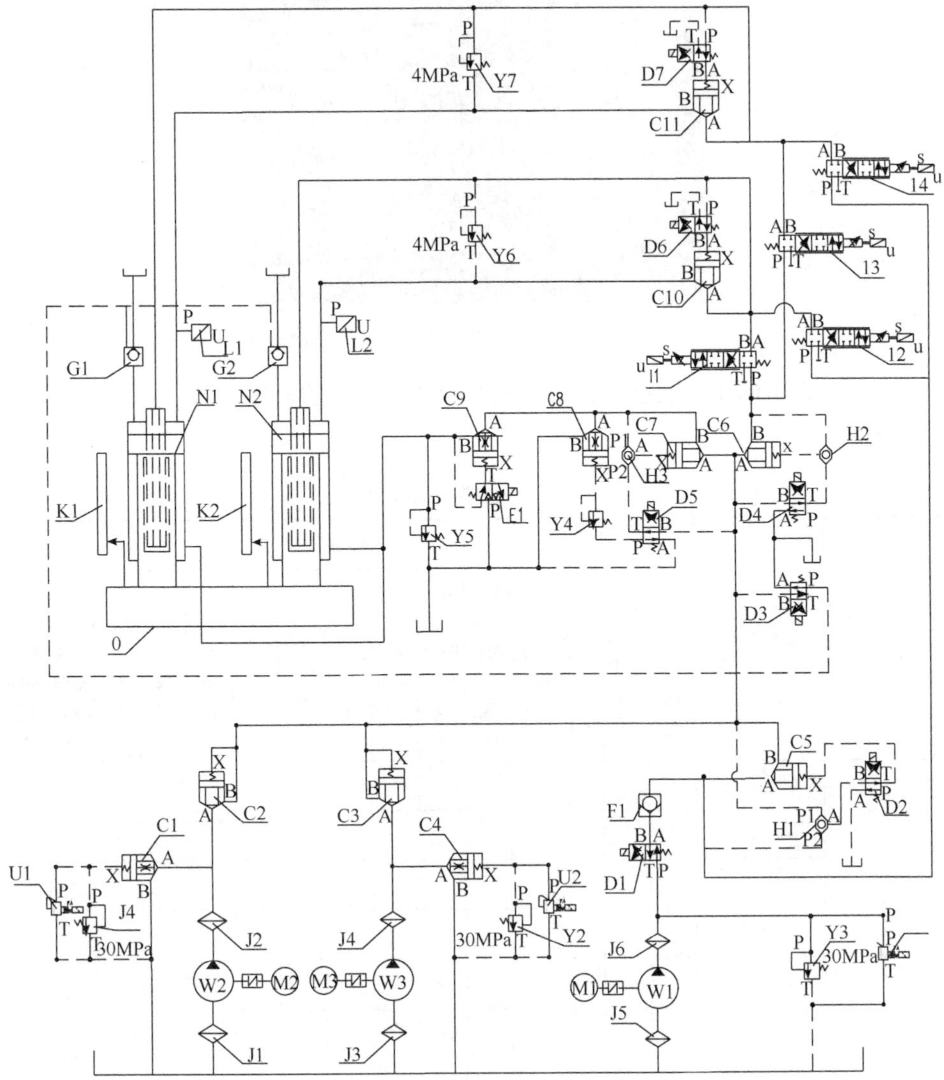

图 5-2　双动精锻液压机原理图

图 5-3　Y28-800(400/400)数控双动精锻液压机

表 5-2 为不同工作状态下，各个阀对应的电磁铁的动作，“+”表示该阀对应电磁铁得电。

表 5-2　电磁阀动作表

快进与工进速度	动作名称		液压阀														
			第一比例压力阀 U1	第二比例压力阀 U2	第三比例压力阀 U3	第一二位四通换向阀 D1	第二二位四通换向阀 D2	第三二位四通换向阀 D3	第四二位四通换向阀 D4	第五二位四通换向阀 D5	二位二通换向阀 E1	第一伺服阀 I1	第二伺服阀 I2	第三伺服阀 I3	第四伺服阀 I4	第六二位四通换向阀 D6	第七二位四通换向阀 D7
$v_f < v_{f1}$ $v_w < v_{w1}$	滑块快进				+	+					+		+		+		
	滑块工进				+	+					+		+		+	+	+
	保压				+	+							+		+	+	+
	卸荷				+	+	+	+								+	+
	回程	$V_b = V_{b1}$			+	+	+	+		+						+	+
		r2	+					+		+						+	+
		$V_b = 2V_{b2}$	+	+				+		+						+	+

续表

快进与工进速度	动作名称	液压阀														
		第一比例压力阀 U1	第二比例压力阀 U2	第三比例压力阀 U3	第一二位四通换向阀 D1	第二二位四通换向阀 D2	第三二位四通换向阀 D3	第四二位四通换向阀 D4	第五二位四通换向阀 D5	二位二通换向阀 E1	第一伺服阀 I1	第二伺服阀 I2	第三伺服阀 I3	第四伺服阀 I4	第六二位四通换向阀 D6	第七二位四通换向阀 D7
$v_f < v_{f1}$ $v_{w1} \leqslant v_w < v_{w2}$	滑块快进			+	+					+		+		+		
	滑块工进	+		+	+			+		+	+	+	+	+	+	+
	保压			+	+							+		+	+	+
	卸荷			+	+	+	+								+	+
	回程 $V_b=V_{b1}$			+	+	+	+		+						+	+
	回程 $V_b=V_{b2}$	+					+		+						+	+
	回程 $V_b=2V_{b2}$	+	+				+		+						+	+
$v_f < v_{f1}$ $v_{w2} \leqslant v_w < 2v_{w2}$	滑块快进			+	+					+		+		+		
	滑块工进	+	+	+	+			+		+	+	+	+	+	+	+
	保压			+	+							+		+	+	+
	卸荷			+	+	+	+								+	+
	回程 $V_b=V_{b1}$			+	+	+	+		+						+	+
	回程 $V_b=V_{b2}$	+					+		+						+	+
	回程 $V_b=2V_{b2}$	+	+				+		+						+	+
$v_{f1} \leqslant v_f < v_{f2}$ $v_w < v_{w1}$	滑块快进	+						+		+	+		+			
	滑块工进			+	+					+		+		+	+	+
	保压			+	+							+		+	+	+
	卸荷			+	+	+	+								+	+
	回程 $V_b=V_{b1}$			+	+	+	+		+						+	+
	回程 $V_b=V_{b2}$	+					+		+						+	+
	回程 $V_b=2V_{b2}$	+	+				+		+						+	+
$v_{f1} \leqslant v_f < v_{f2}$ $v_{w1} \leqslant v_w < v_{w2}$	滑块快进	+						+		+	+		+			
	滑块工进	+		+	+			+		+	+	+	+	+	+	+
	保压			+	+							+		+	+	+
	卸荷			+	+	+	+								+	+

续表

快进与工进速度	动作名称		液压阀														
			第一比例压力阀 U1	第二比例压力阀 U2	第三比例压力阀 U3	第一二位四通换向阀 D1	第二二位四通换向阀 D2	第三二位四通换向阀 D3	第四二位四通换向阀 D4	第五二位四通换向阀 D5	二位二通换向阀 E1	第一伺服阀 I1	第二伺服阀 I2	第三伺服阀 I3	第四伺服阀 I4	第六二位四通换向阀 D6	第七二位四通换向阀 D7
$v_{f1} \leqslant v_f < v_{f2}$ $v_{w1} \leqslant v_w < v_{w2}$	回程	$V_b=V_{b1}$			+	+	+	+		+						+	+
		$V_b=V_{b2}$	+					+		+						+	+
		$V_b=2V_{b2}$	+	+				+		+						+	+
$v_{f1} \leqslant v_f < v_{f2}$ $v_{w2} \leqslant v_w < 2v_{w2}$	滑块快进		+						+		+	+		+			
	滑块工进		+	+	+	+			+		+	+	+	+	+	+	+
	保压				+	+							+		+	+	+
	卸荷				+	+	+	+								+	+
	回程	$V_b=V_{b1}$			+	+	+	+		+						+	+
		$V_b=V_{b2}$	+					+		+						+	+
		$V_b=2V_{b2}$	+	+				+		+						+	+
$v_{f2} \leqslant v_f < 2v_{f2}$ $v_w < v_{w1}$	滑块快进		+	+					+		+	+		+			
	滑块工进				+	+					+		+		+	+	+
	保压				+	+							+		+	+	+
	卸荷				+	+	+	+								+	+
	回程	$V_b=V_{b1}$			+	+	+	+		+						+	+
		$V_b=V_{b2}$	+					+		+						+	+
		$V_b=2V_{b2}$	+	+				+		+						+	+
$v_{f2} \leqslant v_f < 2v_{f2}$ $v_{w1} \leqslant v_w < v_{w2}$	滑块快进		+	+					+		+	+		+			
	滑块工进		+		+	+			+		+	+	+	+	+	+	+
	保压				+	+							+		+	+	+
	卸荷				+	+	+	+								+	+
	回程	$V_b=V_{b1}$			+	+	+	+		+						+	+
		$V_b=V_{b2}$	+					+		+						+	+
		$V_b=2V_{b2}$	+	+				+		+						+	+

续表

快进与工进速度	动作名称		液压阀															
			第一比例压力阀U1	第二比例压力阀U2	第三比例压力阀U3	第一二位四通换向阀D1	第二二位四通换向阀D2	第三二位四通换向阀D3	第四二位四通换向阀D4	第五二位四通换向阀D5	二位二通换向阀E1	第一伺服阀I1	第二伺服阀I2	第三伺服阀I3	第四伺服阀I4	第六二位四通换向阀D6	第七二位四通换向阀D7
$v_{f2} \leqslant v_f < 2v_{f2}$ $v_{w2} \leqslant v_w < 2v_{w2}$	滑块快进		+	+					+		+	+		+			
	滑块工进		+	+	+	+			+		+	+	+	+	+	+	+
	保压				+	+							+		+	+	+
	卸荷				+	+	+	+								+	+
	回程	$V_b=V_{b1}$			+	+	+	+		+						+	+
		$V_b=V_{b2}$	+					+		+						+	+
		$V_b=2V_{b2}$	+	+				+		+						+	+

该系统工作过程包括系统启动阶段、快进阶段、工进阶段、保压阶段、卸荷阶段，以及回程阶段等。

该精锻液压机的特点是，当内外滑块连锁时，可作为单动精锻液压机使用，其压力为内外滑块压力之和。

2. 机身结构设计

图 5-4 是 YJK-1600 机身结构图。该主要由底座、立柱、拉杆、上横梁、滑块、液压杆、活塞和上下顶出系统组成。该主要技术参数如下[3]：

公称压力 16MN，最大工作液体压力 25MPa，工作介质为液压油，工作频率 6～15 次/分，滑块行程 500mm。

该精锻液压机主要特点如下。

(1) 上横梁、立柱、滑块、底座均采用厚钢板焊接成形后整体热处理，具有强度高、性能稳定的特点。

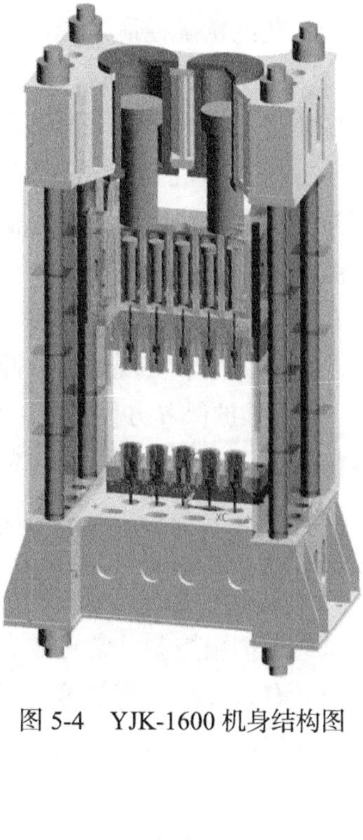

图 5-4　YJK-1600 机身结构图

(2) 采用全预紧组合机架结构。底座、上横梁与立柱通过长拉杆紧固在一起，立柱在全长预紧，其拉应力和弯曲应力分别由拉杆、立柱承受，避免断柱事故。

(3) 采用四柱八面导向，在立柱上安装可更换的耐磨板作为导轨。立柱和滑块的间隙通过调节导板接合面在外部调整，操作方便、灵活。

5.2.3 伺服液压机

1. 伺服液压机的优点

(1) 柔性高。滑块运动曲线可根据不同精锻工艺和模具结构与尺寸进行优化设置，从而实现滑块“自由运动”，达到高难度、高精度成形的目的，从而提高了液压机智能化程度和使用范围。

(2) 结构紧凑。与普通液压机相比，采用伺服电机进行伺服控制，省去一些复杂的液压回路和控制回路，液压回路所占空间大幅度减小。

(3) 效率高。伺服液压机行程和行程次数可以根据实际情况在较大范围内调整，使液压机在必要的最小行程内工作，从而提高生产效率。

(4) 精度高。通过闭环，伺服液压机的运动可以精确控制，滑块的重复定位精度高，保证了同批制件的精度。也可根据不同的工艺特点，通过运动特性的优化实现工艺的精确控制来提高成形精锻。

(5) 节能降噪。伺服液压机比传统液压机可节电 30%～70%。伺服液压机在工作中能降低噪声 3～10dB，在滑块静止时可降低噪声 30dB 以上。

(6) 成形性能好。采用伺服液压机，可选用优化的滑块运动曲线，从而控制成形温度、成形速度，很好地满足一些新材料的成形工艺要求，获得理想的高质量产品。

(7) 操作方便，安全性高。可通过人机交互方式设置滑块运行曲线，各项参数记录完整，便于实现远程故障诊断。

(8) 维护保养方便。液压系统简化，结构紧凑，维护保养更方便。对液压油的清洁度要求远远低于液压比例伺服系统，降低了液压油污染对系统的影响。

2. 伺服液压机的基本结构与原理

伺服液压机的机身结构与常规精锻液压机基本相同，其不同点在于其液压系统是通过伺服控制，常见的有泵控伺服系统和阀控伺服系统两种。由于泵控伺服系统具有系统结构简单等优势，目前基本采用泵控伺服系统。

泵控伺服控制系统总体设计原理如图 5-5 所示[4]。

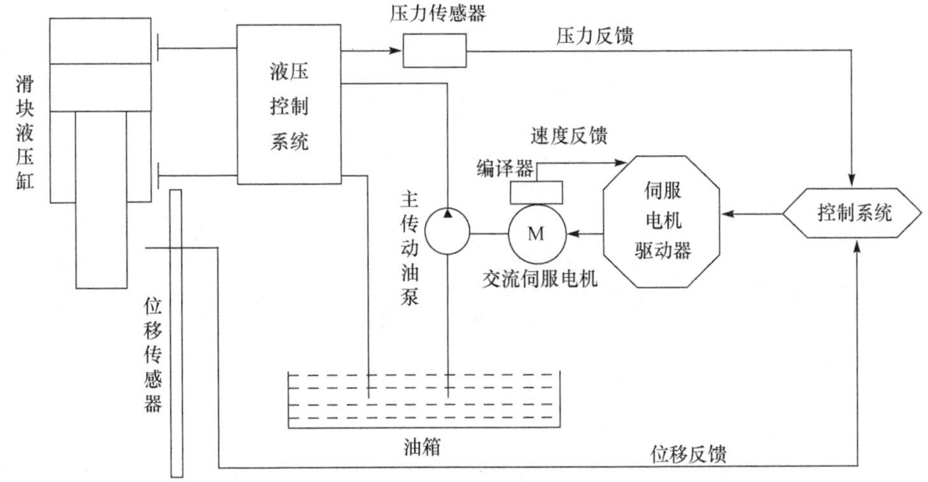

图 5-5　泵控伺服控制系统总体设计原理

通过各个传感器对位移、速度、压力信号进行检测，并将检测到的这些信号反馈给控制系统，最终作用于伺服电机驱动器上，利用伺服电机驱动器误差补偿功能精确驱动电机，实现对滑块运动的高精度控制。由于油泵的输出流量正比于电机的转速，油路内的压力正比于电机的输出扭矩，通过对系统压力、流量双闭环控制，采用矢量控制、弱磁控制与专用 PID 控制算法相结合的方法，完成对泵的转矩与转速的精确控制，实现对滑块位移和压力的控制[5]。

图 5-6 为闭式采用泵控伺服压力机的液压原理图。其主要工作过程如下。

(1) 主缸空程快速下行：油液进入快速缸，主缸活塞快速下行，同时大量液体通过充液阀被动吸入主缸上腔；主缸下腔的液体受挤压回到油箱。滑块位移和速度通过位移传感器反馈至计算机。

(2) 主缸慢进：当滑块下行至规定的位置时，高压油同时进入快速缸和主缸上腔，主缸下行速度减慢。充液阀关闭，上腔压力升高。

(3) 主缸工进和保压：当上模接触工件时，压力上升，直至工件完全成形，进入保压阶段，电机停转或低速运行。

(4) 卸载：压制工作结束后，充液阀开启，主缸上腔压力下降，避免换向时的液压冲击。

(5) 主缸回程：电机启动认额定速度运行，压力油进入主缸下腔，同时充液阀开启，主缸上腔液体经充液阀回油箱，主缸活塞快速回程。

顶出缸工作过程：仅有顶出和复位和两个动作和两个极限位置，两个动作切换通过换向阀控制。

图 5-7(a)、(b)为 Y68SK-315 型伺服液压机的结构示意图，图 5-7(c)为 Y68SK-315 型伺服液压机样机。

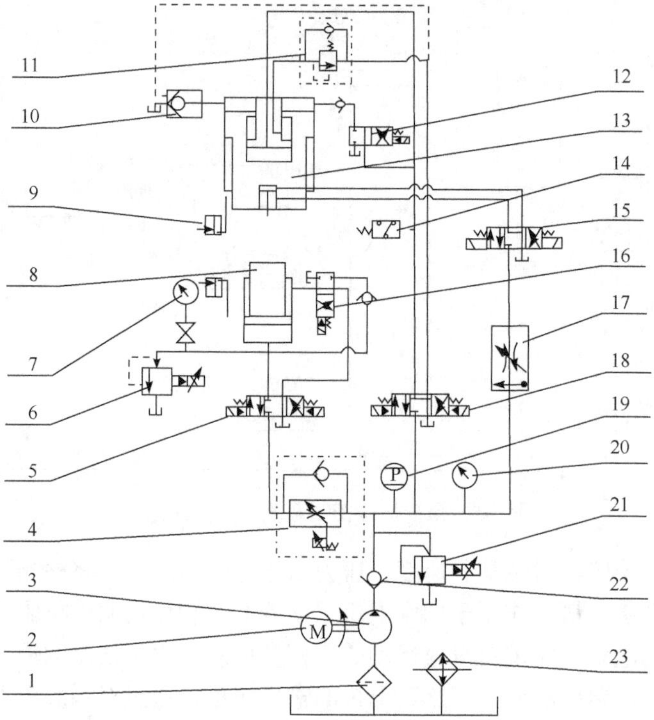

图 5-6 伺服直驱泵控液压机液压原理图

1-滤油器；2-永磁同步伺服电机；3-三螺杆泵；4-比例流量阀；5、12、16、18-电液换向阀；6、21-比例溢流阀；7、20-压力表；8、13-油缸；9-光栅尺；10-充液阀；11-单向顺序阀；14-压力继电器；15-电磁换向阀；17-叠加减压阀；19-压力感器；22-单向阀；23-冷却器

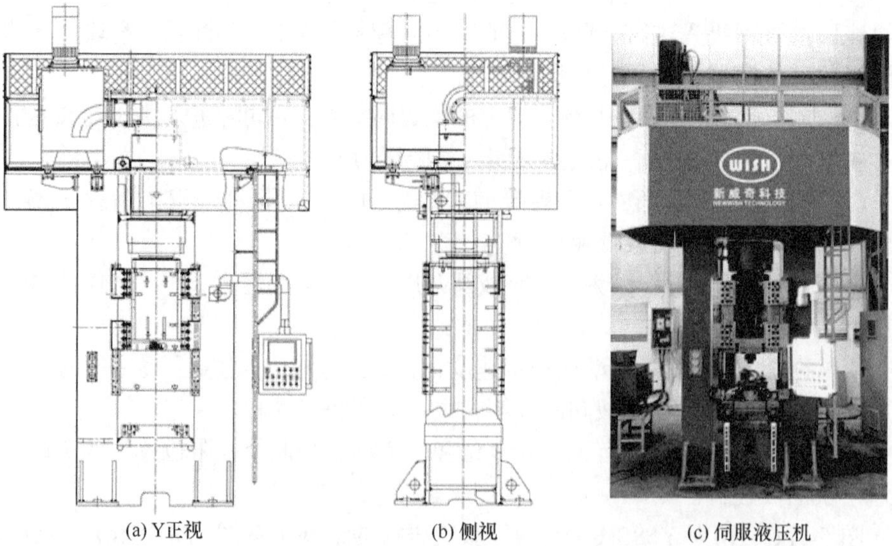

(a) Y正视 (b) 侧视 (c) 伺服液压机

图 5-7 Y68SK-315 型伺服液压机

5.3　电动螺旋压力机

5.3.1　电动螺旋压力机基本原理

电动螺旋压力机分为非直驱式和直驱式两种类型。其结构如图 5-8 所示[5]，电机经小齿轮驱动飞轮(大齿轮)及与其紧固为一体的螺杆旋转储能，旋转的螺杆通过与滑块紧固为一体的螺母带动滑块做上下往复运动，实现锻造功能。当电机达到打击能量所要求的转速时，利用飞轮(大齿轮)所储存的能量做功，使锻件成形。飞轮(大齿轮)释放能量后，电机立即带动飞轮(大齿轮)反转，反转一定转角后，电机进入制动状态，滑块回到初始位置。

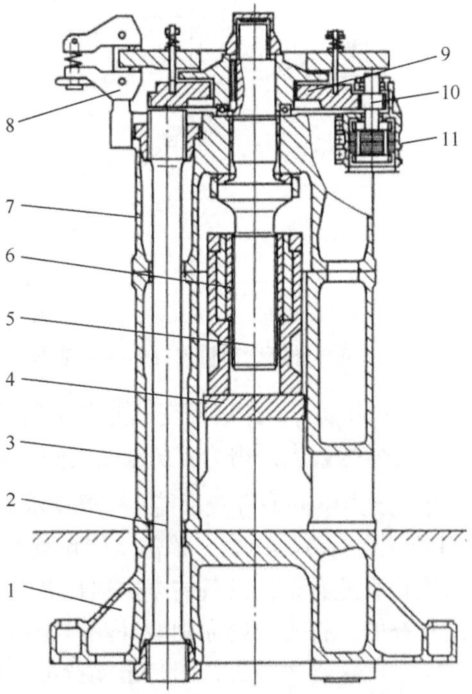

图 5-8　电动螺旋压力机结构原理图

1-下横梁；2-拉杆；3-机身；4-滑块；5-螺杆；6-螺母；7-上横梁；8-制动器；9-飞轮(大齿轮)；10-小齿轮；11-电机

5.3.2　电动螺旋压力机力能特性

电动螺旋压力机靠运动部分具有的能量做功，其能量为

$$E_0 = \frac{1}{2}J\omega^2 + \frac{1}{2}mv^2 = \frac{1}{2}\left(\frac{4\pi^2}{h^2}J + m\right)v^2 \tag{5-4}$$

其中，E_0 为运动部分具有的能量；J 为飞轮等转动部分的转动惯量和；ω 为飞轮角速度；m 为滑块等直线运动部分质量；v 为滑块速度；h 为主螺杆导程。

因此，在飞轮惯量、螺杆导程和滑块质量等设备参数设计确定后，通过实时检测滑块速度即可计算得出电动螺旋压力机运动部分具有的能量。如果能检测出滑块在打击工件前的瞬时速度，就能较准确地确定设备的实际打击能量。

电动螺旋压力机的力能关系曲线如图 5-9 所示。

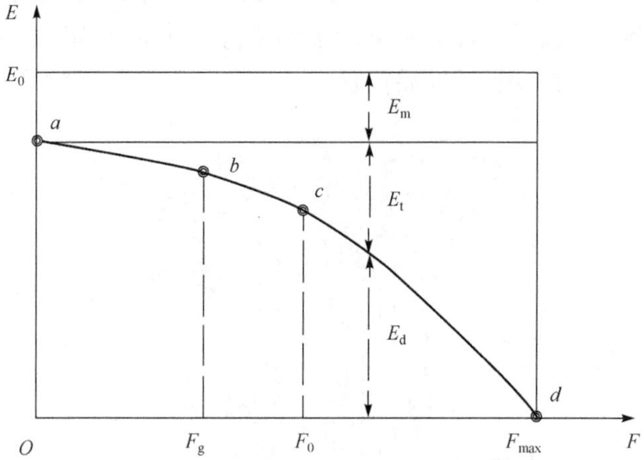

图 5-9　电动螺旋压力机力能曲线示意图

图 5-9 中，a 点的纵坐标为 βE_0，即锻件变形能和机器弹性变形能的最大值；d 点的横坐标为 F_{max}，即机器的最大冷击力；b 点的横坐标为 F_g，即设备的公称压力，纵坐标即为设备公称压力下的锻件变形能，一般要求该值应大于 60%；c 点的横坐标为 F_0，即设备长期运行许用压力，该值一般设计为公称压力的 1.6 倍。从力能关系曲线上可以很直观地看出，设备的摩擦损耗能是一个定值，锻件变形能和机器弹性变形能是互补的，打击力越大则锻件变形能相对越小，反之，机器弹性变形能就越小。对于电动螺旋压力机，因打击能量可以精确控制，只要锻件的变形能和打击力等工艺参数在某型号压力机的力能关系曲线范围内，该锻件便能用该型号压力机锻打成功，力能关系曲线是电动螺旋压力机选型时的重要参考依据。

因最大冷击力远大于公称压力，且在最大冷击力时锻件变形等于零，所以最大冷击力对于锻造工艺来说是毫无意义的，但它却是校核螺旋压力机强度的重要依据。若电动螺旋压力机既要求打击能量大以满足工艺需求，又要使设备主要受力部件在冷击时保证安全，那么就不得不过分加厚机身和加强主螺旋副强度，这样将导致设备既笨重又昂贵。因此，对于大中型吨位的电动螺旋压力机，为保护设备安全，同时降低设备成本，一般在飞轮中设置摩擦打滑保险装置，即将飞轮分为内圈和外圈两部分，内圈与主螺杆相连，随螺旋副同步运动；在打击力超过设计的打滑力时，外圈相对内圈滑动而消耗能量，达到减小最大打击力的目的。飞轮具有摩擦打滑保险装置的力能关系曲线如图 5-10 所示。

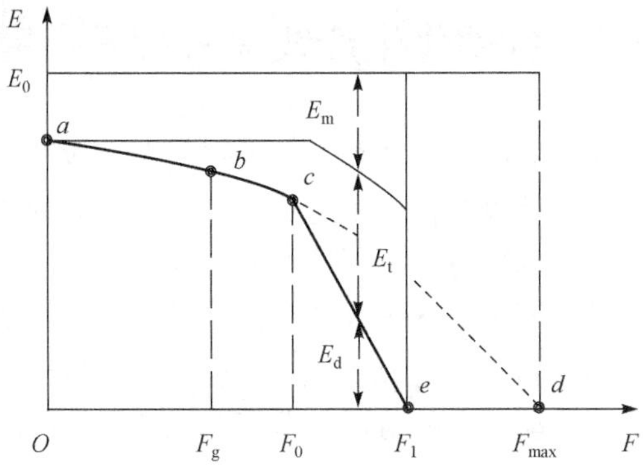

图 5-10　飞轮具有摩擦打滑保险装置的力能曲线示意图

图 5-10 中，c 点为打滑点，其横坐标为打滑力，一般应设计为设备长期许用载荷 F_0；e 点的横坐标为打滑冷击力 F_1。一般大中型电动螺旋压力机设计时设备的总刚度保证打滑冷击力为公称压力的 2 倍左右较为合理。

5.3.3　数控电动螺旋压力机驱动技术

1. 永磁交流同步电机驱动

永磁交流同步电机(permanent magnet synchronous motor, PMSM)是目前应用最多的高性能交流伺服电机。它具有很宽的调速范围、很强的过载能力、优异的加减速性能和转矩快速响应能力，可以频繁启停和正反转切换等。从结构上看，电机定子有齿槽，内有三相绕组，形状与普通感应电动机的定子相同，其转子用强抗退磁的永久磁铁构成，形成励磁磁通。因此，永磁交流同步电机无需励磁电流，效率高。在规定温升和额定转速以下连续运行时，以交流伺服系统驱动的永磁交流同步电机的稳态转矩-转速特性呈良好的线性关系。永磁交流同步电机的电机轴末端均装有位置反馈元件作为磁极位置检测器，以便于启动时控制住起始位置，提供转子瞬时角位移信号，构成闭环伺服控制系统，提高控制精度。该位置传感器可用光电编码器，也可用旋转变压器。从结构上看，旋转变压器有线圈和铁心，结构坚固；另外，它本身完全没有半导体电子元件，因此很适合在较高温度和恶劣环境下使用。

2. 交流异步电机驱动

交流异步电机是应用最广泛的驱动动力，它结构简单、制造容易、运行可靠、维护方便，而且价格低、重量轻、效率高。在锻造行业恶劣的工业环境下，如果电动螺旋压力机能采用交流异步电机驱动，那么这种驱动系统毫无疑问将被公认为是低维护、高可靠的高效驱动方式。

5.4　自动化生产线关键技术研究

传统以人工操作为主的锻造生产线，劳动强度大、效率低，自动化技术可有效克服这些缺点，同时也是锻造智能化的基础。下面以 16MN 五工位冷精锻液压机自动化生产线的研发为例进行介绍[37]。该生产线由 16MN 五工位数控精锻液压机、五工位冷精锻模具、五工位步进式传输机械手和其他辅助装置组成，其装备结构如图 5-11 所示，其关键技术包括各组成部件，特别是五工位步进式传输机械手与主机以及模具之间运动关系的协调，即该系统各运动部件的逻辑控制设计及其协同运作的时序实现。

所设计的 16MN 五工位冷精锻液压机自动化生产线作为一种生产阶梯轴类件的冷精锻专用设备，大批量生产的优势显著，不仅产品表面质量好、内部晶粒细化、金属纤维分布连续，而且生产过程高效、高质、低能耗。

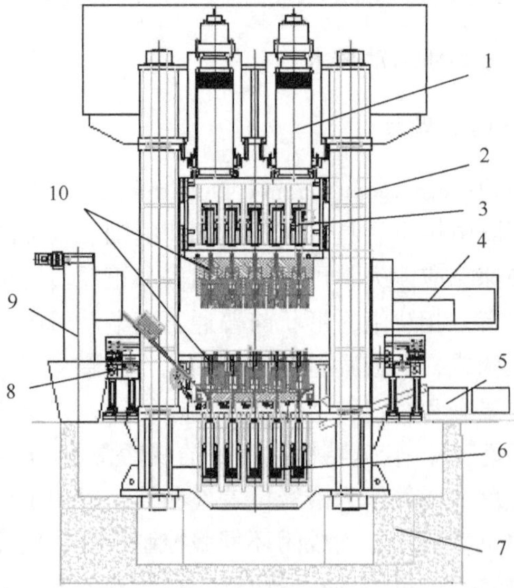

图 5-11　16MN 五工位冷精锻液压装备结构示意图

1-主缸；2-预应力拉杆；3-上顶出缸；4-起重臂；5-自动出料线；6-下顶出缸；7-地基；8-五工位机械手与驱动柜；9-自动进料线；10-五工位冷精锻模具

5.4.1　16MN 五工位冷精锻液压机关键技术参数

根据用户要求，该 16MN 五工位冷精锻液压机主要用于生产如图 5-12 所示的变速箱输入轴。

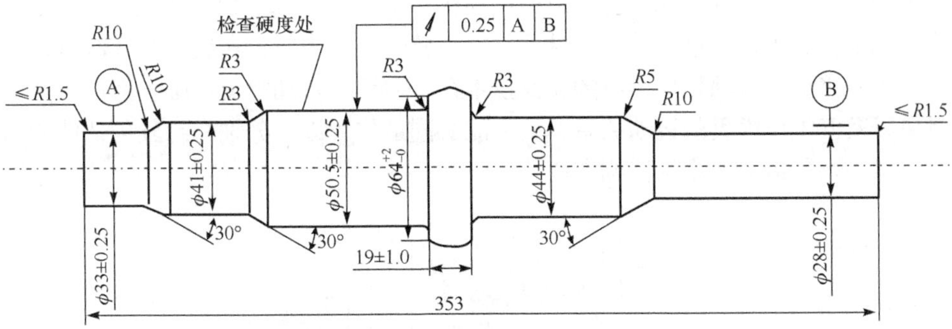

图 5-12　输入轴零件图及其精锻件的尺寸公差(单位：mm)

由于阶梯轴类件生产采用的多工位冷精锻工艺及其模具对冷精锻液压设备有特殊的要求，它们共同决定设备的公称压力、滑块行程、最大装模高度、工作台尺寸、闭合速度等关键的技术指标。根据图 5-11 所示的零件的尺寸精度要求以及前面工艺与模具的设计要求，将所设计的 16MN 五工位冷精锻液压机的关键技术指标列于表 5-3。

表 5-3　16MN 五工位冷精锻液压机关键技术指标

序号	参数名称	数值	单位
1	公称压力	16	MN
2	滑块行程	1000	mm
3	快进速度	240	m/s
4	工进速度	35～60	m/s
5	返程速度	240	mm/s
6	最大装模高度(滑块上死点)	2400	mm
7	上顶出缸(5 个)顶出力	800×5	kN
8	上顶出缸顶出行程	200	mm
9	下顶出缸(5 个)顶出力	800×5	kN
10	下顶出缸顶出行程	300	mm
11	工作台尺寸(左右×前后)	2200×1300	mm

5.4.2　五工位步进式传输机械手的结构设计及功能实现

16MN 五工位冷精锻液压机自动化生产线配有自动物流系统，实现从杆状坯料到轴类精锻件的全自动化生产。自动化加工过程中，贯穿着各种物料的流动，其中最主要的是工件的流动。完成这些物料流动的装置称为物流系统。自动物流系统包括：五工位步进式传输机械手、上料传送线、出料传送线、装卸起重臂，如图 5-13 所示。自动化生产线的关键技术在于协调其自动物流系统各部件与主机滑块以及五工位模具的运动关系，使之能协同运作。以下分别介绍其各部件的功能与结构及其运动关系的协调方法。

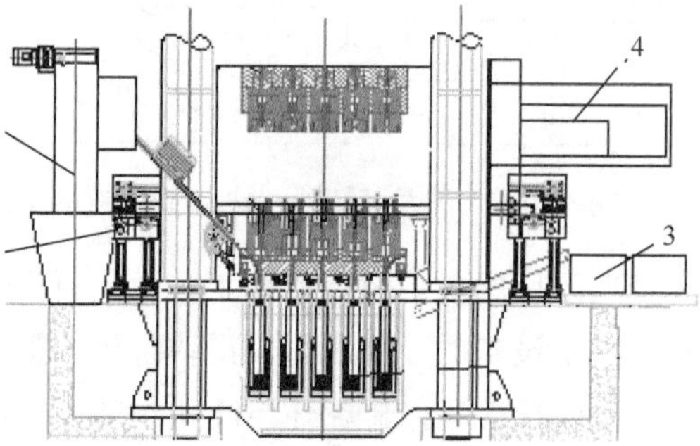

图 5-13　自动物流系统示意图

1-上料传送线；2-五工位步进式传输机械手；3-出料传送线；4-装卸起重臂

1. 机械手结构设计

五工位步进式传输机械手由末端执行器(爪钳)、横梁、纵梁、传感器、各方向上的驱动元件以及驱动箱等部件组成，如图 5-14 所示。其主要结构特征如下：

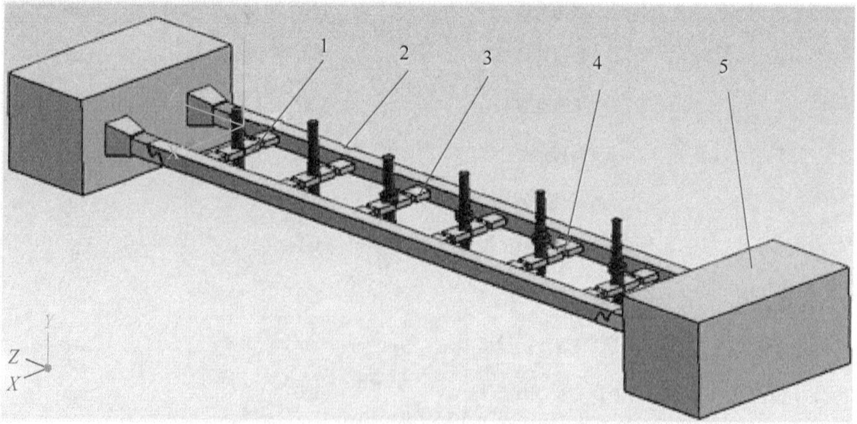

图 5-14　五工位步进式传输机械手结构图

1-爪钳；2-横梁；3-纵梁；4-传感器；5-驱动箱以及驱动元件

(1) 五工位步进式传输机械手设计成落地式结构，结构紧凑，灵活方便；通过伺服控制系统同主机实现联动，工位间的位移误差≤0.1mm，可以确保较高的定位精度。

(2) 进给、夹持、升降装置各方向动作由滚珠丝杆与整体导套完成，由伺服电机驱动，各驱动电机集中安装于驱动箱内；两个驱动箱完全一致地安装在主机两侧的高刚度钢架上；高刚度钢架固定在五工位模具单元的轴线连线上提供落地式支撑，由于其安装精度直接影响机械手的工作精度，通过设置光栅位置传感器控制。

(3) 1 对夹紧横梁的两端设计成通用转换接口，与驱动箱末端接口连接，实现横梁与驱动箱之间的快速装卸；5 对纵梁分别固定于两侧的横梁上，纵梁末端设计成系列化的通用转换接口，用于安装系列化的末端执行器。

(4) 5 对末端执行器为左右旋丝杠平移式夹持结构，如图 5-15 所示；其爪钳端有弹性单元并安装有力传感器实时感知夹持状况、行程并与其他部件实现连锁；腕部设计成模块化、组合化的通用转换接口，与纵梁对接，以满足不同生产需要；爪钳末端根据夹持工件的形状有所差异，夹持位置偏差控制在±0.1mm 以内。

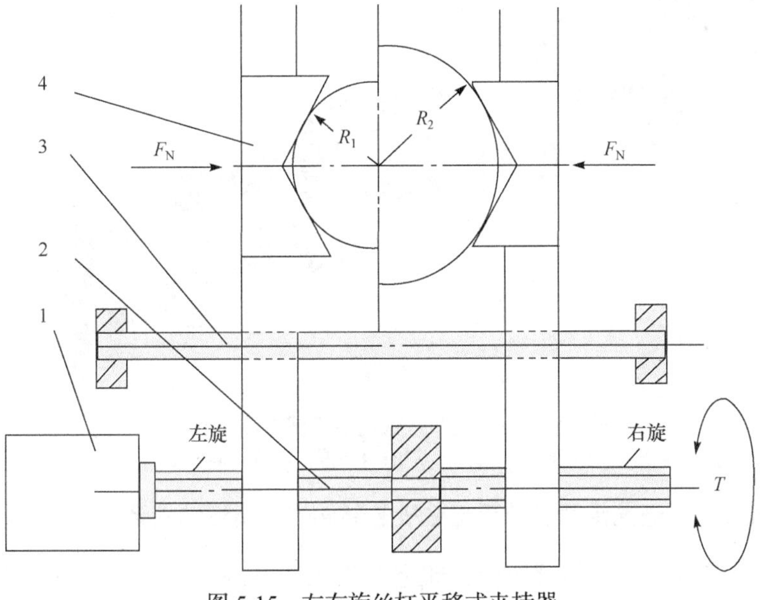

图 5-15　左右旋丝杠平移式夹持器

1-伺服电动机；2-丝杠；3-导轨；4-夹紧横梁

图 5-15 中，伺服电动机驱动一对旋向相反的滚珠丝杠，提供准确的平移夹紧动作；两丝杠协调一致地安装在同一轴上；横梁下方滚动导轨保证夹紧横梁平移运动。一对完全同步的伺服电机从横梁两侧同时驱动，通过程序控制伺服电机，

可夹持不同尺寸规格的工件，重复定位精度可达±0.005mm。爪钳夹持力 F_N 为

$$F_N = \frac{T}{d_0 \tan\beta} \tag{5-5}$$

其中，T 为伺服电机提供的力矩；d_0 为丝杠螺纹中径；β 为螺纹的螺旋角。

2. 机械手的功能

机械手的功能在于准确快速地传输各工位的工件，其动作过程为：上料摆臂完成上料动作后，五工位步进式传输机械手的预备工位爪钳夹持经软化退火和磷化皂化处理的杆状坯料，并送入五工位冷精锻模具的第一工位下凹模中；同时其他工位爪钳将前一工位成形完毕的冷精锻工件送入下一工位的下凹模中。依此循环，每个坯料都逐一历遍“第一工位至第五工位”全过程，终锻成形完毕。最后精密锻件由第五工位爪钳送入出料口，沿出料传送线进入物流小车。在此过程中机械手完成夹持-上升-进给-下降-张开-回复等动作，如图 5-16 所示。

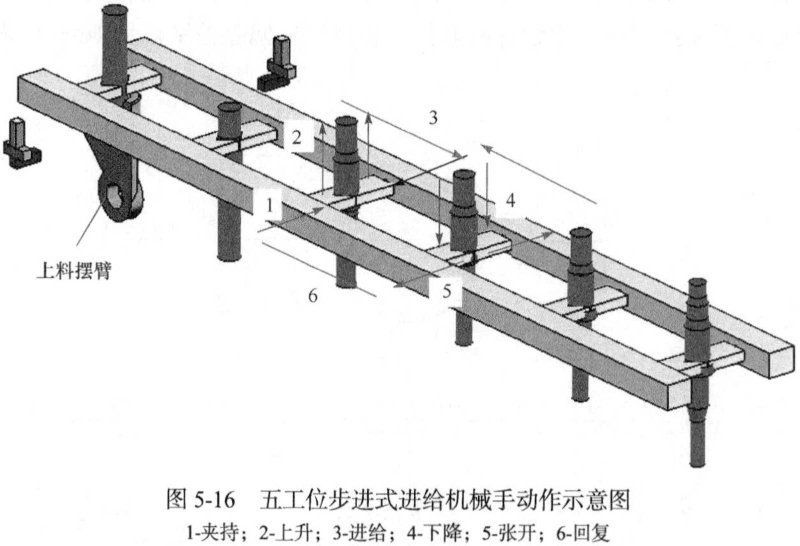

图 5-16　五工位步进式进给机械手动作示意图
1-夹持；2-上升；3-进给；4-下降；5-张开；6-回复

5.4.3　五工位步进式传输机械手与主机各部件的协调运动关系

16MN 五工位冷精锻液压机自动化生产线的关键技术在于协调五工位步进式传输机械手与主机以及模具之间的运动关系，并实现自动化生产线各部件协同运作，提高生产效率。将根据具体的工艺要求对设备各运动部件的动作时间和顺序进行的设计称为时序设计。五工位步进式传输机械手的运动时序描述的是在主机滑块不同动作时刻里机械手对应的动作状态，反映了机械手与液压机各部件的运动关系。

机械手时序设计的内容包括：分析机械手与主机各运动部件的运动规律；计算机械手运动所需空间与时长；设计并拟合各部件运动方程的行程时间曲线；根据工艺要求规划各动作的次序，拟合出各部件的运动关系图线；对各运动部件进行逻辑控制设计；利用虚拟样机技术优化所得的参数[3]。

1. 机械手与主机各运动部件的运动规律分析

五工位步进式传输机械手的运动包括进给、升降、开合三个方向的动作，具体体现为夹紧横梁进给/回复、上升/下降、张开/夹持六个动作，分解如下。

机械手进给动作：进给-待命-回复-待命。

机械手升降动作：上升-待命-下降-待命。

机械手开合动作：张开-待命-夹持-待命。

因为各方向的运动规律基本相似，可简化为工作-待命-复位-待命，并规定：工作阶段完成正方向的动作，如进给、上升、张开动作；复位阶段则完成回复、下降、夹持动作。

五工位模具中的运动部件包括：随同主滑块一起运动的上模座与各工位的上凹模、上顶出器、下顶出器。主机各部件动作过程分解如下。

主滑块动作过程为：空程下降-工进速度下降-空程回升。

上顶出器动作过程为：向下顶出-被动复位(复位时只克服顶杆重力)。

下顶出器动作过程为：向上顶出-被动复位(复位时克服气垫阻力)。

上料传送线与出料传送线中运动部件的动作过程如下：

鼓轮式拣料器：转动-待命。

上料摆筒：上料-待命-回复-待命。

传送带：传送-回复。

主机滑块动作如图 5-17 所示。

各部件的运动过程均包括起动加速、等速运动、减速制动三个过程。当总运动时间为 T，行程为 s 时，可由以下公式求得稳态速度 V_0 与运动时间 T。

稳态速度为

$$V_0 = K_v \sqrt{a_{1S}} \tag{5-6}$$

平均速度为

$$V = \frac{V_0}{1 + \beta {K_v}^2} \tag{5-7}$$

运动时间为

$$T = \sqrt{\frac{s}{a_1}} \frac{1+\beta\left(V_0 / \sqrt{a_{1S}}\right)^2}{V_0 / \sqrt{a_{1S}}} \tag{5-8}$$

其中，K_v为时间系数，K_v越小，所需的制动平均减速度将越大，K_v=0.3～0.9；β为平均速度系数，β越小，平均速度越接近稳态速度，β=0.75～3；a_1为制动平均减速度。

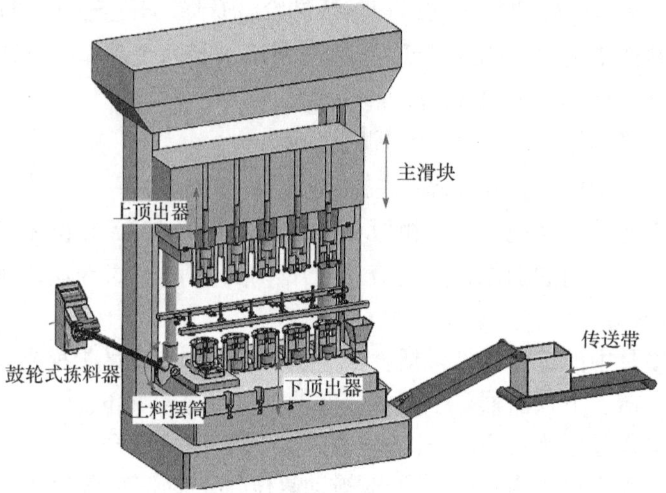

图 5-17　主机各运动部件的运动规律

2. 机械手动作所需空间与时长的计算

为简化表述，本节只重点阐述机械手与主滑块的时序设计过程，其他部件时序设计将直接给出。由前述可知，滑块的行程与速度直接影响机械手的运动空间与时长，因此每次时序设计前应先确定滑块的运动行程与时间。

主机滑块最大行程为 1000mm，但根据实际需要可设定适当的滑块行程以提高生产效率。考虑到锻件最大长度为 353mm，预留 250mm 的安全空间，以防止上顶出器与锻件的上端面接触。故拟定主滑块行程为 600mm，工进行程为 60mm，空程稳态速度为 240mm/s，工进稳态速度为 60mm/s。

根据前述压力机设计生产节拍为 6～15 次/分，预定生产节拍为 8 次/分，则生产周期为

$$T_0=60/8=7.5\text{s} \tag{5-9}$$

由设定的行程与稳态速度，根据式(5-6)～式(5-8)，对制动平均减速度 a_1 与时间系数 K_v、β 取适当的值，即可计算出滑块的平均速度，进而求出每一阶段所需时长，如表 5-4 所示。

表 5-4　液压机滑块各段平均速度与时长计算值

	设计值		选取值			计算值	
	S/mm	V_0/(mm/s)	a_1/(mm/s²)	K_v	β	V/(mm/s)	T/s
空程下降	540	240	300	0.6	0.9	180	3
工进行程	60	60	240	0.5	0.8	50	1.2
空程上升	600	240	380	0.5	0.8	200	3

由表 5-4 可知，一个周期内滑块的实际运动时长为

$$T_{滑}=3s+1.2s+3s=7.2s \tag{5-10}$$

根据工艺要求，滑块在下止点停留 0.3s 保压，则滑块的运动周期为

$$T_{0滑}=T_{滑}+0.3s=7.5s \tag{5-11}$$

机械手进给行程 S_1 应与各模具单元间距保持一致，因此 S_1 确定为 350mm；机械手上升行程应保证夹持锻件完全离开水平分模面且预留一定的安全空间，同时还要满足上顶出器与锻件的上端面无接触，因此上升行程应由锻件的长度尺寸与滑块速度共同决定，拟定上升行程 S_2 为 200mm；机械手张开的空间是机械手爪钳避让上凹模的安全空间，S_3 应大于上凹模外半径，但由于导柱间距的限制，张开行程不宜过大，因此，S_3 确定为 150mm。

设定机械手进给/回复动作的稳态速度为 500mm/s；张开/夹持的稳态速度为 375mm/s；上升动作的稳态速度为 400mm/s；下降动作的稳态速度为 200mm/s，下降速度小于上升速度是为了避免下降太快导致工件与下凹模模口发生磕碰，导致夹持偏差而影响成形精度。

由设定的行程与稳态速度，根据式(5-6)～式(5-8)，对制动平均减速度 a_1 与时间系数 K_v、β 取适当的值，即可计算出机械手各个方向动作的平均速度，进而求出每一阶段所需时长，如表 5-5 所示。

表 5-5　机械手各方向动作的平均速度与时长计算值

	设计值			选取值			计算值	
	S/mm		V_0/(mm/s)	a_1/(mm/s²)	K_v	β	V/(mm/s)	T/s
进给行程	350		500	2500	0.5	1.7	350	1
升降行程	200	升	400	2000	0.6	1.5	250	0.8
		降	200	1500	0.4	1.3	167	1.2
开合行程	150		375	3000	0.6	1.4	250	0.6

由表 5-5 可知，一个周期中的机械手实际运动的时长为

$$T_{机}=1s\times 2+0.8s+1.2s+0.5s\times 2=5s \tag{5-12}$$

由周期 T_0=7.5s 可知，机械手每周期有 2.5s 停机待命的时间，即

$$T_0 = T_{机} + 2.5\text{s} = 7.5\text{s} \tag{5-13}$$

3. 设计并拟合各部件的行程-时间曲线

本节采用改进梯形速度运动规律拟合行程-时间曲线，并评价曲线的抗冲击性能。

1) 设计与拟合主滑块行程-时间曲线

由主滑块的运动规律可知，主滑块的运动过程分为三个阶段：空程下降-工进速度下降-空程回升，而且每一个阶段都经历起动加速-等速运动-减速制动(空程段)或等速运动-减速制动(工进段)。

根据机械原理，为了避免从动件运动过程中发生冲击，拟合运动曲线时，最好选用无加速度突变的曲线，而拟合曲线常常使用曲线组合的方法。组合运动曲线时应遵循以下原则：对于中低速机构，从动件行程-时间曲线在衔接处相切，保证速度曲线连续；对于中高速机构，从动件速度-时间曲线在衔接处相切，且保证加速度曲线连续。

余弦速度曲线既无刚性冲击又无柔性冲击，非常适合用于行程-时间曲线的设计。为保证滑块的加速平缓，降低设备的冲击，要求滑块加速度曲线连续平滑。设计主滑块速度-时间曲线时用常数函数作为主体与余弦函数衔接的方法，保证加速度曲线连续，降低甚至避免冲击。

根据不同的加速度特征，把主滑块的运动过程分成 9 段，分别用常数函数与余弦函数拟合等速段与变速段的运动方程，可得滑块的运动方程为

$$S_{滑}(\text{time}) = \begin{cases} v_1/2\cdot\cos[\pi/(t_{滑1}-t_{滑0})(\text{time}-t_{滑1})]+v_1/2, & t_{滑0}\sim t_{滑1}\text{加速段} \\ v_1, & t_{滑1}\sim t_{滑2}\text{匀速段} \\ (v_1-v_2)/2\cdot\cos[\pi/(t_{滑3}-t_{滑2})(\text{time}-t_{滑2})]+(v_1+v_2)/2, & t_{滑2}\sim t_{滑3}\text{减速段} \\ v_2, & t_{滑3}\sim t_{滑4}\text{工进匀速段} \\ v_2/2\cdot\cos[\pi/(t_{滑5}-t_{滑4})(\text{time}-t_{滑4})]+v_2/2, & t_{滑4}\sim t_{滑5}\text{工进减速段} \\ 0, & t_{滑5}\sim t_{滑6}\text{滑块停留在下死点} \\ v_1/2\cdot\cos[\pi/(t_{滑5}-t_{滑6})(\text{time}-t_{滑6})]-v_1/2, & t_{滑6}\sim t_{滑7}\text{空程回复加速段} \\ -v_1, & t_{滑7}\sim t_{滑8}\text{空程回复匀速段} \\ v_1/2\cdot\cos[\pi/(t_{滑9}-t_{滑8})(\text{time}-t_{滑9})]-v_1/2 & t_{滑8}\sim t_{滑9}\text{空程回复减速段} \end{cases} \tag{5-14}$$

其中，time 为时间自变量；滑块运动的时间标记点分别为 $t_{滑0}$，$t_{滑1}$，$t_{滑2}$，$t_{滑3}$，$t_{滑4}$，$t_{滑5}$，$t_{滑6}$，$t_{滑7}$，$t_{滑8}$，$t_{滑9}$ 分别为时间区间 $[t_{滑0}, t_{滑9}]$ 的边界点，$T_{滑}=t_{滑9}-t_{滑0}$；v_1 为空程稳态速度；v_2 为工进稳态速度。

将表 5-4 中的初始条件代入式(5-14)可得速度-时间曲线；将速度对时间积分，即可得行程-时间曲线：将速度对时间微分，即可得加速度-时间曲线，如图 5-18 所示。

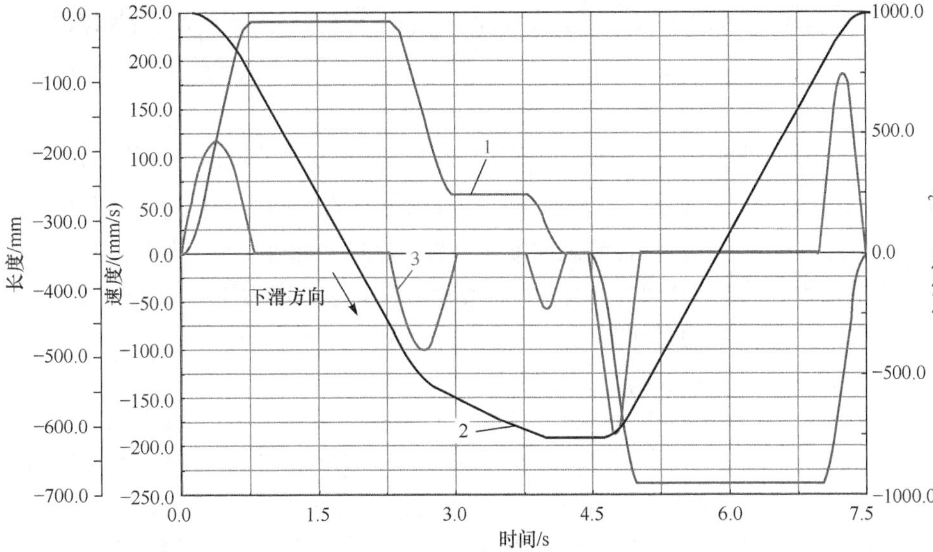

图 5-18　滑块运动参数曲线图

1-速度-时间曲线；2-行程-时间曲线；3-加速度-时间曲线

由图 5-18 可以看出，滑块的加速度-时间曲线连续，过渡平滑，峰值较小，因此滑块工作平缓，冲击较小，符合设计要求。

2) 设计与拟合机械手各部件的行程-时间曲线

由五工位步进式传输机械手的运动规律分析可知，机械手的动作可简化为工作-待命-复位-待命；规定工作阶段完成进给、上升、张开等正方向动作，复位阶段则完成回复、下降、夹持等反方向动作。如此只需要任选一组动作考察，即可得到机械手的通用运动方程。

根据不同的加速度特征，把任选一组的动作过程分成 8 段，并用常数函数与余弦函数分别拟合等速与变速段的运动方程，可得机械手各部件的通用运动方程：

$$
S_{机}(\text{time})=\begin{cases}
v_1/2\cdot\cos[\pi/(t_{机1}-t_{机0})(\text{time}-t_{机1})]+v_1/2, & t_{机0}\sim t_{机1}\text{加速工作段}\\
v_2, & t_{机1}\sim t_{机2}\text{匀速工作段}\\
v_2/2\cdot\cos[\pi/(t_{机3}-t_{机2})(\text{time}-t_{机2})]+v_2/2, & t_{机2}\sim t_{机3}\text{减速工作段}\\
0, & t_{机3}\sim t_{机4}\text{停留待命段}\\
v_1/2\cdot\cos[\pi/(t_{机5}-t_{机4})(\text{time}-t_{机4})]-v_1/2, & t_{机4}\sim t_{机5}\text{加速复位段}\\
-v_1, & t_{机5}\sim t_{机6}\text{匀速复位段}\\
v_1/2\cdot\cos[\pi/(t_{机5}-t_{机6})(\text{time}-t_{机7})]-v_1/2, & t_{机6}\sim t_{机7}\text{减速复位段}\\
0, & t_{机7}\sim t_{机8}\text{停留待命段}
\end{cases}
\tag{5-15}
$$

其中，time 为时间自变量；机械手特定一个方向上的运动时间标记点分别为 $t_{机0}$，$t_{机1}$，$t_{机2}$，$t_{机3}$，$t_{机4}$，$t_{机5}$，$t_{机6}$，$t_{机7}$，$t_{机8}$分别为时间区间$[t_{机0},\ t_{机8}]$的边界点，$T_{机}=t_{机8}-t_{机0}$；v_1为空程稳态速度；v_2为工进稳态速度。需要特别说明的是，当表征机械手具体的动作时，时间标记点使用的下标规定为进给/回复、上升/下降、张开/夹持等方向的时间标记点下标分别记为$t_{进i}$，$t_{升i}$，$t_{开i}$，i=1，2，3，…，7，8 表示在该时间点的状态，以示区别。

将表 5.5 中机械手每个方向动作的速度与时长的初始条件，分别代入式(5-15)可得各方向的速度-时间曲线；将速度对时间积分，即可得行程-时间曲线；将速度对时间微分，即可得加速度-时间曲线，分别如图 5-19～图 5-21 所示。

由图 5-19～图 5-21 可以看出，机械手各方向的加速度-时间曲线连续，过渡平滑，峰值较小，因此滑块工作平缓，冲击较小，符合设计要求。

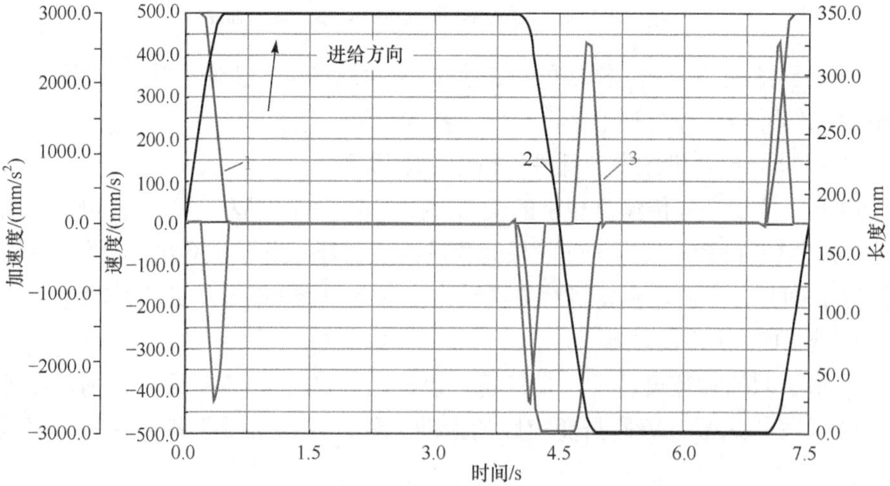

图 5-19　机械手进给方向运动参数曲线图

1-速度-时间曲线；2-行程-时间曲线；3-加速度-时间曲线

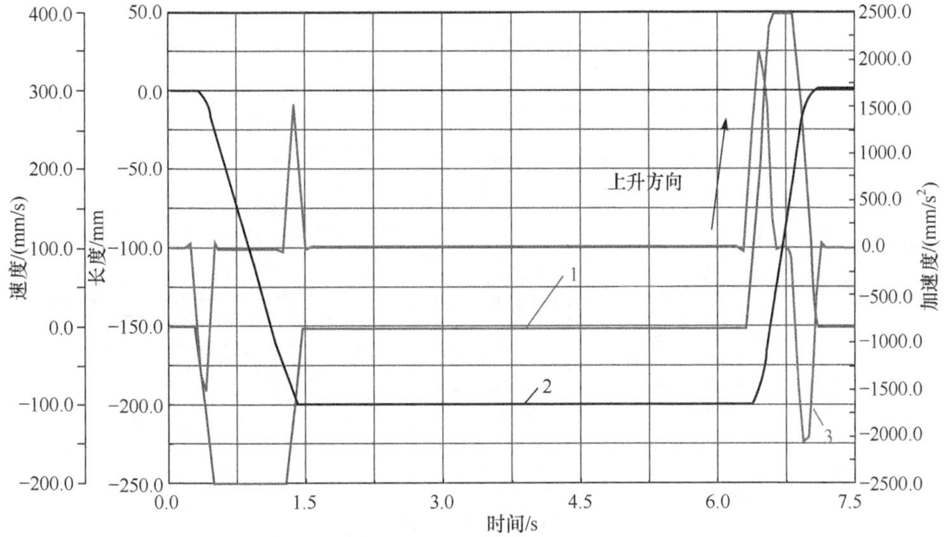

图 5-20　机械手上升方向运动参数曲线图

1-速度-时间曲线；2-行程-时间曲线；3-加速度-时间曲线

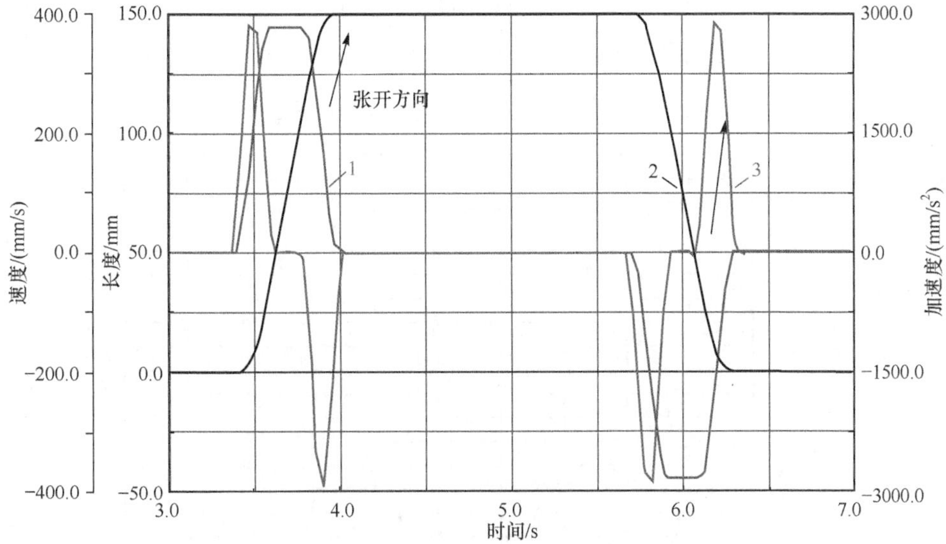

图 5-21　机械手张开方向运动参数曲线图

1-速度-时间曲线；2-行程-时间曲线；3-加速度-时间曲线

3) 压力机与机械手的协同规划

以滑块运动时间为主线，根据保证安全距离，防止干涉；提高时间利用效率，使动作紧凑两大原则，滑块运动与机械手运动的整个运动过程如图 5-22 所示，机械手与滑块的运动关系如图 5-23 所示。

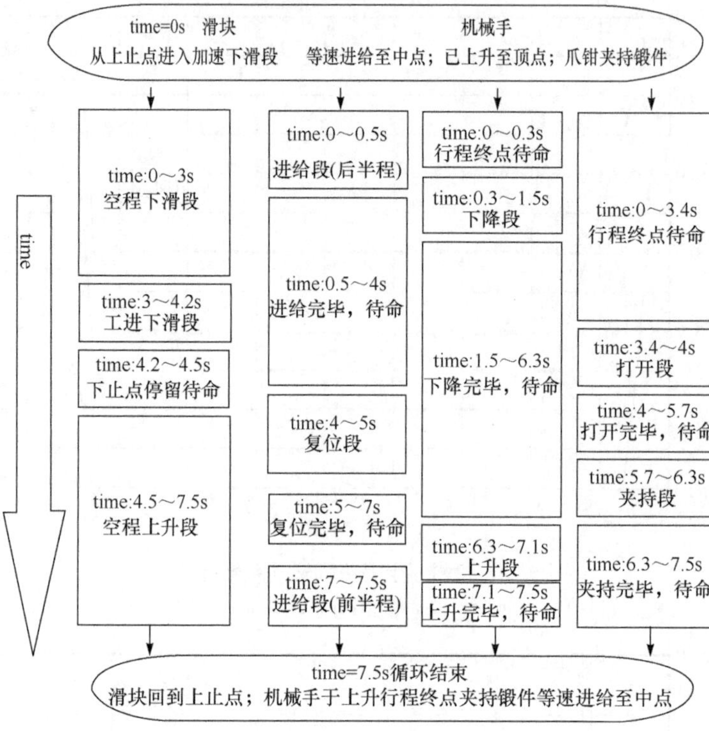

图 5-22　一个工作循环内机械手与滑块的运动关系

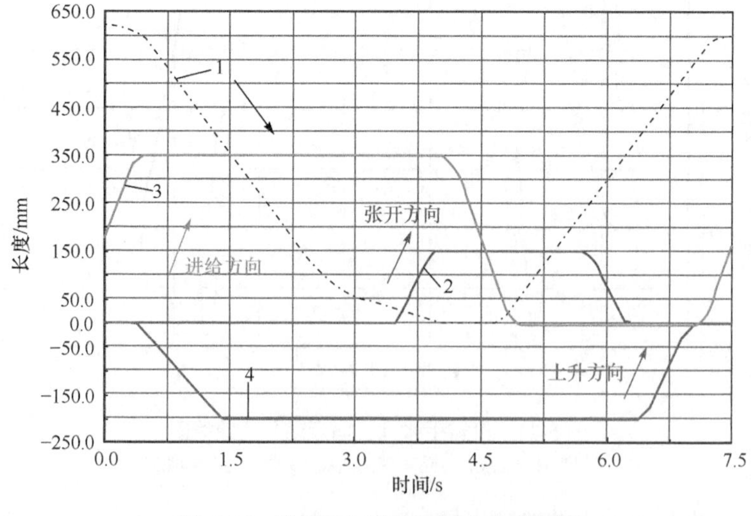

图 5-23　机械手与滑块的运动关系图线

1-主滑块；2-夹持电机；3-进给电机；4-上升电机

4) 根据运动时序设计机械手各运动部件的控制逻辑

机械手控制逻辑设计要充分考虑连锁与保护。保护分为设备保护和人身保护。

安全防护门罩和栅栏只能在物理上保障人身安全，设置必要的检测系统和安全联锁系统，实时反馈系统运行状态，是实施设备保护的有效办法。

机械手与相关部件的传感器检测与控制逻辑如图 5-24 所示。

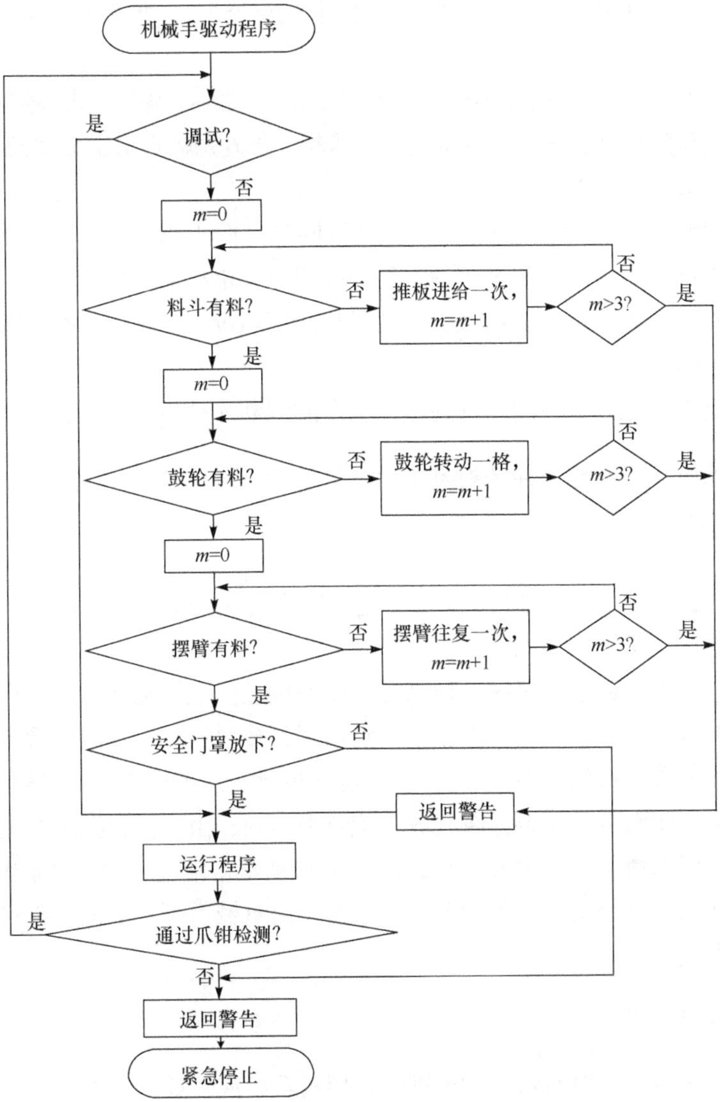

图 5-24　机械手与其他相关部件检测与控制逻辑流程图

图 5-24 中的爪钳检测包括以下内容。

(1) 判断横梁之间是否有异物。通过横梁之间的光学传感器之间的光路是否中断判断：正常工作是连续光路；横梁之间出现异物则会中断光路，机械手紧急停止。

(2) 判断爪钳是否已经夹持到工件。通过爪钳末端的压力传感器是否检测到连续变化的信号判断：如果压力从零连续平缓上升，保持一段时间以后连续平缓下降，证明工作正常；如果压力为零，证明没夹到锻件；如果压力突变为零，证明锻件中途掉落。

(3) 判断爪钳与上凹模是否干涉。通过爪钳上端的接触开关开合判断：正常工作时，接触开关常闭；当上凹模与爪钳干涉时，会最先触到爪钳上端的接触开关，回路就会断开。

(4) 判断机械手各同组的驱动电机是否同步。由于机械手是靠分立于主机两侧的驱动柜同时驱动的，两个驱动柜里的同组驱动电机必须完全同步，通过反馈回路检测并补偿校正以保证机械手的位置与速度精度。若补偿失败，则发出警报，需重新调试机械手。

当且仅当上述四个检测都得到正常工作的判断才执行其他动作。

5.4.4 自动生产线其他部件结构与功能设计

1. 上料传送线

上料传送线由料匣、推板、矩形滑道、鼓轮式拣料器、接料滑道、V 形滑道、上料摆臂等部件组成，如图 5-25 所示。

棒形坯料整齐放于料匣中，顶部带斜面的推板向上推动坯料，每周期进给量为一个坯料直径；推板进给一次就把料匣顶部的棒料推到料匣的矩形出口处；棒料沿推板斜面滑入倾斜的矩形滑道内，到达与矩形滑道出口连接的鼓轮式拣料器；鼓轮式拣料器间歇分拣棒料并将其放入接料滑道内；由于接料滑道的偏心设计，棒料自动倾斜并滑入 V 形滑道，并到达与 V 形滑道末端连接的上料摆臂内；上料摆臂间歇转动，将倾斜的棒料旋至铅垂位置，由机械手预备工位爪钳夹持进入冷精锻凹模中成形。

2. 出料传送线

出料传送线由接料通道、传送钢带和接料箱组成，如图 5-26 所示。

机械手第五工位爪钳将终锻件从第五工位下凹模内夹出，送至接料通道正上方后释放，锻件落入接料通道内，经过弹性缓冲带从接料通道出口落入传送钢带，由传送钢带传送到盛放精锻件的接料箱，当接料箱装满时由传送钢带送走。

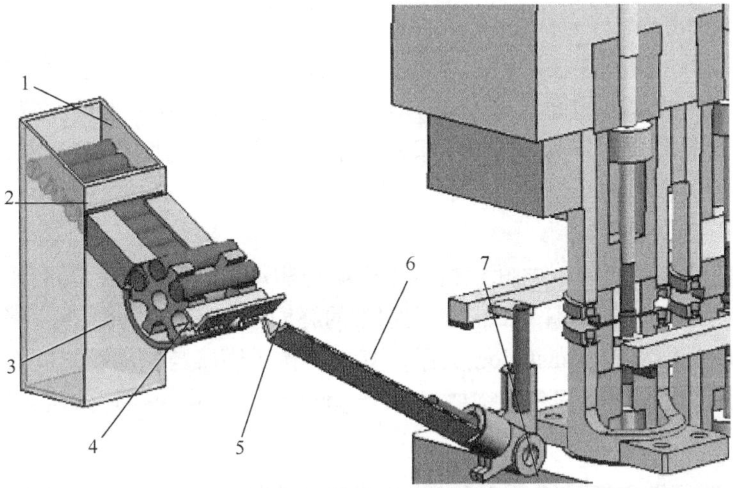

图 5-25　上料传送线示意图

1-料匣；2-推板；3-矩形滑道；4-鼓轮式拣料器；5-接料滑道；6-V 形滑道；7-上料摆臂

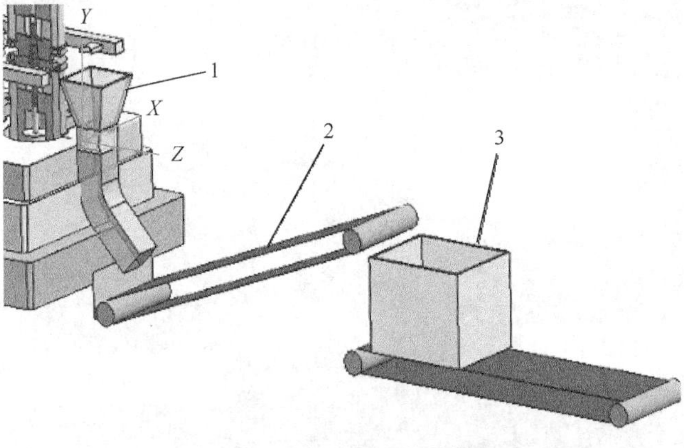

图 5-26　出料传送线示意图

1-接料通道；2-传送钢带；3-接料箱

5.4.5　16MN 五工位冷精锻液压机自动生产线各部件协调运动过程仿真

16MN 五工位冷精锻液压机自动化生产线是个复杂的系统，本节在虚拟样机软件 MSC ADAMS 上对自动生产线的工作过程进行仿真并对其设计进行优化。

自动生产线的运动仿真过程包括运动约束、运动驱动设计、模拟计算、后处理输出与优化等内容。

1. 运动约束与运动驱动设计

忽略具体的传动机构设计，在三维模型上对各部件添加约束，其中主要的约束关系描述如下。

主机机身、机械手驱动箱、下模座、料匣、滑道、接料通道、传送钢带支架等起支撑作用的部件均固定于大地(ground)上；上模座与滑块之间、各模具单元的上模具、下模具分别与其对应的上模座、下模座之间均为固定副(fixed)关系。

上料传送线上的个别部件(如上料摆筒、接料滑道、鼓轮式拣料器)与大地为旋转副(revolute)关系。

主机滑块与主机机身之间、机械手横梁与驱动箱之间、推板与料匣之间、上(下)顶出装置与上(下)模座之间、落入钢带的终锻件与传送钢带之间、接料箱与传送钢带之间为滑移副(translation)关系；其中机械手横梁与驱动箱之间有三个方向的滑移关系，而一个滑移副必须要由两个部件定义，约束时需增加两个辅助滑块，如图 5-27 所示。

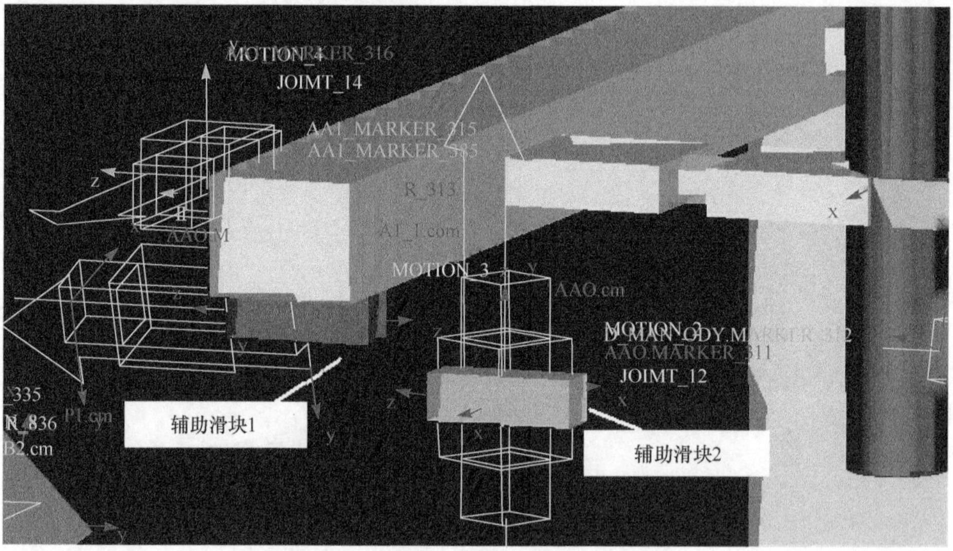

图 5-27　需要增加的两个辅助滑块

机械手爪钳端面、上下凹模端面与各个工位的锻件外圆面之间均为面约束，并设定为库仑摩擦的接触关系，摩擦系数 μ=0.3。

模型中，除固定副与面接触不需要驱动外，滑移副与旋转副均需要特定的运动函数驱动。由于各部件的运动都是间歇性运动，其运动函数描述比较复杂，为方便操作，运用 MSC.ADAMS 中的 AKISPL 函数，以前面所拟合的运动曲线直接驱动各运动副，省去函数输入与修改带来的诸多不便。

2. 设置模拟参数并提交运算

采用交互式仿真控制，选择动力学计算类型，仿真参数设置如下。

End time(终止时间)=7.5s，Steps(计算步数)=1500，选择从初始位置开始。设置完毕，即可提交运算。

5.4.6　机械手与模具协调运动过程优化

在运行仿真计算后，就可以计算处理此前设置的运动副上的位移、速度、加速度、作用力和作用力矩等数据。通过数据后处理模块对计算数据进行进一步的处理与比较，即可优化机械手与模具的运动关系。

1. 优化原则

机械手与模具协调运动设计优化的两大原则是保证安全距离，防止干涉；提高时间利用效率，使动作紧凑平稳，其具体表现为：机械手上升、下降过程中锻件与上、下凹模应均无干涉；在进给结束前应尽早下降；在下降结束后应尽可能晚打开；在打开结束后应立即复位；在复位结束前应尽早夹持；在夹持结束后应立即上升；在上升结束前应尽早进给；整个过程加速、减速尽可能平缓。

2. 优化方法

通过数据后处理模块，测量机械手横梁与驱动箱之间三个滑移副的相对位移、速度和加速度，由于驱动箱与下模座同时固定于大地上，因此所测量的相对位移、速度和加速度即为机械手相对于下模座的位移、速度和加速度。

根据上述优化原则，对所得的图线进行包括平移、偏置、倒置、微分、积分等操作，编辑可以调整机械手横梁的运动状态和触发时间，即可得到经过优化的运动关系图线。返回前处理模块后，将经优化的运行面线生成运动副的驱动，再进行模拟仿真做进一步的调整优化，如此即可得到最终优化的结果。

下面以机械手与主滑块协调运动关系的优化为例介绍优化的过程。

根据前述工艺要求与时序设计，拟合出机械手各部件以及主滑块的行程-时间曲线，并安排出各运动部件的动作次序，确定出各部件基本的运动关系曲线，如图 5-28 所示。

按优化原则调整各部件的起动时间，微调运动曲线的相对位置，使机械手各部件与主滑块运动协调但互不干涉，得到调整后的协调运动关系曲线如图 5-29 所示。

根据变速平稳、动作紧凑的原则，调整曲线的形状，改变机械手各部件与滑块的运动状态，以提高工作稳定性和时间利用效率。所得优化后的运动关系曲线如图 5-30 所示。

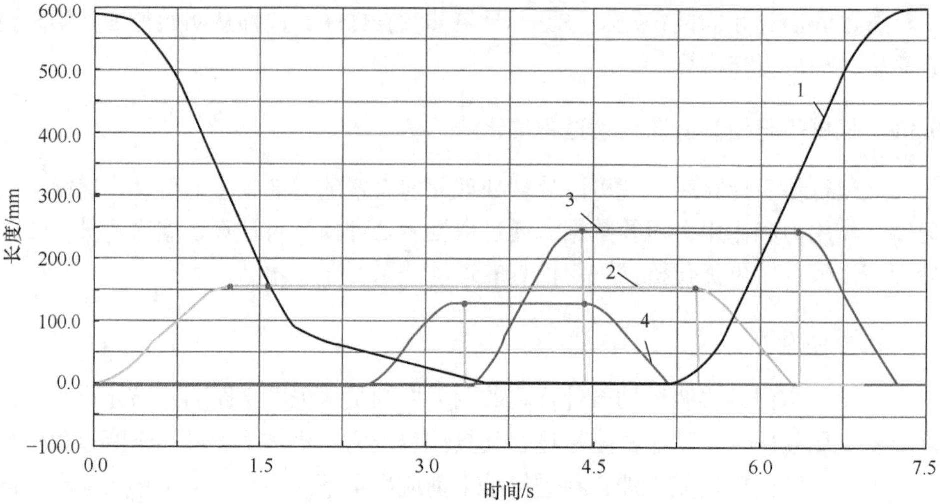

图 5-28　各部件基本运动关系曲线

1-滑块；2-升降；3-进给；4-夹持

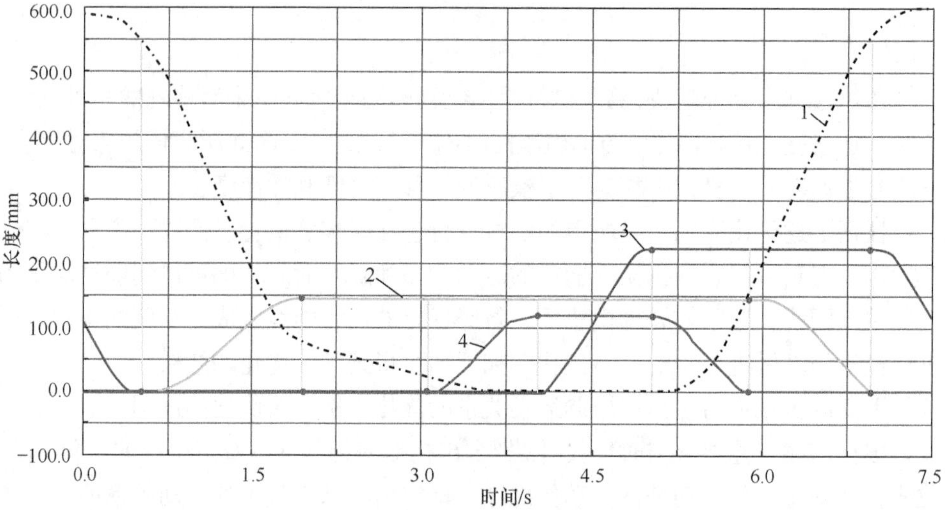

图 5-29　各部件协调运动关系曲线

1-滑块；2-升降；3-进给；4-夹持

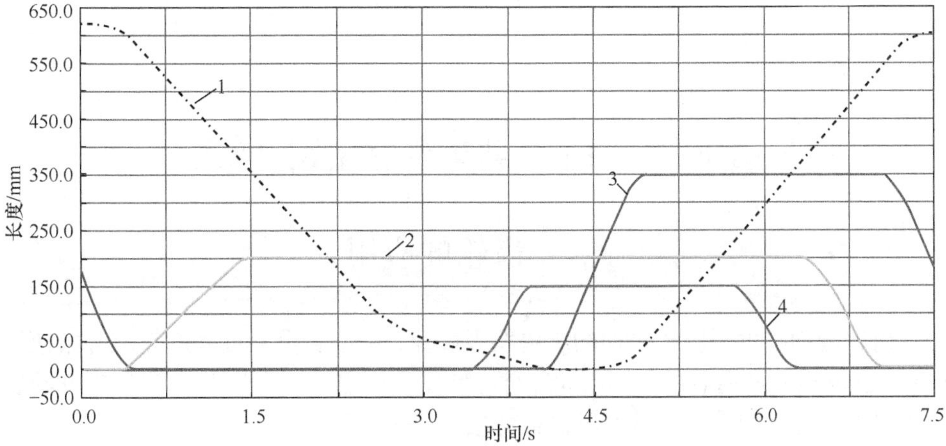

图 5-30　各部件优化后的运动关系曲线

1-滑块；2-升降；3-进给；4-夹持

参考文献

[1] 夏巨谌, 邓磊. 铝合金精锻成形技术及设备[M]. 1 版. 北京: 国防工业出版社, 2019.

[2] 金俊松, 王新云, 邓磊, 等. 一种无级调速的液压机液压系统[P]. 201410056187.7. 2014-8-13.

[3] 马伟杰. 实心阶梯轴多工位冷精锻自动化生产关键技术研究[D]. 武汉: 华中科技大学, 2009.

[4] 冼灿标, 齐水冰, 孙友松, 等. 直驱泵控伺服液压机节能分析及试验研究[J]. 机床与液压, 2014, 42(5): 45-48.

[5] 冯仪. 数控电动螺旋压力机控制与检测技术研究[D]. 武汉: 华中科技大学, 2009.

第 6 章　齿轮类零件的精锻成形

6.1　齿轮的应用

齿轮传动技术经历了长期的历史发展过程，我国自公元前 400 年就开始使用齿轮，已发现的最古老的青铜齿轮零件在我国山西出土。人们从 17 世纪末开始研究正确传递运动的齿轮形状及其制造方法。

齿轮是除标准件和轴承两大生产行业之外的，我国第三大基础件生产行业，它的品种繁多、数量巨大，在汽车、飞机、轮船、农用机械、工程机械、矿山机械、高铁、舰艇、坦克和装甲车、金属切削加工机床和锻压机床等装备制造中得到广泛应用。

齿轮在各种车辆传动装置中应用最广，其产值接近齿轮类零件总产值的 60%。其中，又以汽车上使用的品种最多、数量最大，每辆车需要行星齿轮和半轴齿轮 6 件，结合齿轮、倒挡中间齿轮、同步器齿环和飞轮齿圈各 1 件，加上一些中小型圆柱齿轮，一辆汽车上的齿轮类零件将近 40 件，约有一半即 20 件可采用精密模锻工艺生产。

在这约 20 件可采用精锻成形工艺生产的齿轮类零件中，各种圆锥齿轮、同步器齿环及起动齿轮等均采用闭式(塞)精锻成形工艺生产，其中，行星齿轮、半轴齿轮的闭塞精锻成形工艺已成熟地应用于生产。近年来，结合齿轮、倒挡中间齿轮的中空分流精锻成形工艺研究成功并开始应用。

6.2　精锻齿轮的优点

精锻齿轮是指齿轮的轮齿甚至更多的部分直接模锻成形且不需要切削精加工的齿轮。直锥齿轮以其几何形状上的可锻性而成为齿轮系列产品中研制应用最早的精锻零件[1-7]。在成功开发直锥齿轮精锻技术后，相继进行了圆柱齿轮精锻工艺的开发[8-16]。

直锥齿轮传统的制造工艺是在齿轮机床上将制造好的齿轮毛坯通过插齿、刨齿或铣削加工出齿形，而精锻则是利用模具直接净成形出齿形，然后用机床加工齿轮的其余部分，包括中心孔等。

齿轮精锻具有如下优点[17-23]。

(1) 相比于切削加工，齿轮精锻的材料利用率提高了 30%～50%。

(2) 精锻齿轮金相晶粒细化、组织致密、金属流线完整、表面硬度高，机械力学性能抗拉强度与抗疲劳强度分别提高 25%与 40%。

(3) 精锻齿轮制造精度高，其尺寸精度可以高于 IT7 级，表面粗糙度可达 *Ra* 0.2～0.8μm。

(4) 相对于机加工生产，精锻齿轮生产效率提高 8～10 倍，成本低、效益好。

(5) 减少了昂贵的批量精密刨齿加工设备的投资。

另外，与机械切削加工的齿轮相比，精锻齿轮制造场地干净，无铁屑和油污，减少了污染，保护了环境，亦称绿色制造。

6.3　直锥齿轮精锻技术

6.3.1　直锥齿轮的修形

1. 修形目的与意义

实际工作中的齿轮，在齿高方向，加工误差、受载弹性变形以及热变形等因素导致主动齿轮和被动齿轮的基节不相等，使得轮齿啮入和啮出时产生干涉，引起冲击及相应的齿顶刮行，导致齿顶的崩落和传动失效。另外，刮行还会破坏油膜，使齿面金属直接接触，在高温下胶合，加速齿面的失效。在齿宽方向，安装误差、制造误差及其他原因导致啮合偏离，使得接触面偏向端部，而不是在中部或者全线接触，引起载荷集中。同时，对于锥齿轮，一般将其设计为沿齿高方向，齿宽减小，因此相互啮合的一对齿轮只在某一特定的线上相等，而在其他部位沿其啮合线上齿宽不相等，即使这种偏离为零，也会产生棱边效应[24]。因此对直锥齿轮进行修形，可以有效地提高直锥齿轮的传动精度和使用寿命，降低振动、冲击和噪声[25,26]。为了得到性能优良的齿轮，国内外主要从两个方面进行研究：一是以塑性成形即精密模锻的方式取代传统切削加工方法，可得到金属流线与齿廓形状分布一致和具有更高强度的齿轮，延长使用寿命；二是通过齿轮修形来达到更好的传动性能。

修形分为齿廓修形和齿向修形。经过齿廓修形后，在空载时，齿廓啮合处于修鼓渐开线，在正常载荷状态时，啮合处由于接触应力而发生弹性变形，齿廓变为标准渐开线，即使齿廓处于正常载荷时仍保持良好的齿形，从而有效地避免啮入和啮出冲击，减少振动和噪声，提高齿轮啮合传动平稳性。图 6-1 为齿廓修形示意图。经齿向修形后，齿面变成鼓形，即使有装配误差，也可以使接触处于中间位置，从而有效克服了端啮现象，如图 6-2 所示。

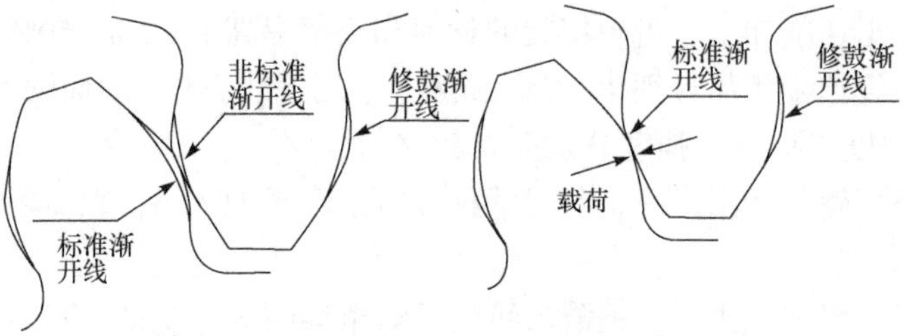

(a)　(b)

图 6-1　齿廓修形示意图

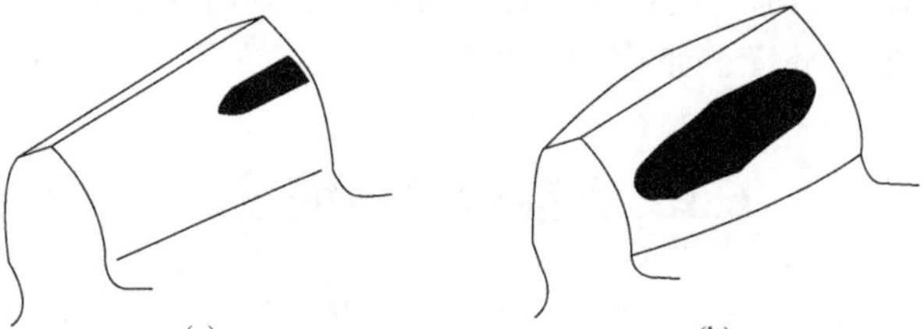

(a)　(b)

图 6-2　齿向修形示意图

虽然国内外不少学者进行齿轮修形研究，并已成功应用于生产，但均以直齿圆柱齿轮为对象。直锥齿轮修形技术难度大，加上应用面相对较窄，因而国内外的相关研究几乎为空白。华中科技大学采用有限元法对一对啮合的直锥齿轮进行修形研究，给出了不同修形量和修形形式下传动误差的分析，江苏太平洋精锻科技股份有限公司开发出直锥齿轮简易齿向修形设计软件并已用于实际生产。

2. 齿向修形理论与方法

在齿轮的啮合过程中，节圆位置只有纯滚动，没有相对的滑动，载荷在齿面上施力时间长，因而在节锥附近很容易产生裂纹，导致磨损剥落、齿面塑性变形等。在非节锥的位置由于有相对滑动，滑动速度比较大，载荷在齿面上施力时间短，不易引起裂纹，特别是接近齿根的位置，相对滑动速度趋于无穷大，因此在这些位置不易产生剥落、压塌等故障[27, 28]。基于以上原因，本节在研究齿向修形时，将修形的各参数均置位于节锥上。

由于直锥齿轮具有一定的锥度，所以与圆柱齿轮有很大的差别。特别是冷精锻齿向修形的直锥齿轮时，不但要考虑齿轮几何形状、齿面接触变形、齿轮歪斜，还必须保持齿轮能顺利出模，进而确定修形量与修鼓中心位置。下面将从这五个主要方面分别讨论[19, 21, 22]。

1) 节锥与齿面相交的两条母线的夹角计算

如图 6-3 所示，直锥齿轮在节圆上的齿厚与齿槽的弧厚相等，所以有

$$\omega = \frac{\pi}{Z} \tag{6-1}$$

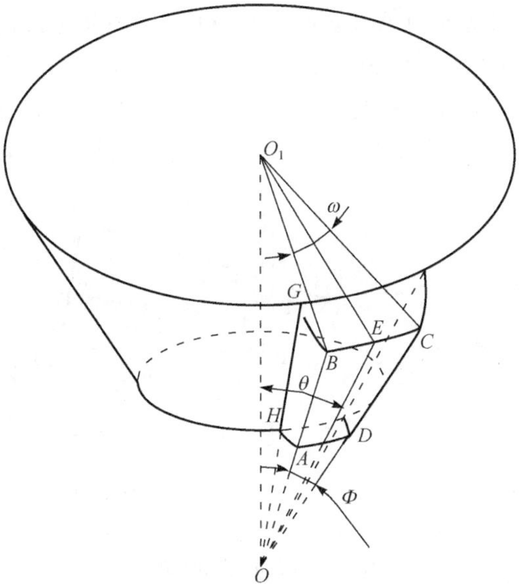

图 6-3　直锥齿轮参数示意图

在 Rt△O_1EB 中

$$BE = O_1B \times \sin\left(\frac{\omega}{2}\right) \tag{6-2}$$

在 Rt△OO_1B 中

$$BO = O_1B / \sin\theta \tag{6-3}$$

在 Rt△OEB 中

$$\sin\left(\frac{\Phi}{2}\right) = \frac{BE}{BO} \tag{6-4}$$

将(6-1)～式(6-3)代入式(6-4)可以求得

$$\Phi = 2\arcsin\left[\sin\left(\frac{\pi}{2Z}\right)\sin\theta\right] \tag{6-5}$$

其中，θ 为直锥齿轮的节锥角；Φ 为节锥与齿面相交的两条母线 AB、CD 的夹角；Z 为齿数。

2) 齿面的接触变形

在直锥齿轮啮合时，可以将两个齿面的接触近似地处理为如图 6-4 所示的接触模型：两个顶锥角分别为 Φ_1、Φ_2 的圆台面沿母线 AB 接触，各接触点的半径等于该点所在的球面渐开线从起点到该点的弧长。如在图 6-3 中，A 点半径等于 $\overset{\frown}{AH}$，B 点半径等于 $\overset{\frown}{BG}$。设圆锥大端半径为 R，小端半径为 r。圆台的顶锥角即为节锥与齿面相交的两条母线的夹角 Φ。齿面的接触形可认为是由偏载压力(图 6-5(b))引起的变形与理想接触压力(图 6-5(c))引起的变形的叠加。在理想接触时忽略直锥齿轮接触过程的整体扭转和弯曲，并假设接触变形均匀，则母线接触变形后为 EF，其延长线仍然通过锥顶，沿母线其压力呈线性分布。

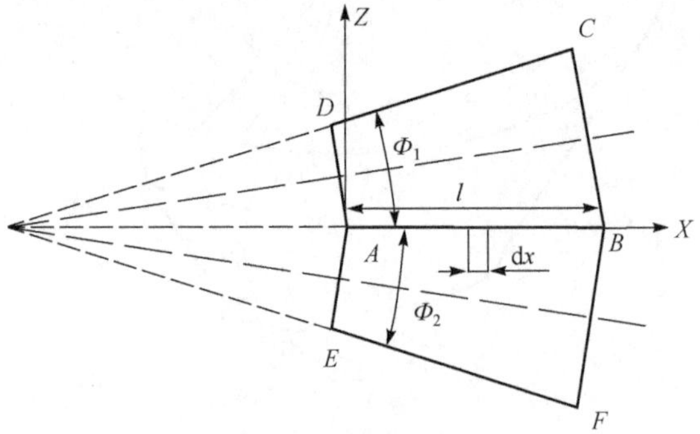

图 6-4　齿面接触模型图

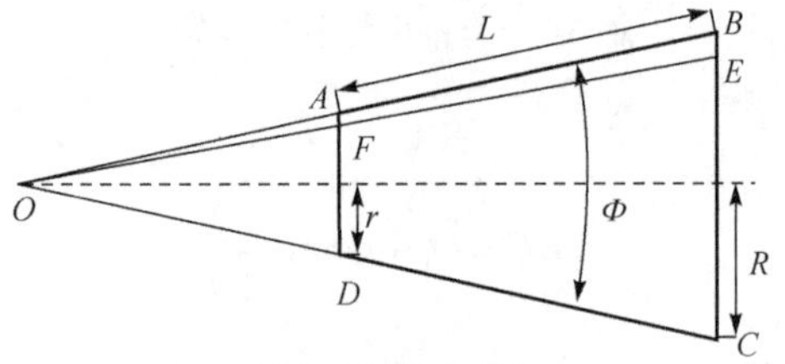

(a) 齿面接触线模型

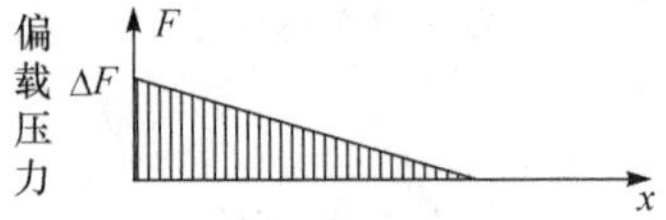

(b) 偏载压力

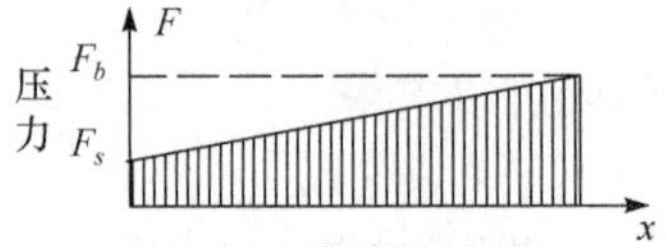

(c) 理想接触压力

图 6-5　齿面接触线及齿面压力分布模型

根据图 6-5，很容易求出压力分布的方程式为

$$F_x = \frac{2(R-r)}{(R+r)l^2}\left(x + \frac{rl}{R-r}\right)P \tag{6-6}$$

$$F_s = \frac{2r}{(R+r)l}P \tag{6-7}$$

$$F_b = \frac{2R}{(R+r)l}P \tag{6-8}$$

其中，F_x 为接触线上任意位置的线压力；F_s 、F_b 分别为小端和大端在理想状态下的接触压力；l 为齿宽；P 为总的压力，x 为接触线上任意一点到小端的距离。

在图 6-6 所示坐标系任意接触位置 x 处取一个小的接触区间 dx，可以认为该接触区间的压力 F_x 是均匀的，由于 Φ_1、Φ_2 都很小，在该区间可以当作两个半径分别为 r_1、r_2 的圆柱的接触，如图 6-6 所示。不难看出 P_1、P_2 两点的距离为

$$P_1P_2 \approx \frac{y_1^2}{2r_1} + \frac{y_2^2}{2r_2} \tag{6-9}$$

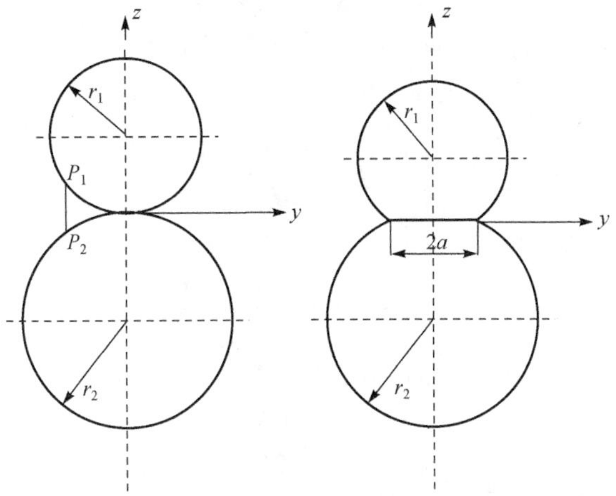

图 6-6　齿面接触变形模型

在载荷 F_x 的作用下，根据赫兹基接触理论可知接触宽度

$$a = 1.52\sqrt{\frac{F_x}{E_{弹}} \times \frac{r_1 r_2}{r_1 + r_2}} \tag{6-10}$$

其中，$E_{弹}$ 为齿轮材料的弹性模量。

当 y=a 时

$$P_1P_2 = \frac{1.16}{E_{弹}}F_x \tag{6-11}$$

根据式(6-7)、式(6-8)、式(6-11)可以求得小端和大端理想接触压力引起的变形量 δ_{su} 、δ_{bu} 分别为

$$\delta_{su} = \frac{1.16}{E_{弹}}F_s = \frac{2.32r}{E_{弹}(R+r)l}P \tag{6-12}$$

$$\delta_{\text{bu}} = \frac{1.16}{E_{弹}} F_b = \frac{2.32R}{E_{弹}(R+r)l} P \tag{6-13}$$

3) 歪斜度的影响

在齿轮啮合中，歪斜是导致齿轮偏载的重要因素之一。直锥齿轮的受力特点使得小齿轮在啮合过程中小端相对靠拢，大端相对分离，因此偏载一般在小端。如图 6-7 所示，假定小端端部距鼓形中心的距离为 b，歪斜量为 w。要想两齿端部不相割，则必须使两齿小端刚好保持相切状态。由几何关系可知

$$\tan\gamma \approx w / l \tag{6-14}$$

$$\begin{aligned} R_c^2 &= b^2 + (R_c - \delta_{\text{sw}})^2 \\ &= b^2 + R_c^2 - 2R_c\delta_{\text{sw}} + \delta_{\text{sw}}^2 \end{aligned} \tag{6-15}$$

式中，δ_{sw} 为歪斜引起的小端修形量；R_c 为鼓形半径；b 为小端端部到鼓形中心的距离。δ_{sw} 很小，δ_{sw}^2 可以忽略，所以有

$$R_c = \frac{b^2}{2\delta_{\text{sw}}} \tag{6-16}$$

因为 α 角度很小，所以有

$$\tan\alpha \approx \sin\alpha = \frac{b}{R_c} = \frac{2\delta_{\text{sw}}}{b} \tag{6-17}$$

因为 $\tan\alpha = \tan\gamma$，由式(6-14)和式(6-17)可得

$$\delta_{\text{sw}} = \frac{wb}{2l} \tag{6-18}$$

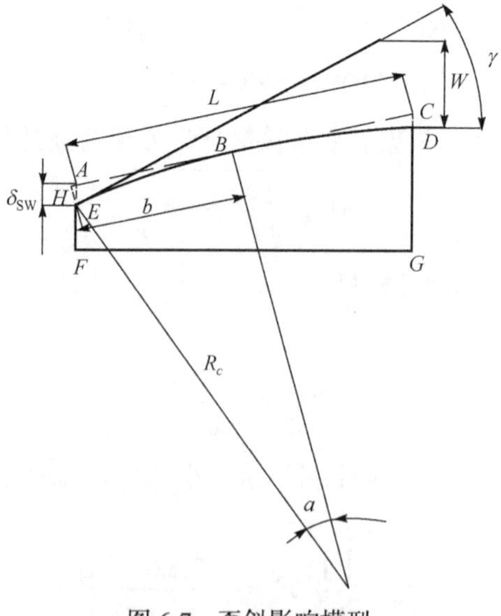

图 6-7　歪斜影响模型

4) 直锥齿轮冷精锻出模

对于冷精锻直锥齿轮，在修形的同时还要保证直锥齿轮的顺利出模。如图 6-8 所示，ID 线即为出模方向。要保证修形后的直锥齿轮能够顺利出模，则修形后 ID 线与 $\widehat{EBD}$ 在点 D 必须保持相切，与式(6-17)同理可得

$$\tan\beta \approx \sin\beta = \frac{l-b}{R_c} = \frac{2\delta_{\mathrm{bo}}}{l-b} = \tan\frac{\Phi}{2} \tag{6-19}$$

所以

$$\delta_{\mathrm{bo}} = \frac{1}{2}(l-b)\tan\frac{\Phi}{2} \tag{6-20}$$

其中，δ_{bo} 为保证直锥齿轮顺利出模的大端修形量。

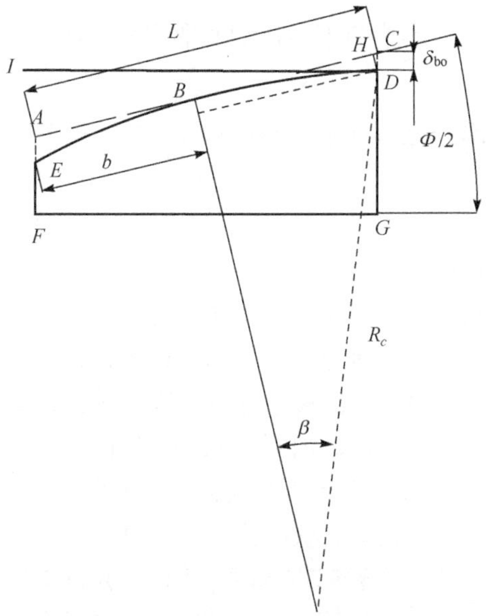

图 6-8　直锥齿轮出模模型

5) 修形中心位置以及修形量的确定

修形以后鼓形半径越大，接触长度越长，才能有效降低接触应力，根据式(6-16)可知，鼓形半径随着 b 的增大而增大，所以单就小端而言，将修鼓中心放在齿面大端是最理想的，此时大端的修形量为零，但是必须考虑到在没有歪斜情况下，大端会因为接触弹性变形导致端部应力集中，因此大端的修形量不得小于弹性变形，即 $\delta_{\mathrm{bo}} \geqslant \delta_{\mathrm{bu}}$，即

$$\delta_{\mathrm{bo}} = \frac{1}{2}(l-b)\tan\frac{\Phi}{2} \geqslant \delta_{\mathrm{bu}} \tag{6-21}$$

由式(6-13)和式(6-21)得

$$b \leqslant l - \frac{4.64R}{E_{弹}(R+r)l}\cot\frac{\varPhi}{2}P \tag{6-22}$$

修形鼓形中心位置的最佳值为

$$b = l - \frac{4.64R}{E_{弹}(R+r)l}\cot\frac{\varPhi}{2}P \tag{6-23}$$

由式(6-23)和式(6-18)得

$$\delta_{sw} = \frac{w\left[l - \dfrac{4.64R}{E_{弹}(R+r)l}\cot\dfrac{\varPhi}{2}P\right]}{2l} \tag{6-24}$$

小端修形量为歪斜的影响与理想接触变形之和，即

$$\delta = \delta_{sw} + \delta_{su} \tag{6-25}$$

大端修形量为理想接触下的弹性变形量 δ_{bu} 。

3. 齿廓修形理论与方法

1) 修形长度的确定

采取短修形还是长修形，是齿廓修形首先需要考虑的问题。修形长度受制造误差、载荷的变化、修形曲线和重合度等多种因素的影响。短修形的重合度始终大于 1，对载荷变化不敏感，而长修形齿廓曲线平滑，故短修形动态性能不如长修形好[29]，在对应于最大额定载荷作用下，短修形的传动误差也比长修形大。但是随着载荷的减小，传动误差增大，当接近空载的情况下，长修形会使重合度减小，甚至小于 1，这导致交替区域载荷突变，使得冲击、振动和噪声明显增加[30, 31]。因此，长修形适用于大轴向重合度、大螺旋角的宽斜齿轮；短修形适用于直齿或螺旋角较小的斜齿轮。当修形区长度大于短修形而小于长修形时，由双齿啮合过渡到单齿啮合的负载变化平缓，有利于降低噪声。对于汽车变速器齿轮，齿轮载荷变化大，可采用短修形。

由于不可避免的制造误差，当长修形的重合度小于 1，而且所加的载荷比修形量载荷小时，运转不平稳，尤其在空载时不理想。在直齿轮上有必要从最坏载荷点(单齿啮合上界点)开始进行修形。通过一定量的齿廓修形，使齿轮在啮入和啮出时可以避免冲击振动和高的接触应力。

2) 修形曲线的选定

修形曲线对修形效果影响非常大，相比较而言，曲线修形比直线修形更有利于提高传动的平稳性，减小振动和噪声。因为直线修形的齿廓在与渐开线交接点

处的一阶导数不连续，会引起冲击，而曲线修形的齿廓渐开线部分与修形部分轮廓曲线不存在不连续点，修形深度是连续变化的，不会出现载荷突变，可以有效地克服冲击和振动。常见的修形曲线有旋转渐开线、圆弧、抛物线和高次曲线等。旋转渐开线、抛物线和圆弧都比较简单，但是齿轮啮合过程中更接近渐开线，而高次曲线理论上说是最佳的，但是要确定高次曲线中众多的系数非常困难。因此，可采用旋转渐开线的方式进行修形。

3) 修形量的计算方法

齿廓修形的目的是降低载荷的突变，使其在啮合交替点能够平滑过渡。如图 6-9 所示，可以只对双齿啮合区修形。采用传统经典力学方法确定齿顶的修形量非常困难，因为齿轮形状非常复杂，很难建立合理的力学模型，采用有限元法相对容易一些。

进行有限元分析时，在如图 6-10 所示的空载进入双齿啮合区的位置，只设置齿对 *ii* 的表面单元为接触单元，而齿对 *i* 不相互接触。也就是在计算过程中主动齿轮和被动齿轮的接触对 *i* 互不干涉。齿对 *i* 上的节点随着主动齿轮和被动齿轮自由移动。给主动齿轮施加额定的扭矩，将被动齿轮的内孔固定。设主动齿轮上 *A* 点对应的位置在受载自由转动后的坐标位置为 $A'(x_1, y_1)$，被动齿轮上 *A* 点对应的位置在受力后的坐标位置为 $A''(x_2, y_2)$,那么 $A'A''$ 即可近似为修形量 δ_c：

$$\delta_c = \sqrt{(x_1 - x_2)^2 + (y_1 - y_2)^2} \tag{6-26}$$

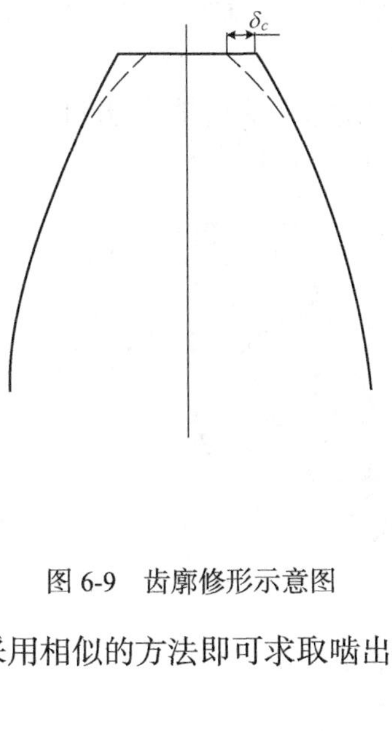

图 6-9　齿廓修形示意图

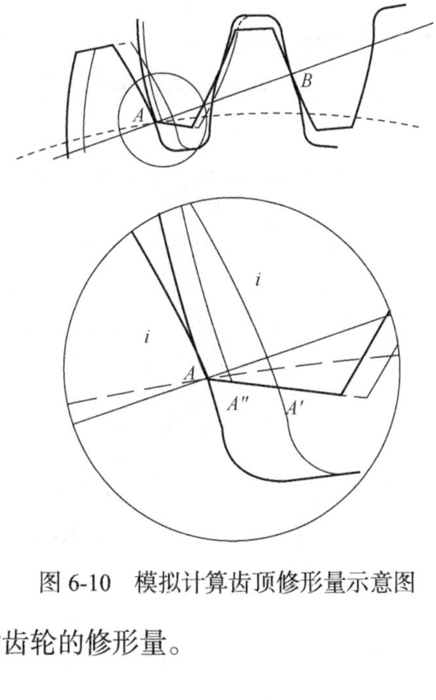

图 6-10　模拟计算齿顶修形量示意图

采用相似的方法即可求取啮出时主动齿轮的修形量。

4. 修形效果

1) 所验证的齿轮对参数

本节所研究的直锥齿轮的具体形状及参数见图 6-11 及表 6-1。

表 6-1 直锥齿轮参数

参数	半轴齿轮	行星齿轮
齿数	16	10
压力角/(°)	24	24
模数/mm	3.869	3.869
节锥角/(°)	57.995	32.005
顶锥角/(°)	63.317	29.266
根锥角/(°)	50.734	26.684
节圆直径/mm	61.904	42.4
齿顶高/mm	2.850	4.15
齿跟高/mm	4.640	3.120
背球直径/mm	76.850	76.850
大端弧齿厚度/mm	5.693	6.462

2) 齿廓修形效果

修形是为了减少传动误差，避免传动载荷突变，从而降低啮入啮出时的冲击和噪声，因此可通过传动误差来判断修形质量，传动误差越小，修形效果越好，本节将就此展开分析[21]。传动误差是输出轴理论角位移与输出轴实际角位移之差，它是安装误差、制造误差以及轮齿变形综合作用的结果，可以表示为[20]

$$\mathrm{TE}=\theta_g - Z\theta_p \tag{6-27}$$

其中，θ_g 为主动齿轮角位移；θ_p 为被动齿轮角位移；Z 为齿轮的传动比。

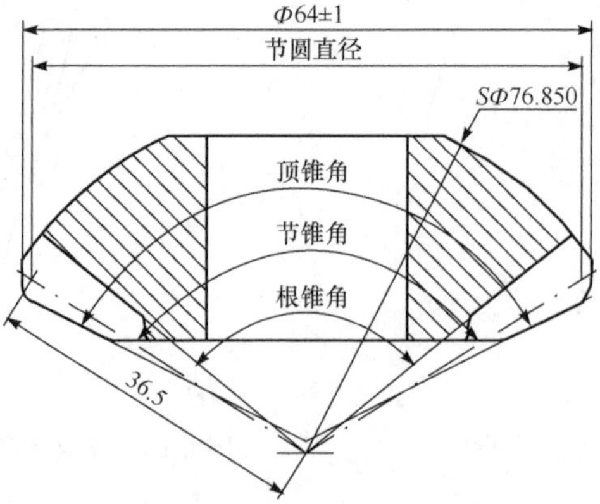

图 6-11 直锥齿轮参数(单位：mm)

如图 6-12 所示，从点 S_1 和 S_2 开始齿顶短修形，S_1T_1 和 S_2T_3 分别为小端纯渐开线部分和大端纯渐开线部分，根据前面修形长度确定原则，其长度占整个渐开线的1/3。将原始渐开线 S_1T_1 绕旋 S_1S_2 旋转 α_1 角度到达 S_1T_2 位置，T_1T_2 即为小端修形量 C_{α_1}，同理，将原始渐开线 S_2T_3 绕旋 S_1S_2 旋转 α_2 角度到达 S_2T_4 位置，T_3T_4 即为大端修形量 C_{α_2}。ΔL_{α_1} 和 ΔL_{α_2} 分别为小端和大端最大修形长度。去掉 $S_1T_1T_2S_2T_3T_4$ 部分金属体积后，即得到修形后的齿廓。具体修形参数见及表 6-2。

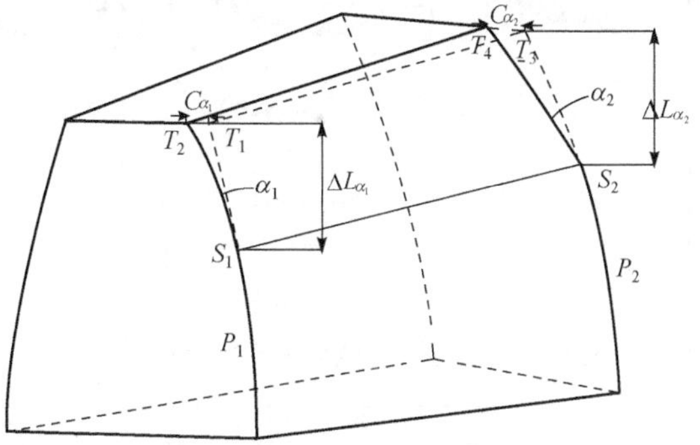

图 6-12　旋转渐开线齿廓短修形

表 6-2　齿顶渐开线旋转短修形模型参数

模型	修形量 C_α		修形长度		曲线旋转角度	
	小端绝对值 /μm	大端绝对值 /μm	大端绝对值 ΔL_α /mm	小端绝对值 ΔL_α /mm	大端 S_2T_3 旋转角度 α_2 /(°)	小端 S_1T_1 旋转角度 α_1 /(°)
半轴齿轮	30	31.7	1.982	1.688	1.2	3.5
行星齿轮	30.7	31.3	3.3236	0.878	0.3	3.1

图 6-13 为修形模型在载荷分别为 90N · m、70N · m、50N · m、30N · m 和 10N · m 五种情况下的传动误差。由图 6-13 可知，单齿啮合区要比双齿啮合区的传动误差大得多，主要是由单齿啮合区的齿轮啮合刚度比双齿啮合区小，弹性变形的影响增大所致；在单齿与双齿交替点误差是最大的，主要是由齿轮刚度的突变引起的；而且传动误差随着载荷的增大而增大，表明短修形在低载荷下更实用。图 6-14 为未修形与修形齿轮在载荷分别为 90N · m、50N · m 和 10N · m 三种情况下传动误差对比图。由图 6-14 可知，单齿啮合区的长度明显增加，短修形对单齿区域的传动误差没有太大影响，但是，双齿啮合区与单齿啮合区误差振幅有一定程度的减小，同时双齿啮合区传动误差最大振幅降低大约 20%。这说明修形后相比于未修形的齿轮传动平稳得多。

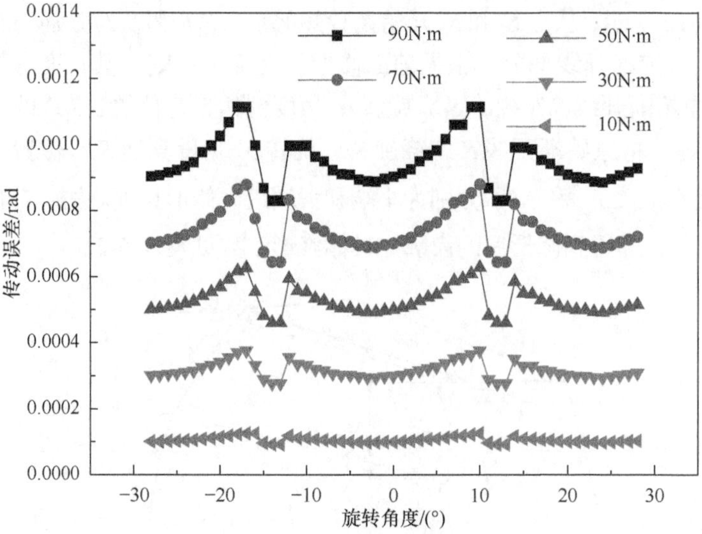

图 6-13　五种不同载荷下模型传动误差

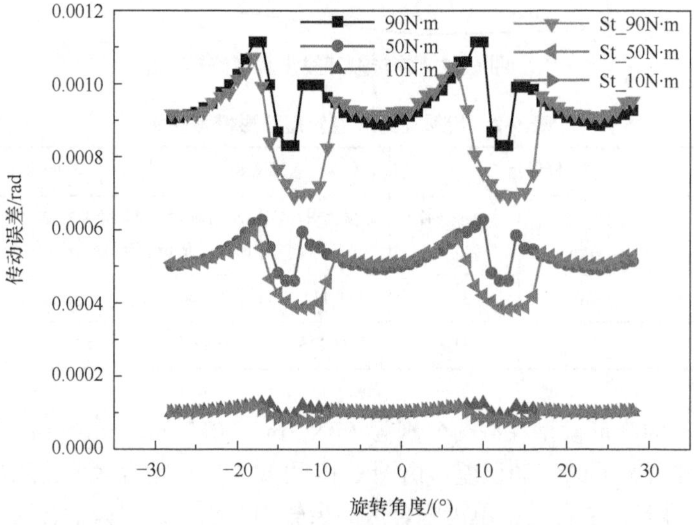

图 6-14　不同载荷下修形与未修形的齿轮传动误差对比

3) 齿向修形效果

齿向修形效果主要看接触区域是否靠近中部[19]。图 6-15 和图 6-16 为未修形半轴齿轮和行星齿轮在标准安装和安装误差为 0.5°时的应力分布图。由图可知，对于没有进行齿向修形的齿轮，即使是标准安装，也避免不了端啮，而有安装误差的齿轮端啮更是明显。特别是小端有安装误差的情况下，端啮引起的应力集中更明显。图 6-17 和图 6-18 为齿向修形后半轴齿轮和行星齿轮在标准安装和安装误差为 0.5°时的应力分布图。由图可知，经齿向修形后，无论是标准安装还是在有安装误差的情况下，均有效地避免了端啮。

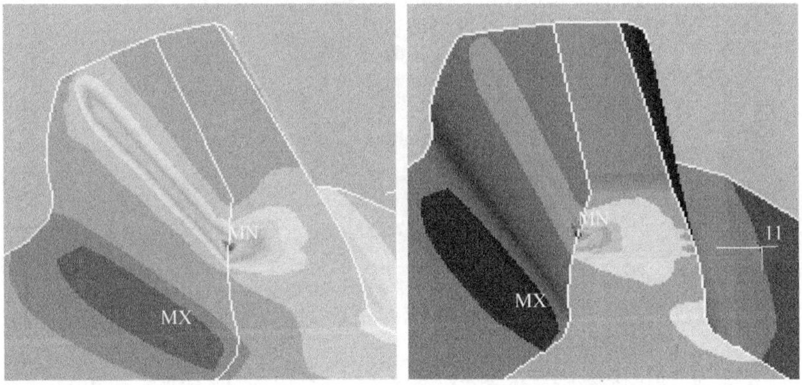

(a) 标准误差　　(b) 安装误差为0.5°

图 6-15　未修形半轴齿轮在标准安装和安装误差为 0.5°时的应力分布

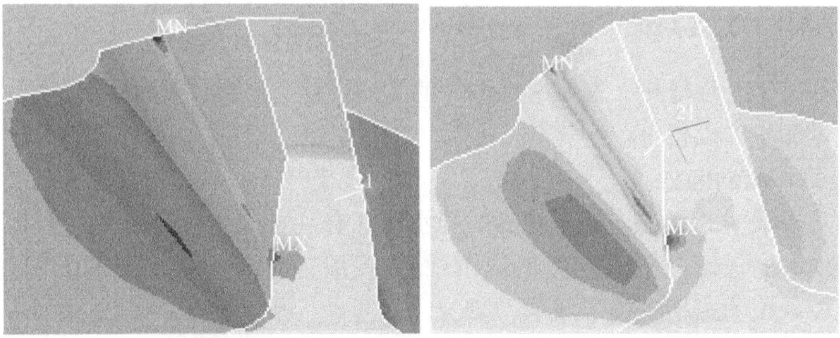

(a) 标准误差　　(b) 安装误差为0.5°

图 6-16　未修形行星齿轮在标准安装和安装误差为 0.5°时的应力分布

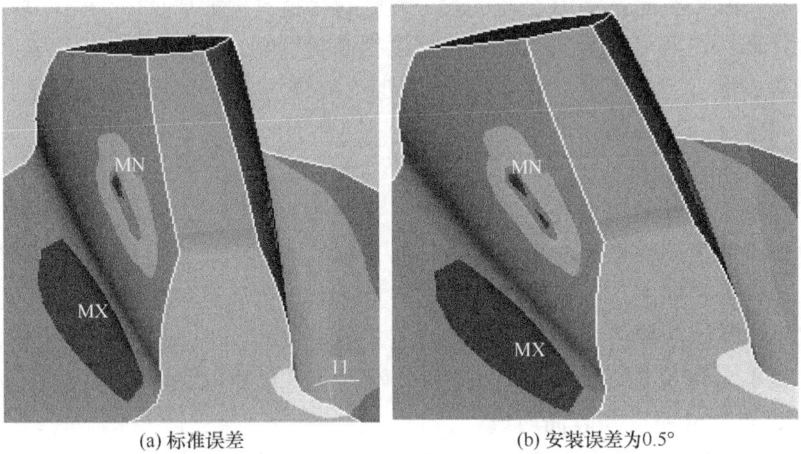

(a) 标准误差　　(b) 安装误差为0.5°

图 6-17　齿向修形半轴齿轮在标准安装和安装误差为 0.5°时的应力分布

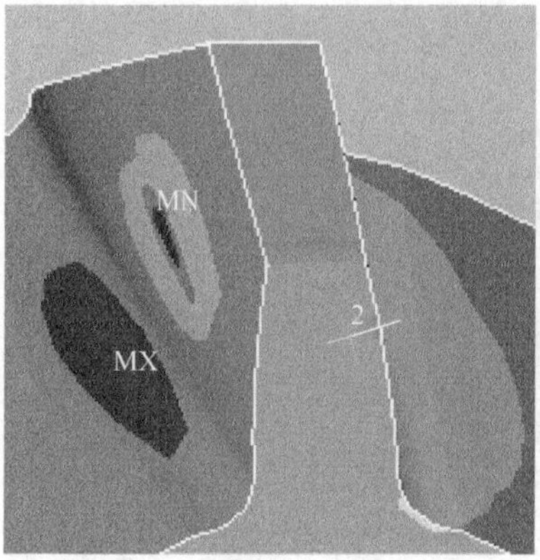

(a) 标准误差

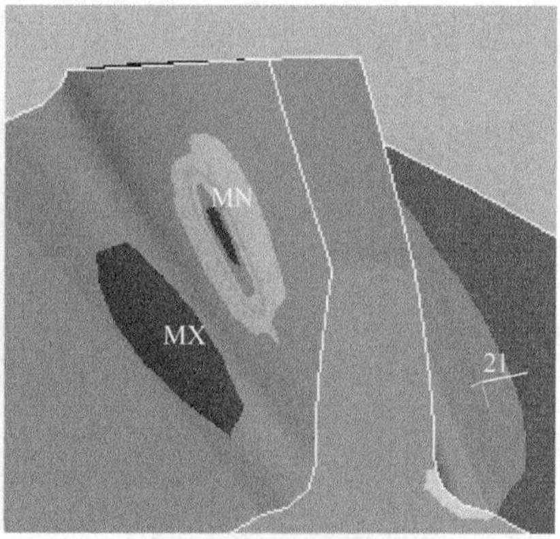

(b) 安装误差为0.5°

图 6-18 齿向修形行星齿轮在标准安装和安装误差为 0.5°时的应力分布

6.3.2 冷精锻成形原理

1. 锻件工艺性分析

锻件的工艺性分析，主要考虑锻件的几何形状、材料、表面质量、尺寸精度、生产批量和生产设备等。

1) 锻件材料与处理

闭式模锻中，材料均处于较高的静水压，有利于提高材料塑性，因此用于开式精密模锻的任何材料都可以进行闭式精密模锻，甚至一些不能采用开式模锻的材料也可采用闭式精密模锻成形。

轿车直锥齿轮零件材料一般为中低合金结构钢 20CrMo，其供应状态下抗拉强度 $\sigma_b \geqslant 885\text{MPa}$，屈服强度 $\sigma_s \geqslant 685\text{MPa}$，伸长率 $\delta_5 \geqslant 12\%$，断面收缩率 $\psi \geqslant 50\%$。因此不能直接用于进行大变形量的冷精密模锻成形。但是毛坯经过软化退火处理后硬度可低于 HB140，大幅度提高材料塑性和降低变形抗力，完全满足冷精锻成形工艺的要求；另外，在材料退火处理后，进行表面磷化和皂化处理，可以有效解决润滑问题。

2) 锻件形状

零件是否可以采用锻造的方法生产，其中最重要的一点就是锻件能否顺利出模。成形再理想，如果不能顺利出模，那么该工艺方案就肯定行不通。即使形状复杂的零件，只要能从凹模模膛中取出，且锻造工艺满足其他性能方面的要求，就可以采用整体凹模或者可分凹模进行闭式精密模锻[30, 31]。轿车直锥齿轮，其几何形状从小端到大端均具有一定的锥度，满足闭式精密模锻的基本要求。

3) 锻件尺寸精度和表面质量

锻件尺寸精度和表面质量的影响因素非常多，且各因素之间错综复杂，很难从理论上准确计算。但是根据冷精锻的一般规律，在各因素严格控制的情况下，锻件的尺寸精度比模膛精度低 1～2 级。本例轿车直锥齿轮要求为 7 级精度，采用数控加工的方法完全可以制造 IT5～6 级的齿轮模具，因此该齿轮的尺寸精度完全可以得到保证。冷精锻表面粗糙度可以达到 Ra0.2～0.8μm，也完全满足本例齿轮的表面质量要求。

4) 生产批量及生产设备条件

根据第 1 章内容可知，该齿轮具有非常大的市场空间，因此完全可以采用冷精密模锻进行大批量生产，节约生产成本。

HY28-400/400 型数控双动挤压机以及 HY28-800 单动数控液压机控制性能好，配以专用的模架均可实现精密模锻，满足生产要求。

2. 冷精锻成形工艺原理

冷精锻成形是通过凸模在一个或多个方向对坯料施加压力，使毛坯在封闭的型腔内流动并充满型腔，得到所需要的零件尺寸形状的成形工艺。它既可在三动压力机上实现，也可在单动压力机上通过专用液压闭式模架实现。直锥齿轮的闭式冷精锻原理如图 6-19 所示，首先将坯料置于下凹模中，上凹模与下凹模合模形成封闭的型腔，并通过作用力 F_1 压紧，然后上冲头、下冲头以相同或者不同的速度对坯料施加作用力 F_2、F_3，使其充满型腔而成形为齿轮。

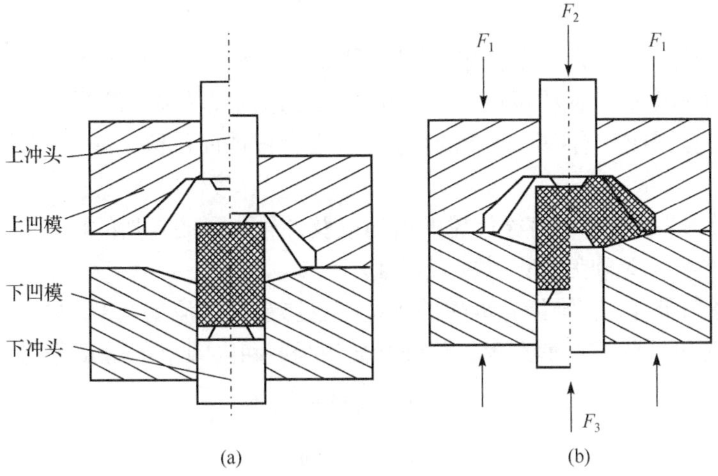

图 6-19　直锥齿轮冷精锻原理图

3. 冷精锻锻件图设计

根据轿车直锥齿轮零件特点及冷精锻工艺的基本要求，设计时必须考虑解决下列问题。

(1) 分模面位置。可设置在如图 6-20(b)所示的 *A-A* 位置，但是采用这种分模方法，对于齿形凹模，其轮齿的大端齿尖部分必将高出分模面，冷精锻时，很容易将露出分模面的齿尖部分压塌甚至断裂，故将锻件轮齿大端沿齿向延伸一小段，设计成图 6-20(b)，图 6-21(b)虚线所示，并将分模面设置在 *B-B* 位置。

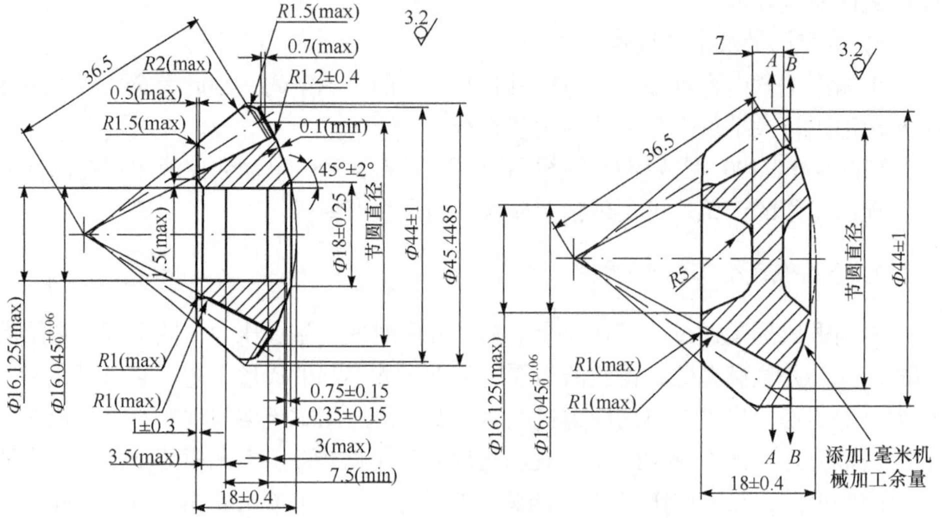

(a) 行星齿轮零件图　　(b) 行星齿轮锻件图

图 6-20　轿车行星直锥齿轮零件和锻件对照(单位：mm)

(2) 机械加工余量。直锥齿轮零件(图 6-20(a)和图 6-21(a))通过冷精锻使齿形部分的尺寸精度、表面粗糙度及齿轮小端完全达到成品零件的要求，不留机加工余量。中心孔锻成带有中间连皮的盲孔，大端背锥球面仅留 1mm 左右的机械加工余量。

(3) 模锻斜度。轿车直锥齿轮的齿面以及外轮廓形成自然的模锻斜度，满足冷精锻出模要求，无须另外设计模锻斜度。

(4) 圆角半径。直锥齿轮锻件的圆角半径影响金属流动充型、模锻力、模具磨损和锻件转角处的流线形态等。其外圆角半径 r 和内圆角半径 R 分别为

$$r = 余量 + a$$

$$R = (2 \sim 3)r$$

其中，a 为零件上相应处的圆角半径或倒角。在齿轮冷精锻中，因为齿形部分以及小端部分为净成形，故齿形部分圆角不设余量，完全按照零件图设计。其他部位照上述公式进行设计。

(5) 冲孔连皮。上下盲孔间连皮的位置会影响齿形充满，当连皮至端面的距离约为 $0.6H$，即连皮厚度方向的中间线位置与直锥齿轮大端齿尖的位置对齐时，金

属径向流动并充满齿形的效果最好，其中 H 为锻件沿轴向高度，但不包括轮毂部分的锻件高度。连皮的厚度 $h=(0.2\sim0.3)d$，但不小于 6mm。典型冲孔连皮在后续的机加工中切除。

根据以上要求设计的齿轮精密锻件图如图 6-20(b)和图 6-21(b)所示。

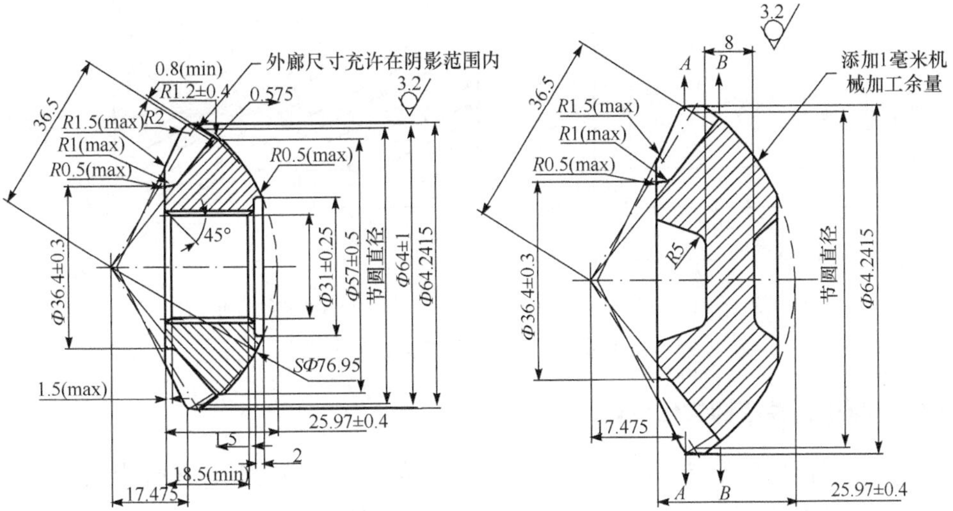

(a) 半轴齿轮零件图 (b) 半轴齿轮锻件图

图 6-21 轿车半轴直锥齿轮零件和锻件对照(单位：mm)

6.3.3 坯料和预成形件的优化设计

毛坯的尺寸可以根据锻件图体积相等的原则，在三维造型软件中计算出毛坯的体积，进而根据坯料的高径比 $H_o / D_o \geqslant 1$ 来确定[19]。

对于尺寸较小的行星齿轮，可以直接采用底端倒角的圆柱，在轿车行星直锥齿轮冷精锻锻件图(图 6-22)的最小直径和端部凸肩之间选一尺寸作为毛坯的直径。这一尺寸既能满足许用变形程度的要求，又能当做毛坯在型槽中的定位尺寸，如图 6-22(a)所示。对于带有杆部的半轴齿轮，由于锻件尺寸较大，可以有两种坯料：一种是与行星齿轮相同的毛坯；当锥角 β 很大，且齿轮外径也较大时，宜采用图 6-22(b)所示的预锻毛坯(预成形件)，预锻件与终锻件的尺寸关系为 d_1、d_2 和 d_3 与终锻件对应的杆径和孔径小 0.1～0.2 mm，β 角等于终锻件的锥角。之所以要设计成这样一种形状，主要是因为对于带有杆部，而杆部直径 d_1 远比齿轮最大外径小，且锥角 β 很大的半轴齿轮，闭式冷精锻时，原毛坯直径 D_o 通常按杆径 d_1 选择，这势必导致原毛坯的高径比(H_o/D_o)远大于 1。这种细而长的原毛坯即使通过闭式镦挤成形，也容易在锻件内部产生裂纹。当增加一道预成形工步，所得预成形件经过球化退火和磷化皂化处理后，再闭式终锻，就不会出现裂纹了。

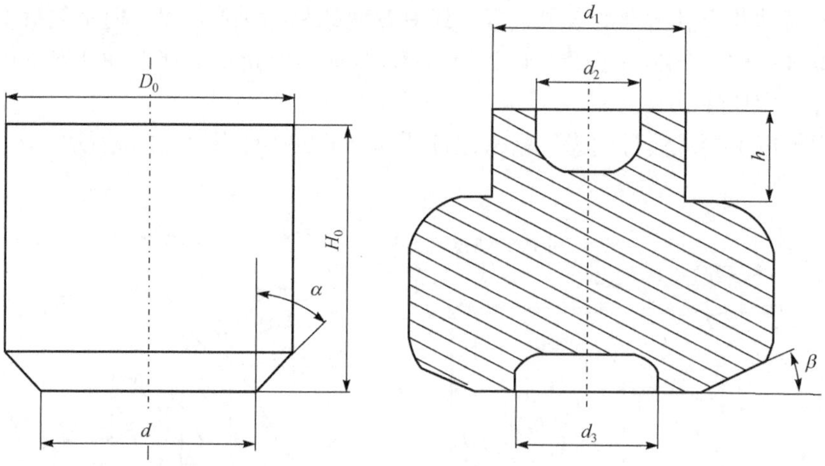

(a) 行星齿轮毛坯　　(b) 半轴齿轮毛坯

图 6-22　齿轮实验毛坯形状图

6.3.4　精锻模具结构优化设计

冷精锻液压模架结构如图 6-23 所示。模架及凸凹模镶块总体分为上下两部分，上部由零件 1～8 组成，下部由零件 9～16 组成。

其工作原理为：当模具与模架的上半部分处于上限位置时，将坯料置于直锥齿轮下凹模，开动压力机滑块带动模架与模具上半部分下行，上下凹模合闭并压紧。随滑块的继续下行，闭合的整体凹模与浮动下模座一起与固定在下模板上的下冲头产生相对运动，迫使坯料变形充满整个凹模型腔。其合模力通过浮动下模座下面的环形油腔内的背压油产生，油压的大小通过进排油液压系统上的溢流阀调节。模锻结束后，上模架与上模架随压力机滑块回程，同时环形油腔通过真空吸油，而使油液充满整个油腔。回程过程中，下凹模与浮动下模座在压缩弹簧(未画出)的作用下迅速上升，当上升到与下固定板接触后，下凹模停止上升，此后上凹模与之分开，其后上冲头在上推杆的作用下将锻件顶出，一个工作循环结束。

1. 常用直锥齿轮冷精锻模具结构

常用直锥齿轮闭式冷精锻近净成形模具结构如图 6-24 所示。其结构特点是，分模面选择在直锥齿轮最大的水平投影面上，这虽然符合分模面的选择原则，但会导致齿顶高于分模面，凹模为均匀过盈的预应力结构。

2. 失效分析

实践表明，采用图 6-24 所示的模具结构，主要表现为两种失效形式，一种是齿顶断裂，如图 6-25 所示；另一种是齿形凹模型腔底部与侧壁之间过渡处，即齿根，开始产生微裂纹，然后裂纹逐渐扩展到失效，如图 6-26 所示。

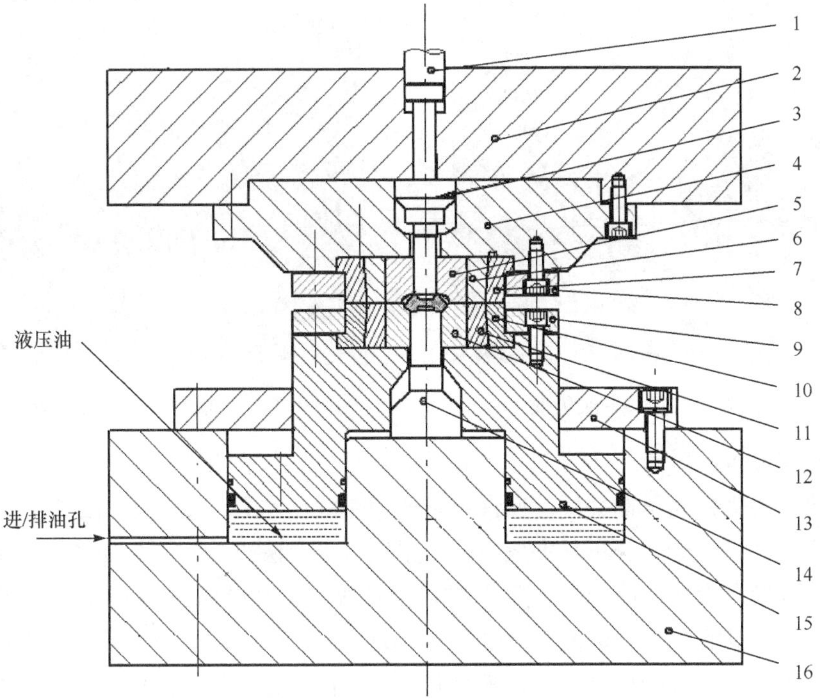

图 6-23　模架结构

1-上推杆；2-上模板；3-上冲头；4-上模座；5-上凹模；6-上模预应力内圈；7-上模预应力外圈；8-上模固定圈；9-下模固定圈；10-下模预应力外圈；11-下模预应力内圈；12-凹模；13-固定板；14-下冲头；15-浮动下模座；16-下模板

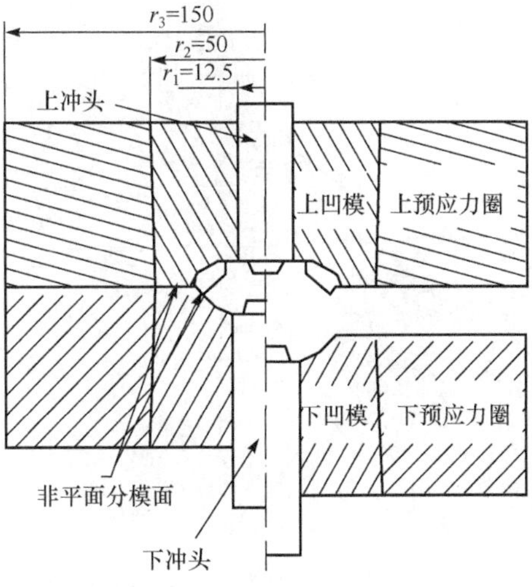

图 6-24　常用直锥齿轮闭式冷精锻近净成形模具结构(单位：mm)

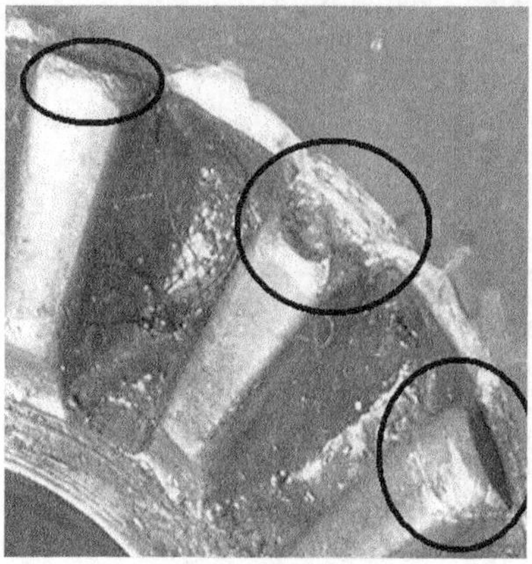

图 6-25　齿顶断裂失效

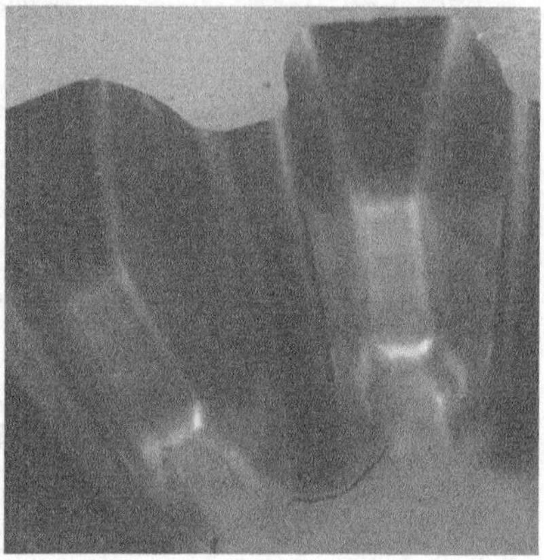

图 6-26　模具齿根开裂失效

1) 齿顶断裂分析

第一种失效为早期失效，通常模具使用 100 次左右，就会压塌或者断裂，而且主要是断裂。为了分析其失效原因，采用有限元法进行模拟与计算。模拟分析时，模具设定为弹性体。由于模具(材料为 65Nb 和 012Al)的高硬度以及很小的温度变化，模具的弹性模量设定为恒定值 2.07×10^{5}MPa。抗拉强度 2534MPa 设定为失效标准。为了减少计算量，将模具其中一个齿划分精细的网格，而其他部位相对粗糙，如图 6-27 所示。

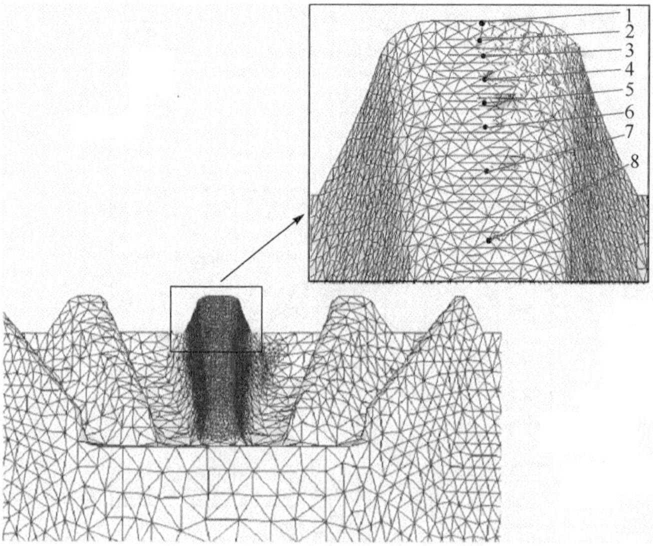

图 6-27　齿顶细化网格以及选定追踪的点

在成形终了时刻，成形力达到峰值。这就意味着凹模齿顶承受着正压力 F_p 以及沿着流动方向的摩擦力 F_r，如图 6-28 所示。F_p 可以分解为水平分力 F_1 和垂直分力 F_2，F_r 可以分解成垂直分力 F_{r1} 和水平分力 F_{r2}。在齿顶，F_2 产生压应力，F_{r2} 引起拉应力。F_1 和 F_{r1} 在齿顶产生附加弯矩，当这些力超过模具材料的许用值时就导致齿顶断裂。

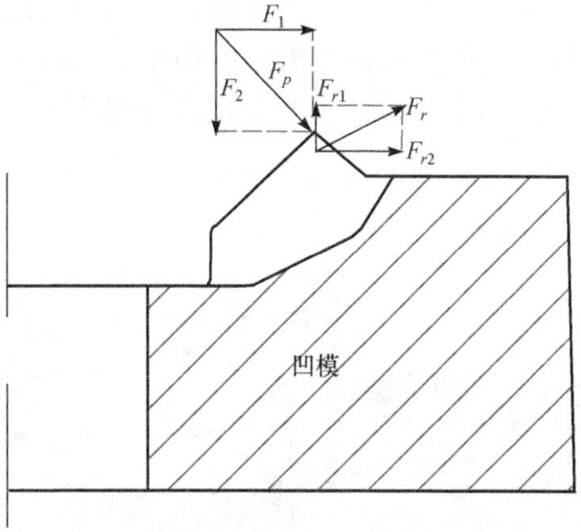

图 6-28　齿顶受力示意图

为了分析凹模齿顶的应力水平，在 CAE 分析中使用点追踪工具，输出预先指定点的变量值(如应力、应变、位移等)。最终输出了如图 6-29 所示凹模齿顶上的 8 个点的应力值，这些值显示这些点处于相当高的拉应力状态。

图 6-29 所示为预先定义的 8 个点的拉应力。当冲头行程达到 30.4mm 时，点 1、2 和 3 处的拉应力急剧增加，特别是点 2 的应力值比其他点增加更快。当冲头行程到大于 31.6mm 时，拉应力就超出了模具材料允许的抗拉强度，齿顶断裂。

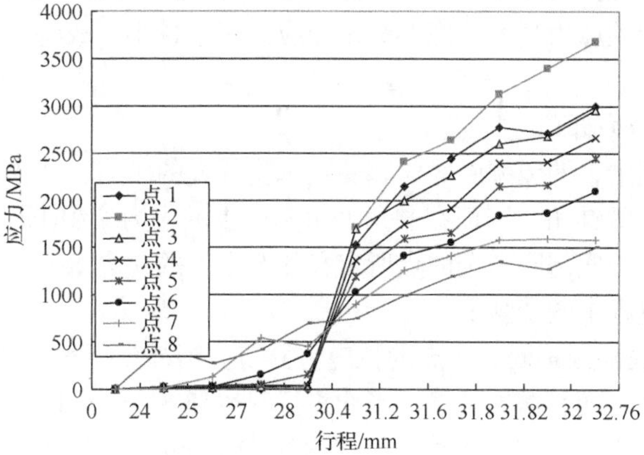

图 6-29　齿顶预先选定点拉应力

2) 凹模底部齿根过渡处开裂分析

如图 6-30 所示，闭式冷精锻时，作用于模具型腔底面的力与作用于型腔侧壁的力相互垂直或成一定的夹角，这两个力使得型腔底部齿根过渡处处于拉应力状态，在模锻生产过程中，过渡处一直处于 $0 \to \sigma^{+} \to 0$ 的循环状态。实践表明，一副新的精锻凹模使用不到 2000 次，就在过渡处出现微裂纹，裂纹不断向下扩展，精锻凹模很快就失效。其根本原因是，当采用传统的均匀过盈量预应力组合结构时，凹模模芯端部的型腔深度相对模芯的高度很小，实际上凹模模芯相当于一实心圆柱体，当它与预应力圈压合时，主要是预应力圈胀大，几乎不能对端部的型腔壁施加预紧力，这必然导致循环应力 $0 \to \sigma^{+} \to 0$ 中拉力 σ^{+} 迅速增大，很快使过渡处产生裂纹失效。

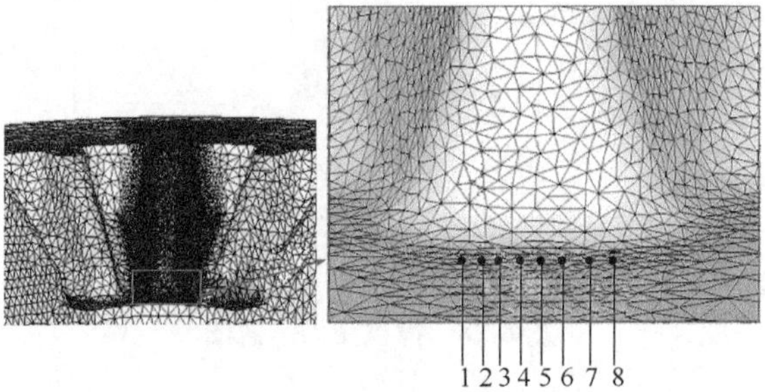

图 6-30　底部圆角选的点

3) 预应力对角部应力的影响

预应力是影响应力集中的一个重要因素。为了考察预应力的影响，将平面分模结构中图 6-30 底部圆角选的点所定义的 8 个点的拉应力与没有预应力的模具相应的 8 个点进行比较。

根据图 6-31 底部圆角拉应力比较，很明显有预应力的凹模圆角处的拉应力要低得多。这说明预应力越大，底部圆角处应力集中越小，故将双层预应力凹模改为三层组合凹模。

4) 圆角处应力评估

在锻造过程中，凹模型腔底面和侧壁承受很大的压力，两个面上的力相互垂直或成一个不大的钝角，因而在圆角处引起严重的应力集中(图 6-32)。为了考察预应力模具圆角处底部圆角选的点所定义的 8 个点的应力水平，仍然使用点追踪工具输出模拟过程中的变量值。

图 6-33 为底部圆角处 8 个点的拉应力分布。当冲头行程达到 28.4mm 之前，拉应力急速增加，随后增加缓慢，当冲头行程达到 31.6mm 时，拉应力又急剧增加，特别是第 5 点更厉害。当冲头行程达到 31.6mm 时，拉应力超过了模具材料的许用抗拉强度。

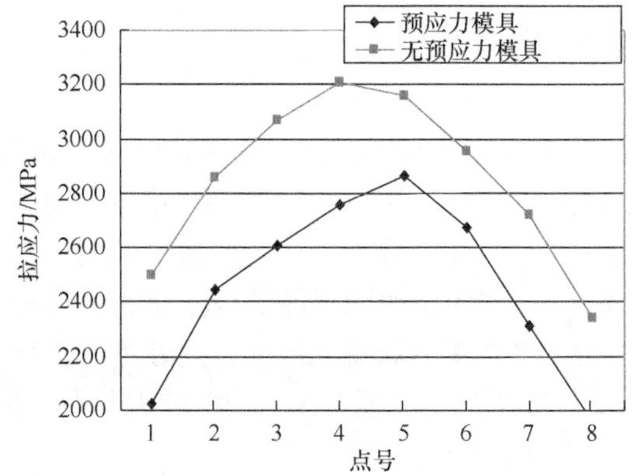

图 6-31　底部圆角拉应力比较

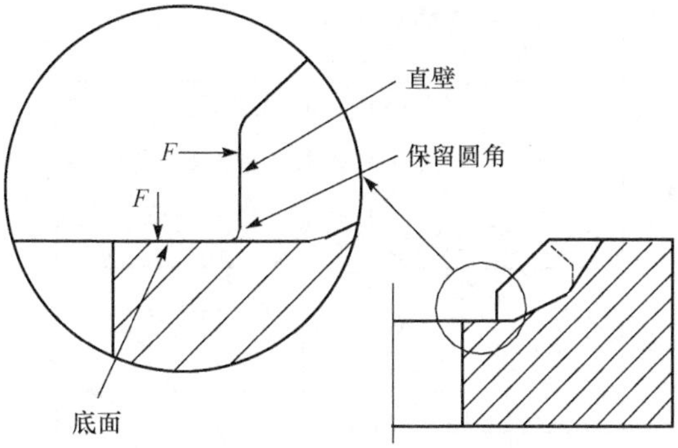

图 6-32　底部圆角处载荷示意图

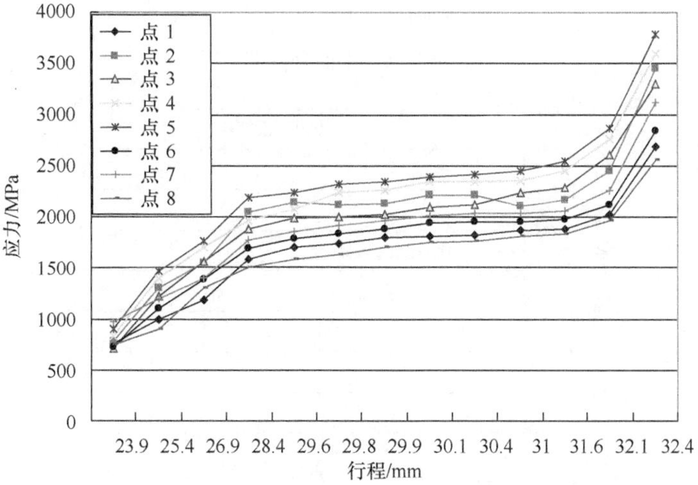

图 6-33　圆角处预选点的拉应力分布

3. 预应力组合凹模的优化设计

1) 分模面的选择

根据以上分析结果可知，采用传统的方法选择分模面，齿顶极容易断裂失效，因此将分模面改到齿顶所在平面，如图 6-34 所示。不难看出，分模面选在齿顶所在的平面，齿顶部分就不会高于分模面，而与凹模壁形成一个整体，可大大改善图 6-28 所示受力状态，完全避免齿顶压塌和断裂，此外，这种分模面的选择，也显著增大了分流腔。为了考察受力状态的改变，此处进行了与前面相同的模拟分析。图 6-35 为图 6-27 中所定义的齿顶 8 个点的拉应力分布。拉应力大幅度下降，从 3500MPa 下降到大约 1600MPa。

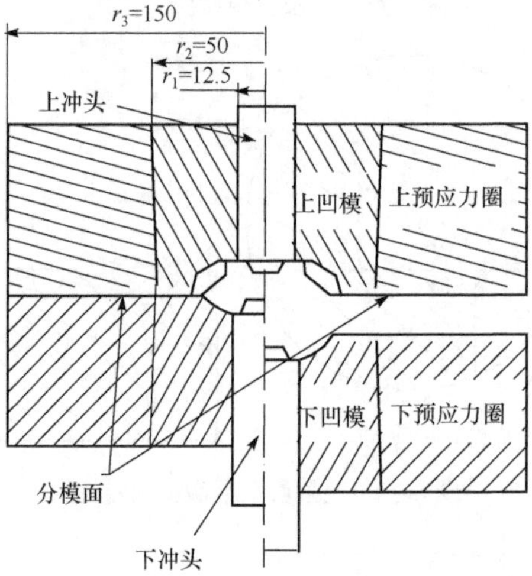

图 6-34　平面分模面

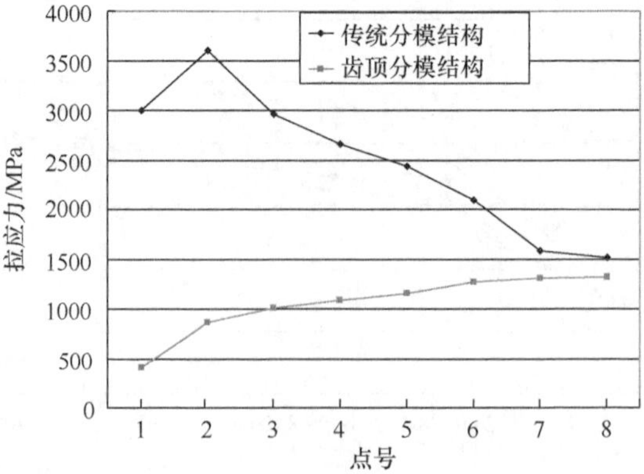

图 6-35　齿顶拉应力比较

2) 分流腔设计

在精锻过程中，由于各种因素的影响，毛坯体积和模膛容积很难刚好相等。要解决这一问题，可采取两条措施：一是提高下料精度，减小毛坯体积波动；二是在模具上设置分流腔，即多余金属分流降压腔。设置分流腔后，既可降低对下料精度的苛刻要求，又可降低模膛内部压力，提高模具寿命。对于冷精锻直锥齿轮模，分流腔可设置在大端型腔齿形最后充满位置，如图 6-36 所示。

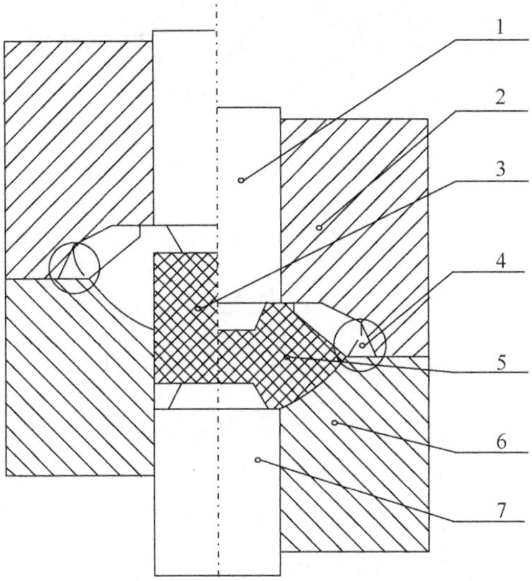

图 6-36　分流腔示意图

1-上冲头；2-齿形凹模；3-坯料；4-分流腔；5-锻件；6-下凹模；7-下冲头

3) 预紧力组合凹模结构的优化设计

对于圆筒形的三层挤压凹模的优化，多是针对内径变化不大的通孔凹模，根据第三强度理论，采用受均匀内压的无限长厚壁圆筒理论，以工作时凹模三层同时达到失效准则为优化目标。对于型腔较为复杂的凹模，通常采用最小包络圆作为等效内径，然后采用厚壁圆筒理论进行优化设计。但是对于带有厚底的型腔模，如直锥齿轮精锻模(图 6-37)，因凹模模芯底部为实心或接近实心，若仍采用传统经验表法或者单纯使用厚壁圆筒理论，根据第三强度进行优化设计，难以达到最优效果。原因是：其一，这种组合凹模型腔复杂，且下部厚底部分接近实心，等效内径很难确定，采用最小包络圆代替取值不科学；其二，型腔中应力集中严重，在等效应力圆处可能远远没有达到失效准则，但应力集中处就已经失效开裂，在这种情况下，预应力圈中应力就达不到设计理论值，即预应力圈没有充分发挥预应力；其三，在组合凹模，特别是冷挤压凹模中，模具硬度高，预应力圈只有很小的塑性变形，主要是沿切向拉断，故宜采用第一强度理论。实践表明，对于直锥齿轮闭式冷精锻凹模，通常只能精锻 1000 件左右，就会在底面与侧面交接处产生裂纹，如图 6-26 所示。

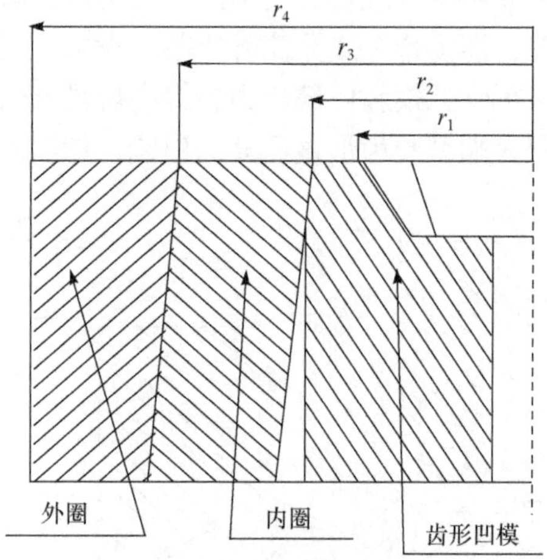

图 6-37　内孔半径不均匀的组合凹模

解决这一问题有两种方法：一是改变交接处的圆弧直径，减小应力集中，但是往往因为零件的要求，不允许更改；二是增加预应力。加大预应力也有两种途径：一是加大预应力圈的壁厚和径向过盈量，使凹模模芯得到足够的预应力，但是过盈量的增大有限，当达到一定程度时，会导致压配困难或者预应力圈破裂；二是采用非均匀过盈的结构，即针对凹模模芯型腔底面以下为实心的特点，将预应力圈设计成对应于型腔底面以上部分给予优化的过盈量，而对应于型腔底面以下部分给予小的过盈量甚至不给过盈量，同时使得预应力最大，如图 6-37 所示。

下面针对如何取得最大预压应力的理论分析和实践效果进行较为详细的论述。

(1) 组合凹模优化弹性力学理论推导。

在冷挤压模具设计中，因为模具的硬度非常高，预应力圈的失效通常都是由切向拉应力导致切向断裂，几乎不发生塑性变形，因此模具设计过程中可以完全认为材料是弹性的。当两个预应力圈同时达到许用拉应力时，给凹模提供的预压应力达到最大值。

① 单层双壁受压的厚壁圆筒弹性力学解。对于内径为 r_{i}，外径为 r_{o}，内壁受压力 p_{i}，外壁受压力 p_{o} 的厚壁圆筒，其切向应力分布、径向应力分布为

$$\sigma_r = \frac{r_{\mathrm{i}}^2 r_{\mathrm{o}}^2 (p_{\mathrm{o}} - p_{\mathrm{i}})}{r_{\mathrm{o}}^2 - r_{\mathrm{i}}^2} \frac{1}{r^2} + \frac{p_{\mathrm{i}} r_{\mathrm{i}}^2 - p_{\mathrm{o}} r_{\mathrm{o}}^2}{r_{\mathrm{o}}^2 - r_{\mathrm{i}}^2} \tag{6-28}$$

$$\sigma_\theta = -\frac{r_{\mathrm{i}}^2 r_{\mathrm{o}}^2 (p_{\mathrm{o}} - p_{\mathrm{i}})}{r_{\mathrm{o}}^2 - r_{\mathrm{i}}^2} \frac{1}{r^2} + \frac{p_{\mathrm{i}} r_{\mathrm{i}}^2 - p_{\mathrm{o}} r_{\mathrm{o}}^2}{r_{\mathrm{o}}^2 - r_{\mathrm{i}}^2} \tag{6-29}$$

② 各层应力圈的应力分析。对于图 6-38 所示的三层组合凹模，其各层的半径分别为 r_1、r_2、r_3、r_4，内压为 p_i，工作时预应力圈之间的压合力分别为 p_2 和 p_3。最外层在工作时，$p_o=0$，$p_i=p_3$，当恰好达到许用应力 $\sigma_{\theta 3}$ 时，在 $r=r_3$ 处，根据式(6-29)得

$$\sigma_{\theta 3}=\frac{\left(r_4^2+r_3^2\right)p_3}{r_4^2-r_3^2} \tag{6-30}$$

所以

$$p_3=\frac{r_4^2-r_3^2}{r_4^2+r_3^2}\sigma_{\theta 3} \tag{6-31}$$

同理可得在中圈 $r=r_2$ 刚好达到 $\sigma_{\theta 2}$ 时有

$$\sigma_{\theta 2}=\frac{p_2\left(r_2^2+r_3^2\right)-2p_3r_3^2}{r_3^2-r_2^2} \tag{6-32}$$

所以

$$p_2=\frac{\sigma_{\theta 2}\left(r_3^2-r_2^2\right)+2p_3r_3^2}{r_2^2+r_3^2} \tag{6-33}$$

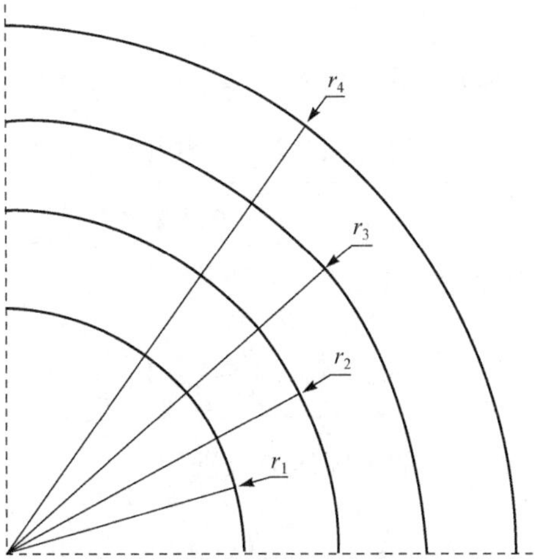

图 6-38　三层组合凹模参数示意图

凹模在 p_2 及 p_i 的作用下，r_1 处产生的应力为

$$\sigma_{\theta=r1}=\frac{-2p_2r_2^2+p_i\left(r_2^2+r_1^2\right)}{r_2^2-r_1^2} \tag{6-34}$$

(2) 组合凹模优化过盈量的计算。

对于内圈内径、内圈外径和外圈外径分别为 r_{i1}、r_m 和 r_{o1} 的双层圆筒，在内壁和外壁没有压力的情况下，套装的压力 p 为

$$p=\frac{E\delta}{r_m}\frac{\left(r_m^{\ 2}-r_{i1}^{\ 2}\right)\left(r_{o1}^{\ 2}-r_m^{\ 2}\right)}{2r_m^{\ 2}\left(r_{o1}^{\ 2}-r_{i1}^{\ 2}\right)} \tag{6-35}$$

其中，δ 为过盈量，且

$$\delta=\frac{2r_m^{\ 3}\left(r_{o1}^{\ 2}-r_{i1}^{\ 2}\right)p}{E\left(r_m^{\ 2}-r_{i1}^{\ 2}\right)\left(r_{o1}^{\ 2}-r_m^{\ 2}\right)} \tag{6-36}$$

要计算加工过盈量，必须计算出凹模与中圈、中圈和外圈之间分别装配时压合面上的压力 p_2' 和 p_3'。设凹模与内圈之间的加工过盈量为 δ_1，中圈与外圈的加工过盈量为 δ_2，首先外圈与内圈装配，则装配后压合面上压力 p_3' 为

$$p_3'=\frac{E\delta_2}{r_3}\frac{\left(r_3^{\ 2}-r_2^{\ 2}\right)\left(r_4^{\ 2}-r_3^{\ 2}\right)}{2r_3^{\ 2}\left(r_4^{\ 2}-r_2^{\ 2}\right)} \tag{6-37}$$

此时内圈的径向位移 Δr_2 为

$$\Delta r_2=\frac{r_2p_3'}{E\left(r_3^{\ 2}-r_2^{\ 2}\right)}\left[(1+\mu)r_2^{\ 2}+(1-\mu)r_3^{\ 2}\right] \tag{6-38}$$

所以中圈和凹模装配的真实过盈量为 $\delta_1+\Delta r_2$，其装配时的压合力 p_2' 为

$$p_2'=\frac{E\left(\delta_1+\Delta r_2\right)}{r_2}\frac{\left(r_2^{\ 2}-r_1^{\ 2}\right)\left(r_4^{\ 2}-r_2^{\ 2}\right)}{2r_2^{\ 2}\left(r_4^{\ 2}-r_1^{\ 2}\right)} \tag{6-39}$$

p_2' 在 $r=r_3$ 处引起的压力为

$$p_3''=-\sigma_{r=r_3}=-\frac{p_2'r_2^{\ 2}}{r_4^{\ 2}-r_2^{\ 2}}\left(1-\frac{r_4^{\ 2}}{r_3^{\ 2}}\right) \tag{6-40}$$

内压 p_i 在 $r=r_2$ 及 $r=r_3$ 处产生的径向压力分别为

$$p_2'''=-\sigma_{r=r_2}=-\frac{p_ir_1^{\ 2}}{r_4^{\ 2}-r_1^{\ 2}}\left(1-\frac{r_4^{\ 2}}{r_2^{\ 2}}\right) \tag{6-41}$$

$$p_3'''=-\sigma_{r=r_3}=-\frac{p_ir_1^{\ 2}}{r_4^{\ 2}-r_1^{\ 2}}\left(1-\frac{r_4^{\ 2}}{r_3^{\ 2}}\right) \tag{6-42}$$

因为 $p_2=p_2'+p_2'''$；$p_3=p_3'+p_3''+p_3'''$，联合式(6-31)、式(6-33)、式(6-37)、

式(6-38)～式(6-42)即可求。

(3) 优化方法与优化流程。

对于型腔凹模，其型腔的最小包络圆半径是确定的。凹模不能过薄，否则内壁上的预应力会过大，超出其许用应力，同时导致压配困难以及其他的工艺问题。因此 r_2 必须大于最小包络圆半径 10 mm，而 r_1 是在凹模与 r_2 之间变化。优化的变量就是 r_1、r_2、r_3，优化的目标就是凹模内壁的切向应力达到最小，即式(6-34)取得最小值。图 6-39 是采用 MATLAB 绘制的当 r_1 为一定值时，式(6-34)随 r_2 和 r_3 变化的值域。因为式(6-34)是高阶次方程式，很难给出其解析解，由图 6-39 可以看出其值域有唯一的极值，因此采用如图 6-40 所示的优化流程图在 MATLAB 中编程进行数值计算求解，其具体优化过程如下。

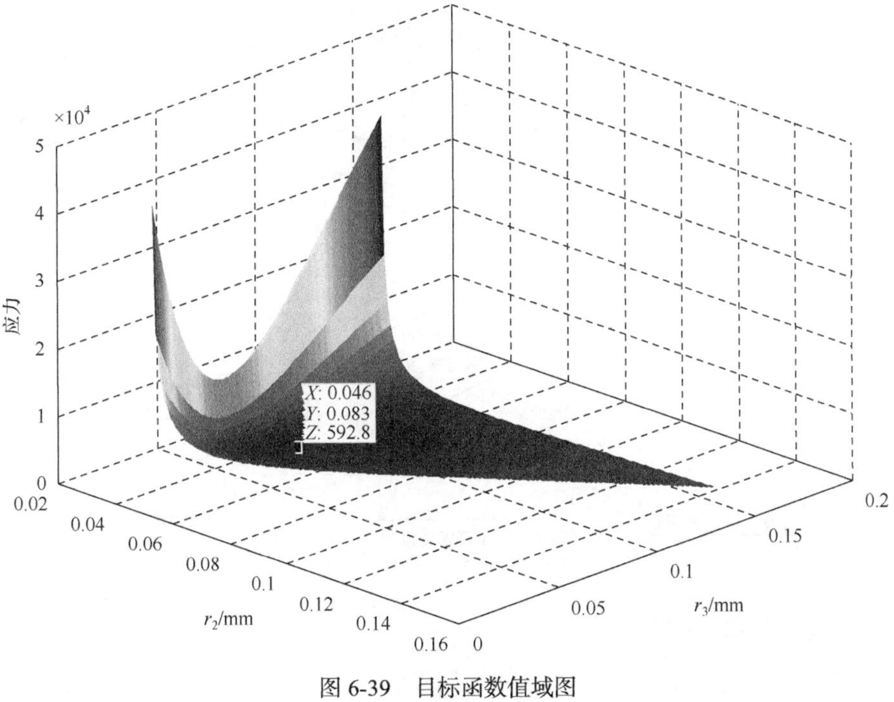

图 6-39 目标函数值域图

第一步：输入变量 r_2 的最小值，并初始化变量 r_3，其中 $r_2 < r_3 < r_4$。

第二步：根据式(6-34)计算目标函数 $\sigma_{\theta=r_1}$ 的值，如果 r_3 达到最小值，进入下一步，否则将 r_3 增加一个增量 Δr_3，直至 $r_3 = r_4$。

第三步：如果对 r_2 达到最小值，进入下一步，否则将 r_2 增加一个增量 Δr_2，返回到第二步，如果 $r_2 = r_4$，则进入下一步。

第四步：如果 $r_2 = r_4$，则为单层凹模；如果 $r_2 = r_3 \neq r_4$ 或者 $r_2 \neq r_3 = r_4$，则为双

层组合凹模，输出目标函数值及相应的 r_2 或 r_3，并根据式(6-35)～式(6-42)计算 δ_3 或 δ_2；如果 $r_2 \neq r_3 \neq r_4$，则为三层组合凹模，输出目标函数值及相应的 r_2 和 r_3，并根据式(6-35)～式(6-42)计算 δ_3 和 δ_2。

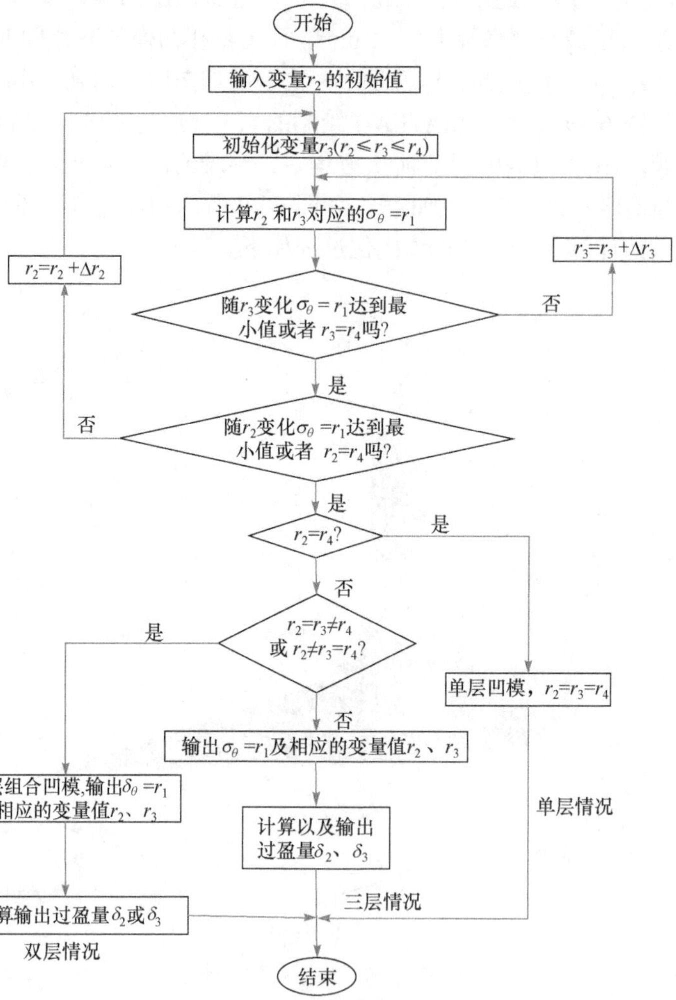

图 6-40　优化原理框图

(4) 优化实例。

图 6-38 所示的预应力组合凹模的径向尺寸，其各层材料、热处理硬度及力学参数如表 6-3 所示。其内压为 2500MPa，内径 r_1 为 30mm、25mm、21mm 和 17mm 时分别采用传统查表法、文献所述的第三强度理论优化法和本书所提出的优化方法进行设计，其计算结果列于表 6-4。

表 6-3　组合凹模各层材料参数

名称	材料	许用拉应力/MPa	弹性模量/MPa	泊松比	硬度(HRC)
凹模	65Nb	2400	210000	0.292	≥60
内预应力圈	5CrNiMo	1200	210000	0.3	40～45
外预应力圈	5CrNiMo	1200	210000	0.3	40～45

表 6-4　优化设计参数

参数方案	方法	等效内径 r_1/mm	r_2/mm	r_3/mm	r_4/mm	δ_2/mm	δ_3/mm
Ⅰ	第三强度理论优化法	17	44.260	81.4796	150	0.1783	0.3282
Ⅱ		21	50.955	87.4257	150	0.1923	0.3299
Ⅲ		25	57.236	92.6572	150	0.2023	0.3274
Ⅳ		30	64.6	98.5	150	0.2102	0.3202
Ⅴ	传统查表法	17	27.2	43.52	150	0.2611	0.1480
Ⅵ		21	33.6	53.76	150	0.3259	0.1720
Ⅶ		25	40	64	150	0.4000	0.2560
Ⅷ		30	48	76.8	150	0.5040	0.3456
Ⅸ	新优化法	17	40	77	150	0.5886	0.4005
Ⅹ		21	40	77	150	0.5454	0.4005
Ⅺ		25	40	77	150	0.4751	0.4055
Ⅻ		30	46	83	150	0.4012	0.3849

(5) 有限元分析。

采用 Abaqus 软件作为分析平台。因为模具硬度高，且精锻成形过程中模具温度变化很小，故在分析中将模具设置为弹性模型，其弹性参数如表 6-3 所示。为了比较应力分布状态，对表 6-4 所示模具进行了分析。

在锻造中，当模腔几乎完全充满时，成形力达到最大值。根据精锻成形过程有限元模拟结果的金属流动场可知，角部充满时，材料只在齿顶部位流动，而在型腔内其他部位几乎不流动，故认为模具齿顶部位表面除了受压力作用外，还受沿流动方向的摩擦力的作用，其大小为压力值的 12%，而型腔其他部位受均匀内压。型腔内压力取为 2500MPa。

在分析模型中，将模具各层之间定义为接触，接触过盈量如表 6-2 所列。所有接触对均设置为面-面接触。

为了降低计算成本，同时又能得到高的计算精度，建立了一个齿的齿形凹模模型，并在圆柱坐标系中，将三个部件侧面沿圆周方向固定(图 6-41)，将底面沿圆柱坐标系的轴向固定；采用混合网格进行模型离散化，采用一阶非协调模式的线性单元 C3D8I 扫略划分模型中形状规则的预应力圈，而对于形状复杂的型腔部分，采用二阶修正四面体单元 C3D10M 划分网格。

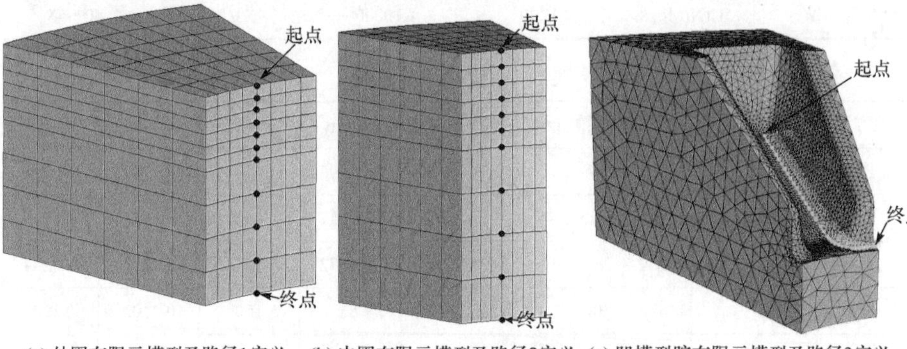

(a) 外圈有限元模型及路径1定义 (b) 内圈有限元模型及路径2定义 (c) 凹模型腔有限元模型及路径3定义

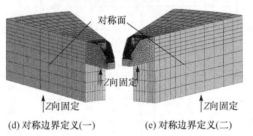

(d) 对称边界定义(一) (e) 对称边界定义(二)

图 6-41　有限元模型

图 6-42 给出了表 6-4 所列参数的模具中在预先定义的三条路径上的拉应力分布。

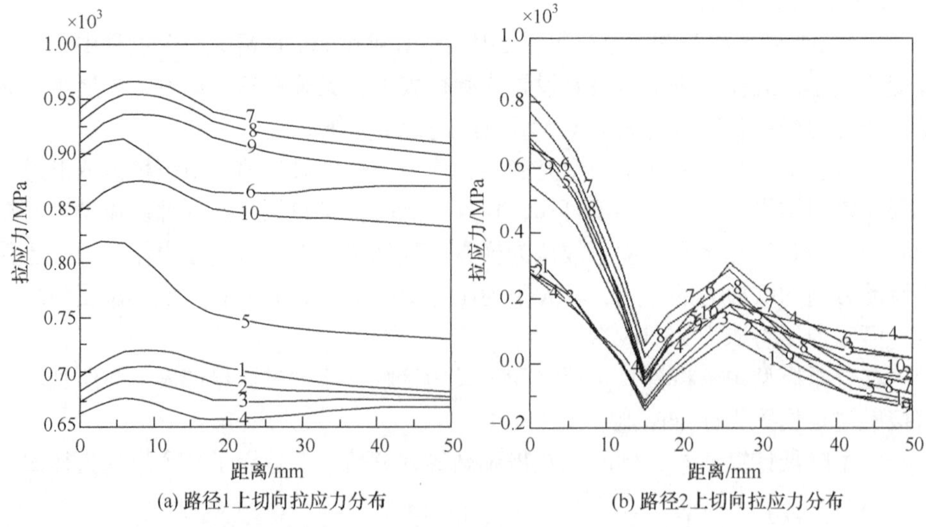

(a) 路径1上切向拉应力分布 (b) 路径2上切向拉应力分布

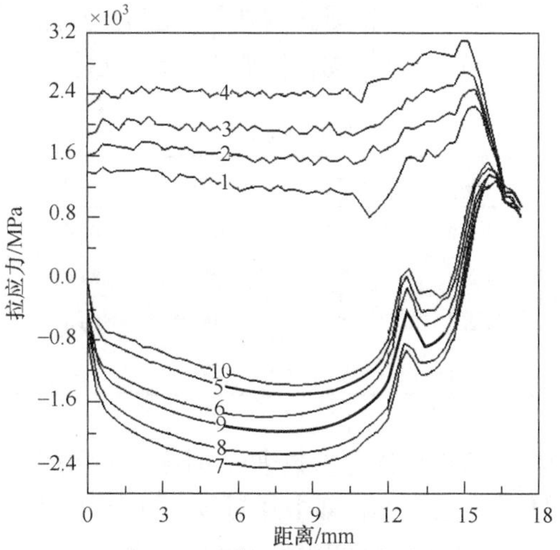

(c) 路径3上切向拉应力分布

图 6-42　所定义路径上的拉应力分布

(6) 公式修正与二次优化。

由图 6-42(a)和(b)中曲线 7、8、9、10 可知，在模具Ⅸ、Ⅹ、Ⅺ、Ⅻ中，外圈的拉应力均未达到许用拉应力 1200MPa，分别低于许用拉应力大约 235MPa、245MPa、270MPa、325MPa；内圈拉应力更远远低于许用拉应力，其大小分别为 375MPa、425MPa、525MPa、650MPa。这说明在工作时，内外预应力圈均没有完全充分发挥预应力效果。图 6-42 中曲线 1～6 说明其他参数的模具也存在这种问题。其原因主要是齿形型腔凹模形状不规则，同时该凹模的模型也不是无限长的厚壁圆筒，因此公式需要修正，然后根据修正后的公式按照图 6-40 所示方法进行优化。修正方法就是在计算时将外圈和内圈许用应力放大一个系数，即

$$k_{\theta 3}\sigma_{\theta 3}=\frac{\left(r_4^{\ 2}+r_3^{\ 2}\right)p_3}{r_4^{\ 2}-r_3^{\ 2}} \tag{6-43}$$

$$k_{\theta 2}\sigma_{\theta 2}=\frac{p_2\left(r_2^{\ 2}+r_3^{\ 2}\right)-2p_3r_3^{\ 2}}{r_3^{\ 2}-r_2^{\ 2}} \tag{6-44}$$

所以

$$p_3=\frac{r_4^{\ 2}-r_3^{\ 2}}{\left(r_4^{\ 2}+r_3^{\ 2}\right)}k_{\theta 3}\sigma_{\theta 3} \tag{6-45}$$

$$p_2=\frac{k_{\theta 2}\sigma_{\theta 2}\left(r_3^{\ 2}-r_2^{\ 2}\right)+2p_3r_3^{\ 2}}{r_2^{\ 2}+r_3^{\ 2}} \tag{6-46}$$

其中，$k_{\theta 3}$、$k_{\theta 2}$ 分别为外圈和内圈许用应力修正系数。

对于模具Ⅸ、Ⅹ、Ⅺ、Ⅻ，根据其内外圈拉应力与许用拉应力的差值，其修正系数以及根据修正后公式计算的优化值如表 6-5 所示。

表 6-5　修正系数表

模具	$k_{\theta 2}$	$k_{\theta 3}$	r_1 /mm	r_2 /mm	r_3 /mm	δ_2 /mm	δ_3 /mm
Ⅸ	1.313	1.196	30	45.6	86.8	0.6063	0.4571
Ⅹ	1.354	1.204	25	40	84.4	0.6424	0.4542
Ⅺ	1.437	1.225	21	40	80.6	0.6596	0.4509
Ⅻ	1.523	1.271	17	40	78.4	0.6618	0.4288

图 6-43 所示为根据修正后优化参数进行有限元分析的结果。根据图中曲线可知，二次优化后，模具Ⅸ、Ⅹ、Ⅺ、Ⅻ中外圈最大拉应力分别达到 1115 MPa、1113 MPa、1112 MPa 和 1087 MPa，与许用值 1200MPa 的相对误差为 7.08%、7.25%、7.33%、9.42%；内圈中最大拉应力分别为 1025MPa，1025MPa、1060MPa 和 1060MPa，与许用值的相对误差为 14.6%、14.6%、11.7%、11.7%；与第一次优化结果相比相对误差要小得多，这说明经过二次优化后，预应力圈充分发挥了预应力效果。从图 6-43 可知，模具Ⅸ、Ⅹ、Ⅺ、Ⅻ中路径 3 上第一主应力在离起点距离 15mm 以前为负值，且在路径 3 上模具完全处于压应力状态。在离起点 15～18mm 时最大值大约为 1200MPa，而在没有二次优化时最大值达到 1500MPa 左右。这说明二次优化后模具路径 3 上的应力状态有着明显的改善。由图 6-43 可知模具Ⅹ、Ⅺ、Ⅻ中预应力外圈和内圈中与应力分布相差不大，但三个外圈预应力均高于模具Ⅸ，而内圈中均低于模具Ⅸ，四组模具凹模内路径 1 上的拉应力相差不大。考虑到组合凹模一般是预应力圈先压配，且预应力圈通常是外圈破裂，故选用模具Ⅸ较为合适。

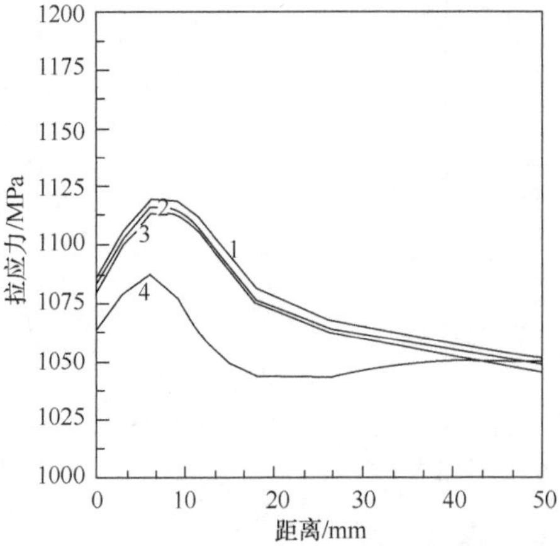

(a) 路径1上切向拉应力分布

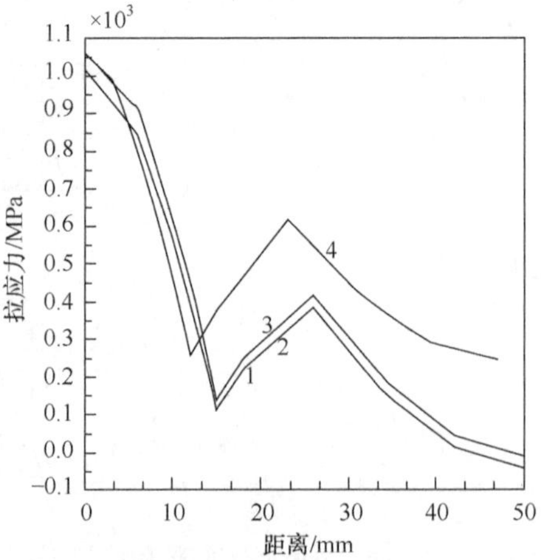

(b) 路径2上切向拉应力分布

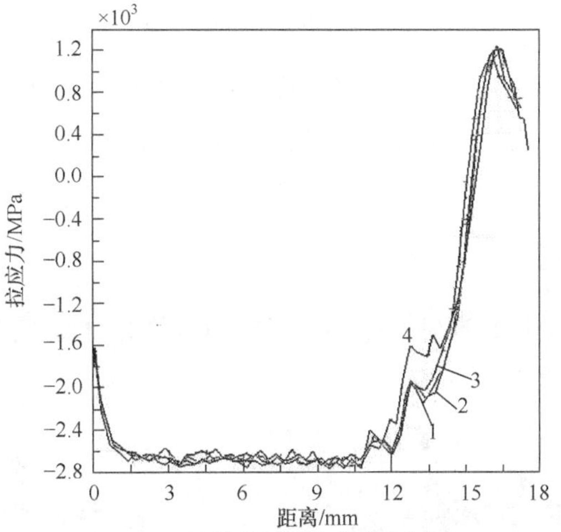

(c) 路径3上切向拉应力分布

图 6-43　所定义路径上的应力分布

6.3.5　直锥齿轮冷精锻实验与应用

试样材料为轿车直锥齿轮材料 20CrMo，在闭式冷锻前，坯料经过球化退火，使其硬度≤HB140，表面处理后进行磷化皂化处理。将所设计制造的实验模具安装在 HY28-400/400 单动压力机上进行，闭式精锻模具以及压力机如图 6-44 和图 6-45 所示。

图 6-44　精锻模具

图 6-45　齿轮精锻压力机

1. 成形力

采用齿顶分模模具，行星齿轮最终成形力为 2.4～2.5MN，半轴齿轮最终成形力为 3.6～3.8MN。采用齿轮最大投影轮廓处分模结构，行星齿轮最终成形力为 2.5～2.6MN，半轴齿轮最终成形力为 3.8～4.0MN。

2. 锻件成形质量

无论是行星齿轮还是半轴齿轮均成形饱满，轮廓清晰。齿轮锻件及其经机加工后的零件如图 6-46 所示。

(a) 半轴齿轮锻件

(b) 行星齿轮锻件

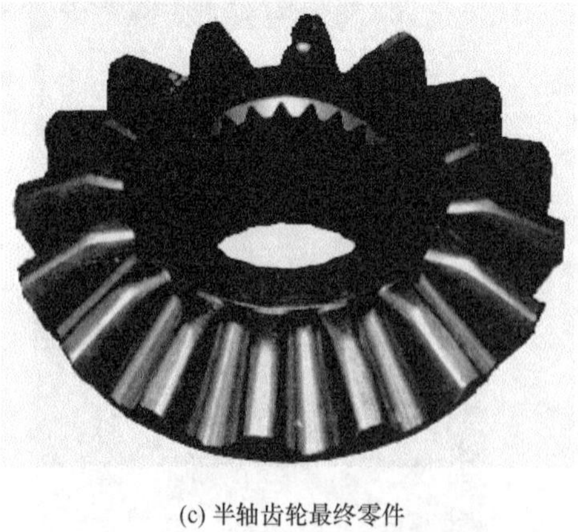

(c) 半轴齿轮最终零件

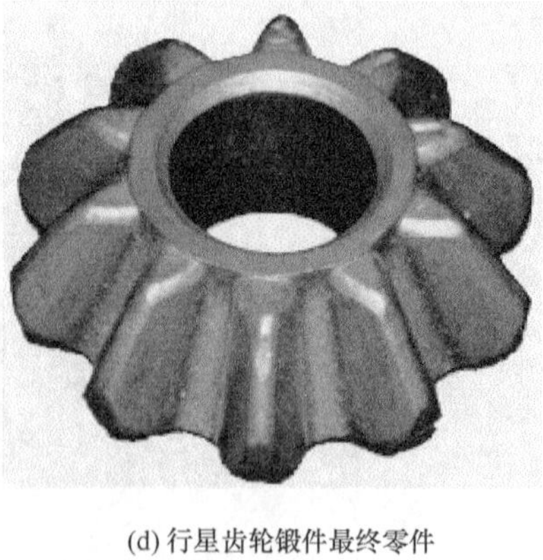

(d) 行星齿轮锻件最终零件

图 6-46　半轴齿轮和行星齿轮锻件与零件

6.4　结合齿轮中空分流锻造技术

6.4.1　结合齿轮特点

结合齿轮多用于汽车变速箱的传动、换挡机构中，一般每台变速箱中有 4～5 件。某型汽车变速箱结合齿轮二维结构如图 6-47 所示，三维实体造型如图 6-48 所示。可以看出，处于轮毂和外圈为斜齿的轮缘之间的辐板上的齿圈，其齿形为齿尖向上的倒锥形，齿圈与轮缘之间为窄而深且截面为梯形的环形沟槽，结构复杂，精度要求高[18]。

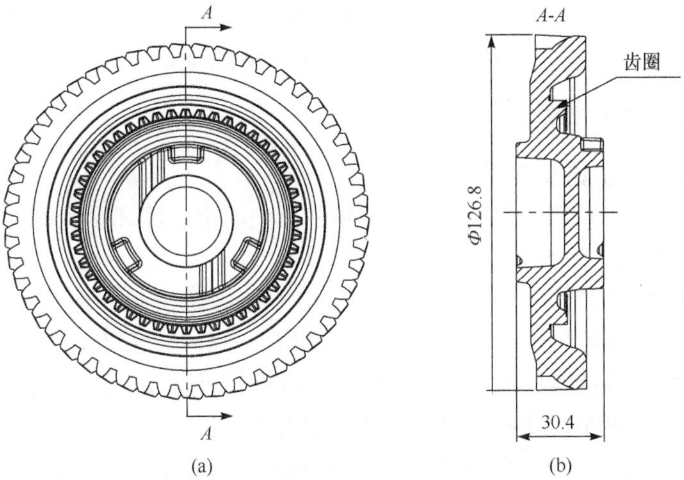

图 6-47　结合齿轮二维图(单位：mm)

图 6-48　结合齿轮三维造型图

6.4.2 结合齿锻造成形工艺与模具设计

结合齿轮中空分流锻造成形工艺方案采用的是三工位热模锻压力机，其工艺技术路线为下料→中频感应加热($T \leqslant 1200$℃)→镦粗→预锻→终锻→后续机加工，其精锻成形工序如图 6-49 所示。

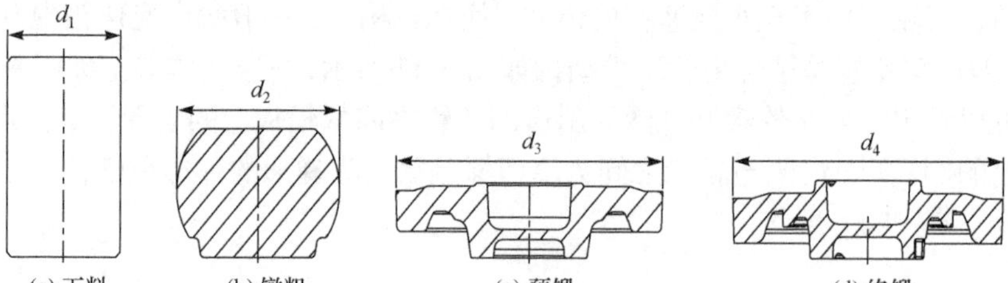

图 6-49　结合齿轮中空分流锻造工艺

1. 预锻件的优化设计

1) 优化设计思路及方法

为实现结合齿轮的中空分流锻造成形，其空心毛坯即环形预锻件的优化设计思路及方法如下。

(1) 将环形预锻件的分流面设置在对应于终锻凹模的环形齿圈或以内的位置，以保证闭式终锻成形时在凸模的压力作用下，分流面部位的金属以镦粗方式成形，分流面以外的金属沿径向向外流动充满凹模外部型腔，分流面以内的金属向内流动使内孔缩小或使连皮增厚，或兼而有之。

(2) 环形预锻件外轮廓与终锻件外轮廓形状相似，其外径尺寸略小，以便于顺利放入终锻模膛。

(3) 孔的直径 d_1 设计得比终锻件孔的直径 d_2 略大，并将连皮设计在中间偏下靠近孔的底面位置，连皮厚度 t_1 较终锻件的连皮厚度 t_2 要薄一些。

(4) 保持预锻件与终锻件的体积不变。

由上述方法设计的预锻件与终锻件形状参数及如图 6-50 所示。

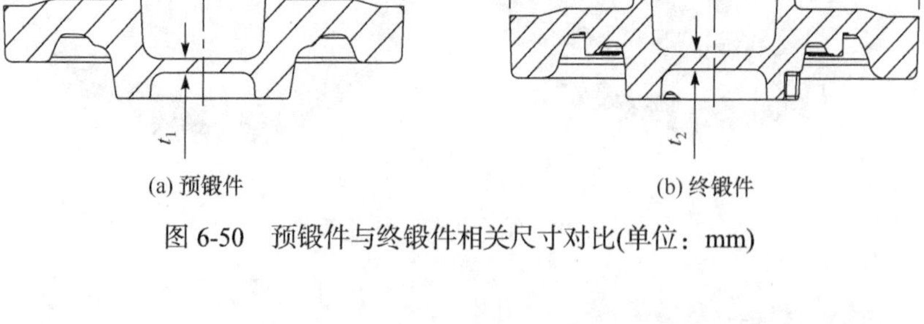

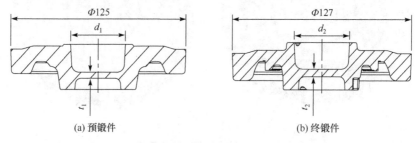

图 6-50　预锻件与终锻件相关尺寸对比(单位：mm)

2) 预锻件孔半径的计算

由上述优化设计思路及方法可知，其结合齿轮预锻件的外径可取为与终锻件外径名义尺寸相等(实际略小)，设定分流面直径与结合齿轮齿圈的中径相等或接近，采用式(3-6)求出其孔半径 $R_{内}$ 约为 18.7 mm。

2. 与常规锻造成形工艺的比较

表 6-6 为结合齿轮两种精锻成形工艺的比较。

表 6-6　结合齿轮两种精锻成形工艺的比较

项目	常规锻造	中空分流锻造
预锻时最大成形力/N	6.42×10^{6}	7.75×10^{6}
终锻时最大成形力/N	1.95×10^{7}	1.2×10^{7}
终锻时毛坯金属流动距离	长	短
终锻时毛坯金属变形	复杂	不复杂
终锻时凹模齿形部位所受切向拉应力/MPa	2500	1200
操作顺序	不合理	合理

由表 6-6 可以看出，中空分流锻造成形工艺中毛坯金属流动距离短、变形不复杂，终锻时最大成形力仅为常规锻造成形工艺的 61.5%；且中空分流锻造在终锻时凹模齿形部位所受切向拉应力为 1200MPa，不到常规锻造成形工艺的 50%。再者，由于中空分流锻造成形工艺终锻时成形力较小，所以其模具单元可按这样的顺序布置：镦粗单元→预锻单元→终锻单元，这样，与常规闭式锻造成形工艺相比，其操作顺序合理，易于实现自动化生产。

综上，通过以上理论和模拟分析可知，中空分流预锻件能合理分配金属变形量，大大减轻终锻时的变形程度，终锻时成形效果良好。

3. 结合齿轮中空分流锻造成形模具设计

根据齿轮锻造成形模具要求，设计了基于中空分流锻造成形要求的结合齿轮锻件三工序中空分流锻造模具结构，如图 6-51 所示。

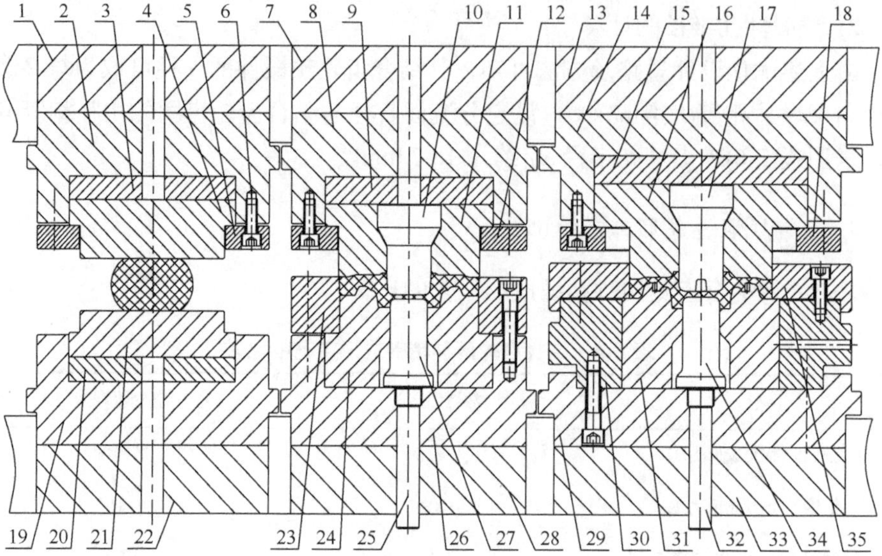

图 6-51　基于中空分流锻造成形的结合齿轮三工序锻造模具结构

1-镦粗上模板；2-镦粗上模座；3-镦粗上模垫板；4-镦粗上模；5-镦粗上模压板；6-内六角螺钉；7-预锻上模板；8-预锻上模座；9-预锻凸模垫板；10-预锻凸模；11-预锻凸模固定圈；12-预锻凸模压板；13-终锻上模板；14-终锻上模座；15-终锻凸模垫板；16-终锻凸模固定圈；17-终锻凸模；18-终锻凸模压板；19-镦粗下模座；20-镦粗下模垫板；21-镦粗下模；22-镦粗下模板；23-预锻凹模压板；24-预锻凹模；25-预锻下顶杆；26-预锻下模座；27-预锻凹模芯块；28-预锻下模板；29-终锻下模座；30-终锻凹模预紧圈；31-终锻凹模；32-终锻下顶杆；33-终锻下模板；34-终锻凹模芯块；35-终锻凹模压板

6.4.3　结合齿轮温成形实验与应用

1. 温成形实验

根据图 6-47 和图 6-48 所示结合齿轮精密锻件，开展了中空分流锻造成形工艺与模具的实验。

其工艺试验方案为：下料(Φ54mm×80mm)→中频感应加热($T \leqslant 1200$ ℃)→镦粗→预锻→终锻。

实验设备为 16000kN 三工位热模锻压力机。实验样件材料为 20CrMoTi；锻造时采用水剂石墨喷雾式润滑；实验前模具预热到 250℃。其成形情况及单元模具工作状态如图 6-51 所示，实验记录如表 6-7 所示，锻件照片如图 6-52 所示。

表 6-7　中空分流锻造实验情况

温度/℃	镦粗成形力/×10^6N	预锻成形力/×10^6N	终锻成形力/×10^7N	锻件成形情况
1152	3.62	6.42	1.12	良好
1175	3.56	6.22	1.08	良好

续表

温度/℃	镦粗成形力/×10⁶N	预锻成形力/×10⁶N	终锻成形力/×10⁷N	锻件成形情况
1180	3.45	6.35	1.05	良好
1192	3.43	6.36	1.03	良好

图 6-52　中空分流锻造样件

按照式(3-34)计算其成形力：取 $\sigma_s = 95\text{MPa}$，$\mu = 0.3$，其中

$$R = \frac{A_0 - F}{A_0} = \frac{42528.4 - 93.1}{42528.4} \approx 0.9978$$

$$m = \frac{V_b}{V_f} = \frac{3.858661 \times 10^5}{1.821184 \times 10^5} \approx 2.1188$$

则

$$p = \sigma_s \cdot \left(\ln \frac{R}{1-R} + m + \mu \right) = 95 \times \left(\ln \frac{0.9978}{1-0.9978} + 2.1188 + 0.3 \right) \text{MPa} = 810.91\text{MPa}$$

得到终锻成形力

$$F = p \cdot S = 810.91 \times 3.14 \times 63.5^2 = 1.03 \times 10^7 \text{N}$$

与实验成形力的平均值(1.07×10^7 N)及有限元模拟成形力(1.2×10^7 N)相比，彼此非常接近。

2. 生产应用

在理论研究与工艺及模具实验获得成功的基础上，华中科技大学已于 2010 年 8 月在江苏太平洋精密锻造有限公司，建立了由卧式高速锯床、中频感应加热炉和 16000 kN 三工位热模锻压力机和热处理设备组成的中空分流锻造成形生产线(图 6-53)，实现了“大众”等二挡结合齿轮精密模锻件系列产品的批量生产，所生产的结合齿轮精密锻件如图 6-54 和图 6-55 所示。

图 6-53　中空分流锻造生产线

图 6-54　二挡结合齿轮精密锻件系列产品

图 6-55　经过部分机加工的结合齿轮精密锻件

6.5　直齿圆柱齿轮精锻技术

6.5.1　直齿圆柱齿轮零件特点与成形工艺分析

以图 6-56 所示直齿圆柱齿轮为例，齿轮尺寸参数如表 6-8 所示。

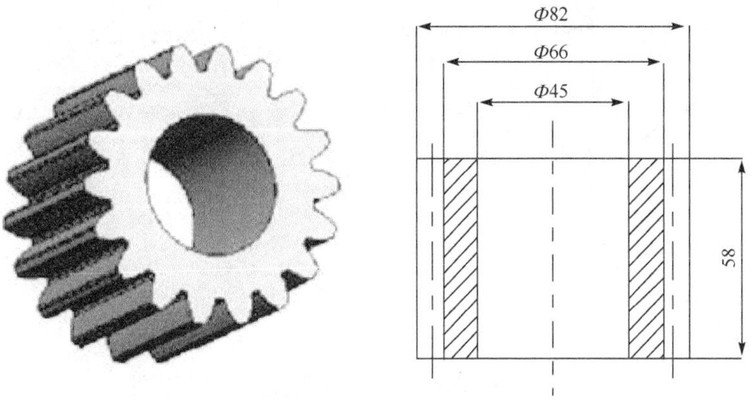

图 6-56　某型号直齿圆柱齿轮产品零件图(单位：mm)

表 6-8　齿轮参数表

参数名称	参数值	参数名称	参数值
齿数	$z = 18$	模数/mm	$m = 4$
压力角/(°)	$\alpha = 22.5$	变位系数/(°)	$x = 0.4$
齿顶圆直径/mm	$d_a = 82$	齿根圆直径/mm	$d_r = 66$
内孔直径/mm	$d = 45$	齿轮高度/mm	$h = 58$

该直齿圆柱齿轮零件为正变位齿轮，其特点为模数较大，齿形稍显细长，这对成形时的金属流动以及模具强度均有不良影响。

6.5.2　直齿圆柱齿轮温(热)反挤压工艺

1. 温(热)反挤压工艺方案的选择

本节以前述直齿圆柱齿轮为对象开展研究[17]。对于直齿圆柱齿轮挤压，有固定/浮动凹模单向反挤压和双向反挤压等形式，详见图 6-57～图 6-59[17]。

如图 6-57 所示，固定凹模单向反挤压模具基本结构由盖板、底板、预紧组合凹模(齿形凹模和预紧圈压配而成)、顶杆组成，其中顶杆构成组合凹模的一部分。

挤压时，将加热好的毛坯放入凹模模膛内；首先，盖板通过压力 F_2 将其与组合凹模(3、4)压紧构成一封闭的直齿圆柱齿轮模膛；接着在作用力 F_1 的作用下凸模下行，迫使毛坯镦粗反挤成形为直齿圆柱齿轮预成形件；成形结束后，首先，凸模从齿轮锻件中退出上行回到初始位置，紧接着，盖板向上移动与组合凹模张开，然后顶杆将齿轮锻件从组合凹模中顶出，一个工作循环结束。

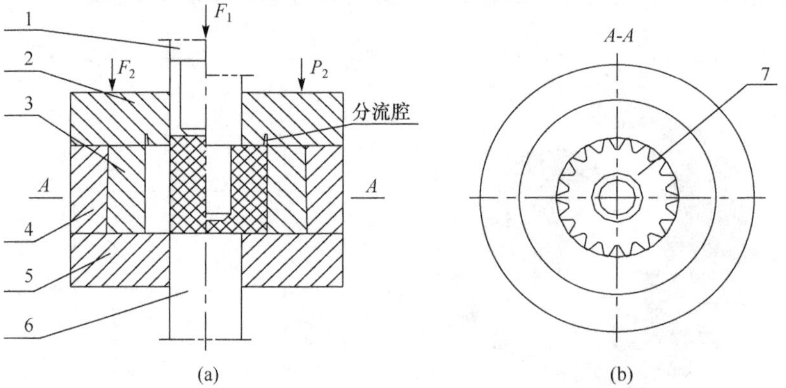

图 6-57　齿形固定凹模闭式单向反挤压成形原理

1-凸模；2-盖板；3-齿形凹模；4-预紧圈；5-底板；6-顶杆；7-齿轮锻件

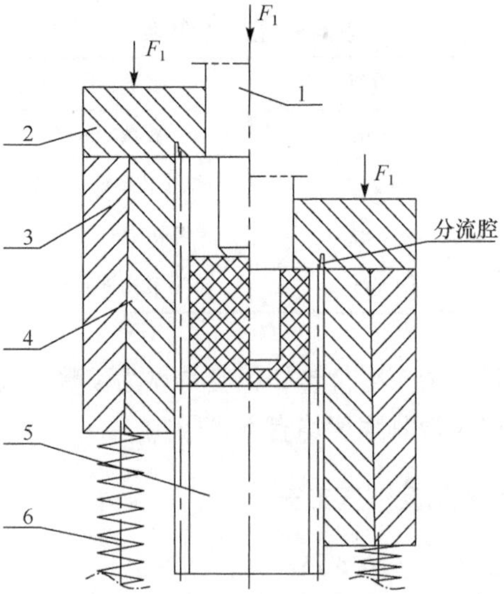

图 6-58　浮动凹模闭式单向反挤压成形原理

1-凸模；2-上模块；3-浮动凹模预紧圈；4-浮动凹模；5-下模块；6-弹簧

图 6-58 所示为浮动凹模单向反挤成形，工作时加热好的坯料置于浮动凹模中，凸模与上模块一同下行与浮动凹模形成封闭型腔后，一同下行，相对下模块

做相对运动，迫使坯料挤压成形。此后，凸模与上模块上行，与浮动凹模脱开，下模块将锻件顶出。

如图 6-58 所示，其工艺过程与固定凹模单向反挤压工艺相似，工作时，将加热好的毛坯放入凹模 4 内，凸模 1 和上模块 2 随压力机滑块一同下行，与浮动凹模 4 的上端面闭合，形成封闭模腔；随着压力机滑块继续下行，浮动凹模 4 被动下移，使封闭模腔高度变小，迫使放置在固定下模块 5 上的毛坯产生镦挤变形直至充满模腔；然后凸模 1 和上模块 2 随压力机滑块上行，浮动凹模 4 上浮至其上极限位置，顶出系统通过顶出装置，推动下模块 5 将齿轮锻件顶出凹模。

3) 双向对挤

由图 6-59 可以看出，双向对挤模具基本结构与图 6-57 所示单向反挤压模具的基本结构非常接近，仅将下顶杆改变为下凸模即可。

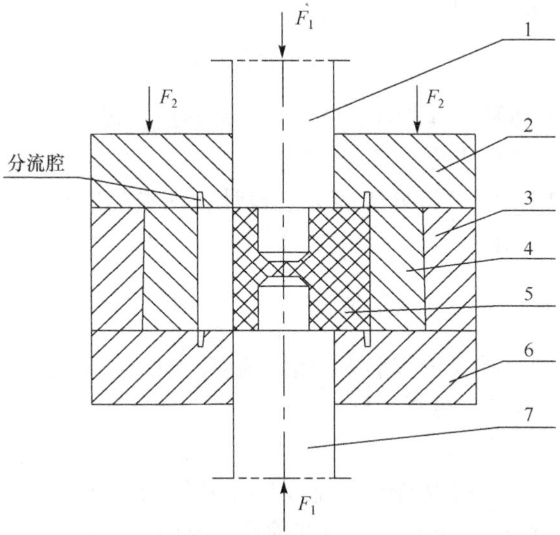

图 6-59　闭式双向反挤压成形原理

1-上凸模；2-上盖板；3-预紧圈；4-凹模；5-齿轮锻件；6-下底板；7-下凸模

双向反挤又可分为两种情况。第一种情况与图 6-57 所示的单向反挤压状态完全一致，仅将顶杆头部设计成台阶结构，同时，需将上盖板加厚，以保证在初始状态时，其料筒有足够的深度。其挤压工作过程与单向反挤压也相同。其变形特点是，工件上段为主动反挤压，下段相对于下凸模是被动反挤压，相对于上凸模是主动正挤压。

第二种情况是，在初始状态时，下凸模的凸台前端与下底板的上平面即模膛底面处在同一平面。当加热的坯料放入凹模后，首先，上盖板通过作用力 F_2 将其与组合凹模压紧形成一封闭式的直齿圆柱齿轮模膛，然后，上凸模和下凸模以相同的速度和大小相等的作用力 F_1 对坯料进行挤压，迫使坯料金属产生塑性流动而充满整个模膛。挤压成形结束后，首先，上凸模退出，紧接着上盖板张开，然后，下凸模向上移动将锻件从凹模中顶出，为了便于锻件从下凸模上取下来，应将下凸模前端凸台设计成锥形。反挤时的变形特点是工件上、下两段均为主动反挤压。

2. 分流降压腔的设计

在锻件非重要部分设置类似高压液压系统中的溢流阀的分流腔，从而降低成形力和促进金属填充。分流腔的设计原则如下[32]。

(1) 其位置应是在锻件最后充满的部位，只有当变形金属完全充满模膛后，多余金属才分流。

(2) 多余金属分流时，模膛内的压力没有升高或有小幅度的升高，其升高值不能超过模膛内最高压力的 8%。

(3) 分流降压腔的体积按如下公式计算：

$$V_d \geqslant 2\left(V_b - V_t\right) \tag{6-47}$$

其中，V_d为分流腔体积；V_b为坯料体积，按坯料所有尺寸的上偏差计算；V_t为锻件体积，按锻件所有尺寸的下偏差计算。

基于这三条原则，可将分流腔分别设计在凹模的底板、上模块和下底板，如图 6-57、图 6-58 和图 6-59 所示。

3. 成形过程热力耦合有限元模拟

下面以 6.5.1 节所述齿轮成形为例论述温(热)闭式反挤压过程有限元模拟模型的建立、模拟过程及结果分析。

1) 锻件设计

由于该零件上、下端面粗糙度要求较高，各留 1mm 的机加工余量；内孔粗糙度要求更高，单边留有 1.5mm 的机加工余量。所设计的闭式单向反挤压锻件及闭式双向反挤压锻件如图 6-60 所示，冲孔连皮厚度为 8 mm。所选毛坯直径为 65mm，长度根据所设计的锻件按照体积相等的原则进行计算，所设计的锻件图如图 6-60 所示。

2) 模拟模型及参数设置

该齿轮材料为 20CrMnTiH，在 Deform-3D 中对成形过程进行热力耦合有限元数值模拟。由于锻件为轴向阵列结构，选取其中的 1 个齿形进行模拟，以减少计算量，并对模型添加相关的边界条件。

在锻造过程中，坯料的弹性变形相对于塑性变形非常小，因此可忽略弹性变形，设为刚塑性体，单元数为 50000，采用四面体单元，模拟时坯料初始温度为 1200℃。凸模和凹模为刚性体，材料均为 H-13，初始温度均为 250～300℃，网格

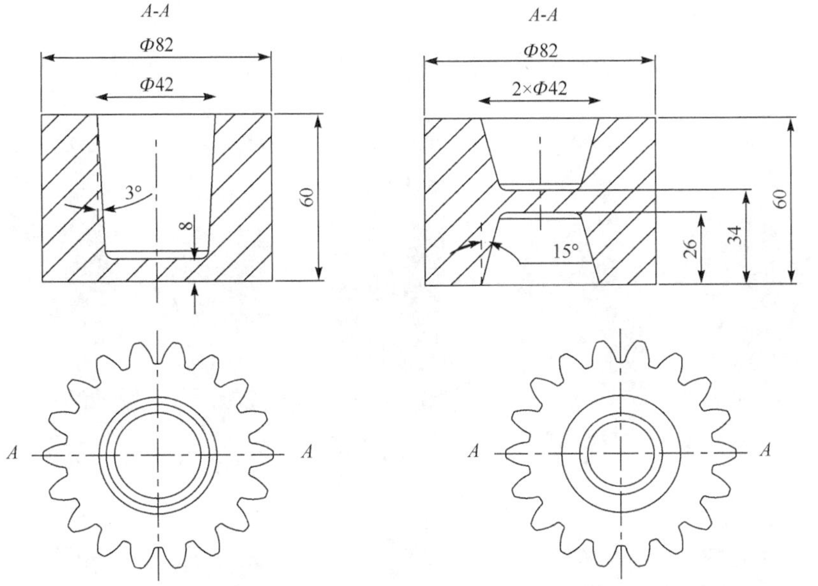

(a) 闭式单向反挤压锻件　　(b) 闭式双向反挤压锻件

图 6-60　齿轮精密锻件(单位：mm)

划分单元数各为 30000 和 50000；凸模工作速度为 20mm/s；模具和材料之间的摩擦模型为常剪应力摩擦，摩擦系数选取 0.3；模具和坯料间的热传递系数为 11W/(m^2 · ℃)。所建立的模拟模型如图 6-61 所示。

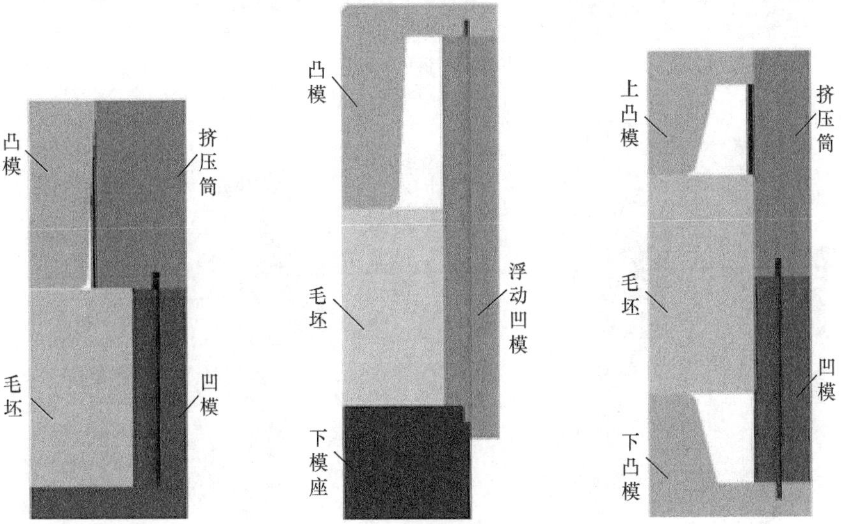

(a) 固定凹模单向反挤压　　(b) 浮动凹模单向反挤压　　(c) 双向反挤

图 6-61　模拟模型

3) 结果分析

图 6-62 为三种方案成形过程中坯料金属变形示意图。对于图 6-62(a)、(b)方

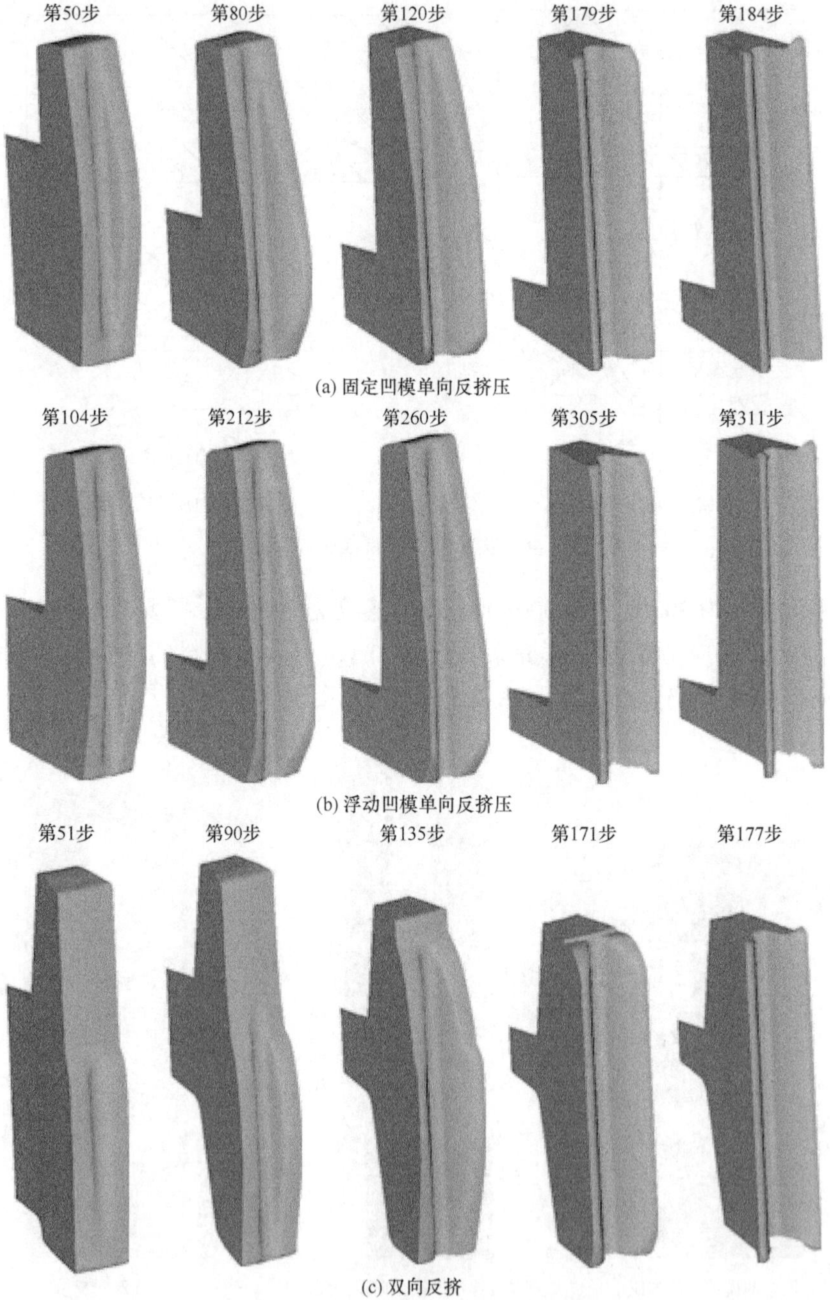

图 6-62　锻件成形过程中坯料金属变形示意

案来说，冲孔连皮位于预锻件的底部。其预锻件成形过程中金属流动情况为：在反挤压进行的初始阶段，靠近凸模顶端的毛坯金属在凸模的挤压下，沿轴向向下及径向流动较明显，沿轴向反向流动较小，因此在此过程中，毛坯金属沿齿长方向中间部位略微凸出；随着挤压的继续进行，靠近凹模底部的金属充满底部齿形型腔，然后金属自下而上逐步填充齿形型腔，最终充满整个齿形型腔，得到轮廓清晰的齿轮预锻件。

对于图 6-62(c)所示方案，下凸模固定不动，上凸模向下行程，冲孔连皮位于预锻件内孔的中间部位。其预锻件成形过程中金属流动情况为：在成形初期，因毛坯的上段受到料筒内壁的约束(图 6-59)，坯料的中段与下段产生镦粗，下端产生正挤，中下段金属开始沿径向流入齿形型腔；在成形的中后期，则以正、反及径向三种挤压复合的方式进行，而齿形部分则自下段向上段逐渐成形，终锻结束之前，工件上下两端均出现较大塌角，需施加更大的作用力，并在凹模上下两端均设置分流腔才能完全成形。

由上面三种工艺方案成形情况的模拟分析不难看出：第三种方案即双向挤压相对于第一、二种方案即单向反挤压，金属变形过程复杂，因而容易引起工艺不稳定，成形难度增加，此外，因坯料置于下凸模顶端，需增加凹模料筒深度，不仅增加了模具的闭合高度，也增加了成形初期的摩擦阻力；第一、二两种方案则不存在这些问题。

对比图 6-62(a)和图 6-62(b)方案可知，图 6-62(a)方案是以反向挤压为主要的成形方式成形。图 6-62(b)方案虽然也是三种方式的复合成形，它与第三种方案的不同之处在于：一是因凹模是浮动的，不需要在凹模上单独设置挤压料筒，因而不存在变形初期摩擦阻力的影响；二是总的变形方式是单向反挤压成形，因而变形比较均匀，增强了工艺稳定性。该方案与第一种方案相比，其不同之处在于：一是不需要在凹模上单独设置挤压料筒；二是因镦粗增强了金属的径向流动，有利于齿形型腔的充满。

图 6-63 为三种方案成形过程中工件内部变形的等效应变场。从等效应变的分布情况及相互对比可知，三种方案中的最大等效应变值均较为接近。固定凹模和浮动凹模闭式单向反挤压方案中的毛坯金属在变形过程中，等效应变分布相似，其中，前者分布最为均匀。

图 6-64 所示为三种方案的成形力曲线。纵观三条曲线，基本上均可分为三个阶段：以固定凹模闭式单向反挤压为例，第一阶段为凸模接触坯料，开始反挤压，到坯料的表面金属流入凹模齿形型腔，与凹模齿形型腔的内壁相接触为止。在此过程中，坯料在凸模的挤压下进行反挤，坯料金属刚开始是完全自由流动，当坯

料侧表面金属与凹模齿形顶面相接触时，成形力发生突变；然后随着凸模继续向下挤压，坯料上端表面呈现内低外高的圆锥形状，且逐渐与挤压筒相接触，坯料底面金属进一步产生径向流动，坯料侧表面金属也开始向凹模齿形型腔内流动，逐渐填充齿形型腔，成形力则呈稳步增长趋势，此阶段结束时，锻件成形情况如图 6-62(a)中第 80 步所示。

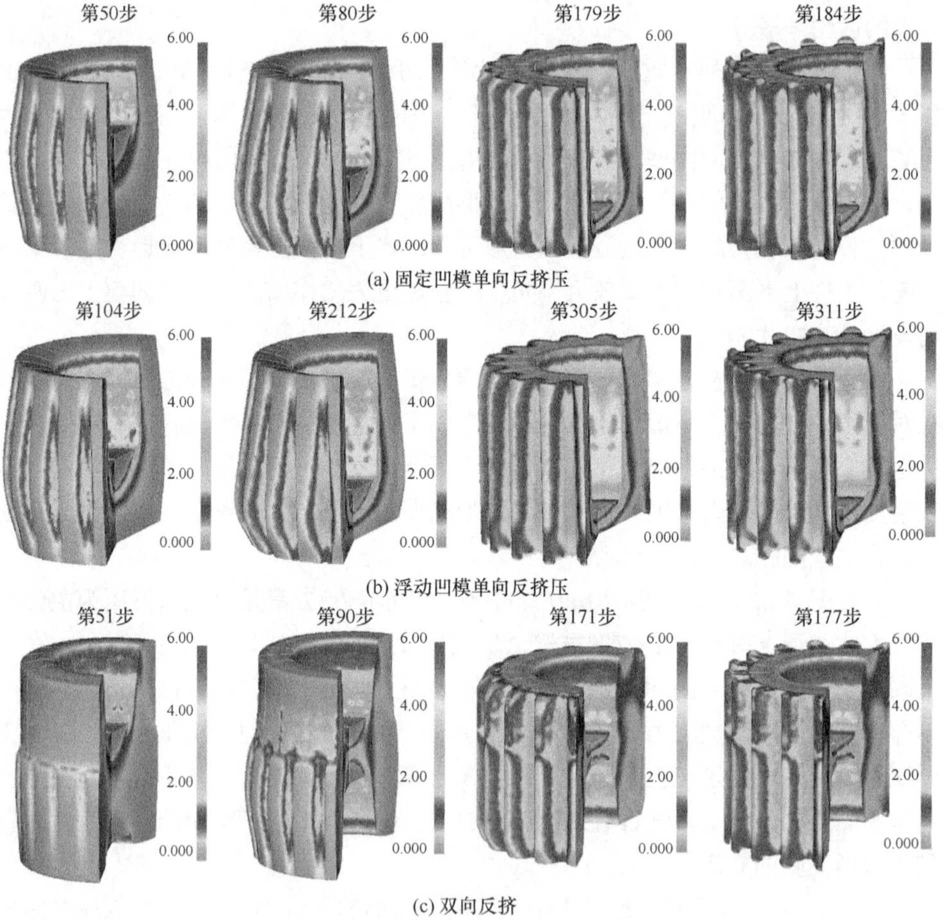

图 6-63　等效应变场

第二阶段为齿形成形阶段，此阶段从坯料的表面金属与凹模齿形型腔的内壁相接触，到齿形型腔完全充满。在该阶段中，随着挤压的不断进行，坯料金属不断充填凹模齿形型腔，充填趋势是自齿形凹模底部沿轴向向上不断充填，由于坯料金属与凹模壁接触的面积越来越大，金属流动阻力也相应增大，成形力也就越来越大。此阶段结束时，对应的锻件成形情况如图 6-62(a)中第 179 步所示。

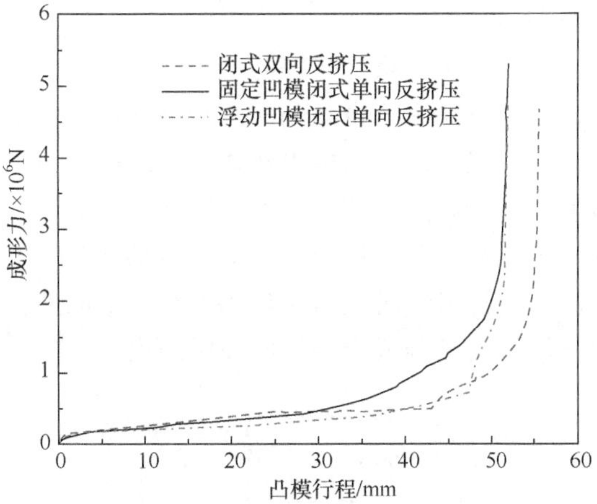

图 6-64　成形力对比曲线

第三阶段为齿轮锻件上、下齿形端面圆角部位填充阶段。在该阶段中，由于凹模齿形型腔已经被坯料金属自下而上完全填充，只有齿轮锻件上、下齿形端面圆角部位未填充，在充填此圆角时，成形力急剧增加，成形力曲线几乎直线上升。由于所设置的分流降压腔的作用，可有效抑制成形力的急剧增加。最终成形的齿轮锻件如图 6-62(a)中第 184 步所示。

由模拟计算得到：方案一(固定凹模闭式单向反挤压)的最大成形力为 5.31×10^6N(挤压力为 2.38×10^6N，合模力为 2.93×10^6N)；方案二(浮动凹模闭式单向反挤压)的最大成形力为 4.69×10^6N；方案三(闭式双向反挤压)的最大成形力为 4.69×10^6N(挤压力为 4.07×10^6N，合模力为 0.62×10^6N)。

综上所述，三种方案中虽然方案三的最大成形力最小，但综合考虑工艺的稳定性和模具结构的合理性，方案一和方案二更为合理。

6.5.3　直齿圆柱齿轮温(热)精锻成形模具设计

根据挤压工艺及所采用的设备不同，有多种反挤压模具结构形式，其中主要有固定凹模单向反挤压、闭式浮动凹模单向反挤压和反挤三种结构形式。下面着重论述第一、二两种结构[18]。

1. 固定凹模单向反挤压预成形模具设计

直齿圆柱齿轮固定凹模单向反挤压预成形模具结构如图 6-65 所示，它分为上模和下模两部分。上模由凸模、挤压筒、压板、凸模座、垫圈、凸模垫块、固定圈、座圈、固定块等零件组成；下模由凹模、凹模预紧圈、凹模垫板、凹模底板、顶出器、凹模垫圈、垫板、下顶杆、下顶杆套和凹模座等零件组成。上模和下模通过导套和导柱导向。

其工艺原理及工作过程是：将加热好的毛坯放入组合式预紧凹模与凹模底板组成的模腔中，压力机外滑块下行带动凸模座和挤压筒等向下运动与凹模合拢并压紧形成整体凹模模腔，然后，压力机内滑块带动凸模下行，进入挤压筒，对毛坯施加作用力，迫使毛坯金属产生塑性变形，进而充满齿形凹模模腔而得到直齿圆柱齿轮预成形件。挤压完成后，压力机内滑块带动凸模等上行，从齿轮预成形件中退出；随后，压力机外滑块带动挤压筒等上行，退回原位；此时，顶出系统通过下顶杆推动顶出器将齿轮预成形件从凹模中顶出。

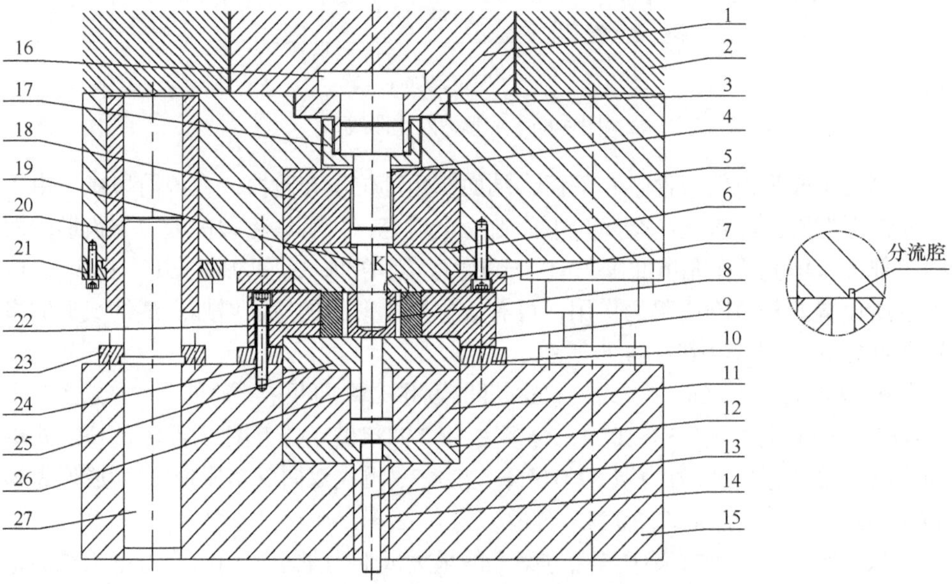

图 6-65　固定凹模单向反挤压预成形模具

1-压力机内滑块；2-压力机外滑块；3-座圈；4-凸模垫块；5-凸模座；6-挤压筒；7-压板；8-预成形件；9-凹模预紧圈；10-凹模垫板；11-凹模垫圈；12-垫板；13-下顶杆；14-下顶杆套；15-凹模座；16-固定块；17-固定圈；18-垫圈；19-凸模；20-导套；21-导套压板；22-凹模；23-导柱压板；24-圆柱头内六角螺钉；25-凹模底板；26-顶出器；27-导柱

2. 浮动凹模单向反挤压预成形模具设计

图 6-66 是直齿圆柱齿轮浮动凹模单向反挤压预成形模具结构，由上模、下模和浮动模块组成。浮动模由弹簧支撑在下模块上，可沿导柱上下浮动，并由限位螺栓限定其向上浮动的极限位置。凹模采用预应力组合结构，带内齿的内层凹模与带外齿的下模块间隙配合。合模前，浮动模块在弹簧和限位螺栓的作用下处于其上极限位置，内层凹模与下模块形成的模腔深度大于锻坯高度。

工作时，将加热好的毛坯放入凹模内，压块、上模块和凸模等随压力机滑块下行。首先，上模块先与内层凹模的上端面接触，形成封闭模腔。然后，随着压力机滑块的继续下行，浮动凹模被推动向下移动，使封闭模腔高度变小，同时，凸模对毛坯施加力的作用，毛坯被镦挤变形直至充满模腔。最后，上模随随压力机滑块回程，浮动凹模上浮至其上极限位置，顶出系统通过顶杆，推动下模块将精锻件顶出凹模。

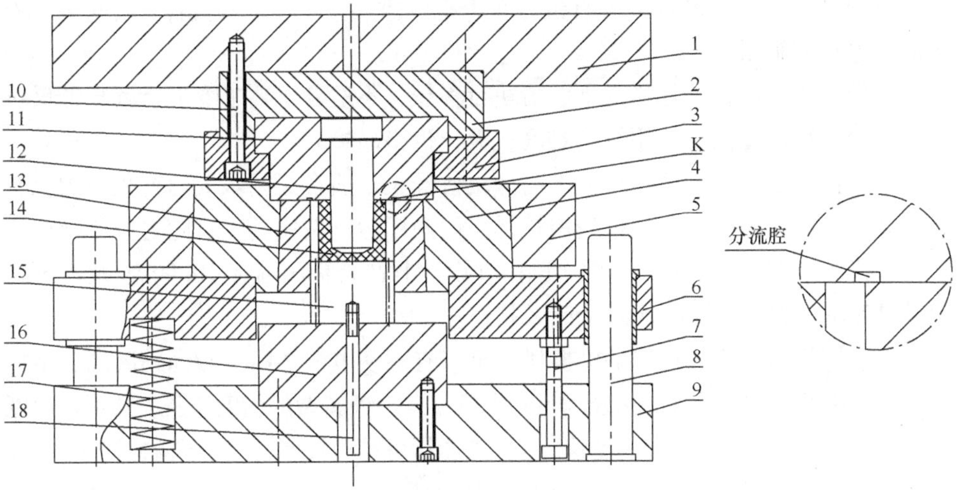

图 6-66　浮动凹模单向反挤压预成形模具

1-上模板；2-凸模垫板；3-压块；4-凹模预紧圈；5-凹模固定块；6-浮动模块；7-限位螺栓；8-导柱；9-下模板；10-圆柱头内六角螺钉；11-上模块；12-凸模；13-凹模；14-预成形件；15-下模块；16-垫板；17-弹簧；18-顶杆

比较图 6-65 和图 6-66 所示两套闭式温(热)反挤压预成形模具的结构特点可知：前者是安装在双动挤压液压机上使用，实现凹模闭合的方式是通过压力机外滑块；后者可安装在数控快速单动液压机或数控螺旋压力机上使用，凹模闭合是通过凹模浮动装置来实现。

通过刚黏塑性有限元模拟发现：直齿圆柱齿轮在前一套模具中是以反向挤压为主要的成形方式充填模膛；后者是以反挤压与镦粗相结合的方式充填模膛，加上凹模模壁相对于模底做相对移动，有助于齿轮锻件上、下两端充满，并可在上、下两端分别设置分流降压腔使分流降压效果更好。

6.5.4　温(热)单向反挤压模具结构方案的选用

选用原则应将模具结构对闭式单向反挤压工艺的适应性、对模锻设备的适应性和模具结构设计与制造的难易程度等三个主要方面予以综合比较来确定。

1. 工艺适应性

由前述直齿圆柱齿轮成形过程的模拟分析可看出，图 6-57 所示固定式单向反挤压凹模和图 6-58 所示浮动式单向反挤压凹模，由圆柱体坯料一次单向反挤压成直齿圆柱齿轮预成形件的工艺稳定性好，其中，浮动式单向反挤压凹模模具结构更稳定一些。

2. 模锻设备适应性

可用于反挤压的模锻设备有机械压力机(主要是热模锻压力机)、快速挤压液压机和电动螺旋压力机。

热模锻压力机在公称压力下的滑块行程短，不适合于要求变形行程长的反挤压工艺，且结构复杂，使用维修难度较大，价格昂贵。

快速挤压液压机在公称压力下的滑块行程长，适合于要求变形行程长的反挤压工艺，结构较为简单，制造费用较低，但使用运行费用高，且随着公称吨位增大，运行成本更高。因此，目前，国内外设计制造公称压力在 10000kN 及以下的双动挤压液压机，用于中小件的闭式挤压。

电动螺旋压力机较传统的摩擦压力机节省驱动电能 30%，导向精度高，结构简单，使用维护方便，其制造及运行费用低，是一种新型的精锻装备，其工作速度 $v \geqslant 0.7\text{m/s}$，较液压机工作速度快，且打击能量可准确控制，适合于镦粗挤压成形。

可以看出，图 6-65 所示固定式单向反挤压模具，因需要合模力，所以适合于安装在快速挤压液压机上使用，实现轮廓尺寸较小的直齿圆柱齿轮的温(热)闭式反挤压预成形；而图 6-66 所示浮动式单向反挤压模具适合于安装在电动螺旋压力机上使用，用于各种轮廓尺寸较大的直齿圆柱齿轮闭式温(热)精锻成形。

3. 设计制造的难易程度

比较图 6-65 和图 6-66 两副模具可以看出，两者在结构的复杂程度上相当，因而对于反挤压相同直齿圆柱齿轮的模具，其设计制造及使用维护费用相近。

因此，不难看出，其选用原则主要取决于所采用的精锻装备。

6.5.5 直齿圆柱齿轮中空分流锻造成形实验研究

1. 实验方案

所用的试验材料为铅和 20CrMoTi。铅是比较好的塑性成形模拟材料，铅在室温下能再结晶，能在室温下模拟钢在热态下的成形。用铅试件实验测量方便，得到的数据比较准确可靠，试件变形后的形状尺寸稳定，容易长时间保持。目前铅作为主要的塑性成形物理模拟材料被广泛地采用。在温锻实验中，采用 20CrMoTi，锻造前坯料加热到(800±20)℃。坯料尺寸为 $\Phi 66\times 57.9\text{mm}$(按锻件体积+底连皮算出)。

2. 实验结果

实验所得到铅质和钢质齿轮样件如图 6-67 和图 6-68 所示，测量出的尺寸参数为：齿数 $z=18$，模数 $m=4$，压力角 $\alpha=22.5°$，齿顶圆直径 $d_{顶}=82.06\text{mm}$，齿根圆直径 $d_{根}=66.05\text{mm}$，高度 $h=60.2\text{mm}$。

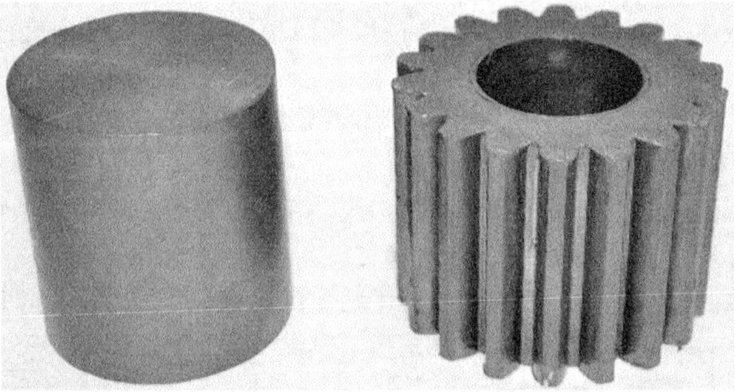

(a)　　(b)

图 6-67　铅质材料实验毛坯及齿轮样件

(a)　　(b)

图 6-68　钢质材料实验毛坯及齿轮样件

由齿轮试件及测量数据可以看出，铅质齿轮成形饱满，轮廓清晰，尺寸精度高，表面光洁。显示出热闭式反挤压成形工艺及模具设计的可行性与正确性。

采用钢质材料进行实验的齿轮样件两端存在较大圆角，表示未完全充满，其余成形良好，轮廓清晰。

参 考 文 献

[1] 文理, 张文新, 金麒, 等. 精锻直齿锥齿轮模具电极的检测[J]. 锻压技术, 1994, (1): 45-47.
[2] 王洪义, 吴志明, 王孝培. 一种齿轮精锻分析的新模型[J]. 锻压技术, 1992, (4): 2-7.
[3] 李健, 丁雪苇, 赵学红, 等. 半轴伞齿轮精锻模失效分析与对策[J]. 安徽工学院学报, 1990,

(1): 37-44.
[4] 常炯. 精锻直齿锥齿轮[J]. 机械制造, 1986, (4): 45-46.
[5] 林治平. 直齿伞齿轮精锻变形力的初等解法[J]. 南昌大学学报(工科版), 1982, (1): 11-20.
[6] 佚名. 伞齿轮的精锻[J]. 锻压机械, 1977, (1): 25-27.
[7] 佚名. 锤上精锻伞齿轮[J]. 矿山机械, 1975, (2): 58.
[8] 程羽, 李刚, 郭成, 等. 齿轮冷精锻成形工艺的研究[J]. 锻压技术, 2003, (2): 11-12.
[9] 霍艳军. 直齿圆柱齿轮冷精锻技术开发成功[J]. 机械传动, 2002, (3): 60.
[10] 谭险峰, 林治平. 直齿圆柱齿轮精锻模具设计[J]. 模具技术, 2000, (2): 42-44.
[11] 杨慎华, 寇淑清, 傅沛福, 等. 直齿圆柱齿轮冷精锻实用化工艺研究[J]. 中国机械工程, 1999, (4): 3-5.
[12] 陈泽中, 包忠诩, 连书勤, 等. 直齿圆柱齿轮精锻技术的研究进展[J]. 金属成形工艺, 1999, 17 (5): 3-5.
[13] 田福祥, 林化春, 孟凡利, 等. 直齿圆柱齿轮热精锻—冷推挤精密成形研究[J]. 锻压机械, 1997, (6): 26-28.
[14] 许树勤, 付元, 董仕深. 直齿圆柱齿轮的半精锻试验研究[J]. 山西机械, 1996, (2): 4-5.
[15] 李洪波, 高新, 吕玫. 圆柱直齿轮浮动式精锻模设计[J]. 模具工业, 1995, (9): 43-45.
[16] 林治平, 谭险峰. 带毂直齿圆柱齿轮精锻的实验研究——直齿圆柱齿轮精锻研究Ⅱ[J]. 南昌大学学报(工科版), 1992, (4): 112-115.
[17] 闫克龙. 直齿圆柱齿轮的精锻工艺及模具设计[D]. 武汉: 华中科技大学, 2013.
[18] 冀东生. 中空分流锻造成形机理及应用技术研究[D]. 武汉: 华中科技大学, 2011.
[19] 金俊松. 轿车齿轮闭式冷精锻近/净成形关键技术研究[D]. 武汉: 华中科技大学, 2009.
[20] 郑威. 直锥齿轮精锻 CAD/CAM 系统的开发[D]. 武汉: 华中科技大学, 2007.
[21] 陈霞. 直齿锥齿轮修形方法研究[D]. 武汉: 华中科技大学, 2006.
[22] 吴忠鸣. 轿车直齿圆锥齿轮的修形技术研究[D]. 武汉: 华中科技大学, 2005.
[23] 何常青. 轿车直齿圆锥齿轮冷精锻工艺研究[D]. 武汉: 华中科技大学, 2005.
[24] 杨欣荣. 高速齿轮修形技术在大功率新型高速齿轮箱上的应用[J]. 机械制造与自动化, 2005, (3): 44-47.
[25] 李润方, 丁玉成, 黎豫生, 等. 圆柱齿轮热弹变形数值分析[J]. 重庆大学学报(自然科学版), 1993, (1): 58-63.
[26] 丁玉成, 王建军, 李润方. 直齿轮接触有限元分析及轮齿热弹变形[J]. 重庆大学学报(自然科学版), 1987, (2): 1-9.
[27] 吴忠鸣, 王新云, 夏巨谌, 等. 基于 ANSYS 的直齿圆锥齿轮建模及动态接触有限元分析[J]. 机械传动, 2005, (5): 49-52.
[28] 陶燕光, 黎上威, 马宪本, 等. 高速齿轮热变形修形的试验研究[J]. 齿轮, 1988, (2): 25-28.
[29] 刘惟信. 关于汽车变速器直齿轮修形的研究[J]. 汽车齿轮, 1989, (1): 23-25.
[30] 王朝晋, 丁玉成. 关于齿廓修形的研究(二)[J]. 齿轮, 1986, (3): 9-11.
[31] 杨廷力, 叶新, 王玉璞, 等. 渐开线高速齿轮的齿高修形(一)[J]. 齿轮, 1982, (3): 14-24.
[32] 胡正寰, 夏巨谌. 中国材料工程大典 第 20 卷 材料塑性成形工程 (上册)[M]. 北京: 化学工业出版社, 2006.

第 7 章　轴类件的精锻成形

7.1　阶梯轴类件的制造方法

实心阶梯轴类件属于典型的变直径长杆类零件。目前，该类零件的生产方法主要有五种，包括圆棒料车制、热模锻制坯、楔横轧精化毛坯、冷挤压成形和多工位冷精锻成形等[1-12]。

1. 圆棒料车制

圆棒料车制是传统的加工方法，其工艺流程为圆棒粗车-圆棒精车-精磨。用棒料直接车制轴类件最不经济，模锻的材料利用率只有 60%左右。尽管通过改进数控加工的工艺与编程方式可以一定程度上提高生产效率[13]，司徒渝等[14]在轴类零件数控车削加工中利用成组工艺技术提高生产效率，但与金属体积成形工艺相比，生产效率仍然较低。

2. 热模锻制坯

热模锻成形为载重汽车变速箱轴类零件的典型加工方法，其工艺路线为棒料加热-压扁(或辊锻)-预锻-终锻-切边-后续切削加工[15]。其优点是材料利用率和制件力学性能有所提高，但其工艺为普通热模锻工艺，工序多，材料利用率一般为 75%～80%，锻件余量大，直径公差为 1.0～1.5mm，表面为自由面，坯料在成形过程中的受力状态不足以细化工件内部晶粒，其机械性能不如冷精锻件。

3. 楔横轧精化毛坯

楔横轧工艺非常适合于生产多阶梯轴类件，其工艺路线为棒料加热—楔横轧成形得到精化毛坯—切削加工去除少量余量即可得到成品零件[16]。这属于一种少无切削加工工艺，材料利用率可达 85%，直径公差为 0.5～1.0mm，表面较为光洁，但仍为自由面且由于是热塑性成形，收缩率达 1.5%，尺寸精度难以进一步提高。而且在成形过程中坯料中部受到的压应力与两端受到的拉应力周期交替，易产生裂纹，心部可能会出现疏松、空腔，在成形变形量较大的细杆时甚至会拉断[17,18]，其制件总体质量难以满足现代汽车变速箱轴类件的质量要求。

4. 冷挤压成形

轴类件冷挤压成形工艺是在单机单工位或者在多台单机连线条件下进行冷挤压成形[19,20]，所得制件经少量切削加工即可得到成品零件。其优点是材料利用率高，零件质量好，冷挤压工艺生产的坯料精度比斜横轧高，仅留磨削余量，切削性能也比斜横轧提供的轴坯料好。

但是单机单工位生产和单机连线生产的设备自动化程度低，生产效率难以提高。如果设计多工位冷精锻模具并配备多工位冷精锻压力生产线改进此种工艺，则可扬长避短形成一种生产效率大幅提高的加工方法。

5. 多工位冷精锻成形

采用多工位冷精锻压力机组成生产线，生产变速箱实心阶梯轴类件，有着传统工艺无法比拟的优势，其工艺路线为棒料退火软化-磷化皂化-多工位冷精锻成形。所得轴类件直径公差可低至 0.1mm，表面粗糙度为 Ra0.16～0.32μm，材料利用率达 95%，完全满足国内外汽车变速箱轴类件的质量要求。

冷精锻工艺包含缩径挤压和冷镦粗或镦挤复合两种成形工艺，即将已预处理的棒料置于多工位冷精锻压力机的多工位模具内，用缩径挤压成形轴件阶梯部分，用冷镦粗或镦挤复合成形轴件头部或中部法兰部分，使用多工位传输机械手完成每工位坯料的传送，使各工位成形顺次完成。

本章研究的汽车变速箱实心轴类件形状如图 7-1 所示，其为典型变直径长杆类零件。

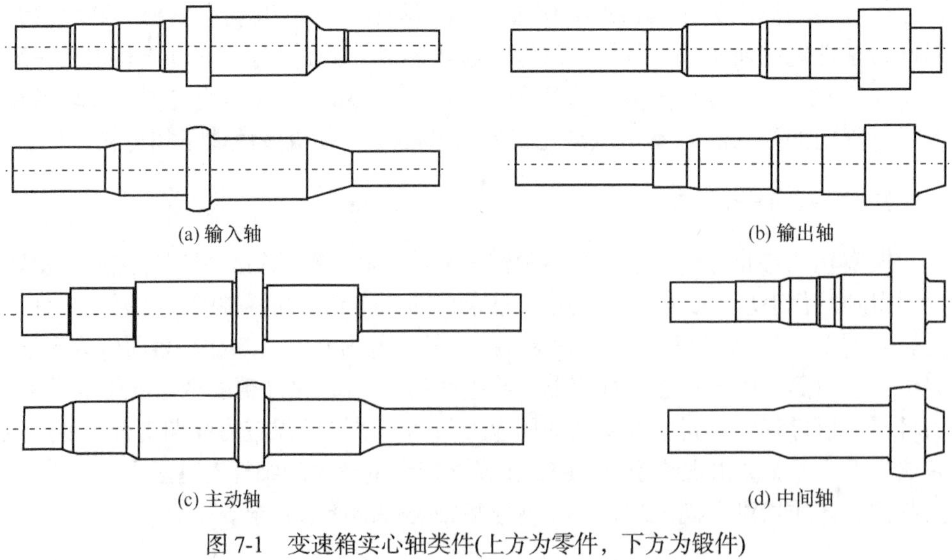

(a) 输入轴　(b) 输出轴　(c) 主动轴　(d) 中间轴

图 7-1　变速箱实心轴类件(上方为零件，下方为锻件)

由图 7-1 可见，所设计的终锻件阶梯部分各直径相差不大，非常适宜采用缩径挤压成形该部分，在零件径向上添加少量机加工余量与阶梯间锥角过渡即可得到终锻件图。冷镦锻成形是一种增大横截面积的成形方法，非常适用于成形实心阶梯轴类件中部与头部的法兰。

对于多阶梯过渡的轴类件，很难采用单工位的冷精锻工艺一次成形，而且成形工艺不稳定，生产效率低[21,22]。多工位方式能合理控制每一工位冷精锻的变形量，提高模具寿命，可以省去二次退火工序，并且在专用多工位冷精锻压力机上实现连续生产，显著提高生产效率。

7.2　金属流动规律分析

变速箱阶梯轴类零件生产的多工位冷精锻技术主要包括冷缩径挤压成形和冷镦粗成形。无论是冷挤压还是冷镦粗，都要靠模具来控制金属流动，迫使金属材料积的大量转移来成形零件。但是金属流动的模式却因工艺而不同，挤压是一种缩小金属坯料横截面积的工艺，而镦锻则是一种增大金属坯料横截面积的工艺。

7.2.1　冷缩径挤压成形金属流动规律分析

一般而言，缩径挤压(也称减径挤压)是指在室温迫使金属棒料通过开式的挤压凹模，使其直径缩小的一种小变形的挤压成形方法，如图 7-2 所示。缩径挤压本质上是一种变形程度较小，凹模口附近的坯料断面仅作轻度缩减，其余部分的

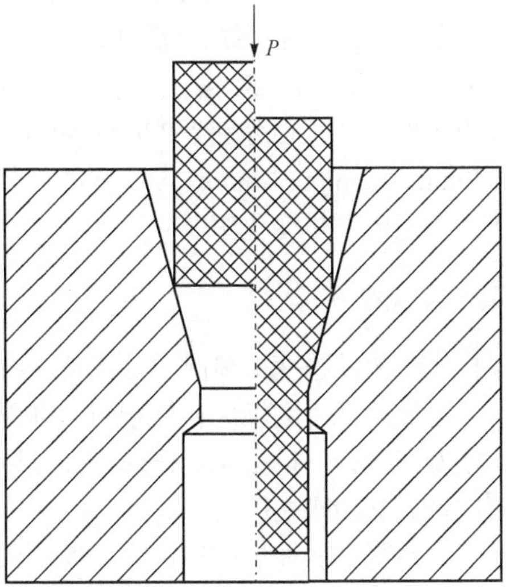

图 7-2　缩径挤压示意图

坯料不变形的正挤压。它在实际生产中主要应用于成形直径差不大的阶梯轴类零件、作为深孔杯形件的修整工序以及将尺寸较大的坯料成形为适合下一工序使用的半成品等方面。缩径挤压成形要求零件断面具有形状对称、面积差别小、过渡平缓等特征。

由于缩径挤压是一种变形程度非常小的正挤压，其金属流动规律与一般正挤压有相似之处。

(1) 成形过程中金属流动遵循最小阻力定律，即金属总是朝着流动阻力最小的方向流动；在设计缩径挤压工序时，可根据此原理对每道工序的金属流动进行有效的控制。

(2) 缩径挤压与正挤压实质上都是利用凸模的推力迫使金属通过凹模挤压工作带成形为所需的轴杆类制件。

(3) 金属通过缩径挤压变形时发生冷作硬化从而提高制件的力学性能。

然而，缩径挤压变形程度非常小，其金属流动规律与正挤压相比又有所差异。为阐述缩径挤压的金属流动规律，本节采用直径与长度相同的坯料，分别以断面缩减率 ε_A=72%的正挤压和断面缩减率 ε_A=25.3%的缩径挤压成形过程，进行有限元模拟，通过比较来对缩径挤压的成形过程进行深入的研究[4]。

采用有限元模拟软件 Deform-2D，模拟参数设置如下：原始坯料直径 50mm、长 100mm，采用刚塑性材料模型，材料为 AISI4120，网格数为 1000，坯料和环境温度均设为 20℃，成形过程忽略温度效应；模具均定义为刚性，凸模工进速度为 50m/s，工进行程为 80mm，模拟步长为 0.25mm，取常剪应力摩擦模型，坯料与模具接触摩擦因子为 0.08；在原始坯料纵截面均匀划分 5mm×5mm 的网格，并定义横向坐标线为纬线，纵向坐标线为经线，分别取标记点 P_1(0，0)、P_2(7.5，0)、P_3(15，0)、P_4(24，0)、P_5(0，45)、P_6(7.5，45)、P_7(15，45)、P_8(24，45)。

正挤压与缩径挤压成形的杆部直径分别为 30mm、44mm；在凸模行程为 0mm、5mm、10mm、15mm、20mm、25mm、40mm、80mm 时，分别截取出正挤压工艺的网格变化图和缩径挤压工艺的网格变化图。

1. 正挤压成形金属流动规律分析

由图 7-3 可看出正挤压时的网格变形情况：处于挤压料筒内区域的网格为正方形或者近似正方形，该区域定义为刚性区；处于凹模锥面附近区域的网格变形剧烈，该区域定义为塑性变形区；凹模挤压工作带下方区域的网格变为条状矩形或平行四边形网格，该区域定义为刚性区。

由图 7-3 还可看出，当坯料金属通过凹模锥面附近区域与挤压工作带时，其纬线产生严重弯曲，形成关于轴心线左右对称，两侧向上弯曲的曲线。这是凹模内壁摩擦阻力使坯料表层金属流动滞后于中心金属流动造成，以致在工件前端“外凸”，且随断面缩减率的增加，“外凸”现象更明显。这一变形规律与采用剖分网格实验所得的结果完全一致，如图 7-4 所示。

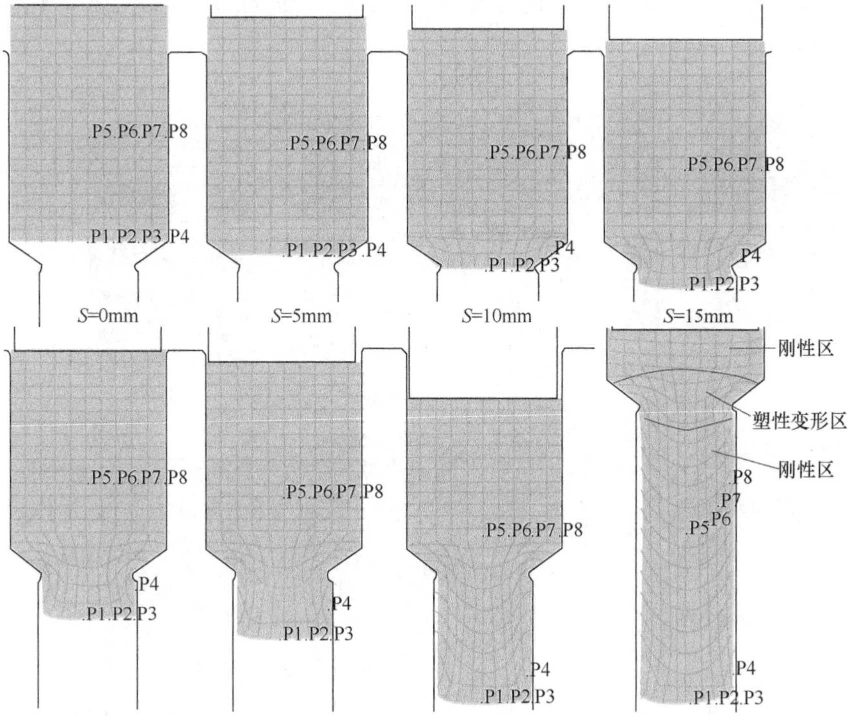

图 7-3　正挤压成形过程网格变化(断面减缩率为 72%，S 为凸模行程)

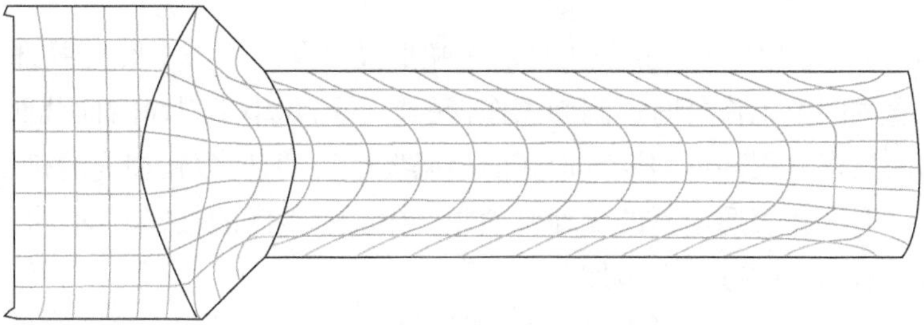

图 7-4　正挤压实心件剖分网格示意图

2. 缩径挤压成形金属流动规律分析

由图 7-5 可看出缩径挤压过程的网格变形情况如下：处于料筒(该料筒仅对坯料起导向定位作用，而没有挤压凹模的功能)内的网格几乎均为正方形，为刚性区；处于凹模锥面附近中心部分的网格几乎均为正方形，而与凹模内壁接触的表层网格也仅发生小的变形，表明中心部分为小变形区，其形状和功能与空心管挤压的芯棒相似；表层为塑性变形区，其形状为凹模内壁与芯棒型刚性区之间的环形带。凹模缩径工作带下方的网格变化与处于工作带中心部分的网格变化情况相同，亦为刚性区。

图 7-5　缩径挤压成形过程网格变化(断面减缩率为 25.3%，S 为凸模行程)

图 7-5 还可看出，缩径挤压工件的末端形成“内凹”，这是由于挤压变形程度小，坯料通过凹模工作带时，因为工作带的横截面积小于料筒的横截面积，工作带横截面内只有表层环形塑性变形区的金属发生流动，所以在相同的挤压速度下，环形塑性变形区即表层金属的流动要领先于中心刚性区的金属流动，且“内凹”现象随断面减缩率的减小而增加。

综合图 7-3 和图 7-5 可看出，随着断面减缩率逐渐增加，挤压工件的末端形状将从“内凹”转为“外凸”。这是断面减缩率增加导致工作带中部芯棒型刚性区逐渐缩小而环形塑性变形区逐渐增大，最终中心刚性区消失而工作带内全部为塑性变形区，缩径挤压因而转化为一般正挤压。

标记图 7-5 中 P_1～P_8 各点的变形速度，在 Deform-2D 环境下可分别得到各标记点的速度变化曲线，如图 7-6 所示。

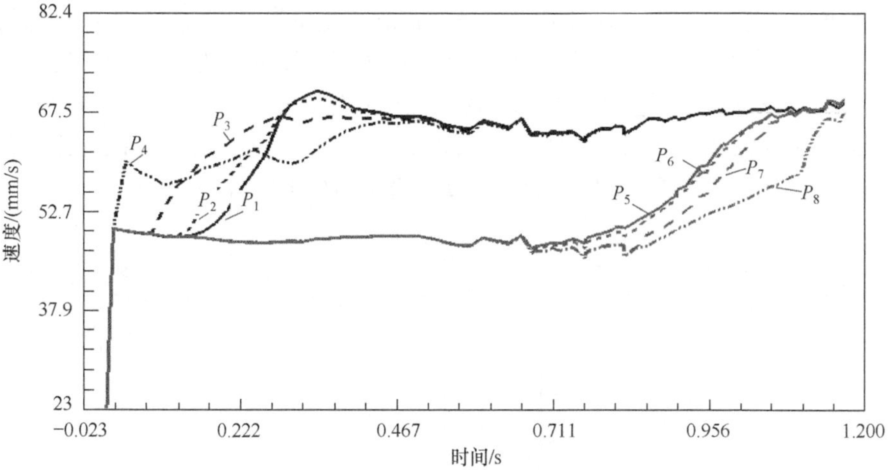

图 7-6　缩径挤压各标记点速度变化图

0～0.05s：金属仅做刚性平移，各点速度相同；0.05～0.18s：坯料表面金属各点先后与凹模锥面接触并沿凹模锥面流动，其速度排序为 $V_{P_1}<V_{P_2}<V_{P_3}<V_{P_4}$，即中心金属流动速度小于表层金属流动速度，端面开始出现内凹现象；0.18～0.25s：P_1～P_4 速度继续增加，其中 P_1 速度增加更快；0.25～0.6s：在 0.25s 时端面内凹程度达到最大，此后 P_4、P_3、P_2、P_1 速度排序颠倒，即 $V_{P_1}>V_{P_2}>V_{P_3}>V_{P_4}$，中心金属流动速度大于表层金属流动速度，端面内凹开始减弱，在 0.6s 时变形进入稳定后端面内凹稳定下来；0.8～1.2s：缩径变形进入稳定状态后，P_8、P_7、P_6、P_5 各点的速度保持稳定，此时表层金属流动速度始终小于中心金属流动速度，直到结束。这表明，标记点的速度变化规律与网格变化情况完全一致。

综合前述网格变化与速度变化分析，以凸模行程为 15mm，时间为 0.3s 为界，可将缩径挤压过程分为变形未稳定阶段与变形稳定阶段。端面内凹的形成根本上是由在变形未稳定阶段表面金属流动速度大于中心金属流动速度，而在变形稳定阶段表面金属与中心金属等速流动导致的。其形成过程中内凹先加剧再减弱，但内凹的减弱非常有限，所以精锻轴杆件端部总是保持内凹。凹模锥面的形状是内凹的增强因素，凹模锥面锥角越大，锥面越长，内凹越明显；摩擦阻力为内凹的减弱因素，摩擦阻力越大，作用时间越长，内凹减弱越明显。

7.2.2　冷镦锻成形金属流动规律分析

圆棒料镦粗方式一般有三种：自由镦粗、凹模内镦粗和凸模锥形模膛内镦粗。在多阶梯长轴类零件成形中，常常采用上述三种冷镦方式与冷挤复合的工艺。本节采用镦挤复合工艺，先进行缩径挤压而后进行头部或中部的镦粗。

冷镦粗成形过程：凸模逐渐下压，坯料所受的镦粗力不断增大；当坯料最大横截面所受单位压力增大到材料屈服强度 σ_s 时，此横截面积增大；这些局部的横截面积增大宏观表现为坯料发生镦粗。在一定压力下，随着横截面积的增大，单位压力将会下降使镦粗减弱，再加上冷作硬化作用，如果不增加镦粗压力，成形过程最终会无法进行。因此镦粗的过程需要较大的持续成形力。镦锻工艺的金属流线示意图如图 7-7 所示，根据变形程度可将镦粗变形区分为 A、B、C 三个部分。

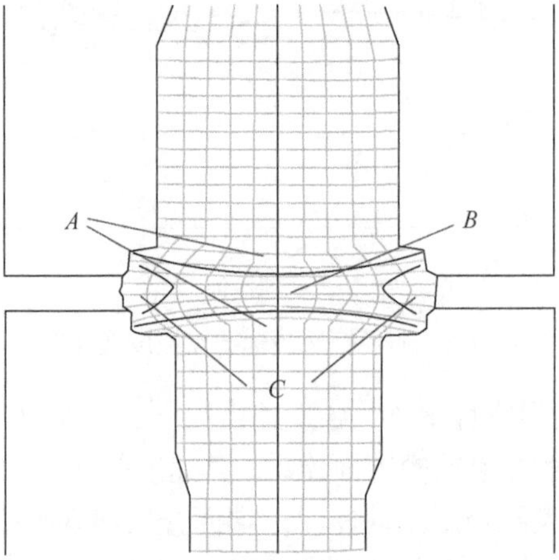

图 7-7　镦锻工艺的金属流线

A 区为难变形区，由于受变形边界上不变形金属内应力或模具摩擦力的阻碍，该区单元体金属都处于三向应力状态，但阻力的影响随着到边界的距离增加而减弱，因此 A 区大致呈圆锥状。B 区为大变形区，处于上下 A 区之间。该区金属受上述边界阻力较小，主要在轴向压力作用下产生轴向压缩变形，致使网格在径向由中心向上、下内凹，在轴向由中心向外凸出，变形体呈鼓形。C 区为小变形区，处于外侧筒形区域。该区金属一部分受半封闭式凹模表面摩擦阻力影响，一部分为自由表面，在受轴向压缩的同时，还受到 B 区的扩张力作用，网格也呈凸肚状，但变形较小。

7.3　精锻成形极限

7.3.1　缩径挤压的极限变形程度

在缩径挤压过程中，如果工艺参数、模具结构参数设计不当或润滑不良，则变形阻力增大，导致未进入凹模的坯料自由段部分的横截面上单位挤压力 p 过大。当 p 大于材料的屈服应力 σ_s 时，该部位即产生镦粗，如图 7-8 所示。

镦粗使坯料自由段的横截面积增加，该段横截面上的单位挤压力会随之下降而且镦粗产生的冷作硬化对进一步镦粗有减弱作用。如果镦粗被抵消，挤压将继续进行；如果该横截面上的单位挤压力仍大于材料的屈服应力 σ_s，那么该部位将继续镦粗乃至金属只沿径向流动而无法挤入模孔，从而导致挤压无法进行。

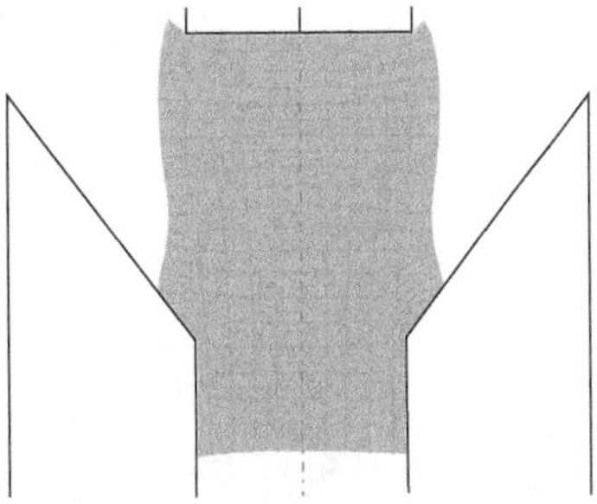

图 7-8　缩径挤压过程中发生镦粗

将坯料自由段的横截面上单位挤压力等于材料的屈服应力 σ_s 时，金属不产生镦粗的变形程度定义为极限变形程度[23]。极限变形程度是判断冷缩径挤压是否成功的重要参数之一。缩径挤压实心件变形程度通常用断面减缩率 ε_A 来表示。

断面缩减率：

$$\varepsilon_A=\frac{A_0-A_1}{A_0}\times 100\%=\frac{{d_0}^2-{d_1}^2}{{d_0}^2}\times 100\% \tag{7-1}$$

正挤压实心件的挤压比：

$$R=\frac{A_0}{A_1}=\frac{d_0^2}{d_1^2} \tag{7-2}$$

其中，A_0、A_1 分别为挤压前、后的横截面积；d_0、d_1 分别为挤压前、后的横截面直径。

对极限变形程度影响较大的因素有挤压材料屈服强度、坯料表面处理与润滑方式、坯料原始尺寸、凹模材料的强度、工作带长度等。对于碳钢和低合金结构钢零件，当锥角 α =25°～30°时，坯料经退火处理后，其缩径挤压的极限变形程度 $\varepsilon_{A\max}$ 为 28%～32%。

以此为参考，采用有限元模拟的方法，对坯料尺寸为 Φ50mm×256mm，凹模锥角为 30°的冷缩径挤压进行不同缩径比的模拟[4]，并规定坯料镦粗的临界判据是未进入变形区的坯料直径增量少于 0.2mm。部分模拟的结果如图 7-9 所示。

模拟结果显示，当凹模锥角为 30°，材料为 AISI4120 时的缩径挤压极限变形程度 $\varepsilon_{A\max}$ 为 34%，折算成挤压比 $R=\dfrac{d_0^2}{d_{1\min}^2}=0.66$，缩径挤压的最小加工直径 $d_{1\min}\approx 0.81d_0$。本节以此为冷缩径挤压的极限变形程度，并作为工艺判据。

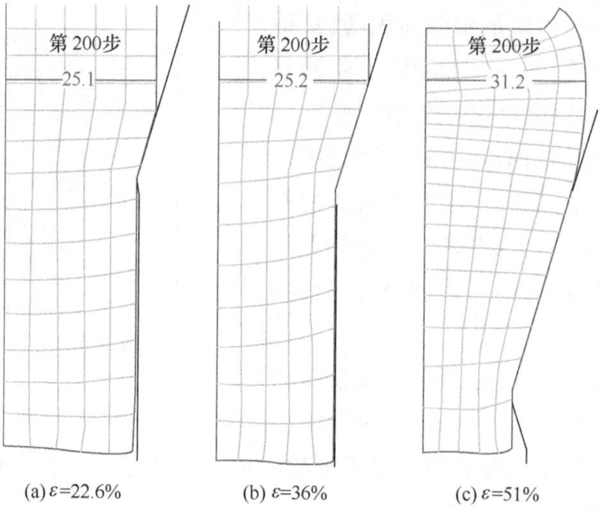

图 7-9　不同缩径比的缩径挤压模拟结果

7.3.2　镦锻成形的极限变形程度

坯料在一次镦粗成形过程中，可获得自由的或由模腔决定的形状，但是一次镦粗量不能太大，否则要产生弯曲变形。镦粗比是镦粗规则中重要的技术参数，由以下公式可确定镦粗坯料的形状和尺寸：

$$l_B = \frac{4V_A}{\pi d_0^2} \tag{7-3}$$

$$\psi = \frac{l_B}{d_0} \tag{7-4}$$

其中，l_B为坯料镦粗长度(mm)；V_A为锻件的终锻体积(mm^3)；d_0为坯料直径(mm)；ψ为坯料的镦粗比，以ψ_{max}表征冷镦粗的极限变形程度。

两端固定的自由面镦粗、凹模内镦粗及凸模锥形模膛内镦粗的极限变形程度分别如图 7-10 所示，在图示范围内可以一次镦粗成鼓形、柱形或锥形的锻件[4]。

由图 7-10 可知，对两端固定的自由面镦粗，冷镦粗部分极限变形程度ψ_{max} = 2.5；对凹模内镦粗，当$d_1 \leqslant 1.5d_0$时，其极限变形程度ψ_{max} =4；当$d_1 > 1.5d_0$时，其极限变形程度ψ_{max} =2.5；对于凸模锥形模腔内镦粗，当$d_1=1.3d_0$时，$c=1.43d_0$，$a=h_0-1.9d_0$，其极限变形程度ψ_{max} =4.5；$d_1=1.4d_0$时，$c=1.9d_0$，$a= h_0-2.76d_0$，其极限变形程度ψ_{max} =4.0。

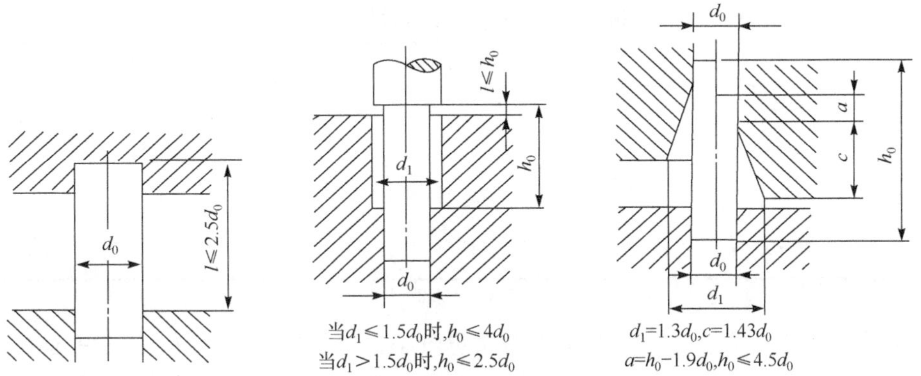

(a) 两端固定的自由面镦粗　(b) 凹模内镦粗　(c) 凸模锥形模膛内镦粗

图 7-10　各种镦粗方式的极限变形程度

7.3.3　微量镦粗对缩径挤压工艺与模具设计的影响

由图 7-8 可知，当缩径挤压的变形程度超出 $\varepsilon_{A\max}$ 时，坯料会在凹模入口附近和凸模端面附近发生镦粗。有限元模拟与实际实验测量表明，尽管缩径挤压的变形程度在极限变形程度以内，但在挤压力作用下坯料仍然会在凹模入口附近有 0.1～0.2mm 的微量镦粗，如图 7-9(a)、(b)所示，且微量镦粗程度由成形力大小决定。

实验测得的 0.1～0.2mm 微镦粗量都发生在凹模入口处的变形区附近，而坯料上远离变形区的部分均无明显的镦粗迹象，如图 7-11 与表 7-1 所示。

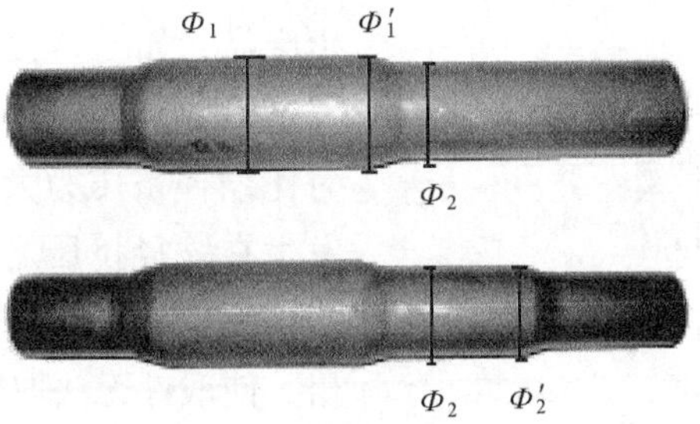

图 7-11　缩径微镦粗示意图

图 7-11 中，Φ_1 与 Φ_1' 分别为第一工步变形区远端与近端的直径，Φ_2 与 Φ_2' 分别为第二工步变形区远端与近端的直径，分别在第一、第二工步结束时，测量锻件 Φ_1、Φ_1'、Φ_2、Φ_2' 对应位置的直径，每个数值测量三次，测 30 个锻件，取平均值，镦粗量为远端直径与近端直径之差，如表 7.1 所示。

表 7-1　第一、二工步镦粗量比较

变量	平均值/mm	镦粗量/mm
Φ1	50.07	0.14
Φ_1'	49.93	0.14
Φ2	43.67	0.00
Φ_2'	43.67	0.00

由表 7-1 可知，第二工步的微镦粗量较小，这是由于经过第一工步缩径挤压后，第二段阶梯积累了冷作硬化，材料的屈服强度 σ_s 提高；同时由于第二工步的断面减缩率低于第一工步，成形力相对较小，从而使塑性的镦粗不易形成。

如果采用开式缩径挤压，0.1～0.2mm 的微镦粗量对成形并不会造成很大的影响。但是多工位冷精锻要求每工步的锻件由机械手夹持后送至下一工步的模具中成形。如果采用开式缩径挤压，会导致成形前锻件在凹模中无法固定。因此，成形凹模必须采用导向料筒来固定前一工步的锻件。如此锻件即使有微镦粗也会对导向料筒内径的设计带来直接的影响。

为了保证锻件能顺利放入凹模，设计模具时应充分考虑镦粗量的存在，料筒内径要比前一工步锻件对应的外径大至少 0.1～0.2mm。因为挤压过程中坯料未变形区的弹性镦粗是必然会发生的，如果料筒内径过小，未变形区的部分将会与模腔内壁接触从而产生摩擦阻力，阻力增大迫使挤压力增大，于是导致镦粗加剧，摩擦阻力增大，产生自发性循环，使缩径挤压无法继续进行而异化成镦粗从而产生废品，如图 7-12 所示。

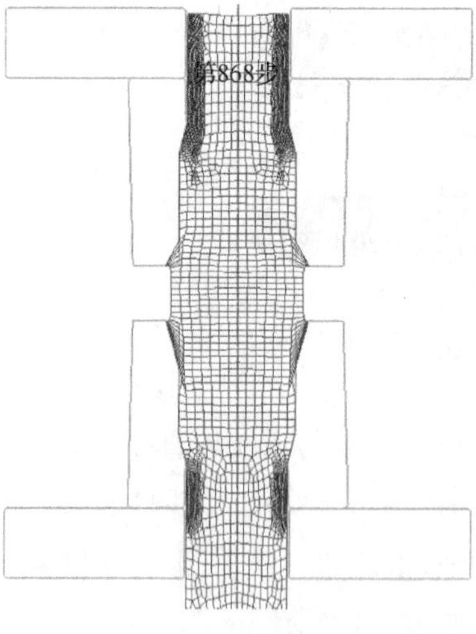

图 7-12　锻件在料筒入口镦粗

另外，在镦挤复合成形工艺中，镦粗力比缩径挤压力大好几倍，且镦粗往往发生在缩径挤压之后，镦粗力传递到刚挤压完的轴杆，可能会导致端部发生镦粗，使锻件无法取出，如图 7-13 所示。因此，要求顶出器深入垫套内，形成闭塞空间，以限制金属流动。

同时巨大的镦粗力可能会导致端部在工作带与垫套之间的少量空隙内发生镦粗，如图 7-14 所示，导致锻件顶出时缩径轴段的表面刮伤，如图 7-15 所示。

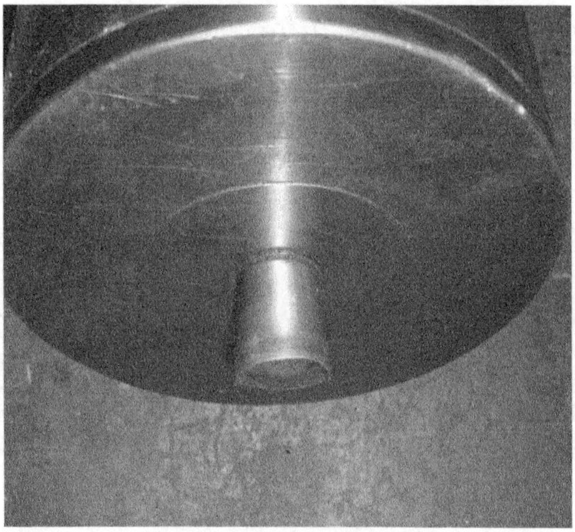

图 7-13　锻件端部镦粗

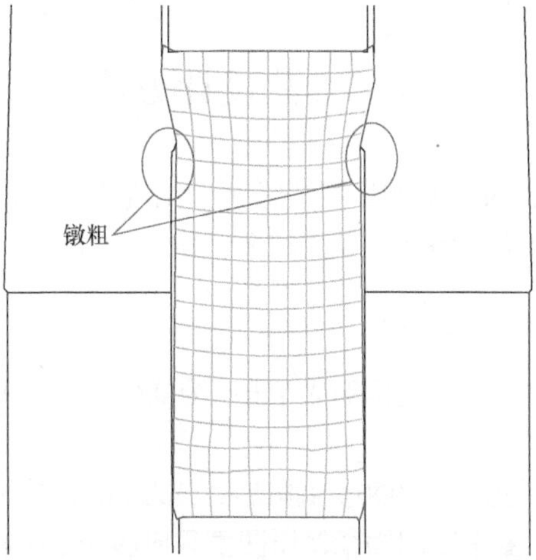

图 7-14　锻件在垫套内镦粗

图 7-15　锻件端部顶出时刮伤

其解决办法为优化模具结构：把工作带与凹模出口由原来的台阶圆角过渡改成与缩径挤压凹模一样的小角度圆锥面过渡，过渡锥角取 10°～15°，实现平缓过渡，如图 7-16 所示。

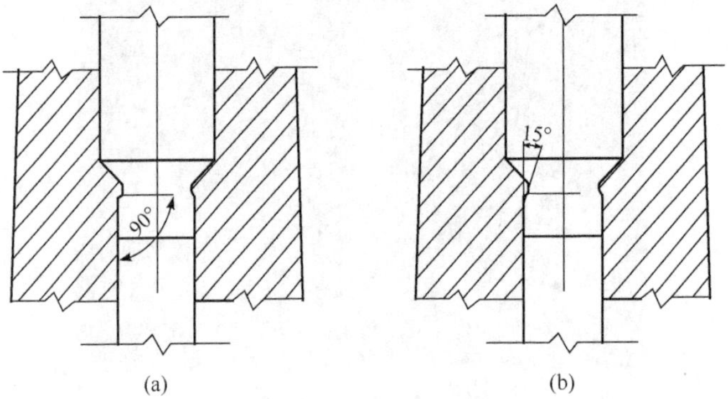

图 7-16　凹模出口与工作带之间的圆锥面过渡

7.4　工艺设计方法

结合多工位压力机及其自动送料机械手的结构要求，根据精锻成形原理和冷精锻极限变形程度，介绍阶梯轴类零件的多工位冷精锻工艺设计方法与原则[24-30]。

7.4.1　缩径挤压工艺的设计方法

根据 7.3.1 节可知，单次挤压极限挤压比为 0.66，即挤压后直径与挤压前直径比多 0.81。

故当相邻阶梯直径比大于 0.81，即 $d_n>0.81d_{n-1}$ 时，采用缩径挤压可以一步成形。为保证稳定成形，要求一副缩径挤压凹模只成形一个阶梯，对于两端都需缩径挤压的工艺，采用上下凹模反挤的方式成形阶梯，以减少工步数。当相邻阶梯直径比小于 0.81，即 $d_n<0.81d_{n-1}$ 时，需增加缩径挤压工步。分多个工步缩径一个阶梯轴段时，应合理分配每次挤压的直径比，保证每次挤压的直径比都在缩径极限内，即均大于 0.81。当相邻阶梯直径比小于 0.5 时，则不宜采用多步缩径方法。因为直径比过小，折合断面减缩率偏大，要求更多的工步数，会造成多个工步冷作硬化的积累，导致后续的缩径挤压失效甚至损坏模具。此时应考虑扩大直径比，通过增加小径上的加工余量来实现。

7.4.2　镦锻工艺的设计方法

精锻件图中采用镦锻成形的阶梯轴段特征为该轴段与相邻阶梯轴段的直径相

差较大，其高径比小于 1。

根据不同的工艺要求，在满足镦锻极限变形程度，即镦粗比 $\psi < \psi_{\max}$ 的前提下可根据如下原则选取适当的镦粗方式一次成形。当对尺寸精度要求较高时，采用凹模内镦粗；当成形高径比较大时，采用凸模锥形模膛内镦粗；当成形力较大且对尺寸要求不是很高时，采用自由镦粗。

当变形部分的镦粗比 $\psi > \psi_{\max}$ 时，应正确分配镦粗比分两步镦锻。遵循的规则为 $\psi_n < 0.7\psi_{\max}$，其中 ψ_n 为第 n 次镦粗时的镦粗比。

7.4.3　工艺设计基本原则与设计方法

为了最大限度地发挥多工位冷精锻的优势，设计多工位冷精锻工艺时，应遵循以下原则并参考其设计方法[3,4]。

1. 合理设计精锻件图

在保证主要部位尺寸(或机械加工难度较大的尺寸)不进行后续机械加工的前提下，合理设计精锻件图以最大限度地节省材料，但不必片面追求所有尺寸或大部分尺寸都不需要机械加工。可以添加适当的加工余量以及利用阶梯轴末端、镦粗的自由面等来调节坯料的尺寸和重量公差。

阶梯轴终锻件的加工余量设计原则是，缩径挤压轴段的径向尺寸精度可由模具的制造精度保证，因此缩径部分轴段可不留余量，对于有特殊精度要求的轴段，可留 0.2～0.4mm 的余量；当缩径挤压断面减缩率小于 5%时，相邻阶梯轴段的直径比接近 1，可将直径较小的轴段简化成直径较大的轴段，以减少工序；锻件两端会发生凹陷，因此两端各加 2～4mm 的余量；采用镦锻成形的法兰部分自由表面的部分应在保证主要尺寸的前提下确定径向余量，凹模内镦锻的部分则无须加径向余量，但对有特别精度要求的轴段，可留 0.5～1mm 的余量，在镦锻分模面的轴向方向留 1～2mm 的余量用于调节坯料体积波动尺寸变化。

2. 提高下料精度

分析终锻件形状确定坯料直径，计算精锻件坯料体积，根据体积守恒原则确定坯料的长度，采用高速自动带锯实现精确下料。为了最大限度地减小加工量，原始坯料直径 d_0 一般以缩径挤压工艺中直径最大、长度最长轴段的直径为基准。

通过计算得到阶梯轴零件的体积 V_p，坯料体积 $V_0=V_p+V_x$，式中，V_p 为零件体积，V_x 为加工余量体积；分析终锻件形状确定坯料直径 d_0，根据体积守恒原则，可计算坯料的长度 $L = 4V_0 / (\pi d_0^2)$，d_0 为坯料直径。

3. 降低变形抗力

坯料经充分退火软化和磷化皂化，可以降低变形抗力和成形载荷。将坯料退火至硬度为 130～150HBS，并按照标准工艺进行磷化和皂化处理，摩擦系数 μ 将低于 0.08；凹模模腔研磨抛光，必要时可以考虑使用高效能的润滑剂。

4. 确定工步数

分析锻件图中各轴段的直径分布，计算各轴段冷缩径挤压的断面减缩率，根据极限变形程度判据确定工步数。断面减缩率若满足极限变形程度条件，则要相邻轴段可以一步成形，否则要增加工步。所需增加的必要缩径挤压工步数为

$$n = \log_{0.81}\left(d_{\max} / d_{\min}\right) \tag{7-5}$$

其中，$d_{\max}$ 与 $d_{\min}$ 分别为各段阶梯的最大直径和最小直径。所需增加的镦锻工步数一般不宜超过 2 步。合理利用工艺的组合可有效减少工步数，例如，把两端都需要进行缩径挤压的两个工步合并成上下同时反挤；把不容易通过缩径成形的大直径比轴段用镦锻法兰的工艺克服；把成形力要求不大的缩径挤压与镦锻复合等。

5. 合理设计工步图

设计工步图即要确定每一工步的锻件外形尺寸，应综合考虑各种影响因素以保证锻件成形良好，便于机械手夹持，而且总成形力应尽可能小。设计工步图应严格遵循体积守恒原则，否则可能会由于体积误差积累引起工步间工艺不稳定；工艺与模具设计上对体积波动应有自适应调节功能。设计工步图还应根据挤压过程中金属的流动规律确定金属分流面，分段计算各分流面之间的体积，从金属流动的角度确定成形后各轴段的长度。

6. 计算分配成形载荷

总成形载荷决定了设备的公称压力，而各工步成形载荷则对成形精度有直接影响。

镦粗力一般比缩径挤压力大很多，包含镦锻工艺的工步应置于滑块压力中心附近；在包含镦挤复合的工步中，强大的镦锻力可能会使先缩径成形的轴段端部镦粗，因此应该尽量把法兰镦锻工步排在缩径挤压前；另外，镦后突出的法兰可能会给机械手夹持带来不便，因此法兰镦锻工步应该后置。在分布各工步成形载荷时，应综合考虑各方面的因素，保证锻件成形良好，尽可能减小总成形力，合理分布各步的成形力，减少设备偏载，而且方便机械手夹持。

7. 数值模拟优化

阶梯轴类件的多工位冷精锻工艺的设计从确定初步工艺组合到绘制工步图，再到成形力核算，需要多次核算验证，通过反复调整以达到工艺优化的目的。

优化的途径包括：调整参数，如中间工步的断面减缩率、镦锻比、凹模锥角、凹模工作带长度等；工艺组合变换，如镦挤复合、镦粗工步的前置或者后置等。通过不同方案的有限元模拟评价比较，得出最优的方案，最终确定工艺设计参数。

7.5　多工位自动化生产对模具的要求

本节主要根据多工位冷精锻的工艺要求与五工位压力机及其机械的结构特征来设计五工位冷精锻模架。针对模拟与实验中出现的缺陷，优化了模具结构，并提出模块化冷精锻模具单元的关键设计原则[4]。

7.5.1　多工位工艺的要求

本节所设计的冷精锻模具为五工位模具。在工艺上要求后一工位的凹模能很好地固定前一工位的锻件，否则滑块会压坏锻件，甚至损坏模具和设备，如图 7-17 所示。

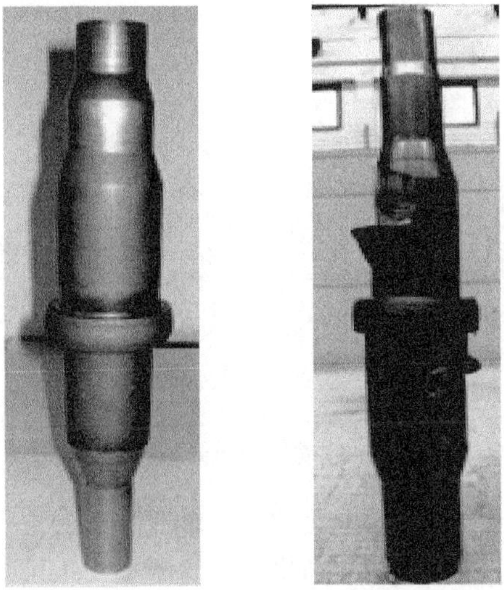

(a) 正常的锻件　(b) 被破坏的锻件

图 7-17　锻件的破坏

由于缩径工艺中不变形部分径向变形不大，无须模具约束，而镦粗工艺中由于成形力较大，不变形部分有镦粗的趋势，需要模具给予约束。因此，如何在保证锻件与凹模配合的同时保证锻件的径向尺寸，是多工位工艺对模具设计的关键要求。

7.5.2 送料机械手的要求

五工位模具上成形的冷精锻件是通过五工位送料机械手完成锻件的传输的，机械手的钳爪停放于下凹模的分模面上方，为方便机械手的运动，要求五个工位的下凹模的分模面处于同一水平面。

因为锻件在每工步的形状都不一样，为使机械手爪钳便捷而平稳地夹持工件，必须在每工步的工件中选择一个合适的夹持位置，并要求所有夹持位置共一水平面且与分模面等距。夹持平面的选择原则如下。

(1) 使机械手爪钳夹持可靠，减少传输机械手传送运动时产生的惯性影响。

(2) 使机械手提升的高度尽量小。

(3) 在工件上留有在爪钳上下滑动的空间。

机械手夹持各工位的工件时，工件都处于被完全从下凹模顶出的状态；而工件的顶出状态已由夹持位置决定，通过计算得到顶出行程，由此可反推工件的成形位置，即可确定各工位模具工作部分的相对位置。

除确定工作部分的相对位置外，还应考虑锻件被传送到下一工位后的释放状态。对于较难由下一工位凹模定位的工件，应考虑使用浮动导向料筒结构，如图 7-18 所示。

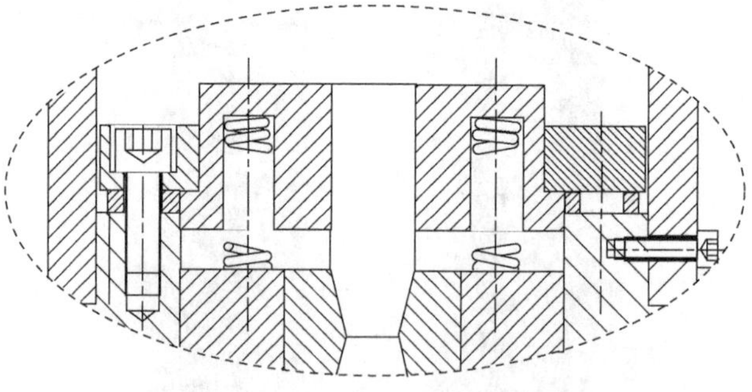

图 7-18 浮动导向料筒结构示意图

另外，在传送方向上各模具单元的中心轴线距离的位置精度应大于或等于机械手的传送精度，保证机械手能准确将工件置于下一工位的模腔内。

7.5.3 五工位冷精锻模架部分结构设计

本节设计的实心阶梯轴五工位冷精锻模具包括上、下模座，上、下顶出装置，五对模块化的模具单元及其紧固装置等，如图 7-19 与图 7-20 所示。

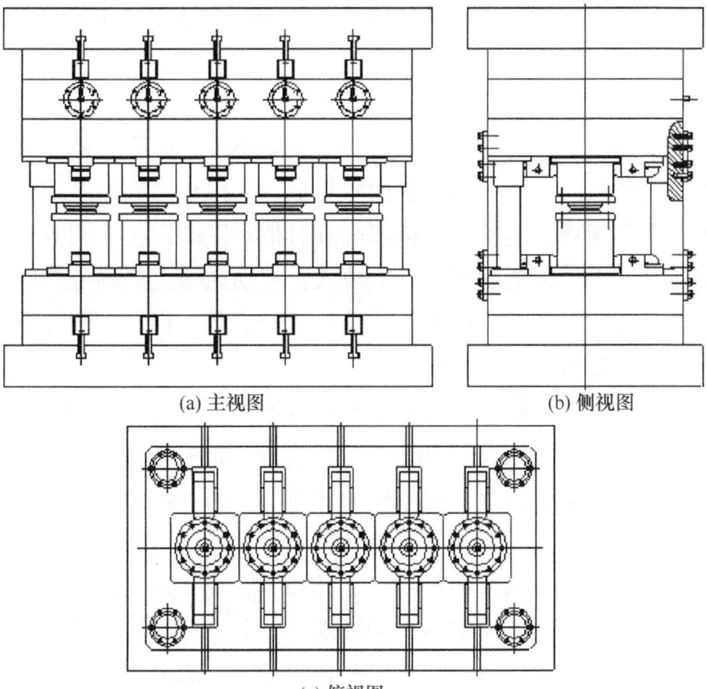

图 7-19　实心阶梯轴五工位冷精锻模具示意图

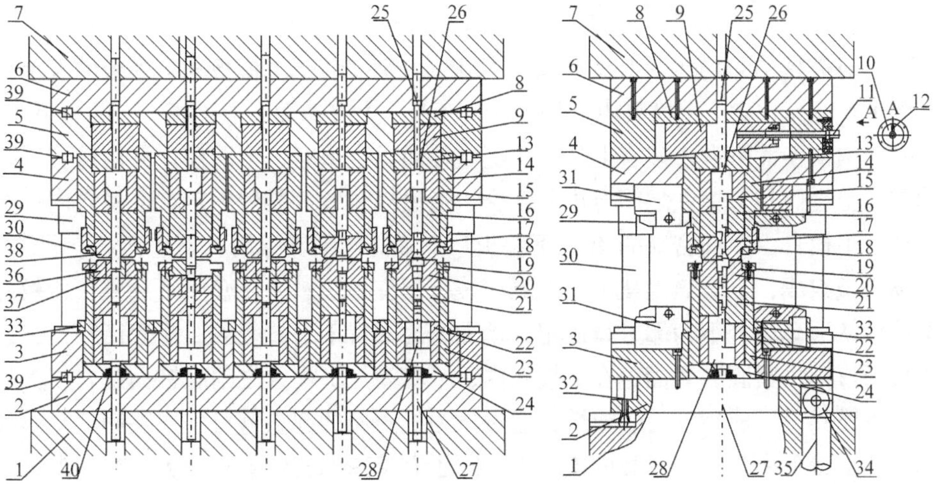

图 7-20　实心阶梯轴五工位冷精锻模具剖视图

1-工作台；2-下底板；3-下模板；4-上模板；5-上模板垫板；6-上底板；7-滑块；8-楔块垫板；9-楔块；10-面板；11-调节螺杆；12-指针；13-上垫板；14-上套筒；15-上支撑筒；16-上垫套；17-上凹模；18-螺旋压圈；19-压板；20-下凹模；21-下垫套；22-下支撑筒；23-下套筒；24-下垫板；25-上顶杆；26-上顶出器；27-下顶杆；28-下顶出器；29-导套；30-导柱；31-模具紧固装置；32-模架锁紧装置；33-下模压板；34-滚轮；35-模架顶步缸；36-应力圈；37-下凹模内圈；38-上模芯；39-定位销；40-单向密封圈

实心阶梯轴五工位冷精锻模具的结构与功能特点分别设计如下。

1. 上、下模座

其中，上模座由上底板、上模板垫板、楔块垫板、面板、调节螺杆、楔块、上模板组成；上底板、上模板垫板、楔块垫板、上模板依次通过螺钉连接，上模板垫板内置有五个楔块，上模板垫板表面装有带刻度的面板，调节螺杆穿过面板与楔块螺纹连接，上模板上均布五个上模穴；旋动面板上的调节螺杆，带动楔块前后移动，使上垫板能在 ± 2mm 范围内进行上下微调，指针随调节螺杆转动并在面板表面上指示上垫板的上下位移。

下模座由通过螺钉连接的下模板和下底板组成，下模板上均布五个下模穴；下底板底面装有两排均匀分布的滚轮；下底板与下模板相接的表面、上模板与上模板垫板以及上模板垫板与上底板相接的表面均有两个均匀分布的定位孔，由定位销定位。

模具工作时，由模架锁紧装置将上底板和下底板分别固定在液压主机的滑块和工作台上；拆卸模具时，模架锁紧装置松开，上底板与滑块脱离，然后工作台内的模架顶出缸将模架整个顶出，下底板和工作台分离，通过下底板内的两排滚轮可方便地推出模架。

2. 模块化设计的模具单元

五对模具单元均包括上模具和下模具，分别安装于上模板和下模板的五个均布的上、下模穴中。上模具由上垫板、上套筒、上支撑筒、上垫套、上凹模组成，上套筒内从上而下顺序装有上垫板、上支撑筒、上垫套、上凹模，并由螺旋压圈固定，上套筒与上模穴之间有锥面配合，通过模具紧固装置固定在上模穴内；相似地，下模具由单向密封圈 40、下垫板、下套筒、下支撑筒、下垫套、下凹模、下模压板组成，下套筒内从下而上顺序装有下支撑筒、下垫套、下凹模，压板和下垫板从下套筒上下两端进行固定，单向密封圈置于下垫板内，下套筒穿过下模压板通过模具紧固装置固定在下模穴内，下套筒与下模穴之间有锥面配合。上模具和下模具设计成独立封装模块，通过压力机附属的起重臂可独立装卸任意模具单元的上或下模具。在封装的模块中，除了有特殊的密闭要求外，应充分考虑装卸便捷性，应合理设计套筒内零件的配合公差与排气通道；将垫套，垫板，套筒等零件形成标准化设计。

3. 上、下顶出装置

五个上顶出装置各自包括上顶杆和上顶出器，上顶出器位于上支撑筒内，其杆部伸入上垫套内；上顶杆穿过上底板、楔块、上垫板顶在上顶出器底部；根据不同的工艺要求，上顶出器可设计成单向缩径用的凸模与顶出锻件用的顶杆。

五个下顶出装置各自包括下顶杆和下顶出器，下顶出器位于下支撑筒内，其杆部伸入下垫套内；下顶杆穿过下底板、单向密封圈和下垫板，顶在下顶出器的底部。下顶杆的长度由顶出行程决定，顶出空间的高度应稍大于顶杆长度，以避免设备顶出缸把模具单元顶松。下顶出空间内有单向密封要求，下顶杆顶出完毕后，由于单向密封圈单向密封，下顶出器停留在顶出行程终点，不能自动回复至原来位置，为将要放入凹模的前工步的锻件提供底部支撑。

上顶出器和下顶出器杆部应分别伸入上垫套和下垫套内，形成闭塞空间，以控制金属流动，保证轴向精度；各工位杆部直径要比工作带直径小 1～2mm，以便顺利排气，并防止镦挤复合时挤压段端面镦粗。顶出动作必须在机械手夹住锻件之前完成。

4. 模具紧固装置

模具单元的紧固装置共有十对，其中五对固定在上模板下面对应于五个上模具的前后位置，另外五对固定在下模板上面对应于五个下模具的前后位置，各模具紧固装置均由连接销、压钳、顶出缸、支架组成，支架底部固定在上模板或下模板的 T 形槽内，压钳通过连接销固定在支架上，顶出缸穿过支架顶住压钳，使压钳紧压住套筒或压板，如图 7-21 所示；模具紧固装置中的顶出缸顶住压钳，使压钳通过压紧压板把模具单元固定在上模穴或下模穴内；拆卸模具单元时，顶出缸排油复位，松开压钳，即可方便取出各个模具单元。这种紧固装置可分别或同时将各模具单元紧固或松开，且紧固力大小一致，工作效率高。

5. 五工位冷精锻模具工作过程

五工位冷精锻模具工作过程为：五个上凹模通过模架上的导套、导柱导向，在滑块推动下向下运动，上、下凹模逐渐闭合，坯料在上、下凹模中完成冷精锻成形；通过调节液压机滑块行程，使滑块到达下死点时上下凹模不发生碰撞，减小模具受冲击力，延长模具使用寿命，保证锻件尺寸精度。成形完毕后，滑块空程回复，上、下模具快速分离，五工位送料机械手将各工位由上、下顶出装置顶出的精锻件传送至下一工位成形，模具再次闭合，如此循环。

运动仿真模拟与工艺实验证明，本套模具结构设计合理，模块化设计使制造、安装、使用及维修方便，工作可靠；将模具安装在16MN五工序液压主机上完成阶梯轴类件的冷精锻成形，所得精锻件尺寸精度高、表面光洁、力学性能好、材料利用率高，完全满足汽车变速箱轴类件的质量要求，如图7-22所示。

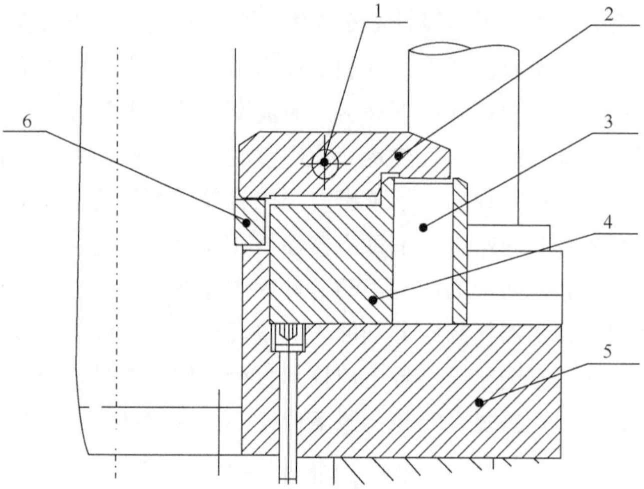

图7-21　模具单元的紧固装置结构示意图

1-连接销；2-压钳；3-顶出缸；4-支架；5-下模板；6-下模压板

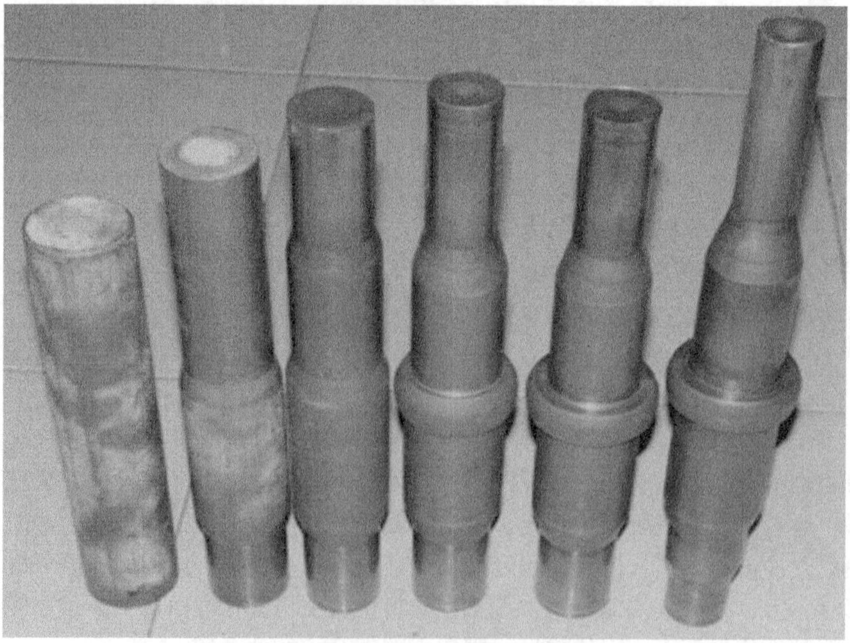

图7-22　采用五工位冷精锻工艺实验模具成形的实心阶梯轴类件

7.5.4　五工位冷精锻模具工作部分的设计原则与方法

模具工作部分是指模具中金属发生塑性变形的凸模和凹模。模具工作部分工作环境恶劣，冷精锻凸、凹模承受的单位压力通常在 1500MPa 以上，甚至高达 2500MPa，模具温度达到 200～350℃，此外还须考虑模具加工、安装和调试方便以及适应步进式传输机械手传送动作的因素，因此，合理设计五工位冷精锻模具的工作部分是多工位冷精锻工艺取得成功的根本保证。

1. 缩径挤压模具设计的关键问题

汽车变速箱实心阶梯轴类件中，对于各阶梯轴段直径向中间递增的零件，如输入轴与主动轴，如图 7-1(a)与(c)所示，适宜采用双向反挤模具成形；对于各阶梯轴段直径向一端递增且有头部法兰的零件，如输出轴与中间轴，如图 7-1(b)与(d)所示，适宜采用单向挤压模具成形。

单向挤压模具由凸模与凹模组成。缩径挤压凹模采用预应力组合凹模结构，为提高所设计的模具整体适用性，统一把缩径挤压模具设计成两端反挤的基本结构。当用于单项缩径挤压时，将上凹模顶出器异化成凸模，即可完成从顶端推动坯料通过凹模的工作带成形的功能，而不用另外设计单项挤压的凸模。

因此用于缩径挤压的模具工作部分以缩径凹模为主，其关键技术在于采用合理的预应力组合凹模结构，合理设计工作带、凹模锥角、导向料筒直径，采用防止缩径末端镦粗与刮伤的措施等。

1) 预应力组合凹模

在金属冷挤压中，凹模长时间处在复杂变化的径向压应力与切向拉应力的作用下，整体凹模易从内壁开裂而破坏失效。仅增大凹模壁厚不能解决其强度问题。为了减小甚至消除凹模内壁的切向拉应力，提高冷挤压凹模的强度，通常采用预应力组合凹模结构，如图 7-23 所示。

虽然缩径成形时挤压力不大，但在自动化冷精锻压力机上生产，批量大、速度快，且由于冷作硬化的积累，模具损耗仍比较严重。为延长凹模的使用寿命，仍需选用组合凹模的形式。设计实心阶梯轴类件多工位冷精锻组合凹模的关键技术包括确定组合凹模的层数、径向过盈量 δ、内凹模与预应力圈的直径等参数。

2) 缩径挤压凹模工作带

由缩径挤压的原理可知，工作带是凹模缩径挤压中决定锻件成形质量的关键部位：工作带直径 d_1 直接决定锻件的直径；工作带过长，会使成形过程中摩擦阻力增大，容易产生热胶着；工作带过短，则降低凹模的使用寿命。根据生产经验，凹模工作带长度 H 一般取值为 1～2mm，直径 d_1 较小时取小值，d_1 较大时取大值。

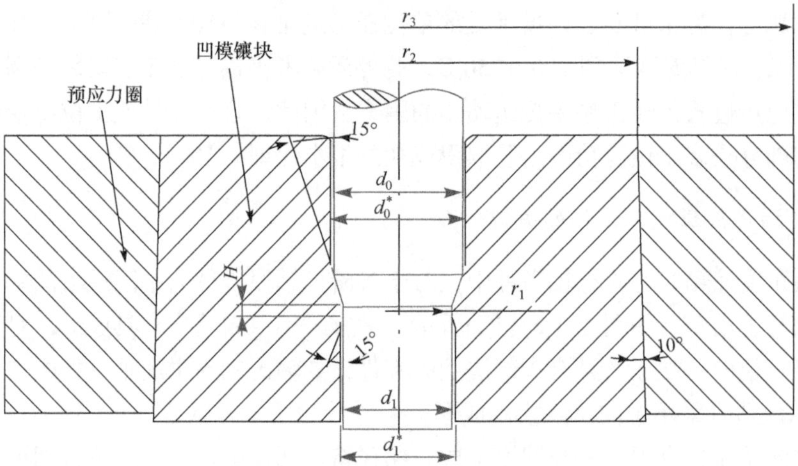

图 7-23　缩径挤压凹模结构示意图

工作带与圆锥面之间必须是非常光滑的圆弧过渡，不能出现尖角和明显的刀痕，以防止成形过程中尖角或刀痕处局部流动阻力增大而造成制件表面拉伤，同时也要避免模腔表面应力集中而加剧模具损伤。

3) 凹模锥角 2α

凹模锥角 2α 宜为 20°～30°，工作带与导向模膛之间必须是非常光滑的圆弧过渡。2α 过大将增加变形抗力从而诱发镦粗；2α 过小将加长金属流动的距离，增加加工余量，从而增加摩擦热，易发生热胶着。

4) 凹模出口与工作带的过渡

工作带的下方为凹模出口，为减小摩擦，凹模出口的直径 d_1^* 比工作带稍大。一般出料筒的直径 $d_1^*=d_1+(0.5\sim1.0)$mm，以使挤出后的金属可以沿出料筒内壁做刚性平移，而不发生剧烈的弯曲，沿出口内壁挤出，保证一定的同轴精度。出口与工作带之间必须由小角度圆锥面平缓过渡，且过渡处有非常光滑的圆弧，以保证缩径挤压段顶出时不被过渡处刮伤。

5) 凹模导向料筒的直径

一般正挤压成形过程中，坯料首先被镦粗，然后被挤出凹模工作带，其料筒属于挤压凹模模膛的一部分，如图 7-24(a)所示。缩径挤压成形一般采用如图 7-3 所示的开式凹模，但开式凹模仅适合单个阶梯且长度不太长的轴杆件，而对于多阶梯长轴杆件，即其平均长径比大于 3，则应采用如图 7-24(b)所示的类似一般正挤压凹模的结构，但此处的凹模料筒仅作为坯料的导向和定位之用。由图 7-24 可见，缩径挤压采用带料筒的挤压凹模，挤压过程中坯料外表面的金属与凹模的料筒没有接触。

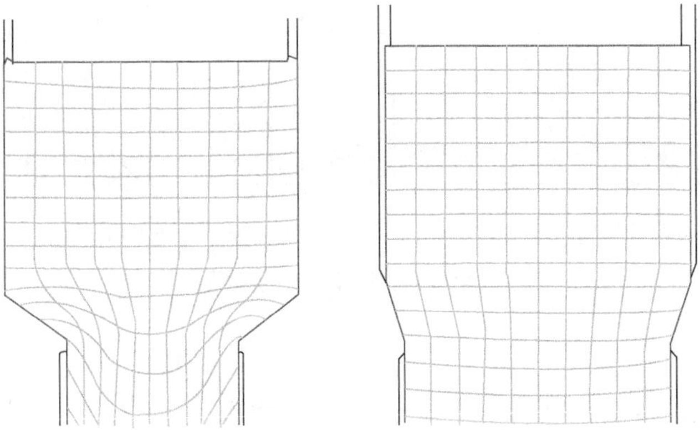

(a) 一般正挤压　(b) 缩径挤压

图 7-24　正挤压与缩径挤压过程中金属与凹模内壁的距离

为了保证自动送料机械手能顺利地将坯料放进凹模中，导向料筒与坯料之间必须有足够的间隙，一般地，如图 7-23 所示，导向料筒内壁直径 $d_0^*= d_0+(0.1\sim 0.3)$mm。但由于导向料筒内径直接影响到锻件径向尺寸，确定各工位导向料筒的内壁直径时必须综合考虑各种影响的因素。

2. 镦粗模具设计的关键问题

1) 头部法兰镦锻方法

冷镦头部法兰常用的方法有两种：凹模内镦粗、凸模锥形模膛内镦粗，如图 7-25 所示。实际生产中，多采用凸模锥形模膛内镦粗，其优点为：锥形模膛防止镦粗时发生纵向弯曲，适用于高径比较大的轴段；锥形模膛有斜度，锻件便于脱模；锥形坯料端面平整，利于下一工步成形，保证锻件质量。

头部镦粗模具工作部分的设计要点如下。

(1) 下凹模要有夹持好坯料不变形部分的功能，孔口边缘用光滑圆角过渡。

(2) 终锻凹模锥角应比预镦凹模锥角大 1°～2°。

(3) 上凹模常由上顶出器与凹模组合而成，组合凹模应有排气通道。

2) 中部法兰镦锻方法

冷镦中部法兰常用的方法是将不需要变形的部分置于封闭的模腔中，需要变形的区域置于自由面或者闭塞空间内，从两端施压迫使中部镦粗变形，如图 7-26 所示。

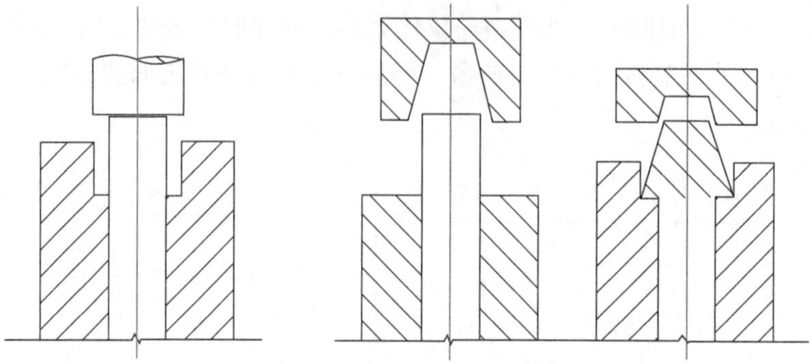

(a) 凹模内镦粗　　(b) 凸模锥形模膛内镦粗

图 7-25　两种头部金属的镦锻模具

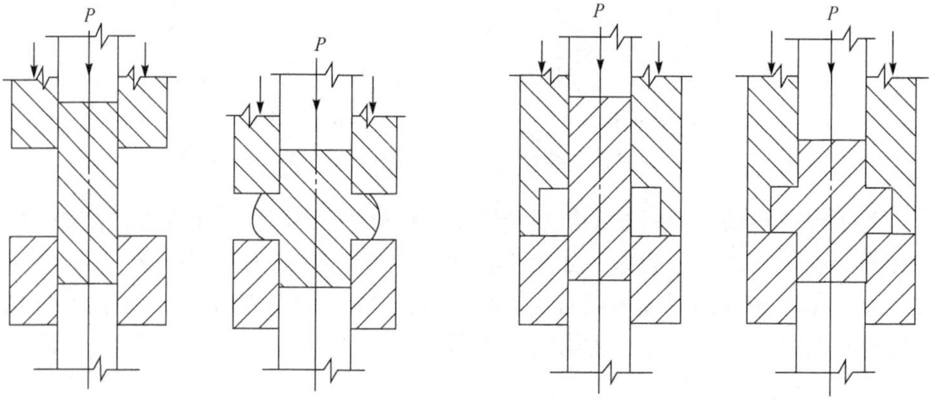

(a) 自由镦粗　　(b) 凹模内镦粗

图 7-26　两种中间部分金属的镦锻模具

中间镦粗模具工作部分的设计要点如下。

(1) 下凹模要有夹持好坯料不变形部分的功能，孔口边缘用光滑圆角过渡。

(2) 采用半封闭式镦锻方式，上、下凹模应有相应的内形，并尽量选取零件轴向尺寸的基准面为分模面。

(3) 在工步数允许的情况下，可考虑分多步镦粗以降低单工步的成形力，镦粗变形量比较大时，需要设计中间镦粗模具分多次镦粗。

设计镦锻工艺是应选择阶梯轴坯料中合适的部位作为镦粗区域，以保证成形充分并且成形力最小。Deform-2D 数值模拟与实验证明，选取直径较大的阶梯段且包含其过渡圆锥作为镦粗区域，可得到较小的镦粗比与较小的成形力，而且用大段阶梯成形，可避免由过渡圆锥产生的折叠。单步镦粗区域与模具结构如图 7-27 所示。

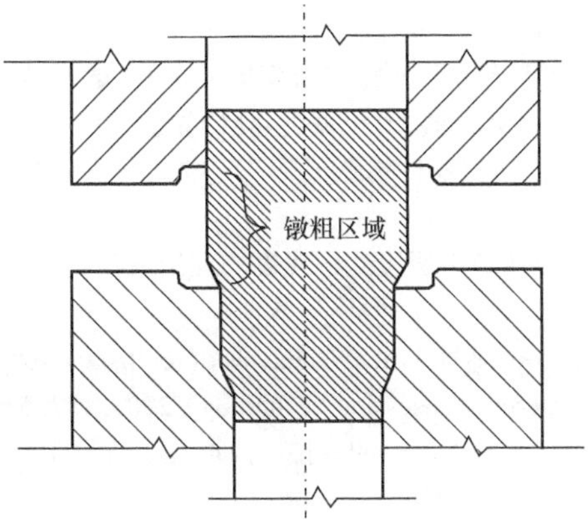

图 7-27　单步镦粗区域与模具

参 考 文 献

[1] 陈刚. 齿轮和滚动轴承故障的振动诊断[D]. 西安: 西北工业大学, 2007.
[2] 陈霞. 齿轮轴冷挤压模具的设计与研究[D]. 西安: 西安理工大学, 2004.
[3] 李伟. 汽车变速箱轴类件多工位冷精锻关键技术研究[D]. 武汉: 华中科技大学, 2009.
[4] 马伟杰. 实心阶梯轴多工位冷精锻自动化生产关键技术研究[D]. 武汉: 华中科技大学, 2009.
[5] 任治华. 6082 铝合金筋板型长轴类锻件形/性控制研究[D]. 武汉: 华中科技大学, 2018.
[6] 徐伟. 轿车变速箱轴类件多工位冷精锻工艺及模具研究[D]. 武汉: 华中科技大学, 2007.
[7] 夏巨谌. 金属材料精密塑性加工方法[M]. 北京: 国防工业出版社, 2007.
[8] 夏巨谌, 柳玉起, 金俊松. 汽车数字化成形技术及装备[C]. 2007 年中国科协年会专题论坛暨第四届湖北科技论坛, 武汉, 2007: 16-19.
[9] 夏巨谌. 精密塑性成形工艺[M]. 北京: 机械工业出版社, 1999.
[10] 俞新陆. 液压机的设计与应用[M]. 北京: 机械工业出版社, 2007.
[11] 陈旻. 轴类零件的数控加工工艺设计研究[J]. 现代制造技术与装备, 2008, (4): 36.
[12] 王华君, 夏巨谌, 胡国安. 减径挤压成形极限分析[J]. 模具技术, 2005, (3): 3-6.
[13] 徐伟. 轿车变速箱轴类件多工位冷精锻工艺及模具研究[J]. 锻压技术, 2007, 32(4): 33-36.
[14] 司徒渝, 武友德, 许明恒. 成组工艺技术在轴类零件数控车削加工中的应用[J]. 机械设计与制造, 2008, (8): 184-186.
[15] 吕炎. 锻模设计手册[M]. 2 版. 北京: 机械工业出版社, 2006.
[16] 梁继才, 刘化民. 楔横轧工艺成形汽车变速箱阶梯轴[J]. 汽车工艺与材料, 2000, (6): 15-17.
[17] 梁继才, 傅沛福, 李义. 楔横轧工艺成形阶梯轴类件时轧件表面缺陷形成条件分析[J]. 塑性工程学报, 2000, (1): 60-63.
[18] Liang J C, Fu P F, Li Y. Theoretical analysis on drawing and breaking of rolling workpiece about cross-wedge rolling technique forming axial benched parts[J]. Journal of Mechanical Strength, 2001, (2): 119.
[19] 单晓磊, 刘业成, 宋吉浩. 汽车输入轴的冷挤压成形[C]. 第三届全国精密锻造学术研讨会,

盐城, 2008: 50-53.

[20] 黎文峰, 吕汉迎. 阶梯轴冷挤镦成形工艺及模具设计[J]. 锻压技术, 2007, 32(3): 61-63.

[21] 洪慎章. 冷挤压实用技术[M]. 北京: 机械工业出版社, 2004.

[22] 张晓宇, 孟繁晶, 魏英. 轴类零件挤压成形工艺实验与分析[J]. 吉林工学院学报, 2001, 22(2): 28-29.

[23] 李军, 韩鹏彪. 开式冷挤压成形极限变形程度的理论及实验研究[J]. 塑性工程学报, 2000, (3): 30-34.

[24] Park K S, vanTyne C J, Moon Y H. Process analysis of multistage forging by using finite element method[J]. Journal of Materials Processing Technology, 2007, 187: 586-590.

[25] 伍太宾, 王屹. 微型轿车换档齿轮轴的冷挤压成形技术研究[J]. 热加工工艺, 2007, 36(17): 47-51.

[26] 赵震, 陈军, 吴公明. 冷温热挤压技术[M]. 北京: 电子工业出版社, 2008.

[27] 周纪华 管克智. 金属塑性变形阻力[M]. 北京: 机械工业出版社, 1989.

[28] 杨长顺. 冷挤压模具设计[M]. 北京: 国防工业出版社, 1994.

[29] 洪深泽. 挤压工艺及模具设计[M]. 北京: 机械工业出版社, 1996.

[30] 卢险峰. 冷锻工艺模具学[M]. 北京: 化学工业出版社, 2008.

第 8 章　轻合金零件的精锻成形

在当前能源枯竭、环境污染等问题日益严重的背景下，节能减排已成为国际上的共识。轻量化是实现节能减排的一项重要途径[1]。相关研究报告指出，汽车中约有 60%的能耗消耗于自重，汽车重量每减少 1%，油耗可降低约 0.6%。能耗的降低相应地也能减少尾气排放[2]。航空航天和运载武器系统中，飞行器每减重 1 kg，所需燃料可减重数十千克至数百千克，并可以显著缩短发射距离，提高发射速度[3]。铝合金和钛合金因密度低、比强度和比刚度高、耐腐蚀性好等优点，而成为工业中应用广泛的轻量化结构材料，在航空、航天、汽车、高铁及动车、兵器、机械制造及船舶等领域广泛应用[4]。

本章将概述轻合金零件精锻成形技术的现状及发展趋势，以铝合金机匣体闭式多向热精锻成形、上缘条精锻成形、涡旋盘流动控制成形和钛合金涡轮盘精锻成形为例，阐述其流动规律及成形机理。

8.1　概　　述

轻合金锻件具有优良的力学性能，可用于制作关键承力结构件。但热锻时，可锻温度范围小，接触散热快，黏附性强，应变速率敏感性高，流动阻力大，极易产生充不满、折叠、流线不合理、裂纹等缺陷[5]。为了利于成形，所设计的锻件结构应简单、飞边占比高、切削加工余量大。这不仅降低了材料的利用率，而且后续切削加工还会导致锻件流线被破坏，损害力学性能。随着使用工况逐渐变得繁重，锻件的性能要求越来越高，出现了功能集成度高的整体复杂锻件、少无切削流线随形锻件等需求。铝合金和钛合金锻件等正向着整体化、复杂化、精密化、高性能化方向发展。

轻合金精锻成形是指所生产的轻合金锻件形状和尺寸精度与成品零件的形状和尺寸精度尽可能接近甚至完全相同，其力学性能也满足成品零件要求的一种先进成形制造技术[6]。因具有余量小、尺寸精度高、材料利用率高、力学性能好等优点，轻合金精锻成形受到锻造技术研究和应用领域的高度重视，并在过去的二十年经历了大幅度的创新发展，形成了闭式精锻、等温精锻、局部加载成形、流动控制成形等技术。

8.1.1　闭式精锻

闭式精锻的研发可以追溯到 20 世纪 70 年代。研究人员对放置在预先封闭的模具内的坯料施加单向或多向压力，并通过控制冲头的运动获得较好的金属流动条件，实现锻件的精确成形，获得无飞边的复杂锻件[7,8]。准备精锻坯料时，需要严格按照锻件质量下料以避免体积波动导致的尺寸偏差；并去除表面粗晶环(如有)等缺陷，确保锻件微观组织质量。模锻时，需要很好地进行润滑和锻模的锻前预热，以降低变形阻力和减少模具磨损。并且，为排出被封闭在模膛内的气体，减小金属流动阻力，特别是最后充满的小角隙部位的流动阻力，可在凹模上开设排气孔。此外，锻模的加工精度也是影响精锻件精度的一个重要因素，一般比锻件精度高两级。

闭式精锻时，冲头可能从多个方向对坯料施加压力，因此需要专门的多运动滑块压力机或复杂模具结构实现压制动作，如双动或三动压力机、多向模锻压力机，以及哈弗模、分体组合模等。例如，夏巨谌针对铝合金机匣体成形，设计开发了 YK34J-1600/1250 型多向模锻液压机，主液压缸压力为 16000kN，侧液压缸压力为 12500kN[9]。模锻成形时，主液压缸液压推动上凹模与固定在模座上的下凹模合拢，并提供合模力，随后侧液压缸推动凸模挤压坯料充填型腔。

8.1.2　等温精锻

热精锻时坯料与模具间的温差会导致金属表层急速降温，使变形阻力增大，影响成形能力。等温精锻的模具与坯料温度一致，并且应变速率非常低(一般为 $0.001\sim0.01s^{-1}$)，能够获得良好的塑性流动条件。因此，特别适合于铝合金、钛合金等锻造温度范围小的金属的成形，能够成形筋条高厚比不小于 6 的复杂筋板类锻件，而且所需成形载荷较常规锻造低，微观组织更优良。等温精锻时保持坯料和模具恒温的要求非常苛刻，需要特殊的加热和保温方法。常用的实现方法有两个：一是用天然气燃烧或电阻棒加热模具实现等温；二是提高模锻频率，利用变形能转化的热能维持等温。

8.1.3　局部加载成形

航空航天领域的大型模锻件投影面积大，金属流动摩擦阻力大，导致成形时需要的设备吨位非常大。为此，俄罗斯学者首先提出了局部加载分道次锻造的设想，就是将大型模锻件分成若干区域，并对各区域分步施加载荷成形。他们初步研究了分道次锻造生产模锻件的可行性及主要影响因素。局部加载锻造的里程碑工作，是美国 Wyman-Gordon 公司采用局部加载多道次锻造技术在 4.5 万吨水压机上制造了投影面积超过 $5m^2$、质量为 1590kg 的 F-22 第四代战斗机隔框模锻件。

该锻件若采用常规锻造则需要 10 万吨级以上的压力机。局部加载锻造通过多道次不断变换加载位置，对坯料不同局部区域施加载荷，减少了单道次变形的体积，缩短了材料流动距离，降低了变形区边界的约束，能够显著降低成形载荷，并且通过不断协调和累积局部变形，能够实现整个构件的精确成形[10-12]。局部加载的分区、加载变形量和过渡区的变形等被认为是局部加载成形的关键问题[13]。

局部加载成形以局部变形渐进累加的形式实现整体构件的成形，有利于降低成形载荷，通过精确控制局部变形量和周围辅助压板的设置能够避免折叠、穿筋等缺陷，是成形大型模锻件的一个很好的工艺选择。但需要指出的是，该技术工步多、周期长，各工步加工界面与其他部位的性能容易出现不均匀，实施和质量控制难度较大。在实施前，应采用有限元模拟技术通过反复模拟得到切实可行的技术方案。

8.1.4 流动控制成形

流动控制成形是在闭式精锻基础上发展起来的一种新工艺。其成形原理是，对置于封闭模膛中的材料通过凸模施加压力产生流动以充填型腔，同时，通过合理配置控制方式调节材料流动方向和流动体积，使变形抗力降低，促进材料充型。该技术能够有效避免折叠、充不满等缺陷的产生，使锻件流线连续致密，提高产品的力学性能。此外，由于降低了变形抗力，精锻成形力显著降低，降低了设备吨位需求和模具磨损，延长了模具寿命。流动控制成形特别适合于高强度铝合金和钛合金等难变形金属复杂零件的精锻净成形。

目前，实现流动控制的方式主要有设置分流腔和施加辅助外力两种。例如，针对中间有孔的锻件，采用中空结构毛坯闭式精锻，可使成形力从材料屈服应力的 3.4 倍降到 2.6 倍。这是因为成形时金属的流动在径向存在一个分流面，分流面两侧的金属反向流动，使得金属流动距离大为缩短，能够显著降低变形抗力[14-16]。此外，夏巨谌等通过分析金属充填型腔的规律，指出金属流动过程的实质是模膛内的金属在从难充满位置到模口处形成的由低到高的压应力梯度场的作用下流动，模口处的载荷随难充满位置变形抗力的增大而增大，因此，他们在最后充满位置设置一个不影响该位置尺寸要求的溢流槽作为分流腔，也可以促进金属流动，显著降低成形载荷[17-20]。又如，具有涡旋形结构且壁厚从中心到边缘逐渐减小的铝合金涡旋盘成形时，采用与金属流动方向相反的作用力即背压力与正向挤压力共同作用，迫使金属由中心流向边缘，补偿由于纵向变形抗力相差大形成的高度差，能够显著改善锻件充填效果，解决端部充不满的问题。同时，还能降低成形载荷，使模具寿命提高到 50000～200000 件[21]。

8.2　7A04 铝合金机匣体闭式多向热精锻成形

8.2.1　机匣体精锻成形工艺方案制定

1. 结构分析

7A04 铝合金机匣体锻件的基本尺寸及外形如图 8-1 和图 8-2 所示。锻件属于具有 U 形截面的板条类结构，两侧有凹槽和凸台，宜采用多向精锻。由于是板条结构，该锻件的成形以平面变形为主，即锻件长度方向很少甚至没有金属流动，金属主要在各个横截面内沿其高度和宽度方向流动[22]。

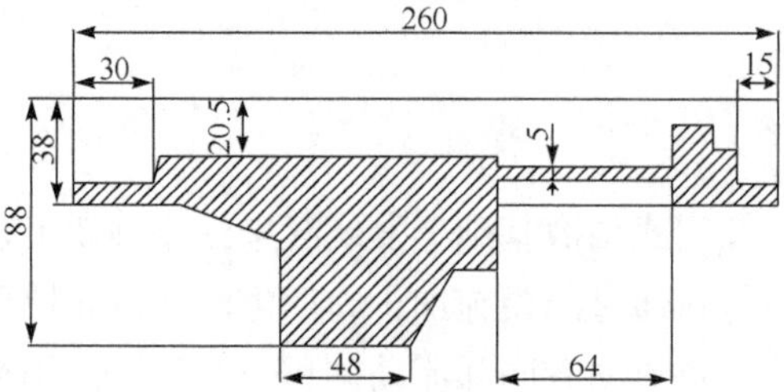

图 8-1　机匣体锻件图(单位：mm)

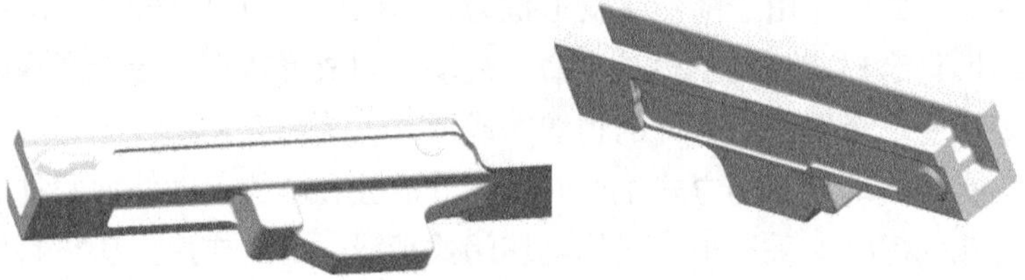

图 8-2　机匣体锻件三维造型

计算毛坯的横截面面积为[23]

$$S_{计}=S_{锻}+2\eta\cdot S_{飞} \tag{8-1}$$

其中，$S_{计}$ 为计算毛坯的横截面面积；$S_{锻}$ 为锻件的横截面面积；$S_{飞}$ 为飞边槽的横截面面积。

计算毛坯图能清楚地反映锻件横截面的面积沿着长度方向上的变化规律[24]。根据机匣体横截面的分布特点及其变形时属于平面变形的特性，综合考虑提高材料利用率和提高产品质量等因素，精锻成形前应对毛坯进行预制坯处理。

机匣体的侧面具有大面积的凹槽，相应的模具上具有凸台，圆棒料难以放置平稳。若采用压扁的毛坯，在合模和挤压过程中，凹槽区域易发生二次变形，导致形状不精确，表面质量差。因此多向精锻工艺设计为预锻和终锻两个工步。

2. 工艺分析

机匣体锻件目前多采用等温精锻工艺生产。其优点是可显著提高材料的塑性，减少金属内部由于变形不均匀引起的组织性能差异，降低变形抗力，有利于模膛的填充。其不足是等温精锻成形速度仅为 0.2～2mm/s，导致生产效率极低。为了提高生产效率，保证锻件质量，拟采用闭式多向热精锻工艺。

壁板和板条类零件采用等温精锻还是闭式多向热精锻工艺方案，主要是根据肋或筋的高宽比来判断。如图 8-3 所示，推荐的约束条件为：对于大中型精锻件，$h:b$=6：1；对于小型精锻件，$h:b$=8：1～15：1；当零件的肋或筋的结构参数在给定的约束条件($h:b$>8：1)内时，可采用闭式多向热精锻，而超过了该约束条件则应采用等温精锻。

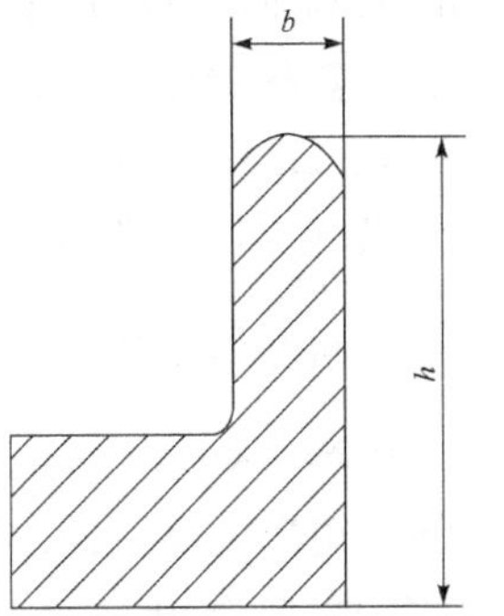

图 8-3　高宽比示意图

机匣体的 U 形槽可看成肋，与图 8-3 所示形状相似，且精锻时其变形方式相同，肋部均为反挤压成形。因而完全可采用上述推荐的约束条件来判断。机匣体最大槽深即肋高 h=30mm，槽壁宽即肋宽 b=(35−19)/2=8mm，故有 $h:b$=30：8=3.75：1。可以看出，机匣体锻件的肋高宽比在约束条件内。因此，采用闭式多向热精锻是完全可行的[25]。

此外，闭式多向热精锻时，7A04 铝合金在强大的三向压应力状态下成形，有利于提高其塑性成形性能，也有利于提高锻件产品的机械性能[26]。由于锻造终了温度比等温精锻低，锻件尺寸精度及表面质量更好[27]。另外，还可以采用较快的变形速度(30～40mm/s)成形，生产效率高。

3. 工艺路线

所制定的工艺路线主要包括下面四个步骤。

(1) 下料。采用自动卧式带锯床下料。这种方法的下料端面平整，锯口金属损耗小(约 1mm)，对于直径较小的棒料可成捆锯切，下料效率高。

(2) 加热。无论锤上制坯还是楔横轧制坯，均采用电阻炉加热。

(3) 制坯。机匣体的中段直径较大，两端直径较小。机匣体精锻具有典型的平面变形的特点。其制坯的目的就是通过锤上闭式滚挤或辊锻的方法，使所得毛坯沿长度方向各截面的金属分布与锻件沿长度方向的金属分布一致。

(4) 闭式多向热精锻。机匣体的闭式多向热精锻包括预锻和终锻两个工步，可以设计成两种分模方案：垂直分模和水平分模。垂直分模比较适合于单个工位的模锻成形，预锻和终锻需在两套模具上分别成形；水平分模允许在同一台压力机上完成多个工步，预锻和终锻可在一套模具上成形；同时，由于机匣体侧向投影面积大于水平投影面积，即在机匣体的侧向需要更大的成形力，水平分模更容易发挥压力机主滑块吨位大的优点。因此，机匣体的闭式多向热精锻工艺采用水平分模方案。

闭式多向热精锻的工艺参数主要有始锻温度、模具温度和成形速度。始锻温度一般选取材料锻造温度的上限，对于 7A04 铝合金来说，取 430℃。模具温度越高越有利于锻件的成形，但其选择还需要综合考虑连续锻造过程的热传递、模具材料的热稳定性和模具磨损等因素，一般取值范围为 150～350℃，依据实践经验，此处取 200℃。7A04 铝合金是高强度铝合金，其热精锻一般在液压机上进行，成形速度约为数十毫米每秒。

8.2.2 机匣体闭式多向热精锻热力学模拟分析

因为 7A04 铝合金机匣体闭式多向精锻所发生的弹性变形量远远小于塑性变形量，可以忽略不计，所以热力耦合有限元模拟采用黏塑性模型，并假设不计体积力和惯性力，材料不可压缩，服从 Levy-Mises 屈服准则，材料均质且各向同性，存在应变强化和应变速率强化[28]。

根据前述工艺分析，机匣体的成形工艺为制坯、预锻、终锻。制坯主要是对金属体积进行分配，采用辊锻制坯或锤上模锻等即可达到要求；预锻和终锻过程成形锻件的最终形状，直接关系到最终效果。下面对机匣体的预锻和终锻成形采用 Deform-3D 有限元软件进行数值模拟分析[29,30]。

1. 机匣体闭式多向热精锻模拟设置

凸模为动模，速度为 30mm/s，模拟步长为 0.5mm/步。坯料的初始温度为 430℃，其与模具间的摩擦因子为 0.25，坯料与模具间的传热系数为 11N/(s·mm·K)。凸模和凹模为刚性体，初始温度为 200℃；材料为 H13，热辐射系数为 0.7W/(m^2·K^4)，泊松比为 0.3。

2. 成形过程和成形载荷分析

机匣体的预锻和终锻成形过程如图 8-4 所示。预锻合模阶段，毛坯中间直径较大的部位被压扁，之后随着预锻凸模的挤压，回转体毛坯逐渐变形成为近似机匣体的形状。预锻件的设计将锻件的细节特征省略，如异形的凸台、细长筋、多重台阶等，在特征的省略处采用大圆角和斜面过渡，这样不仅可以避免折叠缺陷的产生，还可以为终锻成形做形状预备。终锻过程完成锻件细节特征的成形，为保证异形凸台和细长筋成形饱满、多重台阶轮廓成形清晰，在锻件成形终了时刻，需要较大的成形载荷和合模力使锻件处于强烈的三向压应力状态，迫使金属流向模具的边角、缝隙等难填充部位。

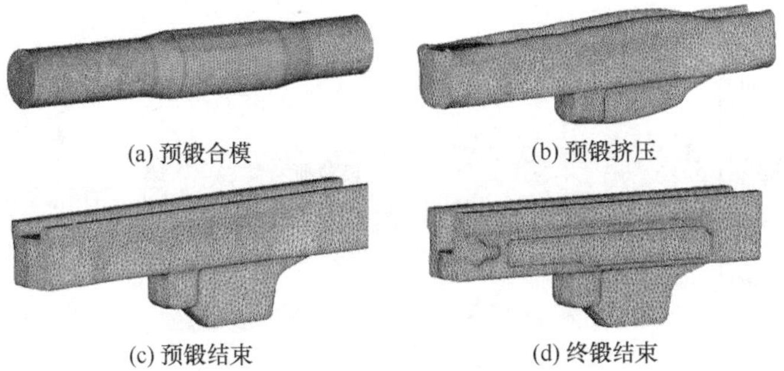

图 8-4　机匣体的成形过程模拟

在整个成形过程中，预锻工艺至关重要，合适的预锻件形状是工艺成功的关键。在预锻成形中，毛坯的变形量较大，凸模载荷和合模力的变化也呈现出典型的闭式精锻规律。图 8-5 为在预锻成形过程中，预锻凸模载荷和合模力随凸模行程的变化曲线，整个过程可以划分成三个阶段：基本变形阶段(*AB*)、充满阶段(*BC*)、最终成形阶段(*CD*)。如图 8-6 所示，终锻成形的力-行程曲线的变化规律与预锻成形相似，但经过很短的行程即到达最终成形阶段，凸模载荷与成形载荷迅速上升。经比较可以看出，在整个过程中，合模力略大于凸模载荷，特别是在成形终了时刻，要求设备的主液压缸能够提供足够大的合模力防止上、下凹模的分离。

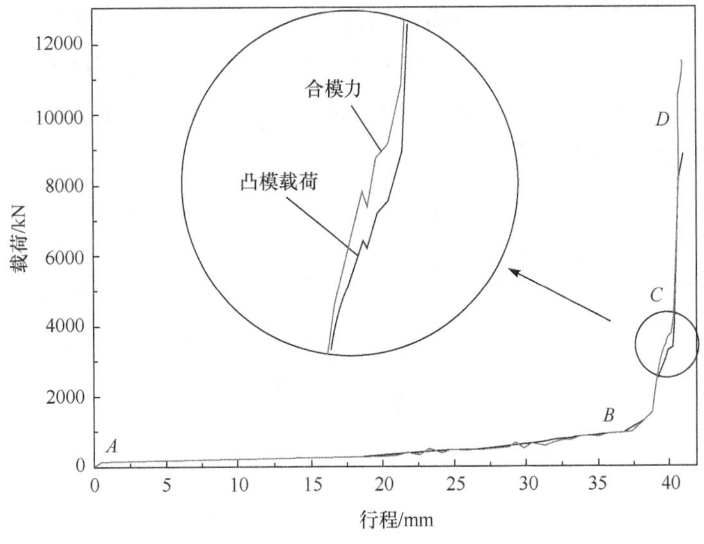

图 8-5　预锻成形时凸模载荷与合模力随凸模行程的变化曲线

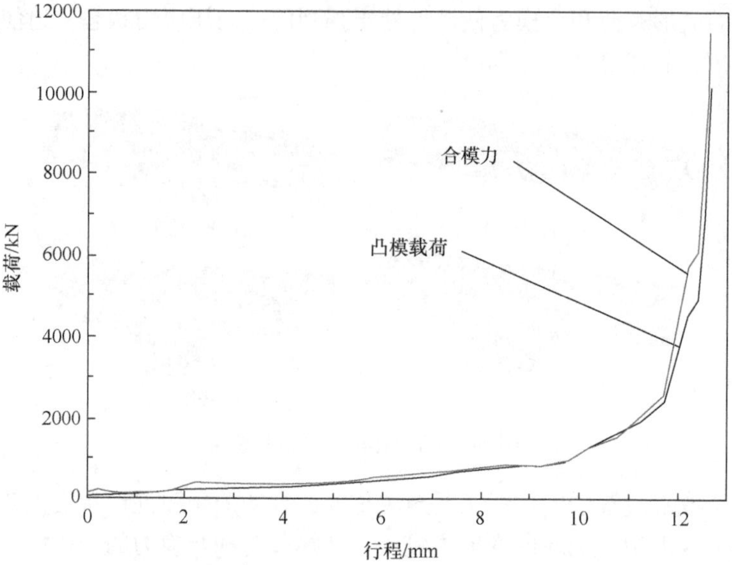

图 8-6　终锻成形时凸模载荷与合模力随凸模行程的变化曲线

3. 锻件温度场和模具温度场分析

成形过程中的锻件温度场和模具的温度场分布情况如图 8-7 和图 8-8 所示。锻件的温度场和模具的温度场分布图表明：由于锻件和模具之间存在热传递，随着变形的进行，锻件的温度整体上逐渐降低，但变形程度较大的部位温度下降较为缓慢，有些部位的温度还会随着变形的进行而升高，这是由于塑性变形功和摩擦功转化为热能，抵消了部分热量的散失。模具的型腔温度将迅速升高，较高的型腔温度有利于材料的进一步流动，但同时也要控制模具的温度不能过高，以防发生软化而使模具磨损过快。

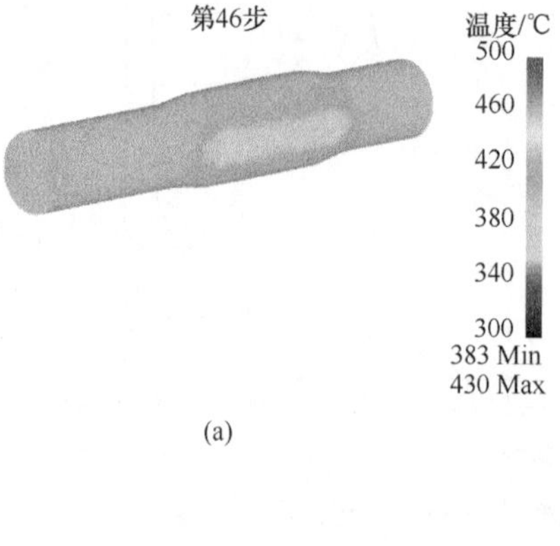

(a)

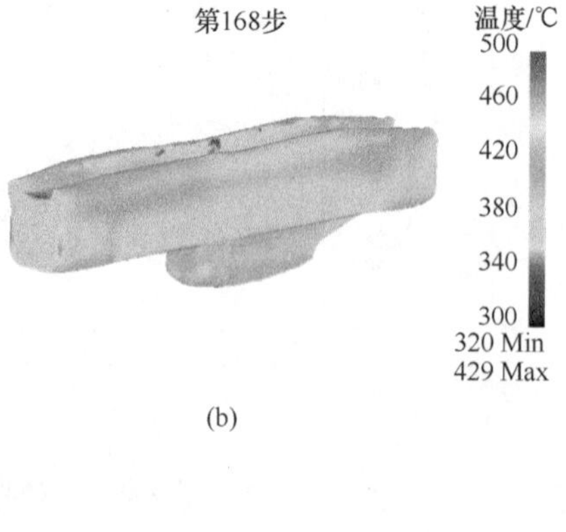

(b)

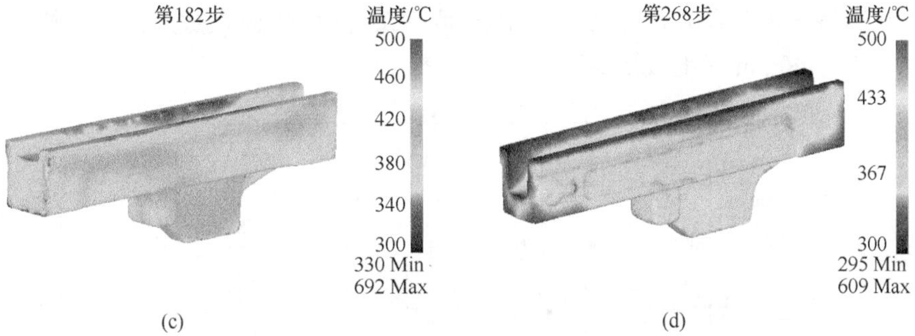

图 8-7　锻件温度场分布

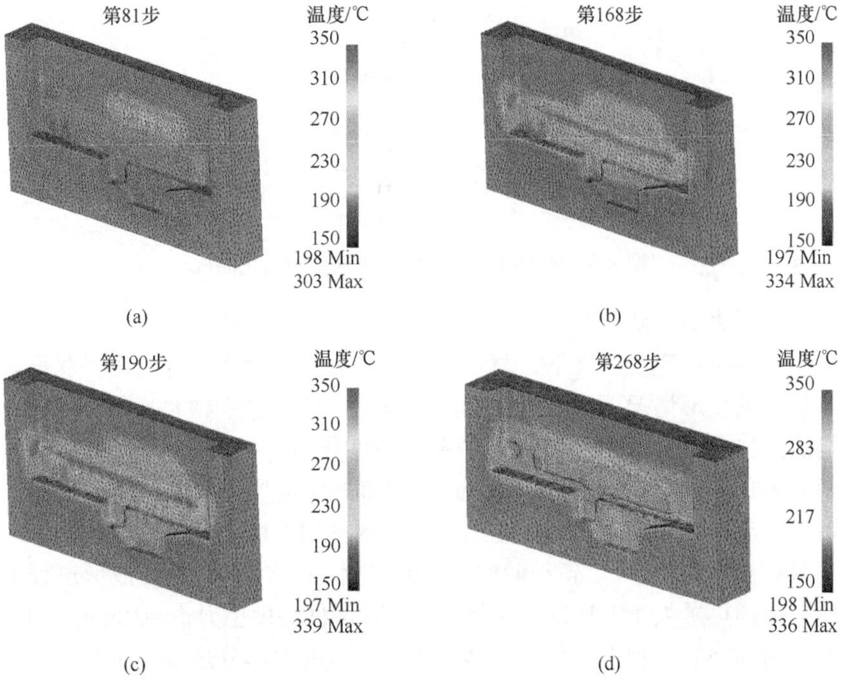

图 8-8　模具温度场分布

8.2.3　成形速度的优化

一般来说，成形速度越快，成形载荷越大。但从前面的模拟结果可以看出，锻件有些部位的温度会随着变形的进行而升高，补偿了由于锻件与模具之间热传递导致的温度下降，将促进锻件的成形和成形载荷的降低。同时，成形速度增大还有利于提高生产效率。可以看出，成形速度对锻造成形的影响较为复杂。因此，本节采用数值模拟方法对比分析不同成形速度下的成形载荷，获得影响规律，以指导工艺方案设计。

凸模挤压速度在 0.1～360mm/s 内选取一系列值，对预锻成形进行模拟，比较凸模行程为 40mm 时的成形载荷，结果如图 8-9 所示。

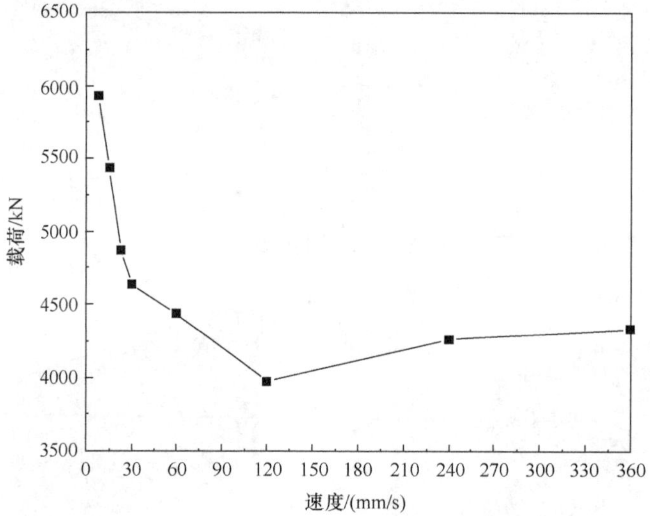

图 8-9　成形载荷随凸模挤压速度的变化曲线

模拟结果表明，随着凸模挤压速度的升高，成形载荷先降低后升高。这是由于在不同凸模挤压速度条件下，材料的变形抗力受到温度和应变速率双重影响的结果。相同的变形情况下，凸模挤压速度越大，应变速率越大。凸模挤压速度还将影响锻件和模具的温度场分布，凸模挤压速度分别为 7.5mm/s、30mm/s、120mm/s 时，距图 8-1 所示右端长度方向 110mm 处截面的温度场分布如图 8-10 所示。

可以看出，凸模挤压速度 v 越高，锻件的平均温度就越高，v=120mm/s 时，锻件的最高温度为 453℃，高于锻件的始锻温度 430℃，这说明在成形过程中塑性变形功转化的热量大于毛坯的热量散失，导致锻件温度上升。v=30mm/s 时，锻件最高温度为 426℃，塑性变形功抵消了毛坯散失的大部分热量。而当 v=7.5mm/s 时，锻件最高温度为 381℃，塑性变形功仅能抵消毛坯散失的很小一部分热量。总之，凸模挤压速度越大，塑性变形功率就越大，内热源在单位时间、单位体积内产生的热量就越多，抵消毛坯散失的热量也越多。

在图 8-9 中，当凸模挤压速度小于 120mm/s 时，成形载荷随着凸模挤压速度的增加而降低，这是因为同一变形过程中应变速率随着凸模挤压速度的增加而增加，虽然应变速率增加有增大变形抗力的趋势，但温度对变形抗力的影响更为显著。由于较大的凸模挤压速度能够抵消更多毛坯散失的热量，凸模挤压速度越高，材料的变形抗力越小，成形载荷也就越小。当凸模挤压速度大于 120mm/s 时，由于毛坯处于较高的温度场中，温度对变形抗力的影响变小，应变速率对变形抗力的影响变得更加显著，因此成形载荷随着凸模挤压速度的增大而增大。

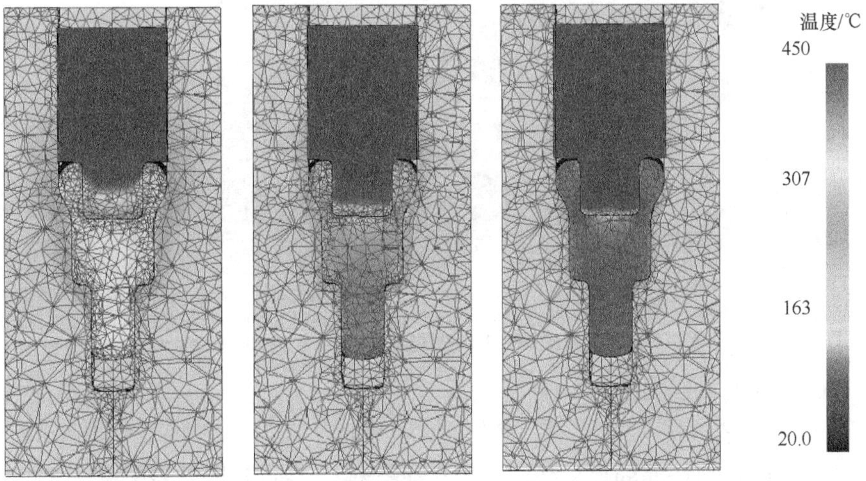

Min 49.0　Max 38.1
(a) v=7.5mm/s

Min 49.5　Max 426
(b) v=30mm/s

Min 49.4　Max 453
(c) v=120mm/s

图 8-10　不同凸模挤压速度条件下工件和模具的温度场分布

综上，可以归纳出其变化规律是：随着凸模挤压速度的升高(7.5～120mm/s)，其变形功转化为热能而使 7A04 铝合金的变形抗力降低，但随着凸模挤压速度的大幅提高(>120mm/s)，7A04 铝合金的应变速率敏感性即随应变速率的增大而硬化的现象显现出来，超过热能产生的影响。

7A04 铝合金合理的终锻温度是 380℃。当凸模挤压速度小于 7.5mm/s 时，锻件整体温度低于可锻温度下限(380℃)，容易开裂。当凸模挤压速度大于 120mm/s 时，锻件上部分区域的温度超出了可锻温度的上限(450℃)，容易发生过烧。因此较为理想的凸模挤压速度应为 20～80mm/s，在此区间，凸模挤压速度越大，不仅成形载荷越小，生产效率也越高。实验采用的 YK34J-1600/C1250 型数控多向模锻液压机所能提供的最大工进速度是 30mm/s，因此选取 30mm/s 作为机匣体精锻的凸模挤压速度。

8.2.4　预锻件优化

由于机匣体形状复杂、细节特征多，成形过程中容易出现折叠和充不满的问题，且毛坯变形程度大，一步难以成形。解决这一难题的首选方法是在最终成形之前对毛坯进行一次预锻，而预锻件的形状设计成为整个工艺的关键。本节设计了一种三台阶式预锻件，如图 8-11 所示。预锻件的设计是根据机匣体热精锻成形规律和平面变形规则，在终锻件的基础上简化得来。

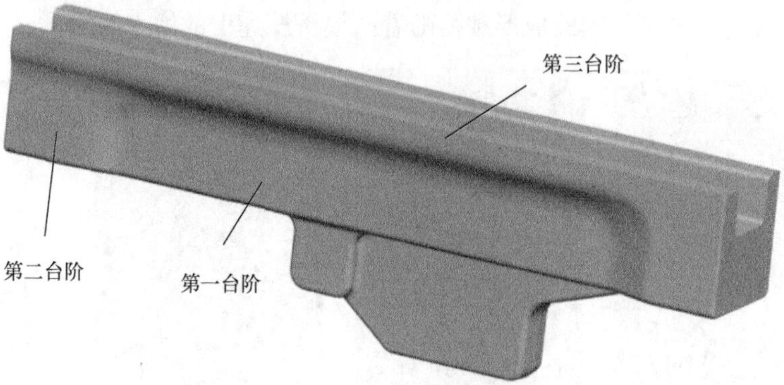

图 8-11 机匣体预锻件

具体设计如下。

1) 省略细节特征

异形凸台和细长筋的尺寸较小，且要求严格，不能有折叠和压痕，如果预锻时就成形出这些特征，在终锻成形时容易由于定位不准而导致其产生折叠和压痕等缺陷。

2) 两侧轮廓采用三台阶结构

机匣体两侧的轮廓由多重台阶结构简化为三台阶结构，台阶之间采用斜面和大圆角过渡。三个台阶的过渡位置非常重要，其设计既要保证预锻件成形比较顺利又要考虑不影响终锻成形。其优化前后的方案如图 8-12 所示。

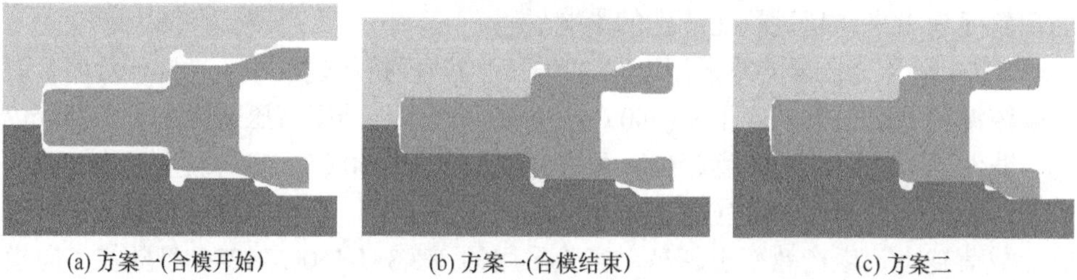

图 8-12 优化前后的方案对比(长度方向 100mm 处的截面)

方案一(优化前)的过渡起始点靠左，第一台阶和第三台阶的过渡斜面经过终锻上、下凹模合模和终锻凸模挤压的先后作用成形为多重台阶，图 8-12(a)和(b)分别表示合模开始和合模结束的状态。结果表明，由于截面处的 U 形型槽较深，模锻时锻件的槽壁向内弯曲合拢，合拢的槽壁会影响终锻凸模的进入，在挤压过程中会造成折叠缺陷。

方案二(优化后)的过渡起始点靠右，台阶交界处采用足够大的圆角和斜面，使过渡斜面避开上、下凹模内的型腔台阶，上、下凹模合模时锻件不变形，多重台阶仅靠终锻凸模的挤压成形，如图 8-12(c)所示。该方案不仅可以使预锻件准确放置在终锻凹模内，还可以有效避免多重台阶的折叠。

3) 下肋板尺寸略小

机匣体的下肋板偏离轴向方向的中心，在成形过程中此处材料变形剧烈、流动阻力大。若工艺控制不当，极易出现充不满的缺陷。因此为了降低终锻时材料流动的复杂性，将预锻件的下肋板形状设计成与终锻件相似、尺寸比终锻件略小，以便于预锻件在终锻凹模中的放置。

4) U 形槽采用基于平面变形的计算方法

预锻件的 U 形槽的设计，也是预锻凸模的轮廓形状设计。预锻件的 U 形槽与终锻件的 U 形槽形状类似，其设计计算是基于平面变形的原则，考虑了异形凸台、细长筋、多重台阶的成形需要，在终锻件形状基础上进行适当简化得来。采用这种方法设计出的 U 形槽可以保证材料以最小的流动变形量完成终锻成形。

具体计算方法如下：将机匣体的轴向方向定义为 x 轴，毛坯、预锻件、终锻件的截面分别为 $S_0(x)$、$S_1(x)$、$S_2(x)$，无 U 形槽的预锻件截面为 $T_1(x)$，无 U 形槽的终锻件截面为 $T_2(x)$，预锻件和终锻件的 U 形槽截面分别为 $U_1(x)$、$U_2(x)$ ，在 $x=x_1$ 处的各截面如图 8-13 所示。

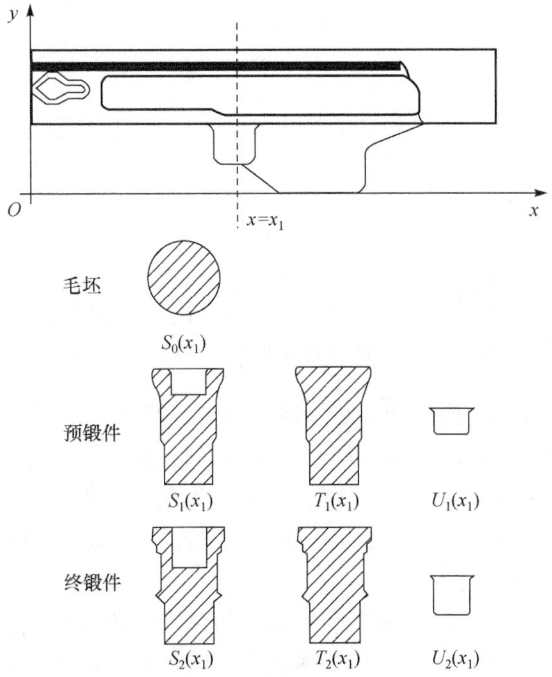

图 8-13　毛坯、预锻件和终锻件在 $x=x_1$ 的截面图[27]

对 x 轴上的每个截面都有 $S_1(x)=T_1(x)-U_1(x)$，$S_2(x)=T_2(x)-U_2(x)$；根据平面变形原则 $S_1(x)=S_2(x)$；可得 $U_1(x)$的计算方法，即

$$U_1(x)=T_1(x)-T_2(x)+U_2(x) \tag{8-2}$$

由于预锻件的外侧轮廓在前面的设计中已经确定，$T_1(x)$与 $T_2(x)$的宽度相同，$U_1(x)$与 $U_2(x)$的宽度也相同，$T_1(x)$的高度确定方法见后面的“上端面高度的确定应考虑其成形方式的影响”中的介绍，由此可以计算出 $T_1(x)$；由终锻件可以直接计算得到 $T_2(x)$和 $U_2(x)$，取一系列特征截面将计算得到的 $T_1(x)$、$T_2(x)$、$U_2(x)$代入式(8-2)中即可得到预锻件 U 形型槽的一系列特征截面，将这些特征截面连接在一起即获得预锻件的 U 形槽。

5) 上端面高度的确定应考虑其成形方式的影响

预锻件和终锻件上端面的高度分别为 H_1 和 H_2，U 形槽槽底相对底面参考线的高度分别为 $h_1(x)$和 $h_2(x)$，在 $x=x_1$ 处预锻件和终锻件的截面尺寸如图 8-14 所示。

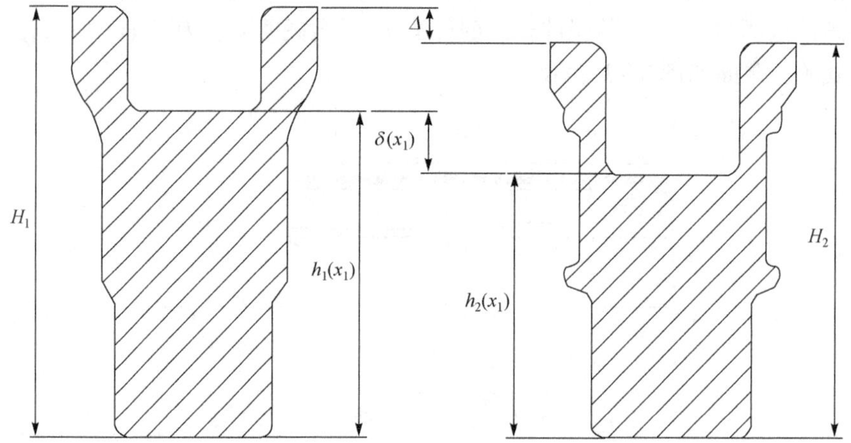

图 8-14　预锻件和终锻件在 $x=x_1$ 处的尺寸

终锻件的 H_2 和 $h_2(x)$均已知，对预锻件来说，给定一个 H_1 即可根据式(8-2)计算该截面处的 U 形槽截面，从而得到 $h_1(x)$；设 $\Delta=H_1-H_2$，$\delta(x)=h_1(x)-h_2(x)$，当预锻件和终锻件的高度差 Δ 取值不同时，终锻成形的材料流动方式也不同。

当 $\Delta<\delta(x)$、$\Delta=\delta(x)$，以及 $\Delta>\delta(x)$时，在截面 $x=x_1$ 处，终锻开始时刻的模具和工件接触情况如图 8-15 所示。

(1) 当 $\Delta<\delta(x)$时(图 8-15(a))，凸模顶部与预锻件槽底接触，而凸模台肩与预锻件顶端未接触。当凸模前进挤压毛坯时，材料先被反挤压向右方流动后又被正挤压向左方流动，材料的反复折回流动容易在多重台阶处形成折叠和压痕。

(2) 当 $\Delta=\delta(x)$时(图 8-15(b))，凸模顶部与预锻件槽底接触的同时凸模台肩与

预锻件顶端接触。当凸模前进挤压毛坯时，材料向左方流动，材料不需要很大的变形即可充满细长筋部位和多重台阶部位，可有效避免折叠和压痕。

(3) 当 $\mathit{\Delta} > \delta(x)$时(图 8-15(c))，凸模台肩与预锻件顶端接触，而凸模顶部与预锻件槽底未接触。当凸模前进挤压时，材料将从各个方向向槽底和凸模顶端之间形成的空隙中流动，从而发生折叠，而且侧壁的根部由于壁厚较薄极易发生失稳。

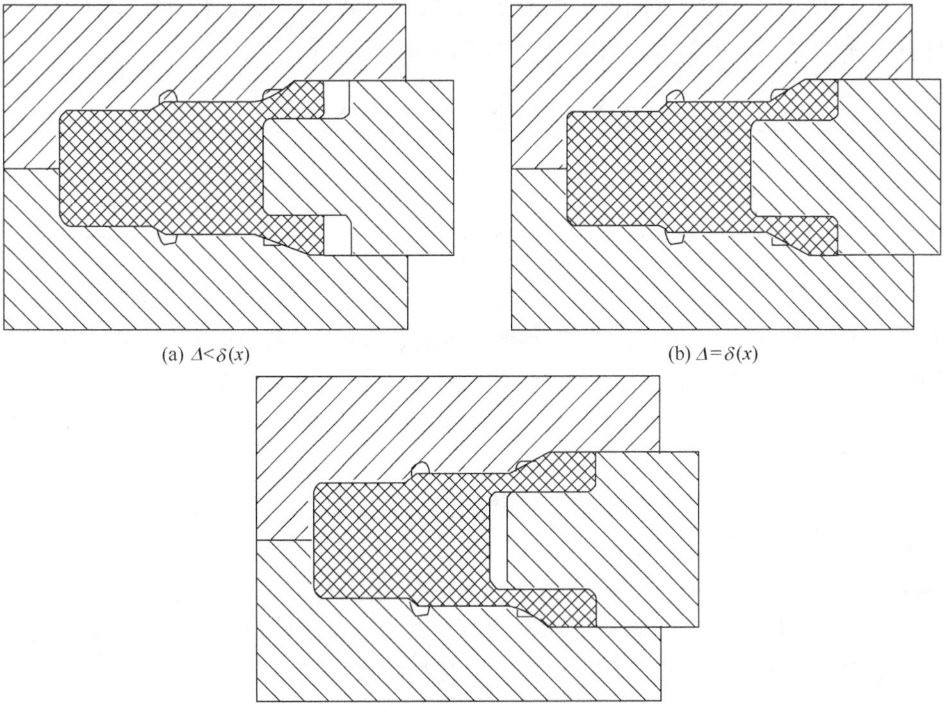

(a) $\mathit{\Delta}<\delta(x)$　(b) $\mathit{\Delta}=\delta(x)$　(c) $\mathit{\Delta}>\delta(x)$

图 8-15　不同尺寸的预锻件在终锻开始时刻的示意图

经过对比发现，如图 8-15(b)所示，当 $\mathit{\Delta} = \delta(x)$时，材料的流动可有效避免缺陷。但对于不同的截面，$\delta(x)$值都不同，很难在所有的截面上都使 $\mathit{\Delta} = \delta(x)$成立，因此$\left|\mathit{\Delta}-\delta(x)\right|$的值越小对终锻成形越有利。最优化的预锻件上端面高度应使更多截面的$\left|\mathit{\Delta}-\delta(x)\right|$值接近于 0，设锻件 x 轴方向的长度为 L，问题转化为求下列函数的极值问题，即

$$F(\mathit{\Delta})=\frac{1}{L}\int_0^L\left|\mathit{\Delta}-\delta(x)\right|\mathrm{d}x \tag{8-3}$$

即寻找一个合适的 $\mathit{\Delta}$ 使式(8-3)中的 $F(\mathit{\Delta})$取最小值。由于 $\delta(x)$取决于终锻件的体积和形状，没有严格的数学表达式，但可以沿着 x 轴选出 n 个特征截面，将问

题转化为寻找一个合适的 Δ 使式(8-4)中的 $G(\Delta)$的值取最小值。

$$G(\Delta)=\frac{1}{n}\sum_{i=1}^{n}\left|\Delta-\delta(x)\right| \tag{8-4}$$

为简化求解过程，采用赋值法对式(8-4)求解，通过赋给 Δ 一系列数值，比较所得到的 $G(\Delta)$值，选取使 $G(\Delta)$取得较小数值的那个 Δ 作为最优解。

对于机匣体，沿着轴向方向每隔 5mm 取一个截面，共选取 50 个特征面进行计算。赋予 Δ 不同的数值，计算所得的 $G(\Delta)$如表 8-1 所示。

表 8-1　机匣体 Δ 与 $G(\Delta)$的关系

Δ/mm	–2	–1	0	1	1.3	1.5	1.8	2	2.5	3	4	5
$G(\Delta)$ /mm	8.06	6.01	3.96	1.91	1.31	0.97	0.95	1.2	1.85	2.65	4.5	6.4

通过对数据的观察发现，$G(\Delta)$具有单极值的特征，当 Δ=1.8 时，$G(\Delta)$=0.95 取得最小值。因此选 Δ=1.8 作为最优解，即预锻件的上端面比终锻件的上端面高 1.8mm 时，总体材料流动状况对成形最有利，可有效消除折叠缺陷。

8.2.5　闭式多向热精锻工艺实验

在理论分析和有限元成形模拟的基础上，利用前述的优化方案对机匣体进行闭式多向热精锻工艺实验。模具(图 8-16)安装在如图 8-17 所示的 YK34J-1600/C1250 型数控多向模锻液压机上，下凹模固定在工作台上，上凹模连接主机滑块，预锻凸模和终锻凸模分别连接在左、右两个挤压滑块上，下凹模内装有顶杆，顶出缸通过顶出器把力传递给顶杆，顶杆将锻件顶出。

图 8-16　机匣体闭式多向热精锻模具

图 8-17　YK34J-1600/C1250 型数控多向模锻液压机

实验获得的机匣体锻件如图 8-18 所示。从图 8-18 中可以看出，机匣体成形效果良好，成形饱满、轮廓清晰、表面光洁，仅在 U 形槽上端面有小毛刺。相比于普通模锻，采用闭式多向热精锻工艺成形机匣体，可将原来的 12 个工序缩短为 5 个工序，材料利用率从 48%提高到 85%以上。

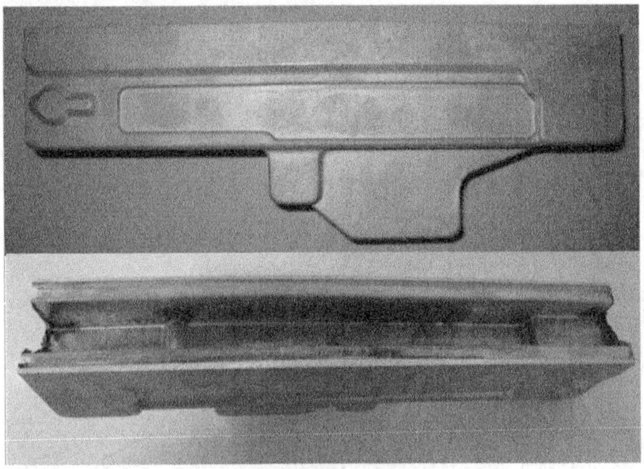

图 8-18　机匣体锻件

8.3　7050 铝合金上缘条精锻成形

飞机上缘条属于机翼的纵向骨架构件，是飞机的关键传力构件。上、下缘条和腹板组成飞机翼梁，其中上、下缘条以受拉、受压的方式承受弯矩载荷。若机翼受到的弯矩向上，则上缘条受压、下缘条受拉。缘条内的拉、压应力(轴向正应力)形成平衡弯矩载荷的力偶。因此，要求其构件具有高的损伤容限性能、高强度、高的韧性、良好的疲劳性能。

由于对性能的要求较高，上缘条通常由模锻制坯再机加工获得。上缘条截面形状并不复杂，仅有一个T形筋条，但是整体长度方向是弯曲的，而且体积庞大，给模锻成形带来了一定的困难。由于模锻设备和工艺水平的限制，目前，上缘条终锻后的锻件只能是大余量的普通模锻件甚至是粗模锻件，存在锻件的表面质量差、组织晶粒粗大、金属流线不随形等问题。

8.3.1 上缘条锻件结构分析

图8-19所示上缘条的长度为5570mm，宽度为726mm，厚度为80mm，中部筋的高度为40mm、筋顶宽度为65mm，筋条位于宽度中心线稍偏右的位置，为非对称结构。

上缘条长度与宽度的比值达7.7。模锻成形时，金属难以沿长度方向流动，主要沿宽度和厚度方向流动，具有平面变形的特点。另外，中间筋的高宽比仅有0.62，较容易成形。因此，上缘条可采用精锻成形[31]。

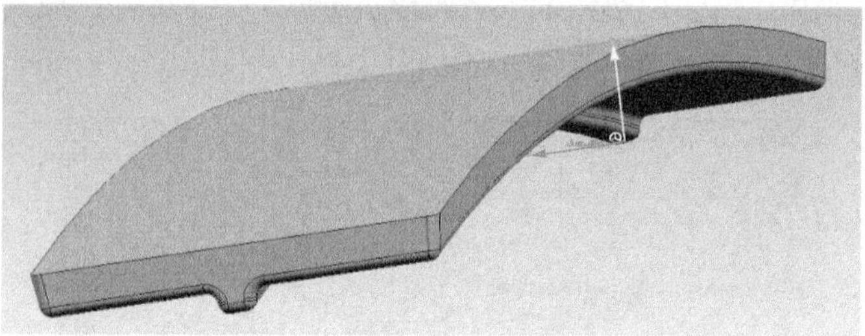

图8-19 上缘条三维结构图

8.3.2 模锻成形工艺方案制定

1. 选择坯料

根据上缘条的结构特点，可以选用板料或棒料作为坯料。为了比较两种坯料方案对上缘条成形的影响，对中间筋的成形过程进行有限元模拟和分析。有限元模型如图8-20所示。

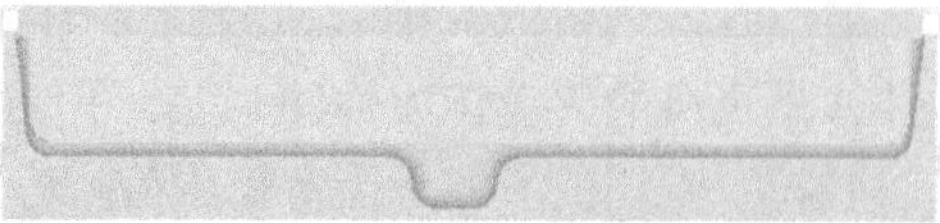

(a) 以板料作为坯料

(b) 以棒料作为坯料

图8-20 有限元模型

图 8-21 展示了以板料作为坯料的方案的金属流动速度场。图 8-21(a)～(c)对应的压下量依次为 0.5mm、2.5mm 和 4.0mm。可以看到，靠近筋槽部位的金属流动速度较高，板料上表面与筋槽中心线对应部位的附近存在一个三角形的低速流动区域，两侧腹板部位的流动速度非常低。产生这种现象的原因与筋槽部位的流动阻力较小以及腹板部位摩擦阻力较大有关。这种流动方式很容易导致板料上表面形成 V 形豁口缺陷。只有当坯料厚度大于筋宽时才能避免此类缺陷。本实例中，上缘条筋根部宽度为 80mm，坯料原始厚度为 84.5mm，筋板与板厚接近，实际生产中可能会出现豁口。采用棒料作为坯料则可彻底避免这个问题。而且，由于筋宽与板宽的比值非常小(0.09)，采用板料作为坯料成形时金属流动距离长、摩擦阻力大，导致成形力较大。而选用棒料作为坯料不仅有利于中间筋的成形，而且成形载荷较小。因此，选择棒料作为坯料更合适。

基于上缘条成形的平面应变变形特点，确定坯料长度与零件展开长度相等，沿长度方向的截面积与对应的零件横截面面积相等。最终确定的棒料尺寸为 Φ280mm×5610mm。

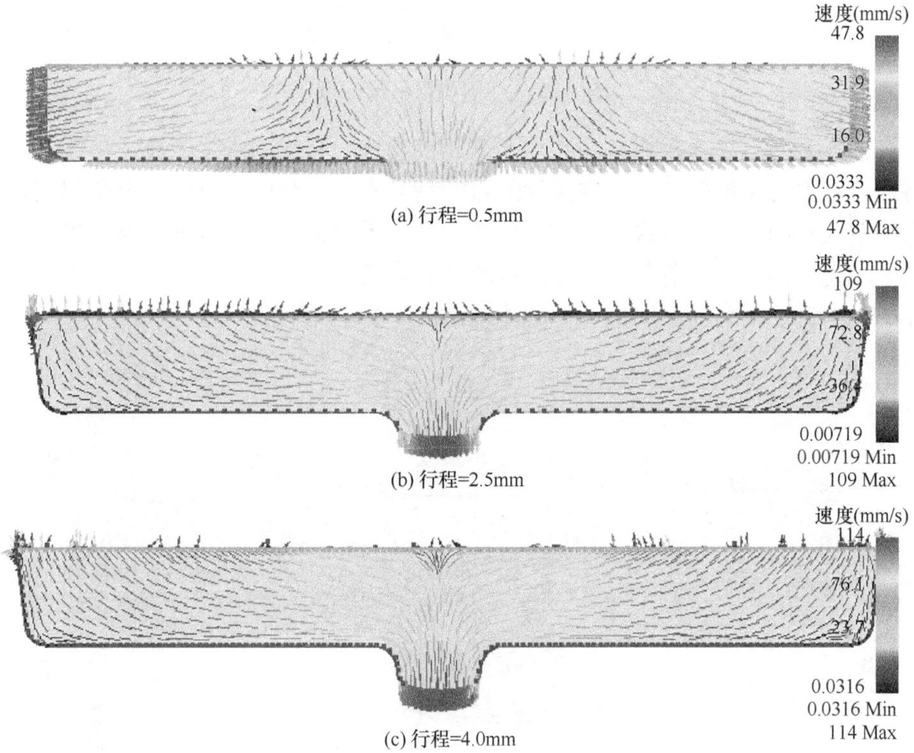

图 8-21　板料金属流动速度场

2. 预锻件设计

由于筋并不位于零件的对称轴线上，工艺方案中需要包含预锻工序以调节金属体积分配，确保金属无缺陷流动，易于充填模腔，降低材料流向飞边槽的损失。根据预锻模膛设计原则，将上缘条预锻型腔设计如下：①筋的顶部宽度与终锻相同；②圆角半径及模锻斜度与终锻模膛相同；③将棒料偏左放置，如图 8-22 所示。

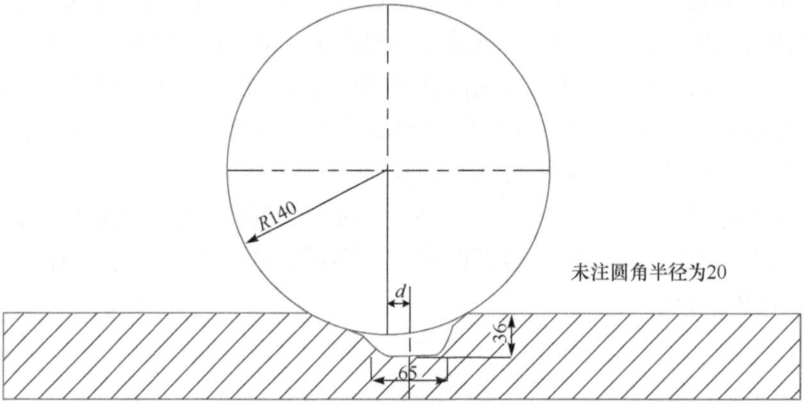

图 8-22　预锻凹模(单位：mm)

图 8-22 中，d 表示棒料圆心与预锻凹模筋槽中心线的水平距离，参数 d 的值将通过有限元模拟确定。这样设计的目的是合理分配金属，避免腹板两端成形不均匀造成穿筋。上缘条腹板左右宽度不等，如果金属分配不合理，那么腹板较窄的一端先成形，随后多余的金属会向未成形端流动，如图 8-23 所示。如果发生这样的横向流动，容易在筋根部形成流线紊乱，甚至交叉。

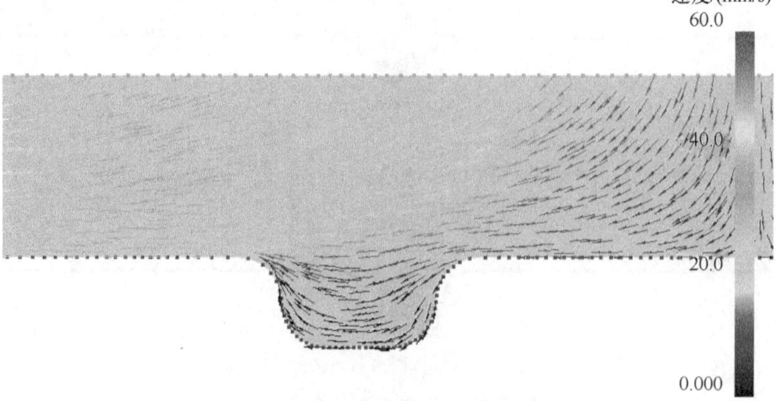

图 8-23　金属横向流动速度场

选取不同的 d 值进行成形过程有限元模拟。将坯料一端与凹模侧壁接触时另一端与凹模侧壁之间的距离 s 作为衡量腹板成形均匀性的参数。数值为正值表示左边先成形，数值为负值表示右边先成形。有限元模拟参数和结果如表 8-2 所示。

表 8-2　棒料位置分析

模拟序号	d/mm	s/mm
1	0	−17
2	10	−4.6
3	15	5.4
4	20	10.5

将 s 绘制成曲线，如图 8-24 所示。可以看到，s 随 d 值增大而由负值变为正值，在 d=13mm 时 s 值为 0。对此条件进行模拟验证，结果如图 8-25 所示，腹板两侧几乎同时充满，有利于降低终锻成形力。

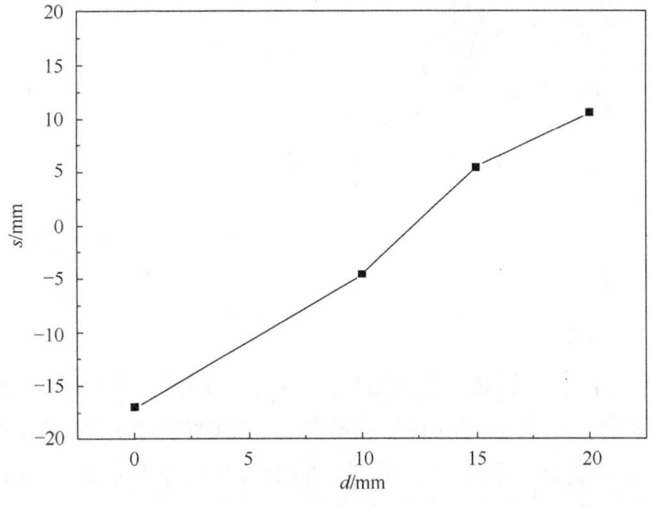

图 8-24　棒料位置对充填均匀程度的影响

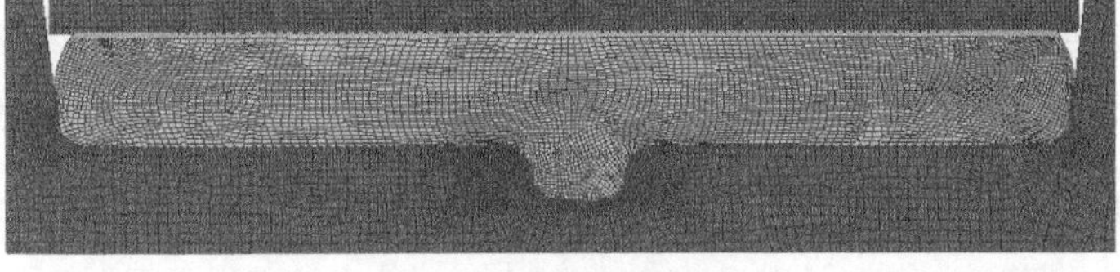

图 8-25　腹板充填均匀

金属高温模锻成形时，变形程度小于或者大于一定值时容易产生粗晶。使预锻和终锻有相同或相近的变形程度，将预锻件高度设计为 150mm，则预锻镦粗比为 150/280=0.54，终锻镦粗比 80/150=0.53。

8.3.3　上缘条精锻成形数值模拟分析

1. 上缘条预锻成形分析

图 8-26 是上缘条预锻等效应变分布图。在坯料中部等距取点分析，将各点的应变值绘制成曲线。从图中可以看出：①预锻件的等效应变分布极不均匀，从横向看应变从心部向两侧递减，从纵向看应变从心部向顶部和筋底递减；②心部和筋根圆角部位的变形较大，等效应变约为 1.4；③坯料顶部与上模接触的中心区域由于摩擦的作用，应变较小，筋的中部、腹板两侧的金属应变也很小。

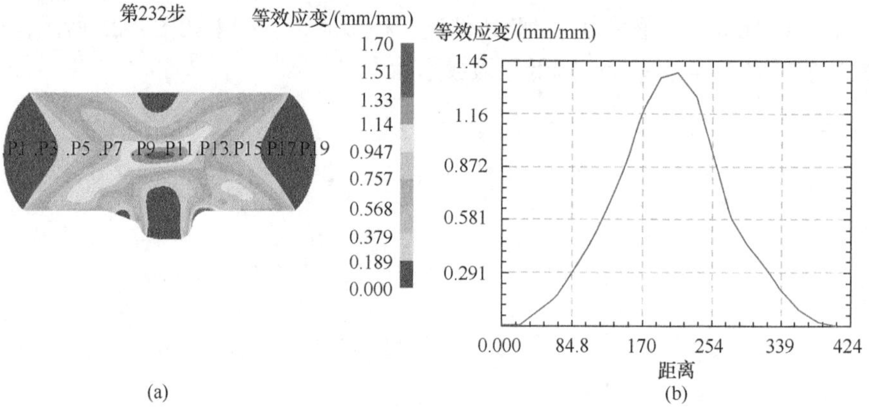

图 8-26　预锻等效应变分布

应变速率是影响金属加工性能的另一个重要因素。预锻件等效应变速率分布如图 8-27 所示。从图中可以看出：整体应变速率较小，约 80%的区域应变速率小于 $0.1s^{-1}$；应变分布不均匀，角部、筋根圆角位置和心部应变速率较大。在这些部位取点分析，将各点应变速率和温度与 7050 铝合金热加工图对照，得到功率耗散系数 A 处为 0.30，B 处为 0.39，C 处为 0.38，D 处为 0.40，各点功率耗散系数比较接近，可以推断这些部位的组织演化情况相似[32]，有利于获得均匀的微观组织。

2. 上缘条终锻成形分析

上缘条终锻成形过程的金属流动速度场的情况如图 8-28 所示。可以看出，筋条部位由较高的流动速度很快几乎变为零，表明筋条首先成形；随后，金属向两侧流动逐渐成形出腹板，腹板上缘是最后成形的部位。

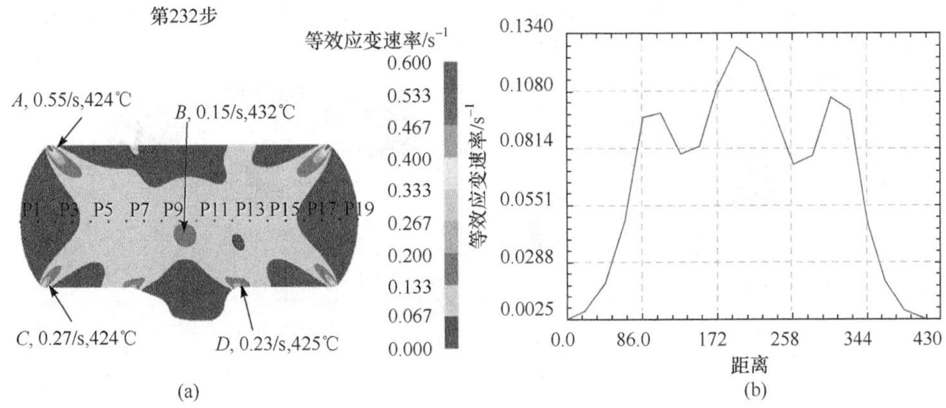

图 8-27　预锻件等效应变速率分布

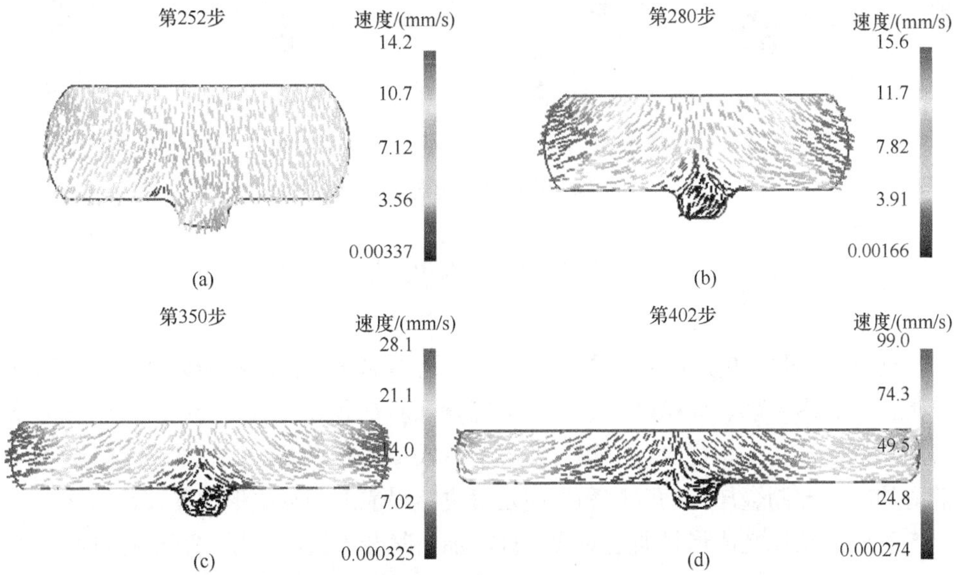

图 8-28　终锻过程金属流动速度场的分布

图 8-29 展示了锻件的等效应变分布。可以看出：筋部应变较小，腹板应变较大；腹板是发生塑性变形的主要部位，随着压下量的增大，腹板整体应变值增大，塑性变形区不断扩大，顶部和两端的变形死区缩小；锻件心部的等效应变最大。

从上述设计和分析可以看出，利用棒料经预锻和终锻，并结合棒料初始放置位置的优化，能够实现上缘条锻件的精确成形，并且锻件整体经历了较大的变形，有利于获得性能良好的零件。

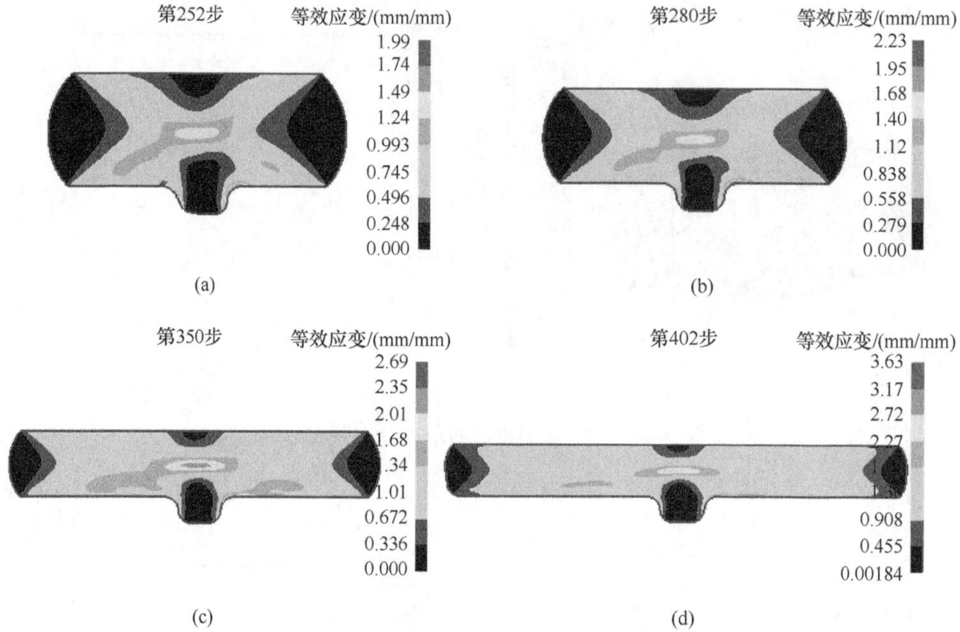

图 8-29　终锻过程等效应变分布

8.4　4032 铝合金涡旋盘流动控制成形

涡旋盘(图 8-30)是涡旋式空调压缩机的核心部件。其结构为典型的多层薄壁筒形，具有多层筋、筒壁薄、筋宽比大等特征。精锻成形时，金属流动情况复杂且难于控制，变形程度大且不均匀，容易造成金属充不满，流线的紊乱，甚至穿筋等缺陷。控制金属流动顺序和方向是解决精锻成形中缺陷形成的关键因素。

背压流动控制成形是通过对成形件施加与其金属流动相反的载荷控制材料塑性流动，最终达到锻件精确成形的一种方法。本节首先设计典型的双层筒形件来研究其成形规律及其成形参数的优化，建立背压力求解模型，然后利用背压流动控制成形方法实现涡旋盘精确成形[33]。

图 8-30　涡旋盘锻件

8.4.1　双层筒形件背压流动控制成形规律

双层筒形件的示意如图 8-31(a)所示。它具有明显的薄壁高筋的特征，且外侧筋高达到了内侧筋高的两倍。利用 Deform 有限元软件模拟其在精锻过程中的金属流动情况以及流线分布，有限元模型如图 8-31(b)所示。前处理中设置坯料网格数为 100000，凸模、凹模以及背压体的网格数分别为 30000。应用自适应网格重划分技术和体积补偿来避免计算过程中的网格严重畸变和材料的体积损失。坯料材料为 4032 铝合金，其成形温度为 450℃，模具材料选用 H13 高温模具钢，其预热温度为 250℃。坯料与模具之间的摩擦因子和传热系数分别为 0.4 和 11N/(s·mm·K)。凸模下行速度为 20mm/s，步长为 0.1mm，下行距离为 9.7mm。

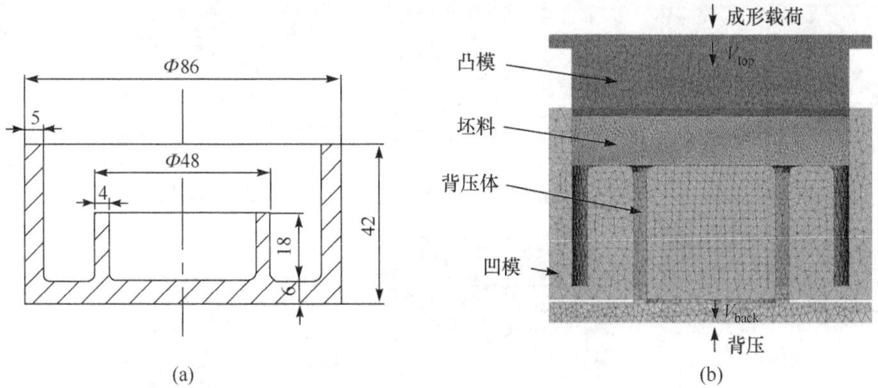

图 8-31　锻件示意图和背压控制成形模型(单位：mm)

不施加背压力时的精锻过程如图 8-32 所示。成形初期，金属会向内外侧筋部的空腔流动，且向内、外筋流动的速度大致相同，由于内侧筋高远小于外侧，当内侧筋充满时，外侧筋只填充了一半。由于内侧筋已经充满，金属无法继续向该位置流动，只能向外侧筋的空腔流动，其中内侧筋根部的金属也会随着大部分金属流向外侧，导致内侧筋根部金属的流线出现紊乱，如图 8-32(e)所示。

金属的流动可以通过施加背压来控制，图 8-33 为双层筒形件施加 8.5kN 的背压力时的成形过程。由于在内侧筋的前端施加了背压力，降低了金属向内侧筋流动的速度，更多的金属会向外侧筋流动。通过控制内、外侧筋的金属流动速度来达到使两侧型腔同时充满的目的。由于内侧筋根部金属没有出现向外侧流动的过程，所以内侧筋根部的流线分布情况得到了极大的改善，如图 8-33(e)所示。当施加的背压力为 3.5kN 时，由于背压力不足，虽然金属向内侧筋的流动速度减慢了，但是不足以很好地改善内侧筋根部流线的分布。相反地，当背压力为 13.5kN 时，金属向内侧筋的流动速度大大减慢，以至于当外侧筋充满时，内侧筋仍然没有充满。通过比较施加不同背压力时的成形载荷(图 8-34)发现，当内、外侧筋同时充满时即背压力为 8.5kN 所需载荷最小，为 474kN。当施加背压力为 13.5kN，成形载荷为 614kN。当施加背压力为 3.5kN，成形载荷为 816kN。不施加背压力时成形载荷最大，为 924kN。施加合适的背压不仅能使双层筒形件完全填充，改善流线分布，还能降低成形载荷，降低对设备的要求，延长模具的使用寿命。

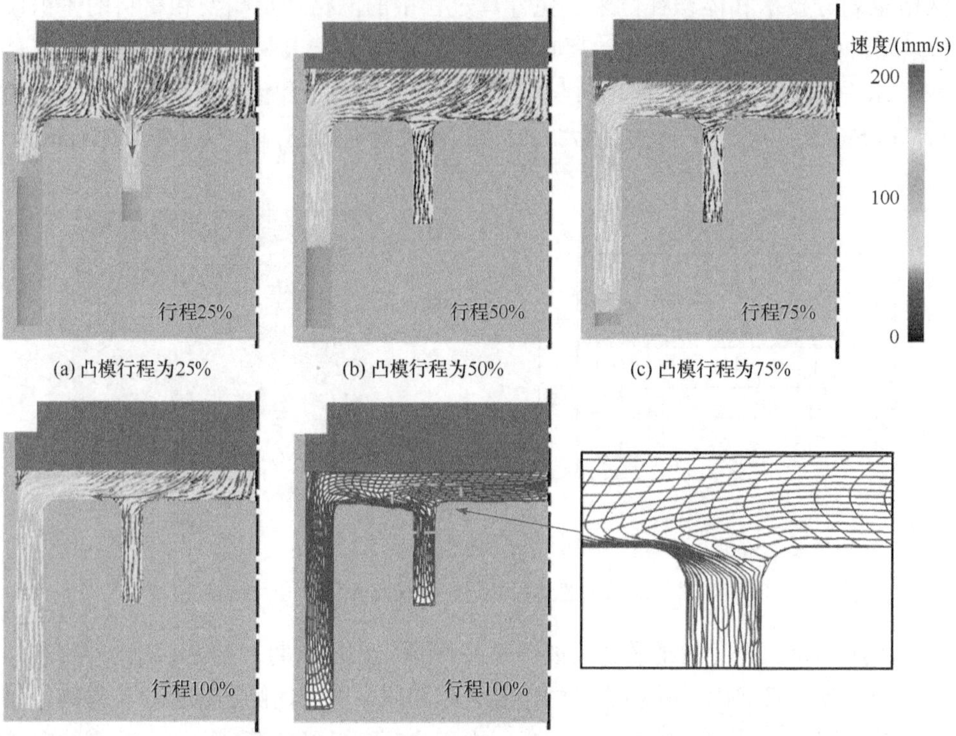

(a) 凸模行程为25%　(b) 凸模行程为50%　(c) 凸模行程为75%

(d) 凸模行程为100%　(e) 流线分布

图 8-32　无背压力时的金属流动速度和流线分布

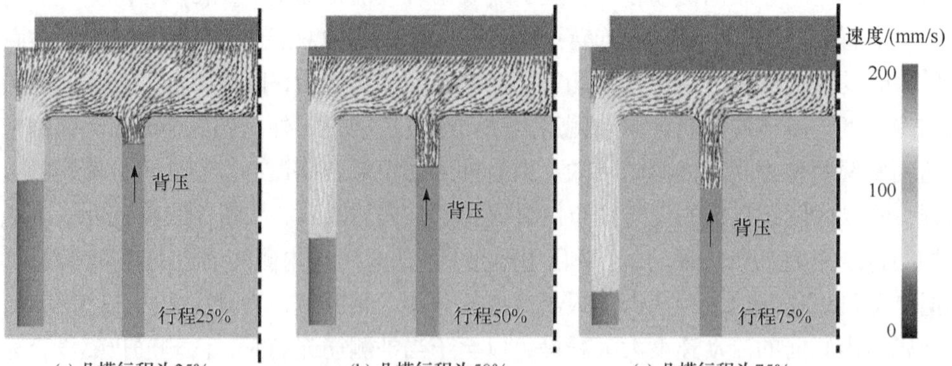

(a) 凸模行程为25%　(b) 凸模行程为50%　(c) 凸模行程为75%

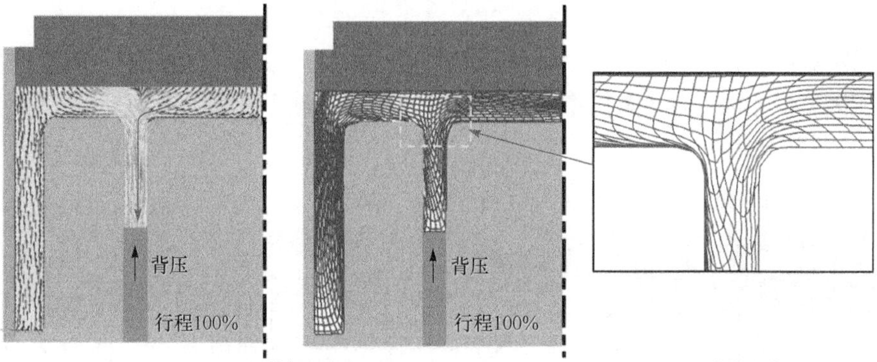

(d) 凸模行程为100%　　(e) 流线分布

图 8-33　背压力为 8.5kN 时的金属流动速度和流线分布

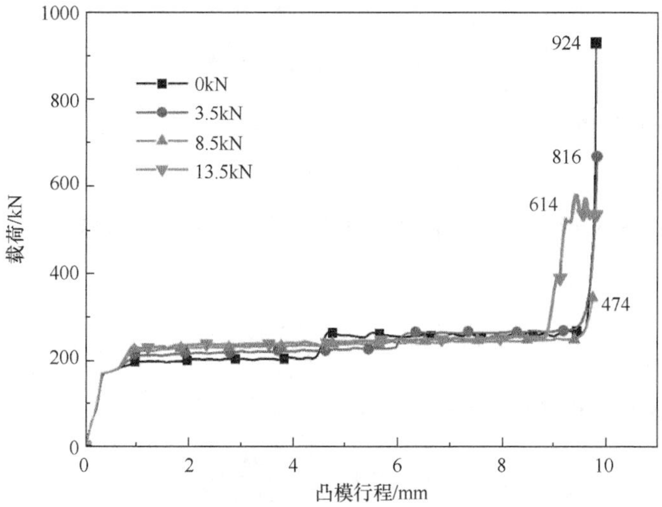

图 8-34　施加不同背压力时的成形载荷

建立主应力法模型分析成形过程中的应力情况。为了便于建模，进行如下简化。

(1) 模具视为刚体，坯料视为塑性体且在成形过程中体积保持不变。

(2) 变形视为二维轴对称问题。

(3) 应变速率和温度变化的影响忽略不计。

(4) 采用剪切摩擦模型和屈雷斯加屈服准则，有

$$\tau=mk \tag{8-5}$$

$$\sigma_1-\sigma_3=2k \tag{8-6}$$

其中，τ为摩擦力；m 为剪切摩擦因子；k 为剪切屈服应力；σ_1 为第一主应力；σ_3

为第三主应力。

图 8-35 为应力分析示意图，由于模型轴对称所以取其一半来建立主应力法模型。根据不同的应力状态将零件分为 4 个区域。区域Ⅰ和Ⅲ为镦粗变形，区域Ⅱ和Ⅳ为挤压变形。

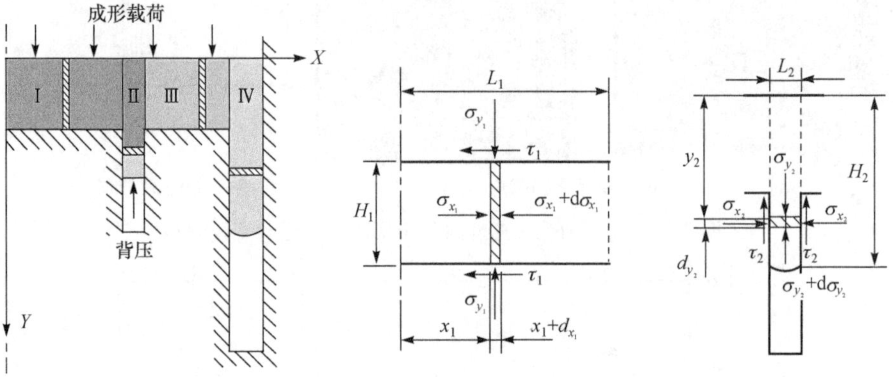

(a) 主应力法模型　(b) 区域Ⅰ　(c) 区域Ⅱ

图 8-35　应力分析示意图

如图 8-35(b)所示，在区域Ⅰ中切取基元体，列出基元体沿 X 方向的平衡微分方程，即

$$\mathrm{d}\sigma_{x_1} = -\frac{2mk}{H_1}\mathrm{d}x_1 \tag{8-7}$$

根据式(8-5)、式(8-6)和式(8-7)，有

$$\mathrm{d}\sigma_{y_1} = \mathrm{d}\sigma_{x_1} = -\frac{2mk}{H_1}\mathrm{d}x_1 \tag{8-8}$$

对式(8-8)积分，区域Ⅰ的应力为

$$\sigma_y^{\mathrm{I}} = -\frac{2mk}{H_1}x_1 + C_1 \tag{8-9}$$

假设 $\sigma_y^{\mathrm{I}} = \sigma_{y_0}^{\mathrm{I}}$，当 $x = L_1$ 时，常数 C_1 为

$$C_1 = \frac{2mkL_2}{H_2} + \sigma_{y_0}^{\mathrm{I}} \tag{8-10}$$

根据式(8-9)和式(8-10)，有

$$\sigma_y^{\mathrm{I}} = \frac{2mk}{H_1}(L_1 - x_1) + \sigma_{y_0}^{\mathrm{I}} \tag{8-11}$$

如图 8-35(c)所示，在区域Ⅱ中切取基元体，列出基元体沿 Y 方向的平衡微分

方程，即

$$d\sigma_{y_2}=-\frac{2mk}{L_2}dy_2 \tag{8-12}$$

$$\sigma_y^{\mathrm{II}}=-\frac{2mk}{L_2}y_2+C_2 \tag{8-13}$$

当 $y=H_2$ 时，由于施加了背压力 σ_{bp}，所以 $\sigma_y^{\mathrm{II}}=-\sigma_{bp}$，常数 C_2 为

$$C_2=\frac{2mkH_2}{L_2}-\sigma_{bp} \tag{8-14}$$

代入式(8-13)，有

$$\sigma_y^{\mathrm{II}}=\frac{2mk}{L_2}(H_2-y_2)-\sigma_{bp} \tag{8-15}$$

同理，可得区域Ⅲ和Ⅳ的应力状态方程：

$$\sigma_y^{\mathrm{III}}=\frac{2mk}{H_3}(L_3-x_3)+\sigma_{y_0}^{\mathrm{III}} \tag{8-16}$$

$$\sigma_y^{\mathrm{IV}}=\frac{2mk}{L_4}(H_4-y_4) \tag{8-17}$$

在不同区域的相交面上应力状态相同，所以有

$$\frac{2mk}{L_2}(H_2-y_2)-\sigma_{bp}=\frac{2mk}{H_3}(L_3-x_3)+\sigma_{y_0}^{\mathrm{III}} \tag{8-18}$$

$$\frac{2mk}{H_3}(L_3-x_3)+\sigma_{y_0}^{\mathrm{III}}=\frac{2mk}{L_4}(H_4-L_4) \tag{8-19}$$

联解式(8-18)和式(8-19)，假设 $R_n=\dfrac{H_n}{L_n}$，可得双层筒形件的筋的尺寸与所施加的背压力的关系，即

$$R_4-R_2=\frac{\sigma_{bp}}{2mk}-\frac{1}{R_s} \tag{8-20}$$

8.4.2　涡旋盘背压控制成形

将背压控制成形方法应用于涡旋盘的成形中。涡旋盘的筋高达到 35mm，且筋宽从中心向尾部逐渐变窄，尾部筋的高宽比达到 7，在成形中极易出现充不满的问题。背压成形模型如图 8-36 所示，同样由坯料、凸凹模和背压体组成，背压力通过背压体施加在坯料的前端，具体的模拟参数与双层筒形件模型相同。

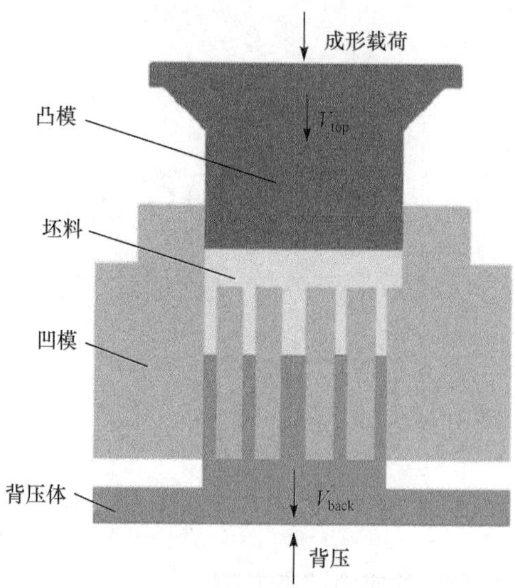

图 8-36　涡旋盘背压控制成形模型

为了研究施加不同背压时的涡旋盘筋的成形高度，在涡旋盘的端部选择 18 个点分别测量该位置的筋高。图 8-37(a)为 18 个点在涡旋盘端部的分布位置。图 8-37(b)为不施加背压力时涡旋盘筋的成形高度，此时各位置的筋高长短不一，为了便于采用主应力法计算需要施加的合适背压力，如图 8-37(a)所示，将涡旋盘简化为两个双层筒形件结构，外侧双层筒形件的内外侧筋宽度分别与 P_{10} 和 P_{18} 相同，因为这两个位置是填充的最高点和最低点，同理，内侧双层筒形件的内外侧筋宽分别与 P_1 和 P_6 相同。Deform 材料库中 4032 铝合金在 450～350℃时的屈服应力为 69～110MPa，可以计算出合适的背压力范围为 163～310MPa。

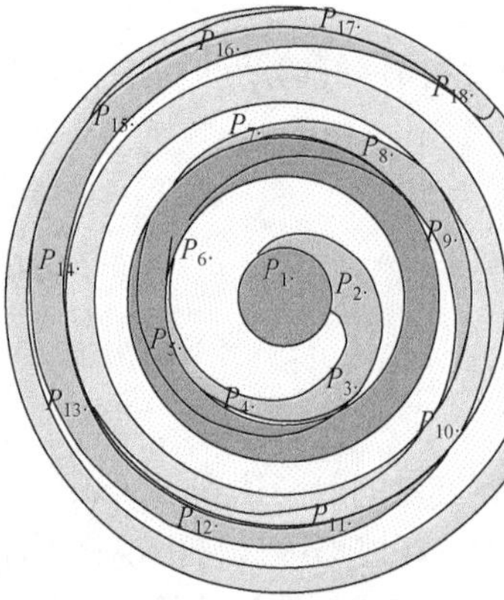

(a) 涡旋盘简化分析模型

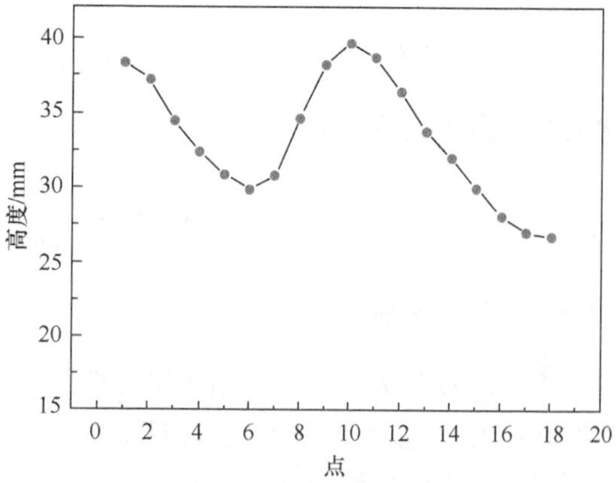

(b) 无背压时涡旋盘成形高度

图 8-37　涡旋盘简化分析模型和无背压时涡旋盘成形高度

图 8-38 为不同背压加载模式示意图，由于定值背压和线性背压在实际中利用液压设备和弹簧容易实现，故研究这两种加载模式。同时研究成形初始阶段背压体与坯料的距离对成形的影响，即背压距 $S_{bpdistance}$。根据主应力法计算所得的背压值，选择背压力分别为 100kN、200kN 和 300kN，定值加载模式中背压距分别选择为涡旋盘筋高的 0%、25%、50%和 75%；线性加载模式中，选择初始背压 F_2 为 0kN，最终背压 F_1 为 100kN、200kN 和 300kN。根据体积相等原则，凸模下行距离设为 15.9mm，其他成形参数与双层筒形件相同。

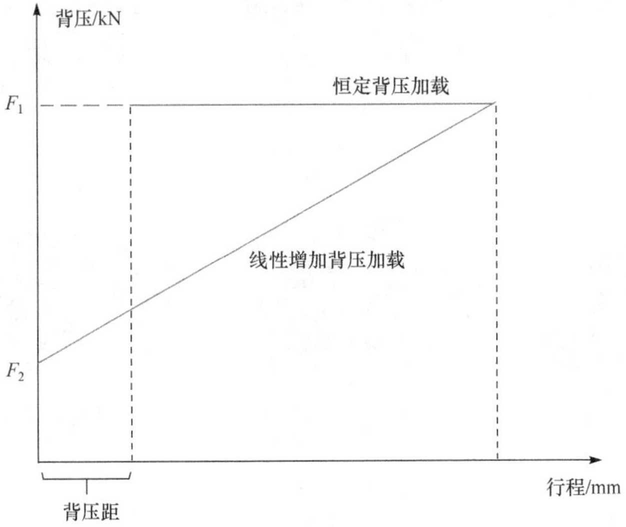

图 8-38　不同背压加载模式示意图

涡旋盘背压控制成形过程如图 8-39 所示。由于筋宽从中心向尾部逐渐变窄，流动阻力逐渐增加，金属更倾向于流向中心(图 8-39(b)中矩形框)，导致没有足够的金属填充临近中心的位置(图 8-39(b)中椭圆形框)。另外，由于尾部最窄，流动阻力最大，此处同样无法充满，最终导致锻件从中心到尾部的筋高不一。当施加定值 300kN 背压后，如图 8-39(d)～(f)所示，由于在涡旋盘筋前端施加了背压力，有效抑制了金属持续向轴向流动的趋势，迫使向切向流动，以填充近中心和尾部区域，使各部分金属的径向流动速度趋于一致，最终达到涡旋盘筋端部平整且完全充满的目的。

不同背压值和加载模式对涡旋盘成形筋高的影响如图 8-40 所示，当背压值从 300kN 逐渐减小到 100kN 时，涡旋筋的填充高度越来越不均匀，近中心区域能填充完整但是尾部存在充不满现象。当施加初始值为 0 的线性背压时，其对金属流动的控制效果远不如定值背压。这是因为在成形初期背压力很小，无法起到控制金属流动的效果，尽管后期背压力达到了需要的值，但是初期造成的筋高不一很难矫正，金属很难从已填充的区域横向流动到未充满区域，所以很难消除涡旋筋的高度不一致问题。但随着最终背压力的增大，涡旋筋的高度不一情况可以有一定程度的改善，例如，当最终背压力达到 200kN 时，近中心区域可以完全充满。

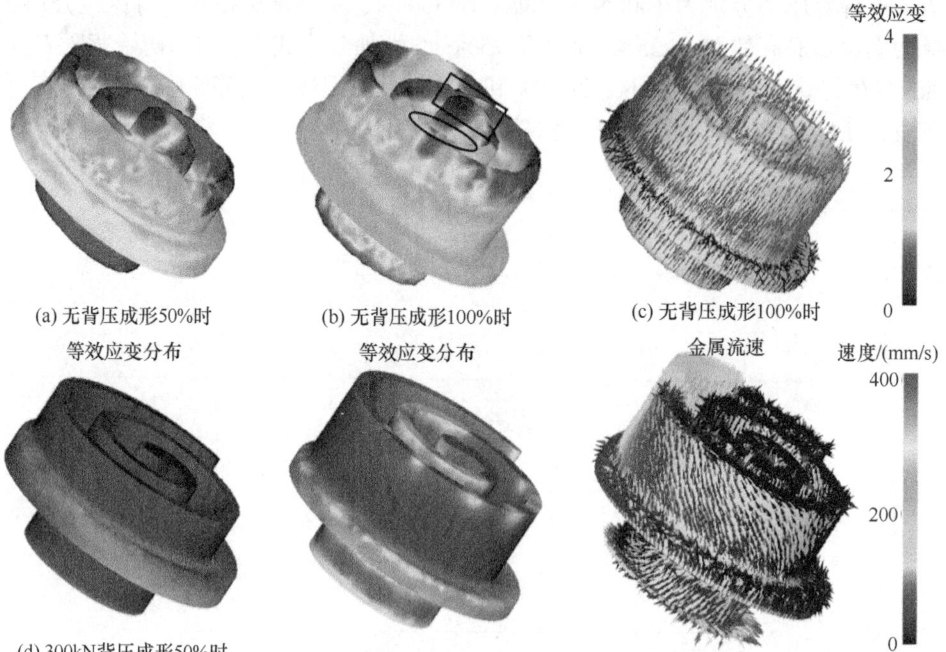

(a) 无背压成形50%时等效应变分布　(b) 无背压成形100%时等效应变分布　(c) 无背压成形100%时金属流速

(d) 300kN背压成形50%时等效应变分布　(e) 300kN背压成形100%时等效应变分布　(f) 300kN背压成形100%时金属流速

图 8-39　涡旋盘背压控制成形过程图

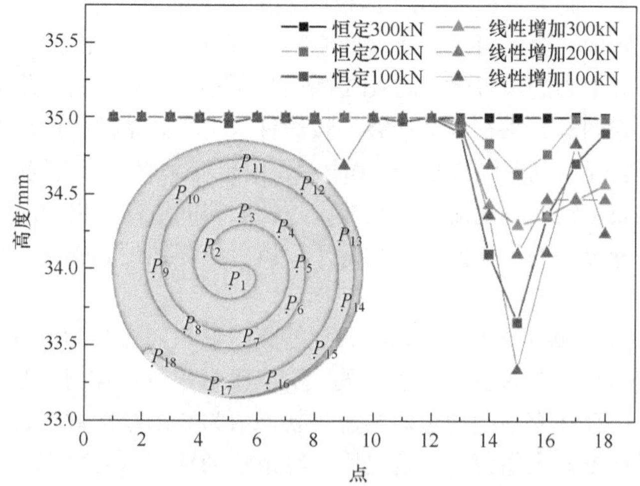

图 8-40　不同背压值和加载模式时的涡旋筋填充高度

线性加载模式初始背压值 0kN、100kN 和 200kN 时，涡旋筋成形高度分布规律如图 8-41 所示。近中心区域的筋填充完整，但是涡旋筋尾部未能充满，并且随着初始背压值的减小，涡旋筋尾部的填充情况越恶劣。

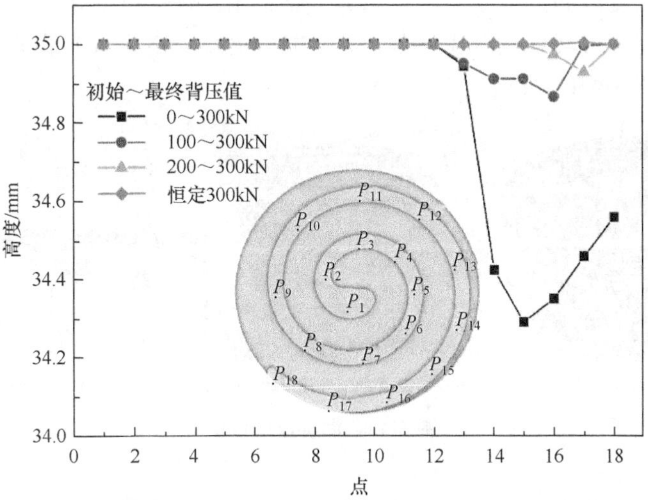

图 8-41　不同初始值时的线性加载模式对涡旋筋填充高度的影响

图 8-42 为不同背压距时的涡旋筋成形高度。当背压距为涡旋筋高度的 75%时，涡旋筋近中心区域和尾部均未能充满；当背压距减小到 50%时，近中心区域已经填充完成，但是尾部仍然未能充满；即使背压距减小到 25%，尾部仍然充不满。其原因同样是在成形初期涡旋筋高度的差异在后期很难被消除。

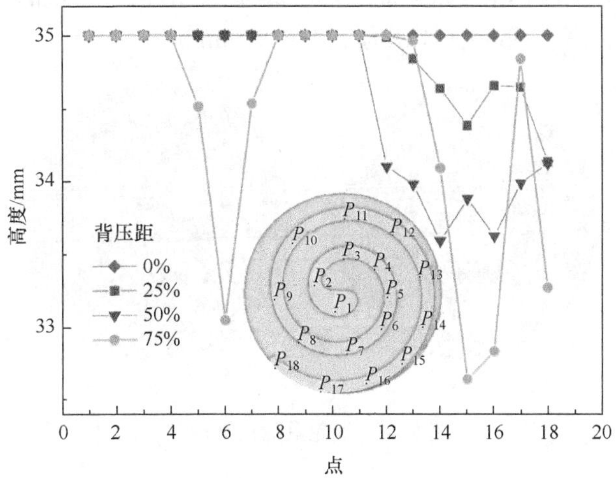

图 8-42　不同背压距时涡旋筋的成形高度

实际物理实验在 Y28-800 液压机上进行，无背压时的涡旋盘如图 8-43(a)所示，成形结果与模拟结果一致。根据之前的模拟结果可知，施加 300kN 定值背压，背压距为 0mm 时背压控制成形的效果最佳，图 8-43(b)为该条件下的涡旋盘锻件。可以看出，涡旋盘筋部填充完整且端部平整，未出现高度起伏。将成形件沿纵向剖开，抛光腐蚀后观察其流线分布，涡旋筋的流线基本沿着涡旋筋高度方向，分布合理，如图 8-43(c)所示。

(a) 无背压　(b) 300kN定值背压且背压距为0mm　(c) 流线分布

图 8-43　涡旋盘锻件图

8.5　Ti1023 钛合金涡轮盘精锻成形

8.5.1　锻件结构分析

涡轮盘锻件为圆盘件，从侧向看为 T 形结构。其三维造型如图 8-44 所示。上表面具有六个均匀分布的四边形凹槽，下表面为带有圆形凹坑的凸台。上表面的六个凹槽不是简单的中心对称分布，其轴线与半径方向呈一定的角度。锻件最大外径为 909mm，高 319mm，体积为 71412898.4mm^3。

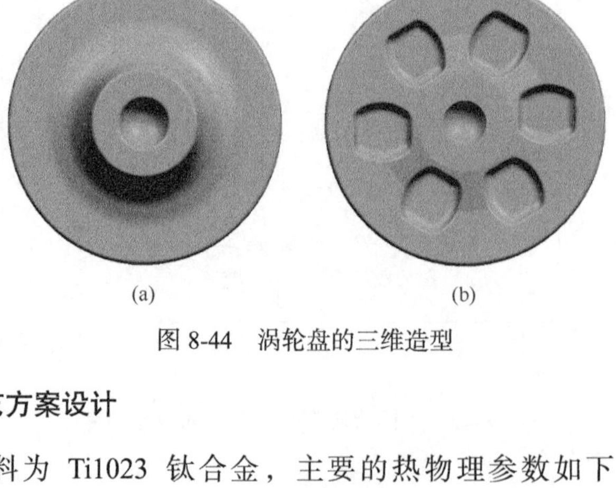

(a)　(b)

图 8-44　涡轮盘的三维造型

8.5.2　精锻工艺方案设计

锻件的材料为 Ti1023 钛合金，主要的热物理参数如下：导热系数为

16N/(s · K)，比热容为 3.6N/(mm^2 · ℃)，泊松比为 0.3。其常规始锻温度为 740～790℃，终锻温度为 680℃。

精锻在尺寸精度、表面质量以及材料利用率上具有很大的优越性，所以设计以闭式模锻作为锻造方案。考虑到锻件总体上为回转体结构的特征，将坯料设计为简单的棒料。依据体积相等的原则，计算获得的棒料尺寸为Φ390mm×655mm。同时为了方便坯料的定位，将坯料的下端依锻件凸台的斜率进行了 10°的倒斜边处理，从而使坯料的定位从线接触变为面接触，如图 8-45 所示。经初步的有限元数值模拟分析后发现，通过棒料直接一步锻造时，上表面的凹槽在靠近圆周外侧的部位难以充满。这是由金属流过凹槽对应的上模凸起后，充填外侧型腔时流动阻力较大导致的。因此，为了促进圆盘外侧的金属填充，设计了一道镦粗预锻工序，将棒料上端镦粗成具有较大直径的法兰。最终，设计的工艺方案为棒料-镦粗预锻-闭式模锻。

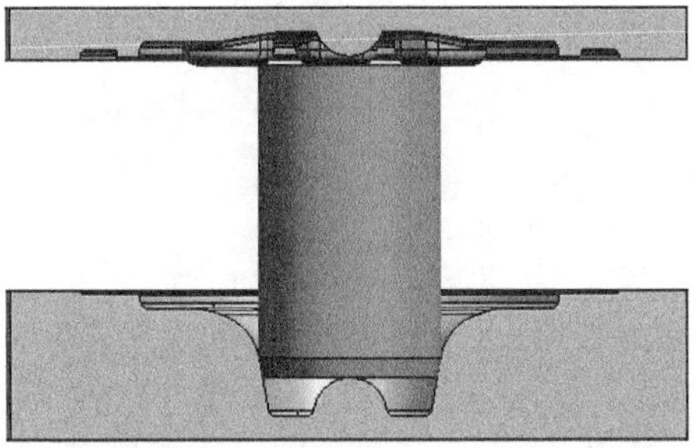

图 8-45　棒料镦粗预锻示意图

8.5.3　精锻方案数值模拟分析

采用 Deform-3D 有限元软件进行成形过程的数值模拟。前处理设置时，将棒料划分为 100000 个网格，取网格尺寸最小值的 1/3 作为步长，即每步上模下行量为 3mm。镦粗预锻的有限元模型如图 8-46 所示。

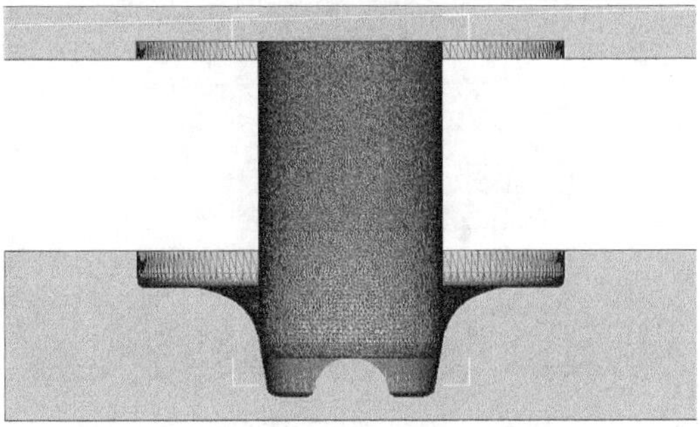

图 8-46　镦粗预锻有限元模型

预锻成形过程的坯料形状变化如图 8-47 所示。从成形过程看，坯料上部的变形是一个典型的镦粗过程，在心部出现一个 X 形的较大应变区，在这一区域，应变量大导致坯料的温升也更加剧烈，心部的最高温度超过了毛坯的初始加热温度(780℃)，最高达到 853℃(图 8-48)。坯料下部的变形则是一个挤压过程，锻件下端在变形的初始阶段就已经成形。预锻结束时，坯料中除了与模具接触且变形量较小的边缘区域温降比较大外，其余部位的温度都在终锻温度以上，保证了充足的塑性。由模拟预测的成形载荷曲线可知，最大成形载荷为 70100kN。

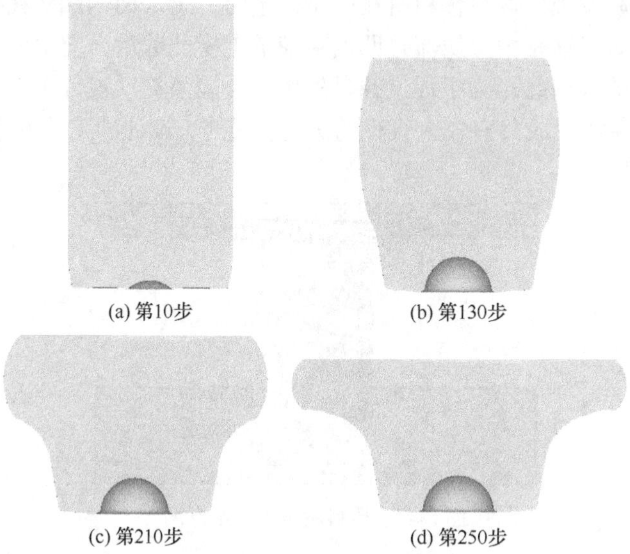

图 8-47　预锻过程变形图

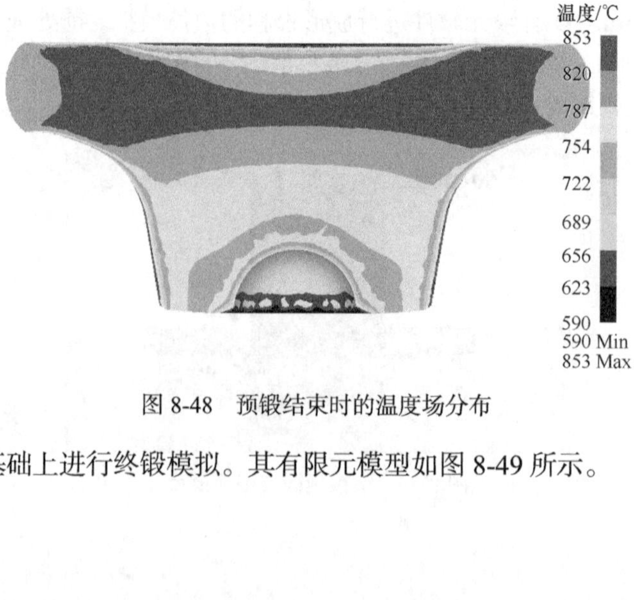

图 8-48　预锻结束时的温度场分布

在预锻基础上进行终锻模拟。其有限元模型如图 8-49 所示。

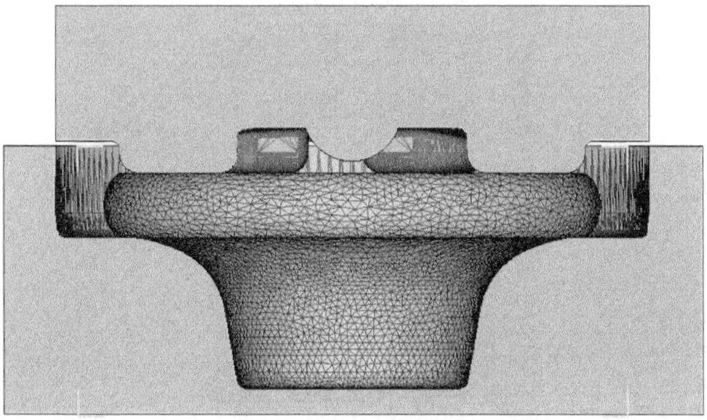

图 8-49　终锻有限元模型

图 8-50 展示了闭式终锻时的锻件充型过程。而锻件的下端由于在预锻过程中已基本达到所需的形状，所以变形量较小。变形集中在锻件上端，材料主要发生镦粗和反挤。上模内侧的型腔先充满，外侧型腔由金属沿径向流动再轴向反挤后最终成形。下料波动造成的多余体积最后形成纵向毛刺。图 8-51 展示的闭式终锻成形效果表明，锻件成形完整，各细节轮廓清晰。图中标示点表示的折叠部位都分布在纵向毛刺上，不影响锻件的成形质量。

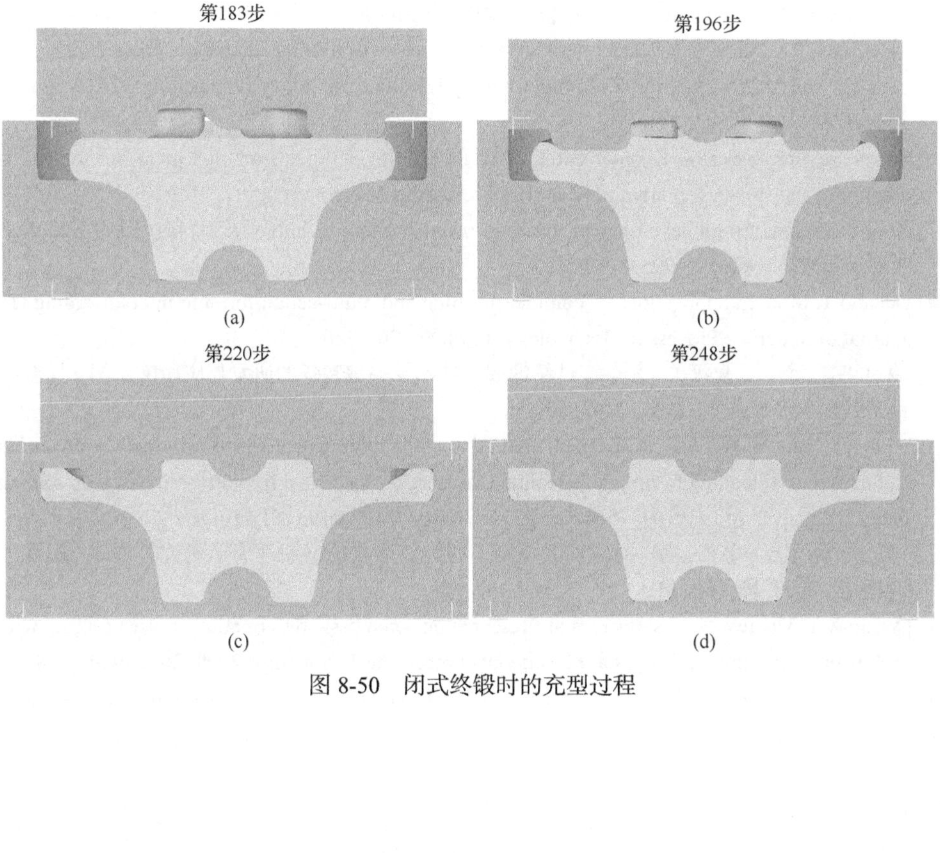

(a)　(b)　(c)　(d)

图 8-50　闭式终锻时的充型过程

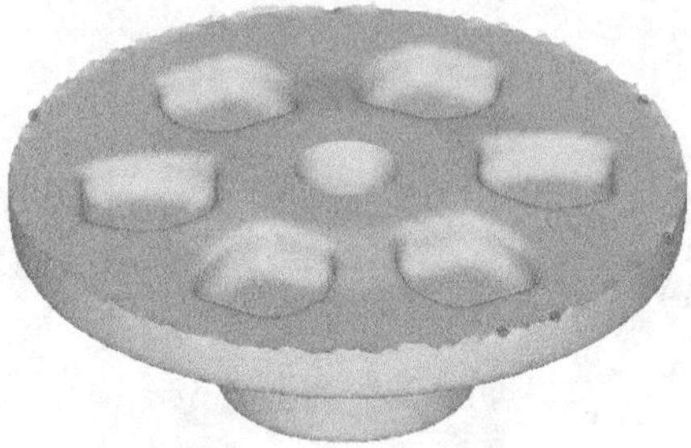

图 8-51　闭式终锻结果图

参 考 文 献

[1] Yoon H S, Kim E S, Kim M S, et al. Towards greener machine tools: A review on energy saving strategies and technologies [J]. Renewable and Sustainable Energy Reviews, 2015, 48: 870-891.

[2] Sun W L, Chen X K, Wang L. Analysis of energy saving and emission reduction of vehicles using light weight materials [J]. Energy Procedia, 2016, 88: 889-893.

[3] Heinz A, Haszler A, Keidel C, et al. Recent development in aluminium alloys for aerospace applications [J]. Materials Science and Engineering A, 2000, 280: 102-107.

[4] Hirsch J. Recent development in aluminium for automotive applications [J]. Transactions of Nonferrous Metals Society of China, 2014, 24(7): 1995-2002.

[5] Ajeet Babu P K, Saraf M R, Voracious K C, et al. Influence of forging parameters on the mechanical behavior and hot forgeability of aluminium alloy [J]. Materials today: Proceedings, 2015, 2(4-5): 3238-3244.

[6] Siegert K, Kammerer M, Keppler-Ott T, et al. Recent developments on high precision forging of aluminum and steel [J]. Journal of Materials Processing Technology, 1997, 71: 91-99.

[7] Kopp R. Some current development trends in metal forming technology [J]. Journal of Materials Processing Technology, 1996, 60: 1-10.

[8] Nakano T. Modern applications of complex forming and multi-action forming in cold forging [J]. Journal of Materials Processing Technology, 1994, 46: 201-226.

[9] 夏巨谌, 王新云, 夏汉关. 复杂零件精锻成形技术及关键装备的研发与应用[C]. 第3届全国精密锻造学术研讨会, 盐城, 2008: 50-53.

[10] Gao P F, Yang H, Fan X G, et al. Quick prediction of the folding defect in transitional region during isothermal local loading forming of titanium alloy large-scale rib-web component based on folding index [J]. Journal of Materials Processing Technology, 2015, 219: 101-110.

[11] 杨合, 孙志超, 詹梅, 等. 局部加载控制不均匀变形与精确塑性成形研究进展[J]. 塑性工程学报, 2008, 15(2): 6-14.

[12] Wang X Y, Yukawa N, Yoshita Y, et al. Research on some basic deformations in free forging with robot and servo-press [J]. Journal of Materials Processing Technology, 2009, 209: 3030-3038.

[13] Zhang D W, Yang H, Sun Z C. Analysis of local loading forming for titanium-alloy T-shaped components using slab method [J]. Journal of Materials Processing Technology, 2010, 210: 258-

266.

[14] Kondo K, Ohga K. Precision cold die forging of a ring gear by divided flow method [J]. International Journal of Machine Tools and Manufacture, 1995, 35(8): 1105-1113.

[15] 夏巨谌, 金俊松, 邓磊, 等. 中空分流锻造成形机理及成形力的计算[J]. 塑性工程学报, 2016, 23(1): 1-6.

[16] 夏巨谌, 金俊松, 邓磊, 等. 中空分流锻造关键尺寸参数的理论计算及应用[J]. 塑性工程学报, 2016, 23(3): 1-6.

[17] 张亚蕊, 夏巨谌, 程俊伟. 气体发生器关键零件热挤压工艺及数值模拟研究[J]. 塑形工程学报, 2007, 14(2): 73-76.

[18] 夏巨谌, 胡国安, 王新云, 等. 轿车安全气囊零件流动控制精密成形技术研究[J]. 锻压技术, 2004, (1): 1-3.

[19] 夏巨谌, 胡国安, 王新云, 等. 多层杯筒形零件流动控制成形工艺分析及成形力的计算[J]. 中国机械工程, 2004, 15(1): 91-93.

[20] Wang X Y, Wu Y S, Xia J C, et al. FE simulation and process analysis on forming of aluminum alloy multi-layer cylinder parts with flow control forming [J]. Transactions of Nonferrous Metals Society of China, 2005, 15(2): 452-456.

[21] Yoshimura H, Tanaka K. Precision forging of aluminum and steel [J]. Journal of Materials Processing Technology, 2000, 98(2): 196-204.

[22] 吕春龙, 夏巨谌, 程俊伟, 等. 机匣体多向模锻的热力耦合数值模拟[J]. 锻压技术, 2007, 32(3): 12-15.

[23] 张志文. 锻压工艺学[M]. 北京: 机械工业出版社, 1983.

[24] 程俊伟. 轿车高强度铝合金零件精密模锻关键技术的研究[D]. 武汉: 华中科技大学, 2006.

[25] 邓磊, 夏巨谌, 王新云, 等. 机匣体多向精锻工艺研究[J]. 中国机械工程, 2009, 20(7): 869-872.

[26] 冀东生. 节套体多向精锻关键技术的研究[D]. 武汉: 华中科技大学, 2008.

[27] 李庆杰, 夏巨谌, 邓磊, 等. 铝合金机匣体多向精锻工艺优化[J]. 锻压技术, 2010, 35(5): 24-28.

[28] 刘川林, 曹洋, 黄美平, 等. 机匣等温成形工艺数值模拟[J]. 四川兵工学报, 2004, (4): 35-38.

[29] 吕春龙. 机匣类高强度铝合金零件精密模锻关键技术的研究[D]. 武汉: 华中科技大学, 2007.

[30] 李庆杰. 高强度铝合金机匣体多向精锻工艺优化[D]. 武汉: 华中科技大学, 2011.

[31] 郭宇娟. 7050 高强铝合金模锻工艺基础及应用研究[D]. 武汉: 华中科技大学, 2014.

[32] Guo Y J, Deng L, Wang X Y, et al. Hot deformation behavior and processing maps of 7050 aluminum alloy[J]. Advanced Materials Research, 2013, 815: 37-42.

[33] Deng L, Dai W L, Wang X Y, et al. Metal flow controlled by back pressure in the forming process of rib-web parts[J]. The International Journal of Advanced Manufacturing Technology, 2018, 97: 1663-1672.

第 9 章　塑性变形过程的多尺度模拟

计算材料学是基于材料科学与计算机科学的交叉学科，基于材料科学基本理论，利用计算机的强大计算能力，对材料问题进行相关计算和模拟，涉及材料、物理、计算机、数学、化学等多个学科[1]。计算材料学方法主要包括密度泛函理论(density function theory，DFT)、蒙特卡罗(Monte Carlo，MC)模拟、分子动力学(molecular dynamics，MD) 方法、相场模型(phase field model，PFM)、有限元方法(finite element method, FEM)等[2-3]，如图 9-1 所示。其中，有限元方法、分子动力学方法以及相场模型在塑性成形研究中应用较多，为此，本章对这三种方法进行介绍。

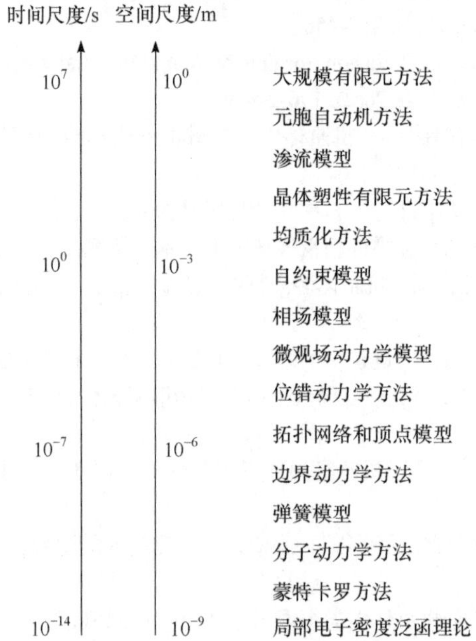

图 9-1　材料多尺度模拟方法与时空尺度的对应关系

9.1　有限元方法模拟

9.1.1　有限元方法的基本原理

目前的有限元方法有弹塑性有限元方法、刚塑性有限元方法以及黏塑性有限元方法，而应用模拟金属塑性成形的主要是前两种。在大变形的金属精锻成形过程中，弹性变形部分相对于塑性变形部分是很小的，若不考虑弹性变形，仅就刚性变形对金属塑性变形过程进行研究，那么建立起来的数值模拟模型将会更为简单，大大地减少计算量，在保证精度的情况下能够节约大量的时间和物质成本。刚塑性有限元方法在 1973 年由 Lee 等提出，采用 Levy-Mises 方程和 Mises 屈服准则，求解未知量为节点位移速度。这种方法在提出后就不断发展和改进，在塑性加工领域应用很广。

刚塑性有限元方法包含几组基本方程。

(1) 平衡微分方程为

$$\sigma_{ij,j} - F_i = 0 \tag{9-1}$$

(2) 速度和应变速率的关系为

$$\dot{\varepsilon}_{ij} = \frac{1}{2}(v_{i,j} + v_{j,i}) \tag{9-2}$$

其中，$v_{i,j}$ 为速度；$\dot{\varepsilon}_{ij}$ 为应变速率。

(3) Levy-Mises 应力应变速率关系为

$$\dot{\varepsilon}_{ij} = \mathrm{d}\lambda S_{ij} \tag{9-3}$$

若材料符合 Mises 屈服准则，则

$$\frac{1}{2}S_{ij}S_{ij} = k^2 \tag{9-4}$$

其中，k 是变形过程的函数。若材料为理想刚塑性体，k 为常数。

式(9-3)两边平方得

$$\dot{\varepsilon}_{ij}\dot{\varepsilon}_{ij} = (\mathrm{d}\lambda)^2 S_{ij}S_{ij} \tag{9-5}$$

将式(9-4)代入式(9-5)整理后得

$$\mathrm{d}\lambda = \frac{\sqrt{\dot{\varepsilon}_{ij}\dot{\varepsilon}_{ij}}}{\sqrt{2}k} \tag{9-6}$$

将式(9-6)代入式(9-3)可得

$$S_{ij} = \frac{\sqrt{2}k}{\sqrt{\dot{\varepsilon}_{ij}\dot{\varepsilon}_{ij}}}\dot{\varepsilon}_{ij} \tag{9-7}$$

式(9-7)即为符合 Mises 屈服准则的应力应变关系式。

体积不可压缩条件为

$$\dot{\varepsilon}_{ij}\delta_{ij} = 0 \tag{9-8}$$

边界条件分为力学边界条件

$$\sigma_{ij}n_j = p_i \tag{9-9}$$

和位移边界条件

$$u_i = \overline{u}_i \tag{9-10}$$

利用上述方程和边界条件在理论上是可以精确求解的，但由微积分的基础知识可知，除了少数几种简单情况，实际复杂情况的计算中很难得出精确解，因此，借助变分原理求出近似解来代替精确解进行有限元的持续计算，是解决这一问题的通常方法。

常用的求近似解的方法都需要应用 Markov 变分原理，即在满足速度和应变速率关系式(9-2)、体积不可压缩条件式(9-8)以及位移边界条件式(9-10)的运动容许速度场中找出特定泛函取极小值的速度场。采用何种方式将体积不可压缩条件代入泛函进行求解是可以选择的，目前比较常用的两种方法是 Lagrange 乘子法和罚函数法。两种方法对体积不可压缩条件的处理方式不同，但都是利用有限元的理论将工件离散化，前者采用将全域求解转化为对单元节点和单元内平均应力求解，最后得到数值解；后者是利用速度场的逐次迭代逼近真值的方式来求出数值解。

近年来，随着计算机技术，特别是计算机图形技术的飞速发展，金属塑性成形有限元模拟技术得到了迅速发展，出现了一大批商业化的塑性成形有限元模拟仿真软件，其中，用于金属体积成形有限元模拟的主要有美国 SFTC 公司的 Deform，MSC 公司的 MSC/MARC、MSC/AUTOFORGE，Abaqus 公司的 Abaqus 以及法国的 FORGE 等。这些软件广泛应用于金属塑性加工行业，取得了很好的经济效益。

9.1.2　有限元方法的应用

本书利用精锻成形工艺分析中应用非常广泛的有限元模拟软件 Deform-3D，对飞机起落架外筒锻件锻造全流程成形过程进行数值模拟举例。该锻件的成形全流程包括镦粗、拔长、拍扁、预锻、终锻等五个工步[4]。

锻件毛坯材料为 300M 钢，其热物性参数如表 9-1 所示。模具材料选用 H13。模拟工艺参数设置为：上模运行速度为 15mm/s，毛坯初始温度为 1140℃，摩擦因子为 0.3，传热系数为 11N/(s · mm · ℃)，对流换热系数为 0.02N/(s · mm · ℃)。每一工步结束后重新赋值至初始温度进行下一工步的模拟，因此仅前一工步的应变场被继承至下一工步继续分析。全流程模拟结果如图 9-2 所示，通过镦粗、拔长、拍扁等制坯工步成形出了与终锻件外形相似的毛坯，且通过制坯过程合理分配了金属体积，使预锻和终锻件产生的飞边比较均匀。

表 9-1　300M 钢的热物性参数

材料	温度/℃	热扩散系数/(cm^2/s)	比热容 c/[J/(g·K)]	热导率/[W/(cm·K)]
300M 钢	34.8	0.0696	0.44333	0.2384279
	600.0	0.0515	0.68227	0.2715077

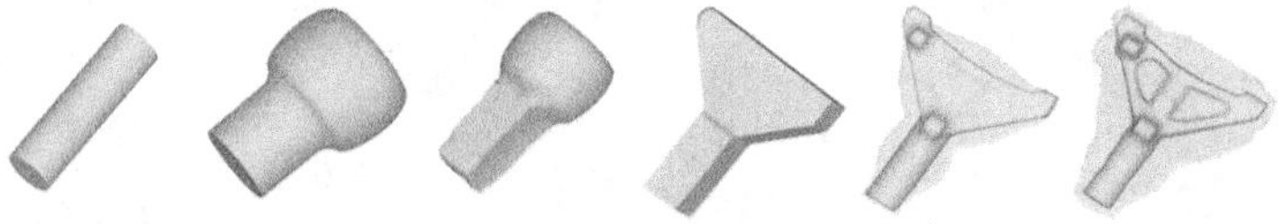

(a) 原始棒料　(b) 镦粗件　(c) 拔长件　(d) 拍扁件　(e) 预锻件　(f) 终锻件

图 9-2　全流程模拟结果

下面以预锻和终锻过程的数值模拟为例介绍有限元数值模拟所展现的金属流动过程。图 9-3 是预锻模拟中的金属流动情况。由图 9-3 可知，预锻件并未完全充满，由于毛坯杆部最先与预锻模具接触，在上模压力下以镦粗方式逐渐充填杆部型腔，与此同时，上模与 V 形部位连皮面接触，头部金属在上模压力作用下向两侧型腔流动，以镦粗方式慢慢充填模具型腔，随着上模的继续下行，头部 V 形两侧已经充满并产生少量飞边，同时，杆部也开始产生飞边，飞边的存在迫使金属向其他未充填的型腔流动，随后金属逐渐流入三个凸起部位，但由于头部凸起的金属流动距离较长，且其高度较杆部高，充填速度比杆部凸起速度慢，所以头部凸起是最后进行充填的部位，已经产生的飞边也在模具的下行过程中减薄，往飞边槽仓部流动。

图 9-4 是预锻件的等效应变分布。由图 9-4 可知，飞边应变最大，这是因为该处金属流动剧烈。而 V 形头部的凸起是最后充填的部位，且其高度较高，宽度较窄，金属流动距离较长，在金属坯料与模具的摩擦力的作用下流动较为困难，要完全成形，金属变形剧烈，所需成形力也较大，但预锻件头部凸起只是成形出了较小部分，金属变形较小，所以此处应变较小。而中间部分最先与模具接触，最先成形，到了变形后期该部位由于摩擦力的作用，金属往两侧流动较困难，因此此处应变较小。杆部金属流动变形较大，所以此处的等效应变较大。

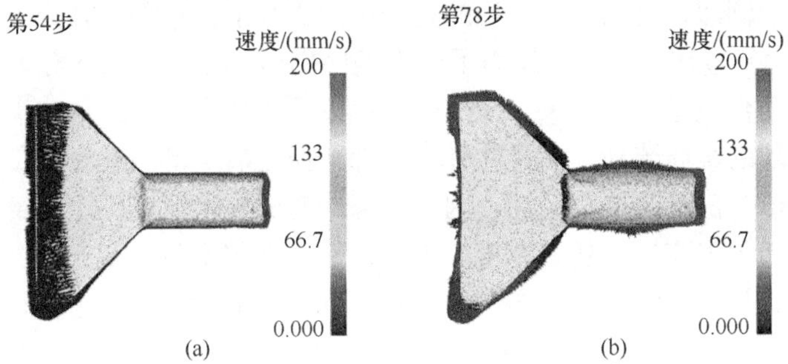

(a)　(b)

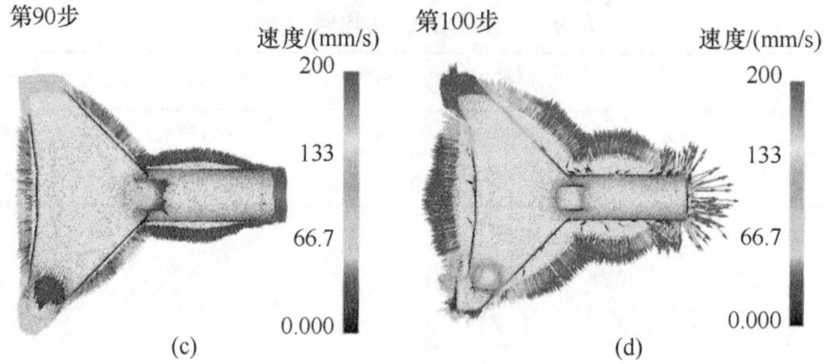

图 9-3　预锻速度场

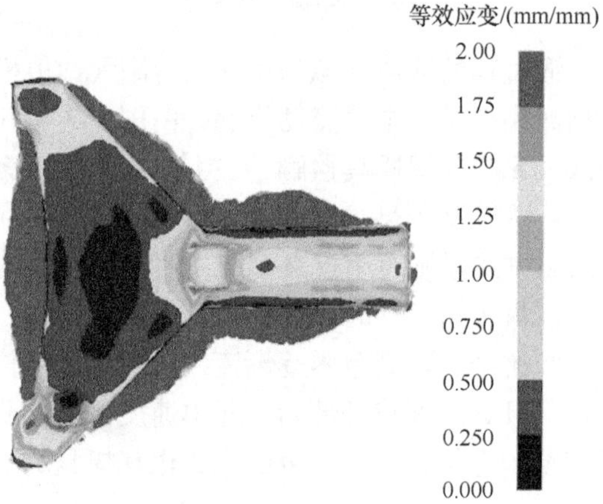

图 9-4　预锻应变场

图 9-5 是终锻模拟中的金属流动情况。由图 9-5 可以看出，模具最先与预锻件头部连皮接触，且与杆部线接触，接触点处的金属流动速度开始变大，整个锻件先以压入的方式慢慢进入型腔，然后由于预锻模膛头部比终锻模膛头部宽度窄、高度低，所以预锻件在终锻模膛中进行镦粗变形。金属首先往头部型腔模壁方向流动。随着模具行程的增大和模壁的阻力作用，金属慢慢充填未充满的头部型腔，直到 V 形部位两侧充满并开始产生飞边。此时杆部金属也已被渐渐压入杆部型腔中，流动比较剧烈，且在杆部下压的过程中由于预锻件杆部直径大于终锻件杆部直径，杆部两侧金属也在模具压力下产生塑性变形，沿横向向外流动，形成飞边。随后头部的凸台也已成形出来，三个凸起也以压入成形的方式进入型腔，但此时并未产生剧烈的金属流动，而是在杆部全部下压之后头部凸起和杆部凸起才开始进行充填，但头部凸起又窄又深，因而头部凸起的充填速度小于杆部凸起的充填速度，杆部凸起先充满。随着变形的进行，整个杆部型腔逐渐充满，只剩头部凸起未充满，其是整个锻件最后充满的部位。到了变形后期，飞边桥口部分和模壁

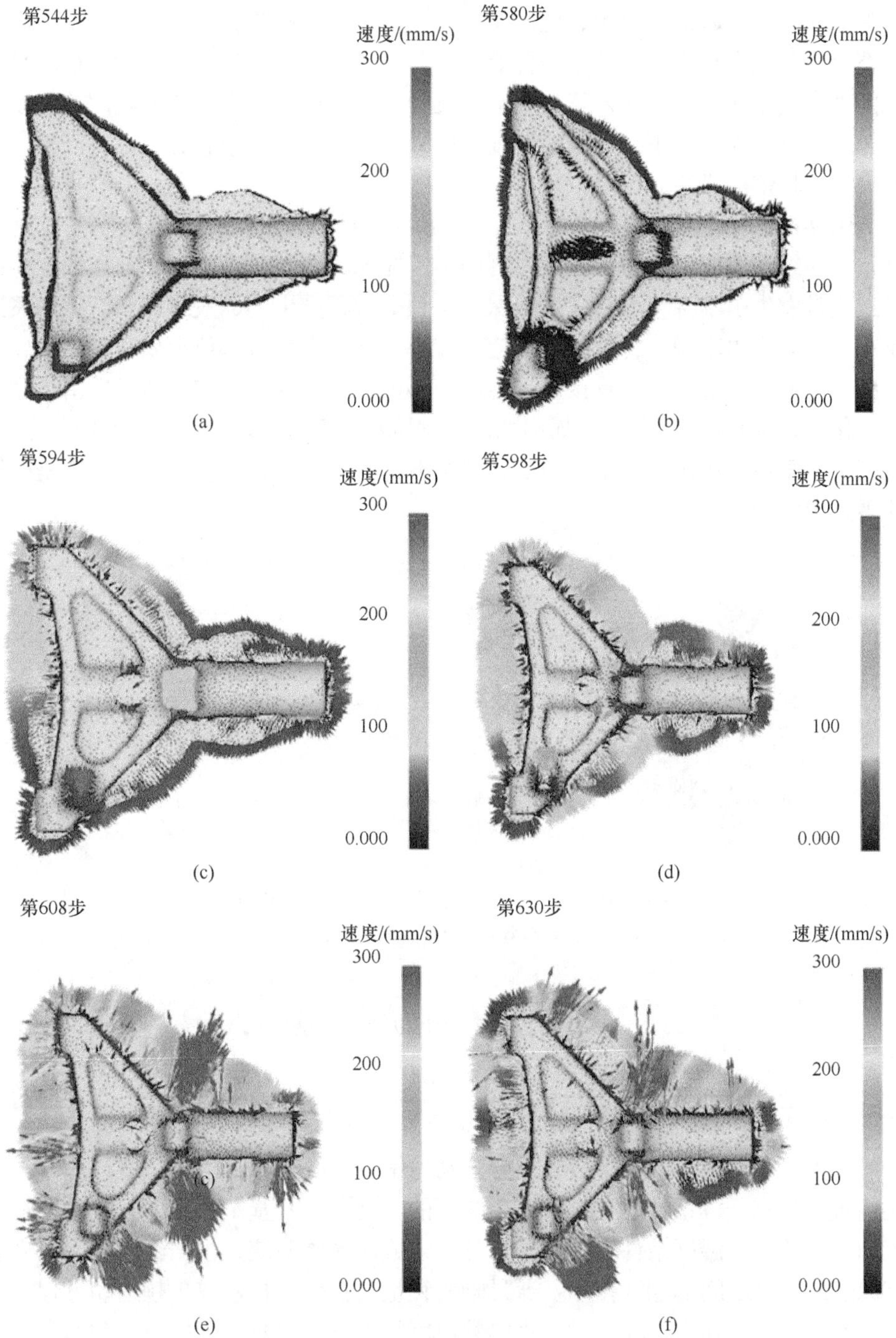
第544步
速度/(mm/s)
300
200
100
0.000
(a)
第580步
速度/(mm/s)
300
200
100
0.000
(b)
第594步
速度/(mm/s)
300
200
100
0.000
(c)
第598步
速度/(mm/s)
300
200
100
0.000
(d)
第608步
速度/(mm/s)
300
200
100
0.000
(e)
第630步
速度/(mm/s)
300
200
100
0.000
(f)

图 9-5　终锻速度场

的阻力使头部凸起部分充填，此时头部产生的飞边也越来越多，飞边产生的阻力使整个型腔完全充满，待整个锻件充满时，飞边桥口部分也正好充满。最后是模膛内多余的金属继续被排入飞边槽形成飞边，飞边部分处金属流动剧烈，流动速度较大，随着模具的下行，飞边厚度不断减薄，流入飞边槽仓部，最终产生了较为完整、均匀的飞边。

图 9-6 是终锻应变场分布图。由图 9-6 可以看出，在飞边附近出现较大应变，这是因为终锻形成的飞边在合模过程中厚度减薄，金属流动剧烈，而预锻产生的飞边只是发生了刚性平移，应变只保留了预锻过程产生的、较终锻新产生的飞边要小；相对飞边来说，杆部的等效应变较小，这是因为该部位金属流动变形较飞边小，V 形头部最先与模具接触，金属变形大，但该部位最先成形，后由于摩擦力的作用，到了变形后期，金属向两侧流动困难，所以该处等效应变也较飞边小，尤其在三角边区域出现了最小应变，整个锻件心部部分区域应变较小，这是锻透性不足导致的。

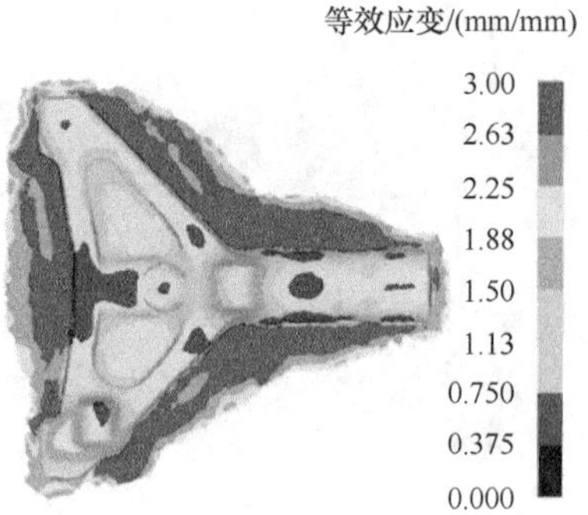

(a) 俯视图

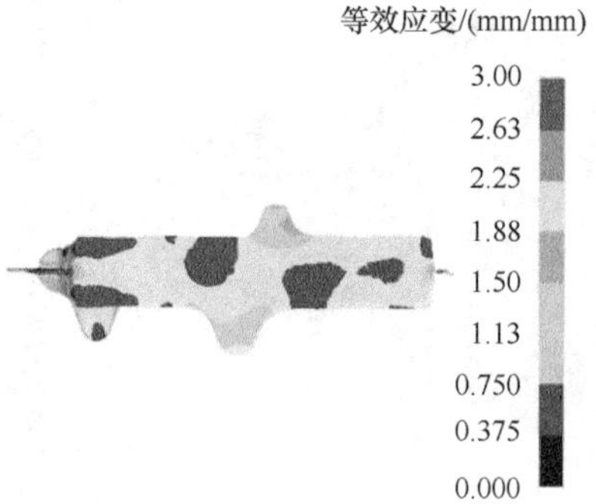

(b) 侧视图

图 9-6　终锻应变场

9.2　分子动力学方法

9.2.1　分子动力学方法的基本原理

作为计算材料学的一个分支，分子动力学方法源于经典力学、统计力学，为人们研究多粒子体系性质提供了一个崭新的工具[5, 6]。其基本原理为建立一个在特定的边界条件和温度条件下由原子或分子组成的多体系统，根据经验势函数来确定原子或分子之间的相互作用。通过哈密顿量、拉格朗日量或牛顿运动方程描述原子或分子的运动，计算运动方程的数值解得出每一时刻原子的位置和速度，进而得到粒子系统在相空间中随时间演化的轨迹，本质是广义牛顿运动方程的数值积分。分子动力学的基本假设为：经典力学可以用来描述原子和分子运动；量子效应可以忽略；原子间的相互作用可以叠加。

统计力学中的概念(如熵、温度、等概率原理、各态历经假说等)在分子动力学模拟中具有重要意义。热力学中的系综为在一定的宏观条件(约束条件)下，大量性质和结构完全相同的、处于一定运动状态的、各自独立的原子或分子的集合[7]。而分子动力学模拟系统中所谓的约束一般指的是体积 V 恒定、温度 T 恒定、压力 P 恒定、能量 E 恒定以及焓值 H 恒定等，与之相对应是微正则系综、正则系综、等温等压系综和巨正则系综，它们在具体的分子动力学模拟中有不同的适用场景[7]。

分子动力学模拟计算中粒子所受合力由势能求导获得，势函数的选择有如下要求：尽量接近系统特性；满足计算效率和精度。在金属及其合金的分子动力学研究中，常用到的势函数包括嵌入原子法(embedded atom method, EAM)、修正嵌入原子法(modified embedded atom method, MEAM)等[8-10]。

历史上分子动力学先后使用的算法有 Rahman 算法、Verlet 算法、Gear 算法、Beeman 算法、蛙跳(leap-frog)算法、速度-Verlet 算法。Satoh 曾系统地比较了上述算法，认为 Verlet 算法最优越。Verlet 算法中的位置、速度算法执行简明，存储要求适度，能够保证计算过程的精度。由 Verlet 算法衍生的蛙跳算法、速度-Verlet 算法做了一些方面的改进。蛙跳算法可以给出显式速度项，计算量稍小，但位置与速度不同步；速度-Verlet 算法可以同时给出位置、速度与加速度，数值稳定性好。分子动力学应用最早的预测校正算法是 Rahman 算法，但是由 Gear 引入分子动力学的 Gear 预测校正算法在某些方面比较优秀，应用更为广泛。Gear 预测校正算法精度高，缺点为所占内存大、计算速度慢(每步需计算两次作用力)、步长相对较大时算法稳定性差[11]。

几乎所有的分子动力学模拟最耗时的部分都是能量或力的计算，其计算量大、耗时长，因此加速计算也是人们迫切希望改善的问题，常用的方法有势函数截断和列表法。势函数截断分为简单截断和截断并移位：前者直接将截断半径以外的相互作用置为 0，系统误差比较大；后者原子或分子之间势能函数无间断，总可以取得有限值。列表法可以用来加速分子动力学中短程作用的计算，分为 Verlet 邻域列表法、元胞列表法、Verlet 和元胞联合列表法。

分子动力学模拟中，只有模拟具有足够多的粒子数目组成的试样才能准确描述材料的性能，但是粒子数目巨大带来的直接后果就是计算量巨大或耗时太长。为了减小计算规模，人们引入了周期性、固定、全反射等边界条件，其中周期性边界条件使利用少数粒子模拟真实系统宏观物理性质成为可能。需要指出的是，分子动力学模拟中并不总是应用周期性边界条件，某些情况下并不需要也不适合使用周期性边界条件。

目前常用的分子动力学模拟软件有商业化的 Materials Studio，开源的 LAMMPS 等[12]。模拟结果后处理及可视化软件有 VMD、VESTA、Atomeye、Ovito 等[13-15]。对于更为个性化和深入的数据处理及可视化需求，可以采用 Python、FORTRAN、MATLAB 等语言自行编写相关程序。

9.2.2 分子动力学方法的应用

本节采用普遍应用的分子动力学模拟软件 LAMMPS 对单晶铜纳米压痕过程中棱柱位错环的形成机制进行分析研究[6]。

模拟时直接使用 LAMMPS 自带的命令建立了单晶铜试样，由大约 2200 万铜原子构成，x、y、z 方向上的尺寸为 80.0nm×80.0nm×40.0nm，孪晶层厚度 λ=17.5nm。金刚石压头为一个由 37000 个碳原子组成的半径为 10.0nm 的刚性半球壳，放置在试样正上方 3nm 处，如图 9-7 所示。在模拟过程中忽略了构成压头的碳原子之间的相互作用[16, 17]。

采用嵌入原子势描述试样中铜原子之间的相互作用。而纳米压痕过程中碳铜原子之间的相互作用则由 Morse 势函数描述，结合能设定为 $D=0.1\text{eV}$，弹性模量设定为 $E=1.7\text{Å}^{-1}$，碳铜之间的平衡位置为 $r_0=2.2\text{Å}$，截断半径为 $r_C=6.5\text{Å}$，以保证计算效率。固定在试样底部以支撑试样的三层铜原子作为边界层。与边界层相邻上方的两层铜原子为恒温层，通过速度缩放法将温度稳定在 298K，试样中剩下的原子为牛顿原子。恒温层和牛顿层的原子均遵循牛顿运动定律。模拟过程的时间步设为 1fs，试样的四周采用了周期性边界条件。模型建立之后，首先将整个系统通过共轭梯度法进行能量最小化，随即开始缓慢升温至目标温度 298K。压头下压方向为沿着 z 轴向下，行进速度为 34m/s。使用位错提取算法分析位错类型，数据后处理、可视化等采用开源软件 Ovito。

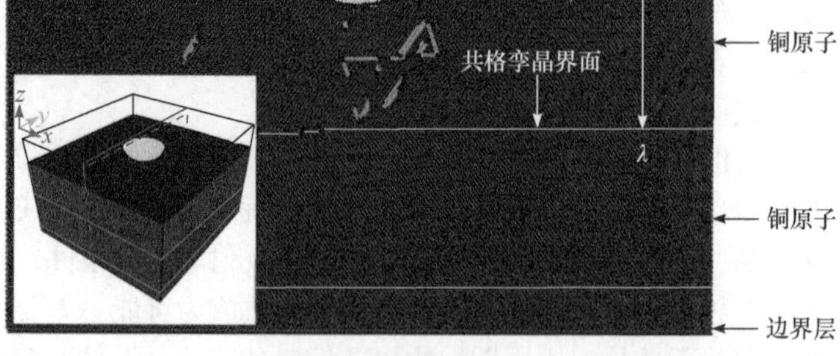

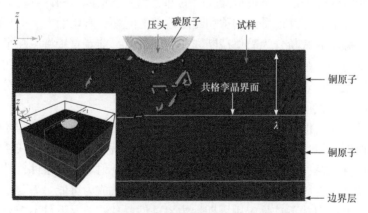

图 9-7 纳米孪生单晶铜的分子动力学方法模型

图 9-8 为纳米压痕过程中载荷-下压深度关系曲线。纳米压痕弹性段的载荷-位移曲线可以用 Hertz 理论来描述

$$F = \frac{4}{3} E^* R^{0.5} h^{1.5} \tag{9-11}$$

其中，R 为球形压头的半径；h 是下压深度；E^*为约化模量。从图 9-8 中可以看出，模拟结果与 Hertz 理论预测结果高度吻合。可以将棱柱位错环的活动划分为三个阶段，包括位错形核阶段、棱柱位错环形成阶段以及棱柱位错环与共格孪晶界相互反应阶段。后面将逐一介绍这三个阶段的特性。

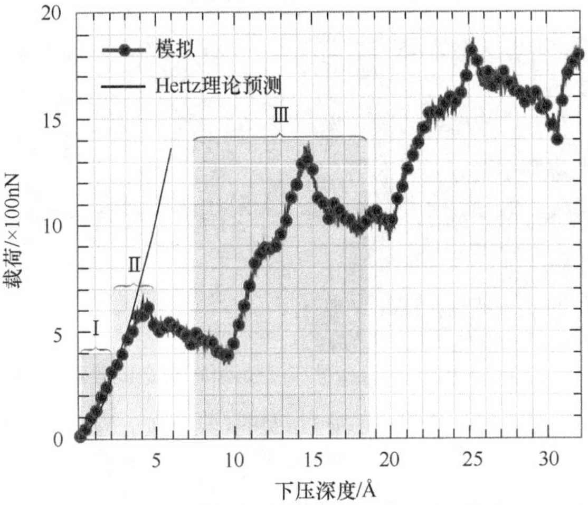

图 9-8　载荷-下压深度曲线

由于此外采用的半球形压头半径(10.0nm)远大于单个碳原子的尺寸，所以在压头顶端形成了小平面。压痕开始阶段，与试样接触的压头底部也是一个小平面，压头的向下运动将使压头下方的原子整体下移，形成一个台阶(图 9-9(a))。位错从台阶处开始形核并长大，随后形成了自由边界为 Shockley 不全位错环绕的面缺陷。图 9-9(b)表明面缺陷向外扩张并且部分破裂，形成了带状面缺陷，这是一种两侧均为 Shockley 不全位错环绕的能量较低的结构，称为堆垛层错。图 9-9(b)中的面缺陷主要分布在三个密排面，分别为$(\bar{1}1\bar{1})$(标记为①)、$(1\bar{1}1)$(标记为②)和$(1\bar{1}\bar{1})$(标记为③)。

缺陷形成初始阶段之后四个层错带相互反应生成了棱柱位错环，如图 9-10 所示。面 *hii'h'*和面 *kjj'k'*相互平行，面 *ijj'i'*和面 *hkk'h'*也相互平行。Lomer-Cottrell 位错在面 *ijj'i'*和面 *kjj'k'*的交线处、面 *ihh'i'*和面 *khh'k'*的交线处形成。与此同时，Hirth 位错则在面 *hii'h'*和面 *ijj'i'*的交线处、面 *hkk'h'*和面 *kjj'k'*的交线处形成。

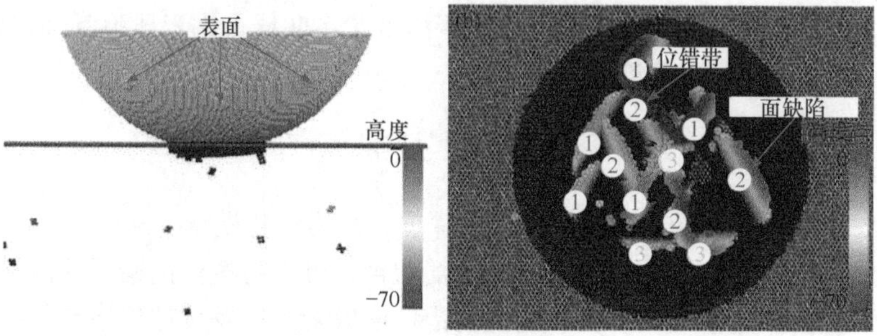

(a) 侧视图　　　　(b) 底视图

图 9-9　压痕开始阶段

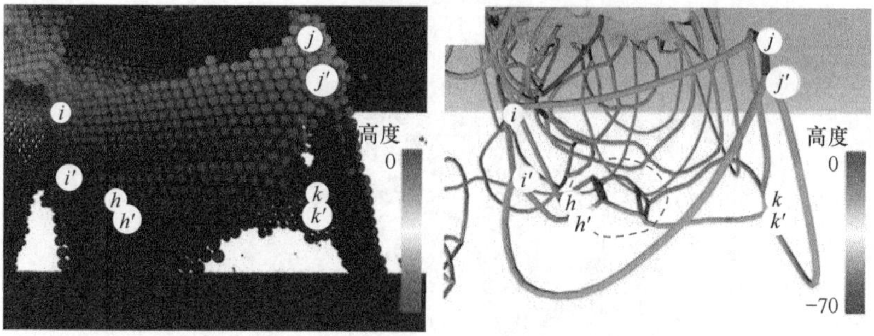

(a) 去除面心立方原子后的棱柱位错环构型　　(b) 由原子点数据提取出来的位错线构型

图 9-10　棱柱位错环的形成

其顶点标记为 *h* 和 *h*′、*i* 和 *i*′、*j* 和 *j*′、*k* 和 *k*′

Remington 等认为在体系立方金属纳米压痕过程中，剪切环逐步交滑移并经过夹断动作(pinch-off action)转变为棱柱环，随后棱柱位错环沿着⟨111⟩方向滑移[18]。Ashby 等则认为在母相和外来粒子的交界面附近滑移面上的剪应力足够大，位错从交线处弓出，经过逐步的交滑移形成棱柱位错环[19]。对于从体心立方金属中空洞处形成的棱柱位错环，Tang 等给出了另外一个解释：为了生成一个三角形的位错环，三个剪切环发射出来并长大，随后位错的旋分量相互抵消，只留下刃分量形成一个三角形的位错环[20]。Tang 的解释不涉及位错从一个滑移面到另一个滑移面的交滑移。

模拟结果更符合 Tang 等所描述的机制，即纳米压痕过程中的位错形核，生长为面缺陷，然后破裂成宽度均匀一致的层错。层错之间的相互反应形成了棱柱位错环，如图 9-10 所示。

通常，材料的强度和韧性呈现此消彼长的关系，难以兼顾。研究表明，具有共格孪晶界面的纳米孪晶铜同时具有高强度和较好的韧性，还具有高应变速率敏感性和良好的导电性能。这可能是因为孪晶界面在塑性变形过程中既可以作为位错障碍，又可以作为位错源头。为了研究共格孪晶界面在塑性变形过程中所起的作用，需要了解位错如何与共格孪晶界面相互反应。因此，下面将分析棱柱位错环与共格孪晶界面的反应。

在棱柱位错环沿其所在棱柱滑移过程中会形成两对相互平行的位错段，每个位错段均为由层错和 Shockley 不全位错构成的扩展位错。压杆位错(即 Lomer-Cottrell 位错和 Hirth 位错)在相邻层错的交线处形成。在滑移过程中，外加应力会将 Hirth 位错挤压成为一个点，而 Lomer-Cottrell 位错始终存在。

当棱柱位错环接近共格孪晶界面时，两个 Hirth 位错均又出现，此时的棱柱位错环和刚形成时的位错环几乎一样。众所周知，共格孪晶界可以作为位错运动的障碍，棱柱位错环进一步地接近直至停止在共格孪晶界上方。随着压头的不断下行，棱柱位错环周围的应力不断增大，将棱柱边(即图 9-11 中 hh')上的 Lomer-Cottrell 位错挤压消失，随即两个 Shockley 不全位错 $B\gamma$ 和 $B\alpha$ 在共格孪晶界面(δ 面)上发生分解反应，可以表示为

$$B\gamma \rightarrow B\delta + \delta\gamma \tag{9-12}$$

和

$$B\alpha \rightarrow B\delta + \delta\alpha \tag{9-13}$$

Shockley 不全位错 $B\delta$ 的两个端点分别固定在线 $h'i'$和 $h'k'$上，在共格孪晶界面上的滑移致使共格孪晶界面向下平移一个原子层，并且留下一个台阶和两个压杆位错 $\delta\gamma$ 和 $\delta\alpha$。

当 Shockley 不全位错 $B\delta$ 滑移过点 i'和 k'后，两个端点固定在线 $i'j'$和 $k'j'$上。Shockley 不全位错 $B\delta$ 遇到 Shockley 不全位错 γD 和 Shockley 不全位错 αD 将会发生如下位错反应：

$$\delta B + \gamma D \rightarrow \delta\gamma / BD \tag{9-14}$$

和

$$\delta B + \alpha D \rightarrow \delta\alpha / BD \tag{9-15}$$

其中，$\delta\gamma/BD$，$\delta\alpha/BD$ 分别代表方向为 $\delta\gamma$、中点指向 BD 中点并且模长是 $\delta\gamma$ 中点指到 BD 中点距离两倍的泊氏矢量，以及方向为 $\delta\alpha$、中点指向 BD 中点并且模长是 $\delta\alpha$ 中点指到 BD 中点距离两倍的泊氏矢量。当 Shockley 不全位错 $B\delta$ 滑移到点 j'时，上述过程将会在共格孪晶界面上产生一个平行四边形的台阶，如图 9-11(d)所示。

图 9-11(e)表示位错线位于棱柱边 ii'和 kk'上的两个 Hirth 位错在持续应力作用下挤压、消失的过程。外加应力将 Shockley 不全位错 $B\gamma$ 和 $B\alpha$ 挤压到分别与压杆位错 $\delta\gamma/BD$ 和 $\delta\alpha/BD$ 接触，并反应生成 Frank 位错

$$B\gamma + \delta\gamma / BD \rightarrow \delta D \tag{9-16}$$

和

$$B\alpha + \delta\alpha / BD \rightarrow \delta D \tag{9-17}$$

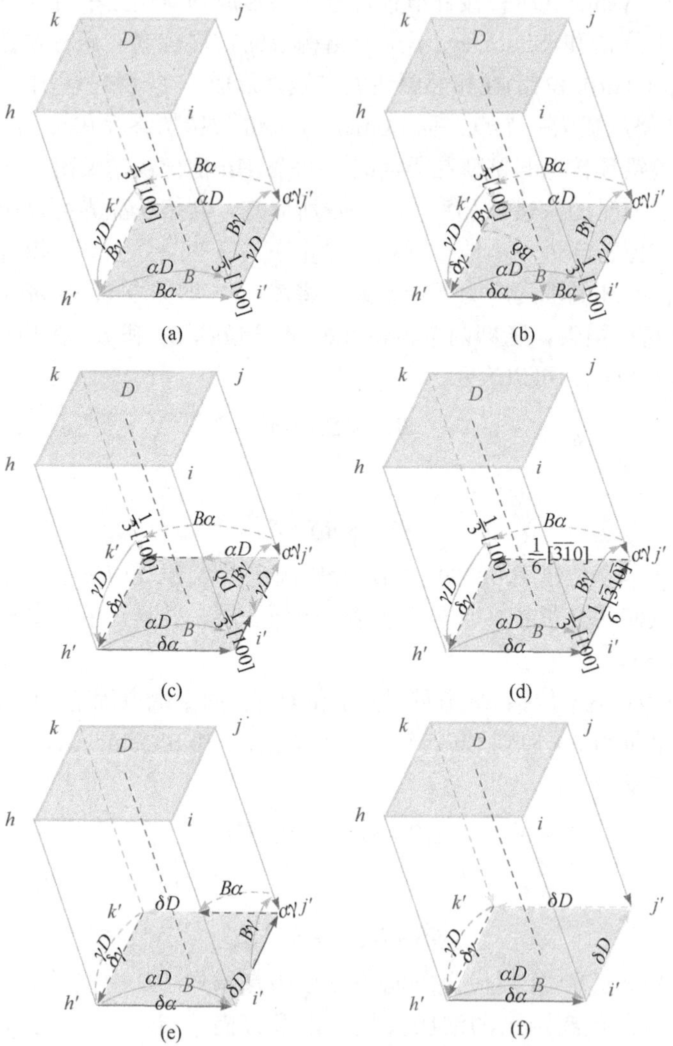

图 9-11　棱柱位错环与共格孪晶界面之间的反应

直至位于图 9-11 中棱柱边 *jj'* 上的 Lomer-Cottrell 位错消失，这两个反应才结束，如图 9-11(f)所示。

图 9-11(f)为最后生成的位错构型，可以推知当应力足够大时，则面 γ 上的 Shockley 不全位错 γD 和 $\delta\gamma$，面 α 上的 Shockley 不全位错 αD 和 $\delta\alpha$ 可以组合生成 Frank 位错 δD。四条 Frank 位错就组成了平行四边形 Frank 位错环。

随着压头的持续下行，棱柱位错环的形成和反应会持续重复发生，即类似的棱柱位错环不断从压头与试样的接触区域附近生成并向试样底部滑移。随着压头与试样接触面积的不断增大，后续形成的棱柱位错环尺寸也比前期所形成的棱柱位错环尺寸更大，即棱柱位错环的尺寸与压头-试样接触面积呈正相关关系。

9.3　相场法模拟

相场法是一种基于热力学理论，采用微分方程来体现扩散势、有序化势和热力学驱动综合作用的半唯象方法。其核心思想是引入一组连续变化的场变量，用弥散界面代替传统的明锐界面来描述界面状态。通过将场变量与包括溶质场、温度场等在内的外部场参数耦合起来，相场法能够有效地将材料微观组织在微观尺度与宏观尺度上的演化过程联系起来，实现更为细致和全面的模拟预测[1, 18]。

由于相场法在模拟材料微观组织时，并不需要实时追踪不同相之间界面的位置，该方法能够非常方便地处理需要考虑相界面演化状态的问题，如晶界处的溶质聚集和第二相析出等。与此同时，相场法还能够将晶界能和晶界迁移率的各向异性考虑进来，因此相场法能够有效地避免模拟过程中晶格点阵的各向异性。相场法在研究材料微观组织演化方面得到了广泛应用。对于材料的非线性变形行为，可以视作在有限能量耗散情况下的材料物质点的特定变形，即可以认为是材料变形部分发生了同素异构的固态相变。因此，使用能够准确分析各种相变问题的相场模型来研究材料的塑性变形也是合理可行的。材料塑性变形过程中的微观结构演化，包括位错、孪晶、马氏体相变、孔洞、晶界、裂纹等，都可以使用相场法进行分析研究[19-21]。

相场法的建立基于统计平均场近似的 Landau 相变理论，用一个或者几个连续的场变量$\phi(x)$代表系统内部的有序化程度。对于高对称相，其场变量$\phi(x)$等于 0；对于低对称相，$\phi(x)$不等于零。系统对称性的破缺则意味着系统内部出现了有序相，其场变量$\phi(x)$不为零。因此，相变则意味着场变量从零到非零的过渡，或其逆过程。在选取场变量$\phi(x)$时，场变量$\phi(x)$应该能代表系统的主要动力学特征并且在演化过程中起主要作用。场变量可以分为非保守场变量(取向场、结构场和长程有序场等)和保守场变量(浓度场等)[2, 22]。

系统自由能函数的构建是相场法建模的最关键步骤。系统总自由能 F 是由体自由能 F_{bulk}、界面能 F_{int} 和其他能量项(包括应力场、电磁场等)F_{other} 组成的，即

$$F = F_{\text{bulk}} + F_{\text{int}} + F_{\text{other}} \tag{9-18}$$

相场模型采用一系列非守恒场变量(η_1，η_2，…，η_P)和守恒场变量(C_1，C_2，…，C_S)来描述一个非均匀系统。系统的总自由能 F 由这些场变量及其梯度项表示。当系统的温度、压力和摩尔体积分数都恒定时，系统内部不存在弹性、电场和磁场，

此时系统的总自由能 F 可以写为

$$F=\int[f_0(C_1,C_2,\cdots,C_S,\eta_1,\eta_2,\cdots,\eta_P)+\sum_{i-1}^{S}K_i(\nabla C_i)^2+\sum_{j-1}^{P}K_j(\nabla\eta_i)^2]\mathrm{d}^3r \tag{9-19}$$

其中，C_S 为 S 组元的浓度；K_i 和 K_j 分别为与界面能和界面厚度相关的梯度系数。

材料微观组织演化的驱动力来自系统总自由能的降低。对于非保守场变量的演化，一般采用 Ginzburg-Landau 方程(或 Allen-Cahn 弛豫方程)来描述：

$$\frac{\partial\eta_i(r,t)}{\partial t}=-L_i\frac{\delta F}{\delta\eta_i(r,t)}+\xi_i(r,t),\quad i=1,2,\cdots,P \tag{9-20}$$

对于保守场变量的演化，一般采用 Cahn-Hilliard 非线性扩散方程来描述：

$$\frac{\partial C_j(r,t)}{\partial t}=\nabla(M_j\nabla\frac{\delta F}{\delta C_j(r,t)})+\xi_j(r,t),\quad j=1,2,\cdots,S \tag{9-21}$$

其中，r 表示空间位置；t 表示时间；L 和 M 分别为与晶界迁移和元素扩散系数相关的动力学参数；$\xi_i(r,t)$ 和 $\xi_j(r,t)$ 是与热起伏相关的噪声项，呈正态分布并满足涨落耗散理论，可表示场变量在局部区域的起伏[23]。

因此，材料微观组织的演化过程可以采用一系列的相场方程组来描述[24]。系统总自由能 F 往往是非线性方程，所以所建立的相场方程组成为具有高度非线性的偏微分方程组，相应地，求解相场方程组的过程变成对偏微分方程组进行数值求解的过程。在实际应用中，一般采用有限差分法、傅里叶谱方法和有限元方法对偏微分方程组进行数值求解。

由于传统相场法建立在平衡态均匀场的基础上，并没有考虑晶体中原子周期性排列所产生的物理特性，因此难以反映晶态材料的晶体学结构特性及原子尺度的行为信息。为此，基于经典密度泛函自由能理论，Elder 等在 2002 年对传统相场法进行了改进和发展，提出了晶体相场法[25]。晶体相场法结合了传统相场法与分子动力学模拟方法的优势，所对应的特征时间尺度介于分子动力学和连续相场模型之间，同时晶体相场法对材料微观结构及其变形行为的研究是在原子尺度上进行的，在相转变过程中可以自洽地耦合多场，并共同地描述体系的微观结构，反映体系晶格点阵特征。晶体相场法目前已被应用于研究位错运动、结构相变、外延生长和枝晶生长等领域[26]。

参考文献

[1] Engquist B, Lotstedt P, Runborg O. Multiscale Modeling and Simulation in Science[M]. Berlin: Springer, 2009.

[2] 牟丹，李建全. 高分子材料的多尺度模拟方法及应用[M]. 北京：科学出版社, 2017.

[3] 任国武. 材料的多尺度模拟[D]. 上海: 复旦大学, 2010.
[4] 姜静. 面向大型航空构件形/性控制的局部控流和模具控温模锻工艺研究[D]. 武汉: 华中科技大学, 2019.
[5] 刘启涛. 纳米压痕及超精密切削过程的分子动力学模拟[D]. 武汉: 华中科技大学, 2015.
[6] 刘启涛. 单晶铜纳米压痕过程中位错演化的分子动力学研究[D]. 武汉: 华中科技大学, 2018.
[7] 汪志诚. 热力学·统计物理[M]. 北京: 高等教育出版社, 2013.
[8] Baskes M I, Daw M S. Semiempirical, quantum mechanical calculation of hydrogen embrittlement in metals[J]. Physical Review Letters, 1983, 50(17): 1285-1288.
[9] Daw M S, Baskes M I. Embedded-atom method: Derivation and application to impurities, surfaces[J]. Physical Review B, 1984, 29(12): 6443-6453.
[10] Kim Y, Lee B. A modified embedded-atom method interatomic potential for the Cu-Zr system[J]. Journal of Materials Research, 2008, 23(4): 1095-1104.
[11] Beeman D. Some multistep methods for use in molecular dynamics calculations[J]. Journal of Computational Physics, 1976, 20(2): 130-139.
[12] Plimpton S. Fast parallel algorithms for short-range molecular dynamics[J]. Journal of Computational Physics, 1995, 117(1): 1-19.
[13] Humphrey W, Dalke A, Schulten K. VMD: visual molecular dynamics[J]. Journal of Molecular Graphics, 1996, 14(1): 33-38, 27-28.
[14] Alexander S. Visualization and analysis of atomistic simulation data with OVITO-the open visualization tool[J]. Modelling and Simulation in Materials Science and Engineering, 2010, 18(1): 15012.
[15] Hirel P. Atomsk: A tool for manipulating and converting atomic data files[J]. Computer Physics Communications, 2015, 197: 212-219.
[16] Liu Q, Deng L, Wang X, et al. Formation of stacking fault tetrahedron in single-crystal Cu during nanoindentation investigated by molecular dynamics[J]. Computational Materials Science, 2017, 131: 44-47.
[17] Liu Q, Deng L, Wang X. Interactions between prismatic dislocation loop and coherent twin boundary under nanoindentation investigated by molecular dynamics[J]. Materials Science and Engineering: A, 2016, 676: 182-190.
[18] Remington T, Ruestes C, Bringa E, et al.Plastic deformation in nanoindentation of tantalum:A new mechanism for prismatic loop formation[J].Acta Materialia, 2014, 78: 378-393.
[19] Ashby M F, Johnson L. On the generation of dislocations at misfitting particles in a ductile matrix[J]. Philosophical Magazine, 1969, 20(167): 1009-1022.
[20] Tang Y, Bringa E M, Remington B A, et al.Growth and collapse of nanovoids in tantalum monocrystals[J]. Acta Materialia, 2011, 59(4):1354-1372.
[21] Kwon Y W, Allen D H, Talreja R. Multiscale Modeling and Simulation of Composite Materials and Structures[M]. Berlin: Springer-Verlag, 2008.
[22] 皮智鹏. 金属材料塑性变形位错机制的相场法研究[D]. 长沙: 湖南大学, 2017.
[23] 刘开慧. 四方相氧化锆陶瓷相变行为的相场法研究[D]. 武汉: 华中科技大学, 2017.

[24] 魏承炀. 再结晶织构的相场模拟与机理研究[D]. 广州: 华南理工大学, 2012.
[25] Elder K R, Katakowski M, Haataja M, et al. Modeling elasticity in crystal growth [J]. Physical Review Letters, 2002, 88: 245701-245704.
[26] 郭耀麟. 纳米晶晶界演化行为的晶体相场法研究[D]. 西安: 西北工业大学, 2015.